物聯網技術理論與實作

鄭福炯　編著

全華圖書股份有限公司

國家圖書館出版品預行編目資料

物聯網技術理論與實作 / 鄭福炯編著. -- 二版.
-- 新北市 : 全華圖書, 2018.12
面 ; 公分
ISBN 978-986-503-012-4(平裝)

1.系統程式 2.電腦程式設計

312.52 107022086

物聯網技術理論與實作

(附實驗學習手冊)

作者 / 鄭福炯
發行人 / 陳本源
執行編輯 / 呂詩雯
出版者 / 全華圖書股份有限公司
郵政帳號 / 0100836-1 號
印刷者 / 宏懋打字印刷股份有限公司
圖書編號 / 06329016
二版二刷 / 2021 年 08 月
定價 / 新台幣 540 元
ISBN / 978-986-503-012-4(平裝)
全華圖書 / www.chwa.com.tw
全華網路書店 Open Tech / www.opentech.com.tw
若您對書籍內容、排版印刷有任何問題，歡迎來信指導 book@chwa.com.tw

臺北總公司(北區營業處)
地址：23671 新北市土城區忠義路 21 號
電話：(02) 2262-5666
傳真：(02) 6637-3695、6637-3696

南區營業處
地址：80769 高雄市三民區應安街 12 號
電話：(07) 381-1377
傳真：(07) 862-5562

中區營業處
地址：40256 臺中市南區樹義一巷 26 號
電話：(04) 2261-8485
傳真：(04) 3600-9806(高中職)
(04) 3601-8600(大專)

PREFACE

推薦序

物聯網應用有別於傳統的自動控制、遙測系統、主從式網路運算等。物聯網是建構在以人工智慧為手段，由實體物件的感測信號處理起，透過網路融合相關的數據與信息，再針對特定問題推論出最適合的決策。發展物聯網技術時，一般人都會先問：標準在哪裡?從物理層的感測信號，到應用決策層，怎麼整合?開發計劃該如何規劃?

要回覆上述問題並不容易，因為物聯網要解決的是真實世界的問題，而既有的電子及資訊系統，絕大多數是不相容的。因此，欲透過網路去擷取實體層信號，並做跨網域應用整合，是件困難的事，成本也往往十分高昂。雖然各大組織競相推動自家的產業標準，冀以降低系統複雜度，但考量現實面，要書同文、車同軌，幾乎是不可能的事，何況科技的發展速度百倍於以往，範疇也無窮擴大中。有志投入者如何練就一身功夫，在物聯網叢林中競技，脫穎而出，是一個有趣，卻也嚴肅的話題。

回想起來，筆者與鄭福炯教授開始共事已是 20 餘年前的事了，當年他剛從哥倫比亞大學唸完博士學位，回到大同大學資工系任教，有很長一段時間，我們在數位設計及人工智慧研究上有諸多切磋，鄭教授的實作精神及對同學的論文指導熱忱，著實令我敬佩有加。後來筆者轉往產業界發展，彼此往來雖不若以往密切，但總有機會向他請教，往往獲益良多。

筆者在大同公司擔任策略長兼事業部副總經理時，有機會參與多項國內外物聯網開發項目，深感必須以產學研究做為中、長期發展的技術後盾，於是便於 2014 年邀請鄭教授主持產學合作案，由他帶領專任人員及研究生團隊，針對物聯網由底層到應用層，採用開放硬體及軟體的概念，開發具高度擴充性的開放式應用平台。專案計劃在短時間內即紮實的做出物物相聯、智能互通的技術展示，而這個成果也促成了學校與大同公司共同提出多項重要的專利申請。大同公司與鄭教授共組的團隊，更進一步參與了由宏達電公司主持的經濟部科技支持的 A+專案，與參與計劃的公司成員，共同研發能在城市等級佈建的公共無線充電應用系統。筆者有幸能與鄭教授、衆多先進及年輕學子，在物聯網像霧一般的迷團中走出，淬煉出智慧互聯心法，這份快樂難以形容。

物聯網的實作技術，是從實體層的感測信號處理開始。這本著作即由此出發，有系統的引導學習者入門。不同於一般嵌入式系統、物聯網特別著重在數據抽象化(Data Abstraction)、在網路節點中的低支出(Low Overhead)智能演算，以及對異質系統上層應用的開放性支援。從務實的觀點來看，本書內容採用開放式硬體、搭配容易編程的軟體套件、再融入物聯網特有的數據模型觀念，可以說兼備易學及實用兩大特色。物聯網在 IP 層以上的網路軟體雖有多種選擇，本書挑選的 MQTT 及 CoAP 是較為普及的方案，也深具輕巧易用、容易做到垂直及水平系統擴充(Scale up & Scale out)的優勢。MQTT 及 CoAP 在網際網路及開放原始碼的衆多資源中，有相當多的輔助技術，如裝置管理、安全性強化等，可供建置完整的系統功能。MQTT 及 CoAP 更也是衆多雲端應用服務業者所支援的協定。相信有志從事物聯網系統開發者，當可由本書中找到一條終南捷徑，省下不必要的摸索時間。

物聯網世紀已來臨，其應用將不會只侷限在資訊、電機電子及機械等領域。除了消費電子市場，舉凡交通、農業、休閒娛樂、智能建築、智能工廠、智能電網、智能城市、國土安全等，也都需要物聯網化的大數據分析及以人工智慧輔助快速的決策管理、降低整體營運成本。物聯網對於增進社會福祉，提昇國家競爭力，可說至為關鍵，而相信本著作必能成為推動的一大助力。

大同大學　智慧物聯網研究中心　榮譽顧問

潘泰吉　博士

PREFACE

序言

物聯網(Internet of Things)一詞可溯源自 1985 Peter Lewis 在美國 FCC(Federal Communications Commission)所支持的無線應用會議演講中提出「物聯網是人員，流程和連接設備與傳感器技術的整合，使這些設備可以被遠程監控、操作和趨勢評估」。美國微軟公司創辦人比爾蓋茲(Bill Gates)在 1995 年所著的 The Road Ahead 一書中，描述物聯網智慧化居家生活的想像。而國際電信聯盟(International Telecommunication Union, ITU)於 2005 年所發布的報告「The Internet of Things」中，提出以資訊技術實踐物聯網方案，是物聯網技術的重要里程碑。在網路化的時代下，除了人跟人之間可以透過網路相互聯繫外、人也可透過網路取得物件的資訊，物件與物件之間可以互通的網路環境。換言之，物聯網時代代表著未來資訊技術在運算與溝通上的演進趨勢，而這樣的演進過程中將會需要各式各樣領域的技術及科技創新來帶動，小從奈米科技應用於物聯網感測器、大至智慧城市物聯網的佈建，智慧國家的建置，其影響範圍相當廣泛。

在 2014 年台積電張忠謀董事長預告「物聯網」將會是「Next big thing(下一件大事)」及聯發科蔡明介董事長預言「我們將會進入一個智慧裝置無所不在的世界」下，物聯網的大商機已經來臨。2015 Gartner 物聯網預測報告顯示，2016 年全球連網物件數量將達到 64 億件，較 2015 年增加 30%，到 2020 年更將增至 208 億件(CISCO 則預測為五百億件)。2016 年，連網物件數量每日將新增 550 萬件，可見得這會是一個很龐大的商機。

物聯網崛起，已成為科技產業最重視的新發展，國內物聯網人才需求也處於起飛期，104 人力銀行表示，根據 2015 第 2 季資料顯示，台灣「物聯網應用」工作機會雖僅有 3,000 個，但預估未來 2 年增幅將高達 327%，高於全體工作工作機會增幅 45%。此外，大陸的十三五計畫商機，也讓物聯網充滿各種想像及可能。

近年來各先進國家先後投入第四次工業革命的推動，如德國的工業 4.0 及美國 AMP 先進製造夥伴計畫，日本、韓國亦積極跟進，擬訂未來產業發展策略。台灣在 ICT 與精密機械產業具深厚基礎，在這場盛會中具有更優越的競爭力。台灣政府提出了「生產力 4.0」技術面向甚廣，需結合國內法人與學界共同開發，「生產力 4.0」之內涵包括智慧機械／機器人(Intelligent Machine／Robot)、虛實整合系統(Cyber Physical Systems)、物聯網及大數據(Big Data)等要素，應用於製造業、商務服務及農業等，製造業則是利用智慧機械／機器人滿足彈性製造與大量客製化生產需求，整合虛實整合系統提供虛擬與物理世界之連結，再透過物聯網串聯製造供應鏈體系與消費者需求，產生之巨量資料可以進行設備預知保養、預測生產製程及挖掘未知的創新營運模式，最終提高產品附加價值，藉優化產業結構，提升我國產業國際地位。

筆者以為欲建構以物聯網為基礎的智慧國家，須從教育著手，乃有「物聯網技術理論與實作」一書之誕生。本書採用杜威博士「做中學」的教學理念，強調理論與實務並重，章節的安排以實際應用為起點，以激發學習者的學習動機，然後介紹淺顯易懂的理論與技術，接下來是實驗與實踐這些理論與技術，最後配合一些反思來檢驗自己的學習狀態。

在第一部份「物聯網嵌入式系統設計基礎」部分，共十單元：

單元一、NodeMCU 軟硬體平台與感測模組介紹。

單元二、PWM 原理與應用：如何利用 PWM 來控制 LED 燈的不同層次亮暗。

單元三、光敏電阻以及類比數位轉換器(ADC)原理與應用：如何利用 ADC 量測光度。

單元四、移動感測器(motion sensor)原理與應用：如何利用紅外線做移動偵測。

單元五、矩陣鍵盤感測器原理與應用：如何利用矩陣鍵盤輸入資料。

單元六、土壤濕度感測器原理與應用：如何利用可變電阻的原理來偵測土壤濕度。

單元七、溫濕度感測器原理與應用：如何利用電阻式感測器來量測環境溫度、電容式感測器來量測環境濕度。

單元八、繼電器原理與應用：如何利用繼電器來做智慧控制。

單元九、壓力感測模組原理應用：如何利用可變電阻的原理來偵測壓力。

單元十、聲音感測模組原理與應用：如何利用麥克風來偵測聲音或環境噪音。

在第二部分為「物聯網技術理論與實作」部分，共五單元：

單元十一、嵌入式系統概論

單元十二、物聯網技術入門

單元十三、MQTT: Message Queuing Telemetry Transport protocol

單元十四、CoAP: Constrained Application Protocol

單元十五、物聯網實際應用案例

在第三部分為「物聯網嵌入式系統的補充資料」，共四單元：

附錄 A、Lua 程式語言介紹

附錄 B、物聯網嵌入式圖形化程式語言：介紹大同大學智慧物聯網研究中心的物聯網系統開發工具(Snap!4NodeMCU)，使用 Snap!4NodeMCU 開發工具，讓不具備資訊工程背景的人，使用拖放積木(程式塊)模式也能編寫程式，快速開發嵌入式系統與物聯網系統。

附錄 C、物聯網與嵌入式系統實習套件

附錄 D、實驗紀錄本。

本書也有配合做中學的「物聯網實習套件」與「實驗學習手冊」，每一個單元都包含實業目標與實驗步驟，學習者只要按照實驗步驟，就能達到學習的目標。

※「物聯網實習套件」需另購。

致　謝

首先我要感謝大同大學智慧物聯網研究中心同仁恩齊、威成、岱鑫、伯仲、瑞賢、廷縉、浚維、昭維，大家在物聯網研究相互切磋琢磨，測試感測器與微處理器，研發物聯網即時作業系統與物聯網關鍵技術，開發物聯網整合開發工具，進而促成本書的完成。在此，也要感謝大同公司、安普新股份有限公司、協志聯合科技公司、宏達電直接或間接贊助本中心進行物聯網技術研究與開發，十分感謝你們的支持，沒有經費的支持就沒有研究中心的存在。

最後我最要感謝潘泰吉博士在物聯網的技術領域裡面不斷地給我們刺激、方向、激勵與挑戰，使我們研究中心能不斷的成長茁壯。

大同大學智慧物聯網研究中心　主任

鄭福炯　博士

2016 年 9 月

CONTENTS

目錄

本書分為三大部分，第一部分為物聯網嵌入式系統設計基礎，第二部分為物聯網技術理論與實作介紹，第三部分為物聯網嵌入式系統的補充資料。

第一部分「物聯網嵌入式系統設計基礎」

13 MQTT: Message Queuing Telemetry Transport 207

14 CoAP: Constrained Application Protocol 239

CHAPTER 1

NodeMCU 軟硬體平台與感測模組介紹

本章節主要由嵌入式系統、單晶片微處理機開始介紹，並簡單介紹 Arduino 的基本概念，接著進入本章重點 NodeMCU 的軟體以及硬體平台並且利用軟體平台撰寫簡單的程式，主要的單元簡介以及學習目標如下：

- **單元簡介**
  - 傳授 NodeMCU 硬體平台之相關知識以及其應用
  - 傳授 NodeMCU 軟體平台之相關知識以及其應用
  - 學習使用 Fritzing IDE 平台做物聯網電路設計(optional)
  - 學習使用 ESPlorer IDE 平台做物聯網程式設計
  - 學習使用 Snap!4NodeMCU IDE 平台實做物聯網程式設計

- **單元學習目標**
  - 了解 NodeMCU 硬體平台的特色及原理
  - 培養使用 Snap!4NodeMCU 與 ESPlorer IDE 設計 NodeMCU 軟體程式的能力
  - 培養使用 Fritzing IDE 平台做物聯網電路設計的能力(optinal)
  - 養成撰寫程式易讀性的習慣

1.1 嵌入式系統與單晶片微處理機

嵌入式系統通常包含嵌入式系統軟體運作於嵌入式系統的單晶片微處理機上。嵌入式系統通常用於控制某些機械裝置，完成某一種特殊功能，例如常見的遙控器、計算機、印表機、冰箱、洗衣機、微波爐、冷氣機等或是汽車裡面的智慧型安全氣囊、電動座椅、定速巡航功能模組、衛星導航模組等，都是嵌入式系統的應用產品。物聯網使用的嵌入式系統，通常還需要通訊設備例如 Wi-Fi 晶片、藍芽晶片、ZigBee 晶片、3G/4G 晶片、LoRa 通訊模組、NB-IoT/CAT-M1 通訊模組、433MHz 通訊模組，利用物聯網國際標準，使得物聯網的物(某個嵌入式系統)跟物(另一個嵌入式系統)之間，可以智慧連結、智慧互動。物聯網的技術將在本書的第二部分詳細討論。

1.1.1 單晶片微處理機之架構

單晶片微處理機(MCU)，通常包含中央處理器、記憶體、計時器/計數器及輸入與輸出周邊設備。單晶片微處理機的架構，如圖 1-1。

右半部是輸入與輸出周邊設備，說明如下：

1. 基本 I/O 埠：可以當 Input 或 Output 埠，可將高電位或低電位的數位訊號讀取到微處理或者是輸出到周邊設備，但不能同時是 Input 和 Output。
2. Series I/O：特殊埠，提供 UART、I^2C、SPI、one wire 周邊溝通介面。
3. Analog to Digital Converter (ADC)：類比轉數位訊號轉換器，將讀入電壓值轉換成數值，以 10-bitADC 為例就是 0～1023。

4. Digital to Analog Converter (DAC)：數位轉類比訊號轉換器，以 10-bitDAC 爲例就是送出 0～1023 的值控制設備，如電壓越高馬達轉得越強。
5. PWM(Pulse Width Modulation)：利用等效於不同位階的電壓控制強度(如轉速)，但又不浪費電的做法。PWM 技術將在本書第 2 章的時候詳細說明。

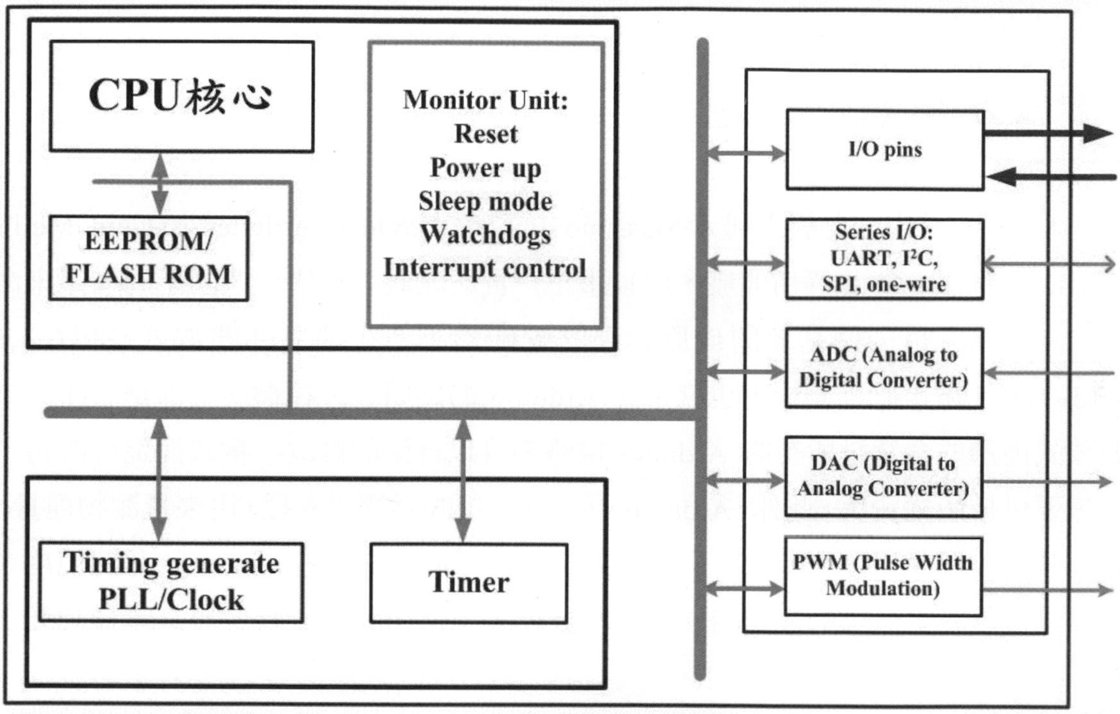

圖 1-1　單晶片微處理機架構

圖 1-1 左半部是 MCU 的核心，包含以下幾個主要部分：

1. 中央處理器 CPU (Central Processing Unit)：負責算數與邏輯運算。
2. EEPROM/Flash ROM 記憶體：是種嵌入在 MCU 內的永久儲存記憶體，通常用來儲存應用程式、即時作業系統與 bootloader 程式。
3. RAM 記憶體：程式執行時所需要的記憶體。
4. 監控單元(Monitor Unit)提供以下功能：
   (1) Reset：重置系統，即重新開機。
   (2) Power up：表示接上電源，並且會執行一次 Reset。

(3) Sleep mode：睡眠模式設定，主要是省電。

(4) Watchdogs：CPU 定期會送訊息給 Watchdogs，當 Watchdogs 發現 CPU 卡住了，就會執行 Reset。

(5) Interrupt control：當外界有重要訊息需要 CPU 處理時，可發出 Interrupt 訊號。

1.2 Arduino 硬體平台

Arduino 是由一群義大利人 Massimo Banzi、David Cuartielles、David Mellis 和 Nicholas Zambetti 等所開發，所以用十一世紀北義大利的一個國王的名字來命名。Arduino 是一個基於開放原始碼的軟硬體平台，建立「開放式硬體(open hardware)」微電腦控制板，也就是說 Arduino 的硬體設計在網站上都是公開的。開放式硬體的含意是所有的 Arduino 電路都可以合法的修改、重置而進行販售，不需要付擔版權費用。此外，Arduino 平台有大量的感測器支援，用來量測物理量，實現各種不同應用，也可稱它「物理運算(physical computing)平台」，藉此使用者可以不需要變更原本的設計結構，只需要加入 Arduino 的硬體就可以實作想要功能。

使用者可以在 arduino.cc 網站下載免費的線路圖和 PCB 版佈線圖，再設計出自己的 Arduino，如圖 1-2。

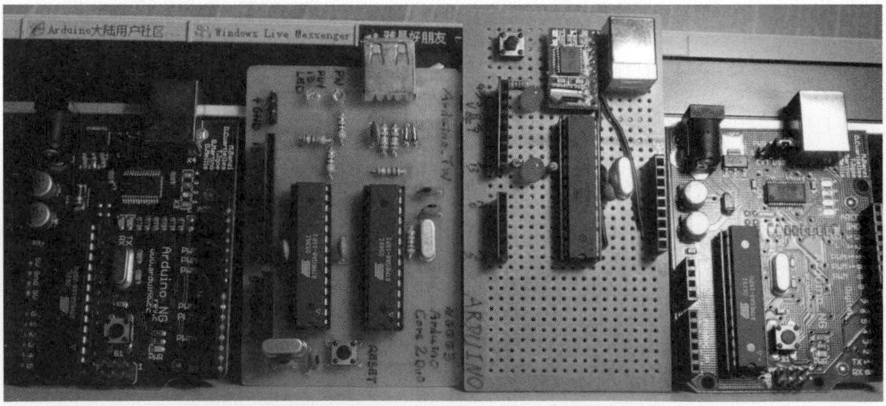

圖 1-2　Arduino DIY 線路 [1](圖片來源：flickr)

1.2.1 Arduino 硬體電路及規格

如果使用者不想自己去拉線，Arduino 也有提供多組電路板可以讓使用者選擇，如圖 1-3。其中我們主要介紹其中兩個"Duemilanove"和"LilyPad"，這兩個電路板功能相同，差別在於"LilyPad"比較小，可以用來縫在衣服上實作出穿戴式的功用。

圖 1-3 Arduino 電路板成員 [2](圖片來源：flickr)

Duemilanove 電路板(GPIO 功能與 Uno 相同)基本介紹如下，如圖 1-4 是 Duemilanove 電路板，如圖 1-5 是 Duemilanove 相關規格：

1. USB Jack：用來和電腦連接，讓電腦和電路板藉由"FTDI USB Chip"將 USB 轉成 UART 進行界接溝通。另外也可以藉由 USB Jack 對電路板提供電源。
2. Power Jack：藉由此接槽對電路板進行供電。
3. Power Auto-Selection Chip：用來選擇要用"USB Jack"還是" Power Jack"來對電路板進行供電。
4. Digital Pins：有 0～13 總共 14 根 I/O pin 腳，可以透過 pinMode()設定為 Input 或 Output。此外有些接腳有特別用途，例如：
   (1) 接腳 0 和 1：分別是硬體 UART(RX/TX)，其他接腳則可以透過軟體設定的方式當作 RX/TX，稱為軟體 UART。

(2) 接腳 2 和 3：可以透過設定低電壓、升緣(rising edge)、降緣(falling edge)或是電壓改變時告知 Microcontroller ("ATmega328")啓動中斷服務。

(3) 接腳 3, 5, 6, 9, 10, 11：這些接腳可以用來做 8-bit 的 PWM。相關的 PWM 知識可以參考第 2 章。

(4) 接腳 10, 11, 12, 13：這些接腳可以來做 SPI 通訊，一個 Master 可以用 4 根接腳來確認要跟哪個 Slave 做溝通。

10：SS，用來做 Chip Select。

11：MOSI，Master Out Slave In。

12：MISO，Master In Slave Out。

13：SCK，一種 clock。

(5) 接腳 13：pin 13 腳直接連接到內嵌的 LED 燈，當值是 HIGH 時，燈會亮，值是 LOW 時，燈會暗。

5. Analog Pins：有 0～5 共 6 根可以用來讀取類比訊號的輸入，也可以做輸出。

(1) 每個接腳有 10 bits 的精準度。可以透過 AREF 的值來設定精準度，舉例來說，當 AREF 爲 5V 時，每格的精準度爲(5-0)/1024。

(2) I^2C：4、5。特別用來可以處理 I^2C 協定，其中 4 是 SDA 用來處理資料，5 是 SCL 用來設定 clock。Arduino 有定好這部分的 Library_Wire。

6. AREF：參考電壓，接收類比訊號時可以用來參考的電壓值。

7. Power Pins：部分感測元件也需要供電，就可以從這部分拉線供應。

(1) VIN：除了 USB 和 Power Jack 以外的電源來源。

(2) 5V、3V3：輸入電源除了用來供應給電路板本身，亦可供應給連接的感測元件。連接感測元件時，必須注意元件規格，避免提供過高的電壓，導致元件壞損。

(3) GND：接地。

註：**5V 和 GND (0V)的線不可相接，否則電路板會燒壞。**

8. LED：內建的 LED 有以下三種，
   (1) Power LED：綠色的 LED 燈。當接電後"PWR"需要亮起，才可以確認真的有供電。
   (2) RX/TX LEDs：橘色的 LED 燈。當經由"USB Jack"載入軟體至 Microcontroller ("ATmega328")時，RX 的燈會閃爍；若是"ATmega328"送訊息給電腦時，則 TX 的燈會閃爍。
   (3) Pin 13 (L) LED：Debug 用。使用者可以利用此燈號判斷是電路板本身問題或是感測元件端的問題。
9. Reset Button：可以利用此按鈕重置 Microcontroller，重新開機。
10. ICSP Header：ICSP (In-Circuit Serial Programming)是 Microchip 的專利，是一種燒錄程式的協定。將軟體載入到 Microcontroller 中的另一種方式。
11. 一個 Voltage Regulator。

圖 1-4　Arduino Duemilanove 電路板基本介紹

Microcontroller	ATmega168(ATmega328)
Operating Voltage	5V
Input Voltage (recommended)	7 - 12V
Input Voltage (limits)	6 - 20V
Digital I/O Pins	14 (of which 6 provide PWM output)
Analog Input Pins	6
DC Current per I/O Pin	40 mA
DC Current for 3.3V Pin	50 mA
Flash Memory	16 KB (ATmega168) or32 KB (ATmega328) of which 2 KB used by bootloader
SRAM	1 KB (ATmega168) or 2 KB (ATmega328)
EEPROM	512 bytes (ATmega168) or 1 KB (ATmega328)
Clock Speed	16 MHz

圖 1-5　Arduino Duemilanove 規格基本介紹

如圖 1-6 則是介紹 Microcontroller ("ATmega328")的內部主要組成元件，主要有一顆 AVR CPU，裡面有 SRAM(儲存運算時所需要的變數)、Flash(大部分存放 compile 後或變更的結果)和 EEPROM(存放系統 library)記憶體。此外也具備一些 I/O Pin 腳可以用來支援不同的協定，例如 SPI、UART、I^2C 等。還具備一些周邊模組，像是 Timer、ADC 等。

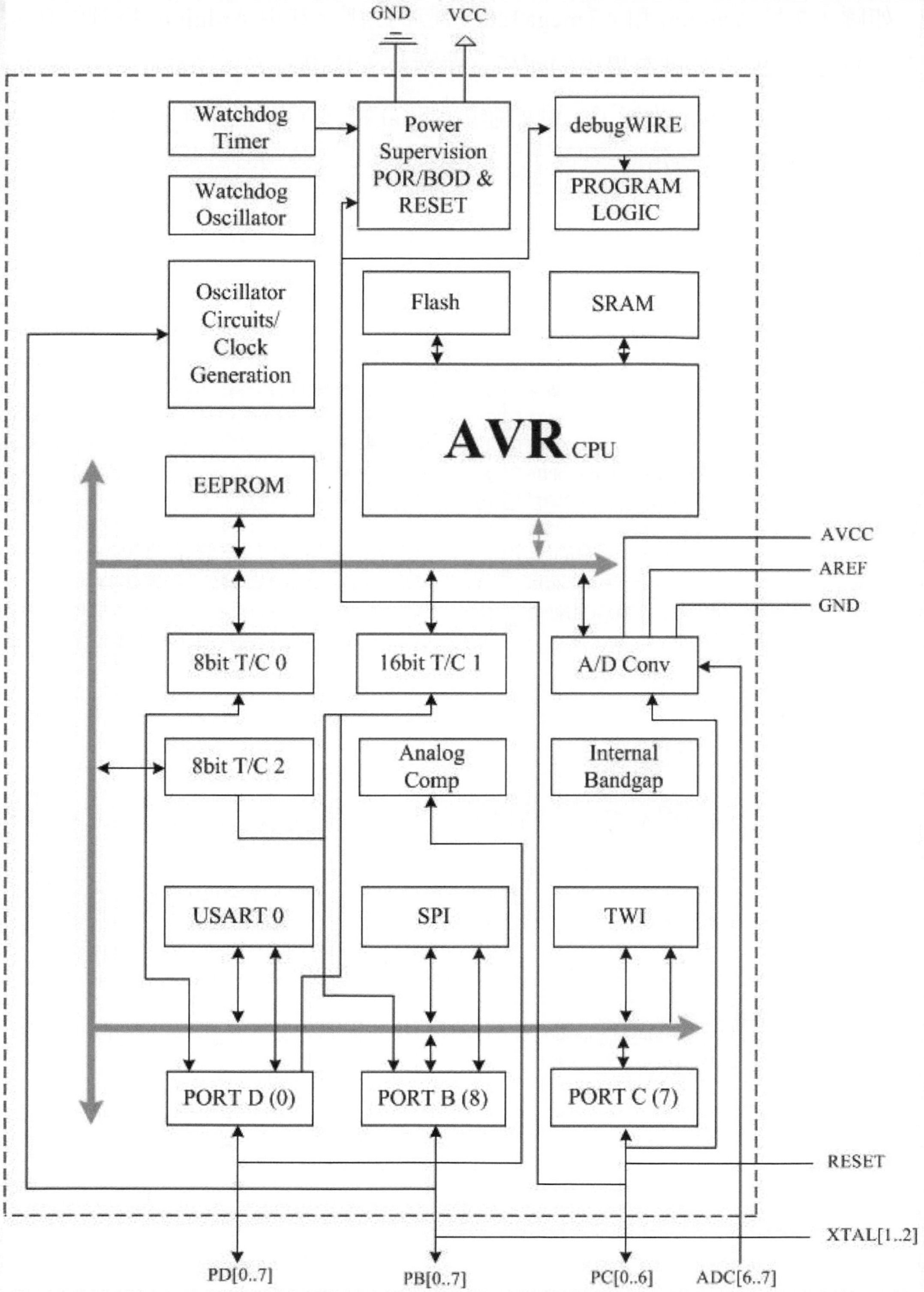

圖 1-6 ATmega328 主要組成元件

如圖 1-7 是 Arduino 和 ATmega328 接腳的對應。其中 Arduino 接腳的功能是因爲 ATmega328 本身就有提供的關係。雖然每支接腳有許多功能，但在 Arduino 的世界中，是已經被預設好了，例如運用 Serial 物件，那 digital pin 0 就是 RX，就不可以再做其他的使用。

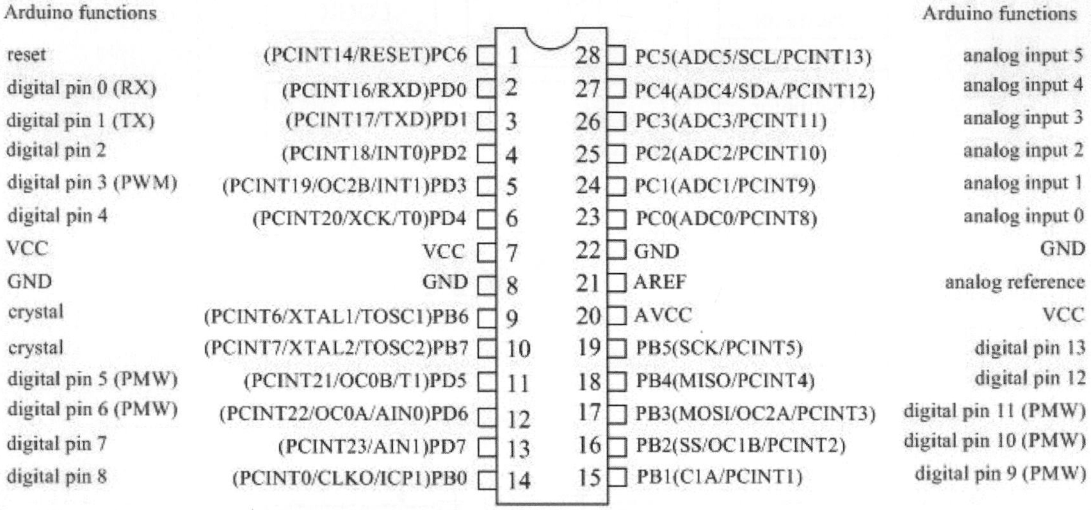

圖 1-7　Arduino pins 和 ATmega328 ports 對應

1.2.2　Arduino 軟體平台

Arduino 是一種使用 C/C++撰寫程式的開發平台，開始 Arduino 程式撰寫，有以下幾個步驟：

1. 取得 Arduino 電路板。
2. 下載 Arduino 開發環境。(http：//arduino.cc/en/Main/Software)
3. 下載 USB 驅動程式。(http：//www.ftdichip.com/)
4. 連接電腦以及電路板。
5. 執行開發環境。
6. 上傳程式。

接著用範例實作來說明如何使用 Arduino IDE：

1. 點選 arduino.exe。
2. 選擇 Tools->Board，點選所用的 Arduino 板子，如圖 1-8。
3. 選擇 Tools->Serial Port，點選屬於 Arduino 的 COM 埠，如圖 1-9。
4. 選擇 File -> Examples ->Examples ->Basic -> Blink，如圖 1-10。
5. 儲存檔案。
6. 編譯程式(Compile)，如圖 1-12。
7. 燒錄程式(Upload)，如圖 1-13。
8. 查看實驗成果，如圖 1-14。

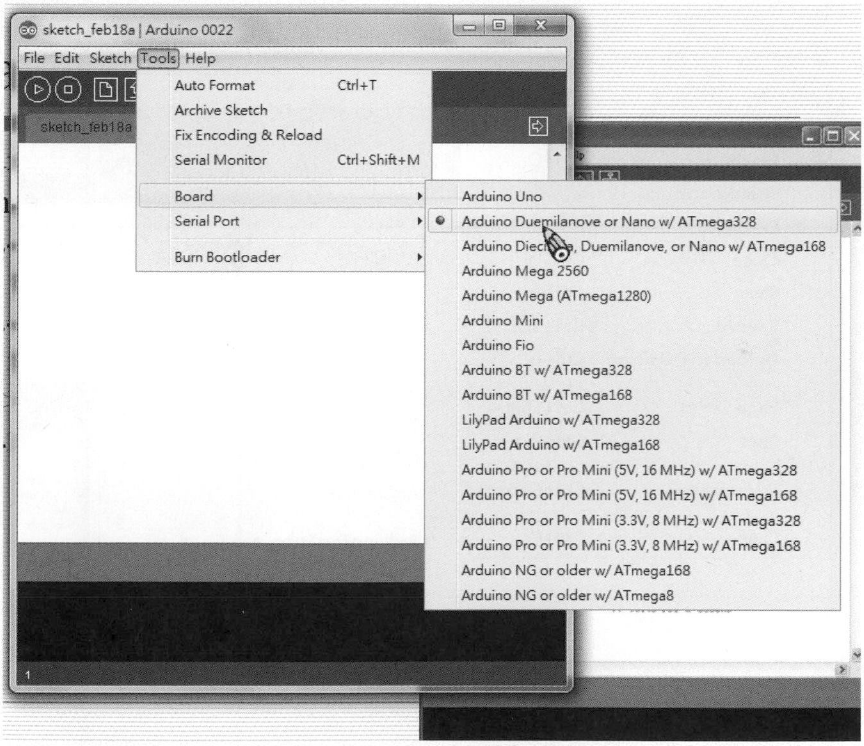

圖 1-8　選擇 Arduino 板子

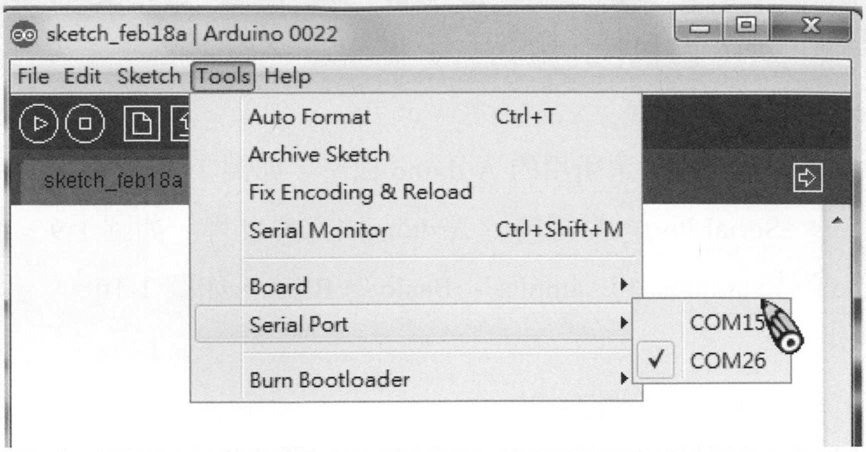

圖 1-9　選擇 Arduino 連接埠

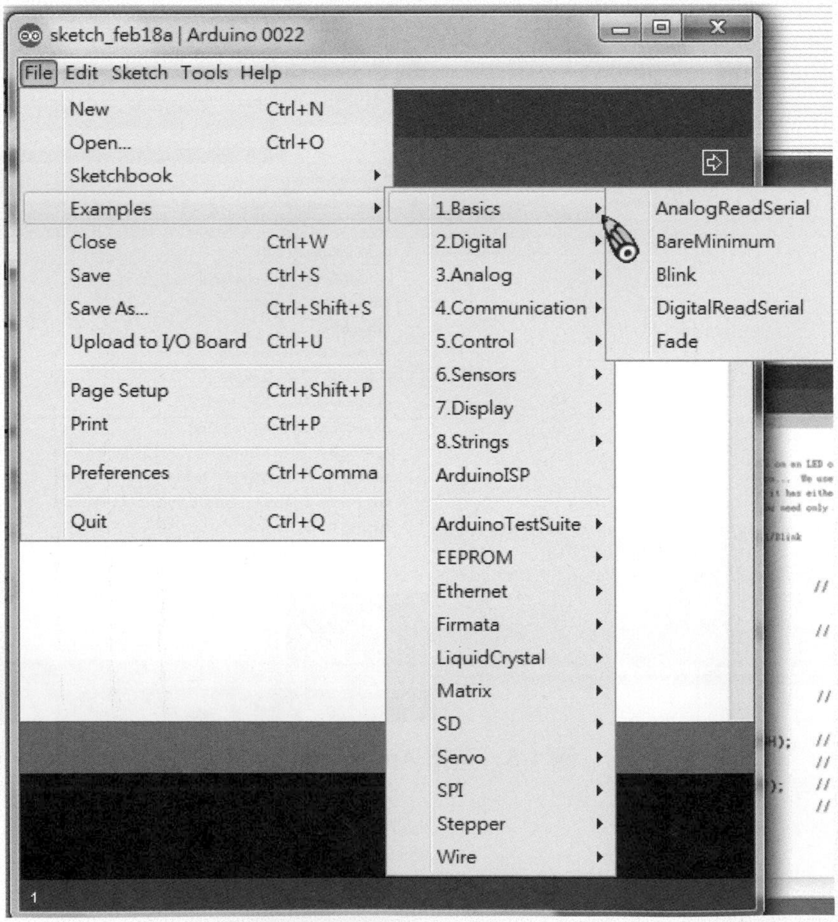

圖 1-10　選擇 Arduino 範例程式

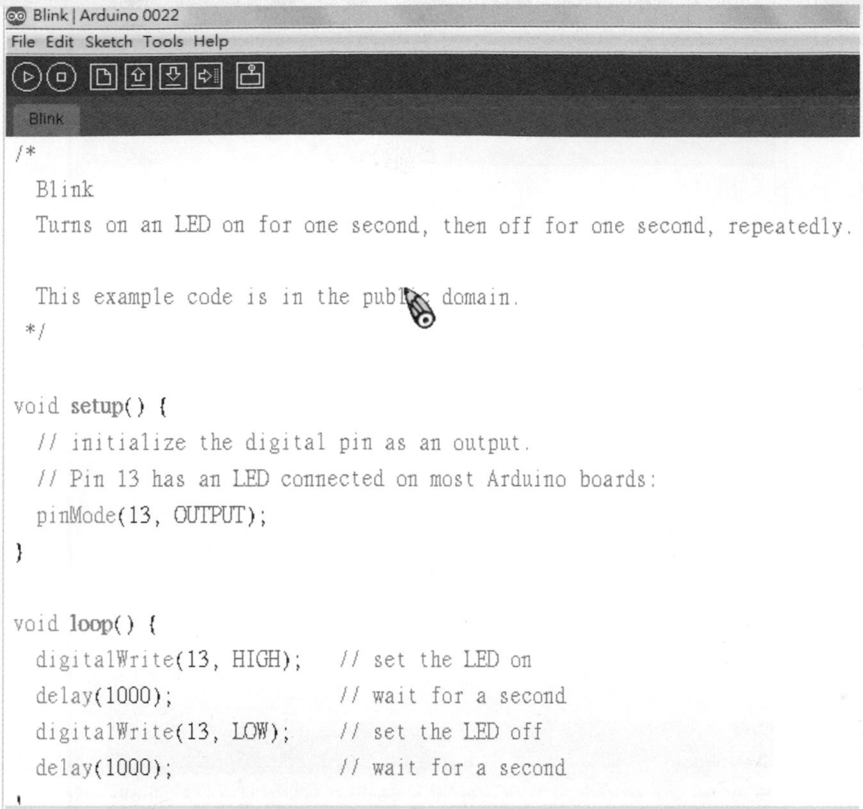

Blink | Arduino 0022
File Edit Sketch Tools Help
Blink
/*
Blink
Turns on an LED on for one second, then off for one second, repeatedly.
This example code is in the publ c domain.
*/
void setup() {
// initialize the digital pin as an output.
// Pin 13 has an LED connected on most Arduino boards:
pinMode(13, OUTPUT);
}
void loop() {
digitalWrite(13, HIGH); // set the LED on
delay(1000); // wait for a second
digitalWrite(13, LOW); // set the LED off
delay(1000); // wait for a second

圖 1-11　Blink 範例程式

如圖 1-11 是 Blink 範例程式，setup 部分是用來設定接腳的模式。loop 是重複的迴圈。這裡設定是每 1 秒鐘燈亮，下 1 秒鐘燈暗。

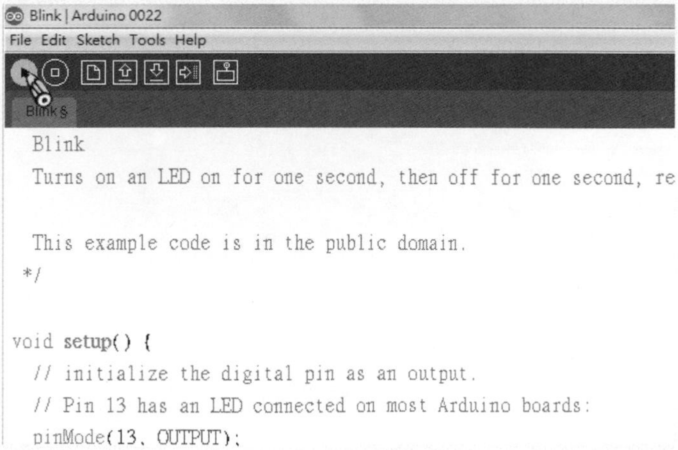

圖 1-12　編譯程式

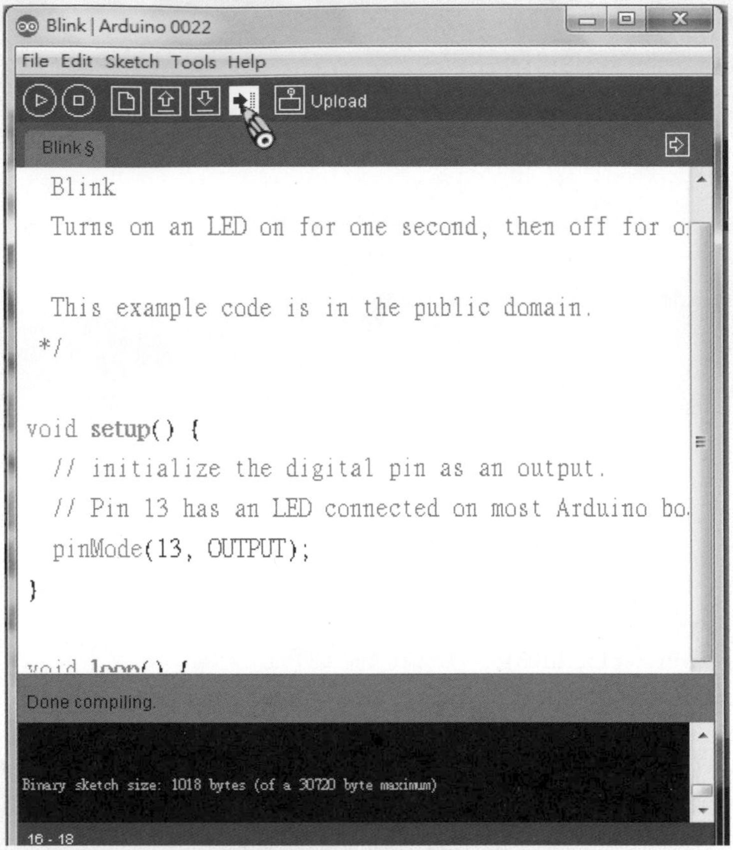
Blink | Arduino 0022
File Edit Sketch Tools Help
Upload
Blink §
Blink
Turns on an LED on for one second, then off for o
This example code is in the public domain.
*/
void setup() {
// initialize the digital pin as an output.
// Pin 13 has an LED connected on most Arduino bo
pinMode(13, OUTPUT);
}
Done compiling.
Binary sketch size: 1018 bytes (of a 30720 byte maximum)
16 - 18

圖 1-13　燒錄程式

MADE IN ITALY
DIGITAL
Arduino
Duemilanove
ATMEGA328

圖 1-14　範例程式 Blink 執行結果

雖然 Arduino 是第一個 Open hardware，具有 8-bit CPU，用 C 語言撰寫；雖也屬於一種物聯網開發平台，但最少有兩大缺點：缺點 A.就是 8-bit CPU 無法提供安全的加密解密演算法，因此以 Arduino 平台來開發物聯網終端設備，是不安全的；缺點 B.就是需要另外購買連網設備，如 ZigBee、藍芽、Wi-Fi 等，一個連網設備價位大約在台幣 800 至 2200 元，成本過高。如果終端設備很多時，所要花費的價格就很可觀，所以內建 Wi-Fi 模組的 NodeMCU 就是一個很好的選擇。

另外由於 C 語言的缺點是無法做快速的程式開發，嵌入式系統語言-Lua 就具有開發優勢。此外，NodeMCU 可加載即時作業系統與物聯網國際標準，因此以 Lua 語言進行嵌入式或物聯網應用開發的 NodeMCU 平台相較於 Arduino 的 C 程式語言就具有一定的優勢。接下來介紹 NodeMCU 以及 NodeMCU 內部具有的 ESP8266 晶片。

1.3 ESP8266 硬體平台

ESP8266 晶片是上海樂鑫公司出的一款汽車級(耐熱–40℃～125℃)集成晶片，包含有 32-bit 單晶片微處理機與 4M bytes flash，並且整合了支援 IEEE 802.11 b/g/n 的 Wi-Fi 晶片。因爲與 Arduino 周邊接腳相容，所以可以與支援 Arduino 的感測器來實現出嵌入式系統。ESP8266 晶片功能所能應用的範疇非常廣泛，如家電監控、遠端遙控、點對點溝通、雲端資料庫等。ESP8266 晶片應用在不同的領域有各種不同的封裝，如圖 1-15。(註：1.商業級晶片的溫度範圍是：0℃～70℃，2.工業級集成晶片(IC)的溫度定額爲–40℃～85℃，3.汽車級集成晶片(IC)的溫度定額爲–40℃～125℃，4.軍品級集成晶片(IC)的溫度定額爲–55℃～125℃。)

ESP8266 晶片正以迅雷不及掩耳的速度成爲物聯網的主要平台之一。其價格十分便宜且操作簡單、十分容易取得。ESP8266EX 晶片在 2016 Greater China IC Design Awards 贏得"Best Wireless/RF IC"獎項。樂鑫公司也被 Gartner 評爲 2016 Cool Vender 殊榮。

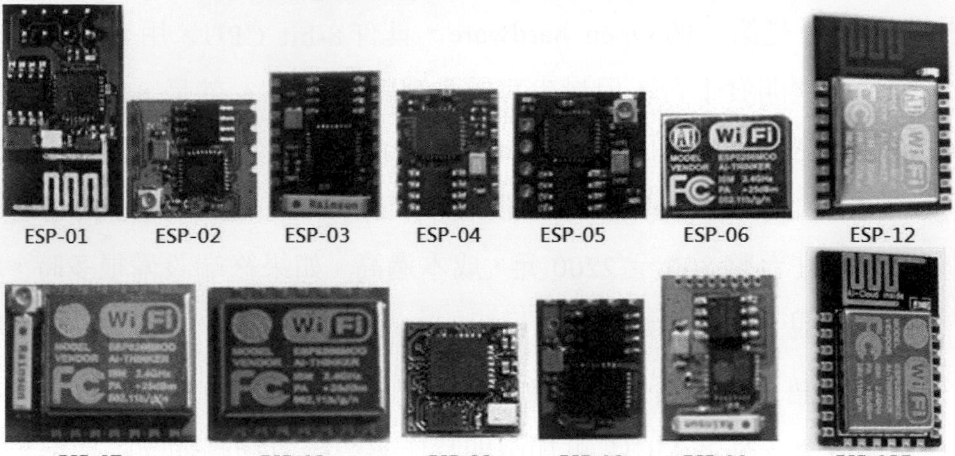

圖 1-15 ESP8266 晶片成員

1.3.1 ESP8266 硬體規格

ESP8266 重要的硬體規格如下：

(1) 電源一定要接 3.3V，使用電流 215 mA。

(2) CPU 使用 32-bit 的 Tensilica Xtensa LX3，速度 80 MHz，也可以利用軟體命令調整到 160 MHz。

(3) ROM/RAM 方面提供 64K Boot ROM、64K Instruction RAM 以及 96K Data RAM。

(4) 額外 Flash 擴充到 4MB，可以用來儲存即時作業系統與應用程式。

(5) 具有 Wi-Fi 802.11 b/g/n，2.4 GHz radio，可以設定爲 AP (access point)、Station 或是 Station+AP 等各種網路應用模式。

(6) 其他硬體周邊提供 Timers、deep sleep mode、JTAG debugging。

GPIO pins 最多有 13 支 GPIO 接腳，除了支援數位的輸出輸入埠，另外也支援 PWM，ADC、UART、I^2C、SPI 介面。在類比接腳(analog pins)方面支援比較弱，只有一根 10-bit 類比讀取接腳(analog input/read pins)，可用來讀取如光度、聲音強度等類比訊號，而完全沒有類比輸出接腳(analog output/write pins)。

1.3.2 ESP8266 韌體(Firmware)

目前有三種方式使用 ESP8266 模組，一是把它當作 Arduino 相容硬體，利用 Arduino IDE 工具直接開發應用程式，筆者認爲光是使用 Arduino 應用程式要來開發物聯網系統是十分困難的；另一是把它當作 Arduino 平台的網路模組；第三種方式是將樂鑫公司開源的即時作業系統(即韌體)安裝於 ESP8266 模組內，因爲此即時作業系統(real time operation system)支援以 Lua 程式語言開發，使 ESP8266 可接受並執行由 ESPlorer IDE 所傳送的 Lua 程式碼，應用程式開發變得更加容易。此外，由於即時作業系統支援了物聯網的國際標準，開發物聯網的應用系統變簡單，相對上是容易許多。(註：學習 Lua 程式語言和下載免費電子書，參考 https://www.lua.org/。)

本課程主要是使用內嵌 ESP8266 的 NodeMCU 實作，因此可由下方網站下載 Firmware 與燒錄程式 Flasher：https：//github.com/nodemcu/nodemcu-flasher，詳細操作內容可以參考 1.4.4 節，NodeMCU 韌體燒錄程式 (NodeMCU Flasher)安裝與測試。如果是購買全華圖書或者是哥大智慧科技(http://www.pcstore.com.tw/aiot/)的物聯網實習套件，已經內建了支援物聯網 CoAP、MQTT 國際標準的系統軟體，作者並不建議去燒錄韌體，因爲新下載的韌體並未完整支援物聯網的國際標準。

1.4 NodeMCU 軟硬體平台相關知識以及其應用

ESP8266 模組(如圖 1-16，方格框起來的位置)是以郵票孔貼片式 IC 晶片存在，不利於應用軟體開發，郵票孔貼片式 IC 晶片通常必須要加載在一個開發板(breakout board)上。NodeMCU 就是一個支援 ESP8266 模組軟硬體開發非常好的開發板。

1.4.1 NodeMCU 基本介紹

安信可科技(Ai-Thinker)公司(https：//www.ai-thinker.com/)基於樂鑫(Espressif)公司(https://espressif.com/)的 ESP8266 ESP-12E 模組做出 NodeMCU 開發板(如圖 1-16)，NodeMCU 軟硬體平台是一個開放原始碼且開放硬體的開發平台，內建的是 Arduino IDE 開發工具上 C 的程式碼，讓使用者可以方便開發 Arduino 相容的應用程式，但要精通 C 語言需要長時間訓練與程式練習，一般而言是無法做快速的程式開發。

圖 1-16　NodeMCU

NodeMCU 軟硬體平台也可以加載(燒錄)即時作業系統以及 Lua 的解譯器(Interpreter)，換句話說這樣的平台就支援了使用 Lua 程式語言，可用來輕鬆快速地開發嵌入式系統與物聯網應用程式。其中 NodeMCU Lua APIs(軟體應用程式介面)，讓 Lua 程式語言可以直接使用即時作業系統所提供的強大功能，如檔案管理、連網功能(如網路連線、HTTP/TCP/UDP 伺服器)、讀取外界物理資訊(如溫度、濕度、光度)、驅動外界裝置(如點亮 LED 燈、啓動馬達讓車子前進、發出蜂鳴器警告人們有危險事情發生)等。由於此即時作業系統亦支援國際物聯網技術標準(如 MQTT 與 CoAP)，也可以快速開發物聯網應用程式。

NodeMCU 平台使用”USB 轉 UART 的晶片”(CP2102 或者是 CH341)，使得 Lua 程式語言可以透過 USB 介面直接下載到 NodeMCU 平台，開發物聯網與嵌入式系統應用程式因而變得十分容易。然而 CP2102 或者是 CH340、CH341 晶片爲工業級集成晶片，工作溫度定額爲-40℃～85℃，太熱的地方容易燒壞，因此建議開發的時候使用 NodeMCU 平台，生產最終產品的時候則使用 ESP8266。

NodeMCU 架構主要分爲硬體層(hardware)、韌體層(firmware)和軟體層(software)三個部分，如圖 1-17。圖中最底層爲 NodeMCU 硬體層，硬體層搭載 Espressif 所開發的 Wi-Fi SoC 「ESP-12E」，並結合 NodeMCU 硬體開源專案 nodemcu-devkit 建置物聯網開發版。硬體層的上一層爲韌體層，可分爲 1.韌體最底層的 ESP Open SDK：爲樂鑫(Espressif)公司專爲其物聯網 Wi-Fi SOC 提供的開發工具。2.韌體第二層使用 ESP Open SDK 建置與實作 eLua 與功能模組，在功能模組方面使用C語言撰寫，但是並非完全使用標準的C函式庫，而是使用ESP Open SDK 所提供的函式庫撰寫。3.韌體最上層為 NodeMCU Lua Interface，提供 NodeMCU Lua APIs 給予開發者撰寫 Lua 程式。當使用者呼叫了 NodeMCU Lua APIs 的方法時，會將 Lua 程式轉換為相對應的功能模組執行。最上面則為軟體層，開發者可使用 Lua 程式語言，利用 NodeMCU Lua APIs 給予開發者使用，開發者只須要撰寫簡易的 Lua Script 語法實現物聯網應用程式，不需要了解底層深奧的韌體以及硬體運作，不只降低了物聯網開發的難度，也大幅提升開發的速度。

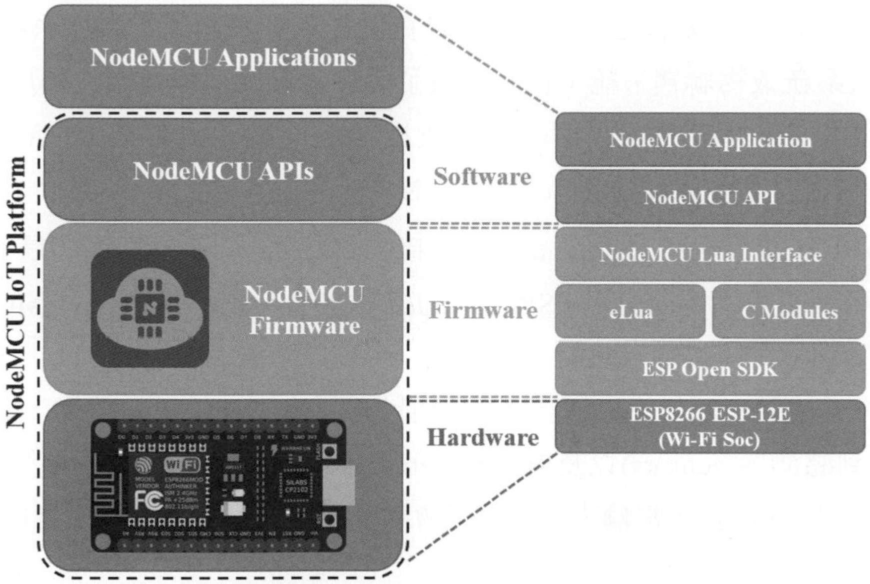

圖 1-17　NodeMCU 平台架構圖

1.4.2　NodeMCU 平台特點

NodeMCU 具有下列平台特點：

1. NodeMCU 平台具有和 Arduino 平台一樣的操作 I/O，因此可以和 Arduino 相容，所以幾乎市面上所有可以用於 Arduino 平台的感測器(Sensor)和啓動器(Actuator)都可以使用。
2. NodeMCU 平台可以用 Nodejs 類似語法，撰寫網路應用如 HTTP server、TCP/UDP server。所使用的 Lua 腳本語言就類似 JavaScript，但執行 Lua 環境

容量(foot-print)較 JavaScript 更小，僅需 200KB 就可以嵌入到即時作業系統中使用。

3. NodeMCU 平台有超低成本的微處理器與 Wi-Fi 模組(即 PESP8266 模組)。
4. NodeMCU 平台具備 USB 接口，讓開發者使用方便，可以快速下載資源使用。
5. NodeMCU 平台包含 13 個數位 GPIO 接腳(D0～D12)和一個類比訊號讀取接腳(A0)。

1.4.3 NodeMCU 平台 I/O 接腳

了解微處理機的接腳定義與功能，是實做嵌入式系統或物聯網系統十分重要的。嵌入式系統或物聯網系統工程師必須了解那些接腳可以做類比輸出/輸入？那些接腳可以做數位輸出/輸入？那些接腳支援 SPI、UART、I²C 與 one-wire 傳輸協定的輸出/輸入？那些接腳可以做數位 PWM 輸出？

NodeMCU 開發板和 ESP8266 晶片的接腳對應如圖 1-18，中間的是 NodeMCU 的接腳名稱，對應到外部的是 ESP8266 的接腳名稱。我們將以 NodeMCU 接腳爲主來說明 NodeMCU 接腳定義與功能：

1. Vin：Vin 接腳有兩種使用模式：(1)一般如果有 USB 供電的時候，Vin 可以供應 5V 到感測器(sensors)以及啓動器(actuators)。(2)沒有透過 USB 供電時，Vin 具備 5V 穩壓接腳，當輸入 5V 電壓會轉爲 3.3V 的電壓，再供應給 ESP8266 晶片。
2. 3V3：NodeMCU 有 3 個 3V3 電源輸出接腳，提供 3.3V 電壓給周邊設備(即感測器及啓動器)做電源輸入。
3. GND：NodeMCU 有 4 個 GND 接腳(接地接腳)，提供 0V 電壓給周邊設備。
4. D0：NodeMCU D0 接腳直接與 ESP8266 GPIO16 相連，此接腳只能做數位的輸出。此接腳也內嵌一個 active-low LED 燈，active-low 的意思是當輸出爲零的時候 LED 燈會被點亮。D0 與 D4 接腳都內嵌一個 active-low LED 燈，因此可以利用 LED 燈的閃爍來做軟硬體的除錯。
5. D1～D12 (ESP8266 GPIO05/04/00/02/14/12/13/15/03/01/09/10)接腳，每個接腳都能配置做數位的輸出/輸入與 PWM(Pulse Width Modulation)數位的輸出，此

外這些接腳也提供了 SPI、UART、I²C 與 one-wire 等傳輸協定。使用 D1～D12 GPIO 接腳必須注意下列三點：

(1) D9 與 D10 分別為 UART 的傳送接腳(Tx)與接收接腳(Rx)，而 Tx 與 Rx 接腳通常用來與電腦的終端機(COM port terminal)溝通，一旦使用之後，NodeMCU 執行時所打印的訊息將無法呈現在電腦的終端機上。

(2) D11(即 NodeMCU 的 SD2)連接到 ESP8266 GPIO09 使用時，會讓系統自動重置，所以也不可以使用。

(3) D1～D12 接腳都可以使用來充當 I²C 的 clock 接腳與 data 接腳。

6. A0：即 ESP8266 ADC0 接腳，連接到一顆 10 位元類比轉數位轉換器(ADC)，可用來讀取外界的類比訊號，類比訊號值的精準刻度為 1024(原則上可以讀出的值介於 0～1023)，而讀取 A0 接腳時，如果不接任何的感測器實際上讀出的值為 1024。

7. RSV：NodeMCU 有兩根 RSV 的接腳，它沒有任何功能，也沒有接到任何電路，可以利用這兩根接腳來固定其他感測器與啟動器。

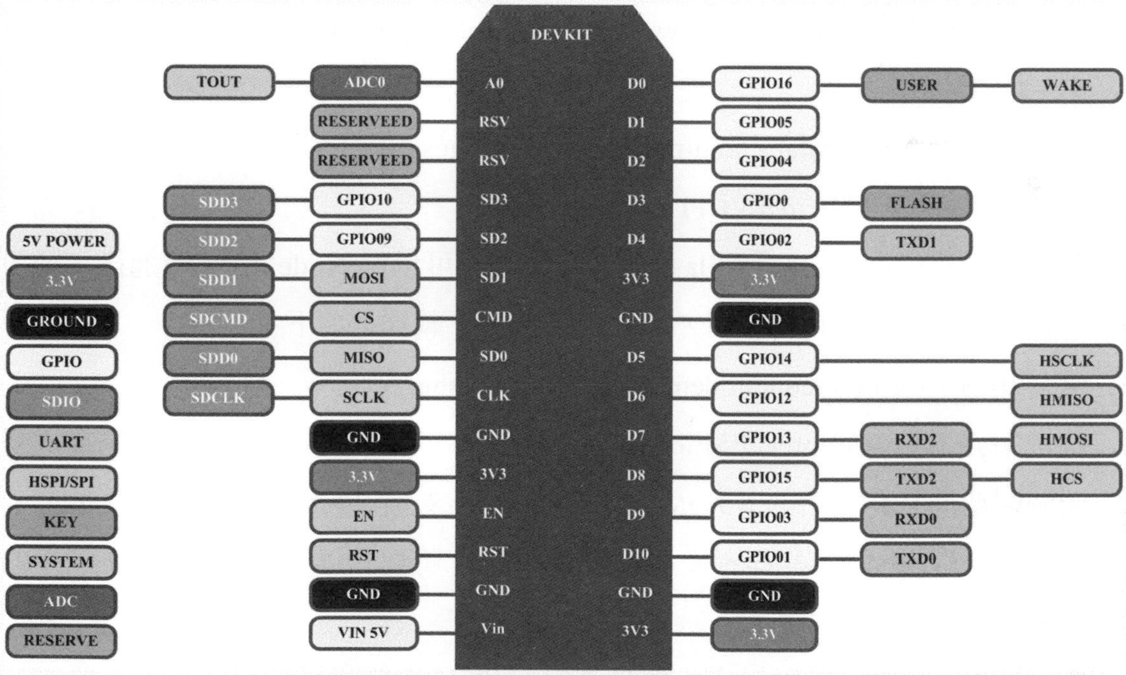

圖 1-18　NodeMCU 和 ESP8266 Pin 腳對應

8. D5/D6/D7/D8 與 SD1/CMD/SD0/CLK：這兩組接腳分別支援兩組 SPI 介面，支援 HSPI 和 SPI 通訊協定。
9. Rx/Tx 與 D7/D8：NodeMCU 支援兩組 UART 通訊協定。
10. EN 和 RST。EN 表示 enable，例如當在做燒錄動作時 EN 就要設定為 1 進行燒錄，如果為 0 表示是一般執行模式。當觸發 RST 鍵時會執行 init.lua 程式，但通常只有在正式推出系統時才會撰寫 init.lua 程式。當沒有 init.lua 程式時，系統會進入解譯模式，讓使用者透過下指令方式進行溝通。

1.4.4 NodeMCU 開發工具與驅動程式安裝

本課程主要使用 NodeMCU 來實作開發平台，在實作前則必須將開發環境架設好。所需要用到的相關軟體有以下四種，皆可由下列的網站 [4-9] 取得：

1. 驅動程式：目前市面上有兩種 NodeMCU USB 轉 UART 的晶片(CH341 與 CP2102)當 NodeMCU 接到電腦後，必須安裝驅動程式(USB-TTL Driver - CH341 或 CP210X)才可以使用，下載網址如下：
   - CH341 晶片：http：//www.electrodragon.com/w/CH341
   - CP2102 晶片：
     https：//www.silabs.com/products/mcu/Pages
     /USBtoUARTBridgeVCPDrivers.aspx
2. 韌體燒錄程式(NodeMCU Flasher)：一旦電腦可以與 NodeMCU 溝通後，便可以燒錄新的 NodeMCU 韌體，韌體燒錄程式下載網址如下：
   - https：//github.com/nodemcu/nodemcu-flasher
3. 整合開發工具 ESPlorer：ESPlorer 整合開發工具是由 Java 程式語言撰寫而成是一個開源而且跨平台的 NodeMCU 開發系統，支援 Windows、MAC、Linux 作業系統，在 Snap!寫完程式後可透過 ESPlorer 將程式燒入到 NodeMCU。下載網址如下：
   - http://iot.ttu.edu.tw/工具/ 網頁下載 ESPlorer.jar(v0.0.2) 開發工具。
   - http：//esp8266.ru/esplorer

4. 電路與 PCB 印刷電路板的設計工具(Fritzing tool)：利用 Fritzing tool 可以在實際接線前，先用電腦模擬接出電路，以免在眞正接線時，由於接線錯誤把設備燒毀，下載網址如下：

- http：//fritzing.org/

以下則針對上述軟體進行說明，更詳細步驟可以參考實驗手冊：

1. NodeMCU 驅動程式 (USB-TTL Driver- CH341 或 CP210X)安裝與測試

NodeMCU 是透過 USB port 與使用者電腦或者是 notebook 連接。NodeMCU 上的"USB 轉 UART 的晶片"(CH341 與 CP2102)會設置一 USB-UART 介面，方便將電腦 USB 信號轉換給 ESP8266 內部 UART 接口。因此使用者電腦需先安裝對應的驅動程式，使電腦能辨識該"USB 轉 UART 晶片"。當模組透過 USB 與電腦連接時，可經由裝置管理員獲知該晶片組型號。USB-TTL Driver 有兩種晶片 CH341 或 CP2102，安裝檔案如圖 1-19。

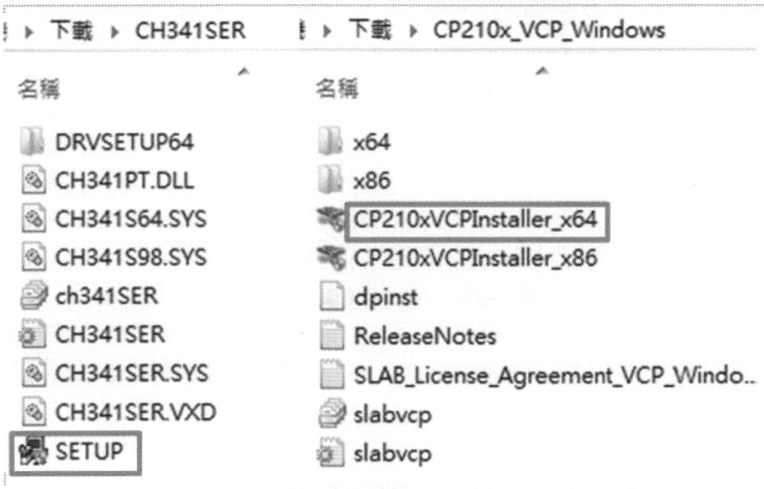

圖 1-19　USB-TTL Driver

當接上 NodeMCU 後，進入裝置管理員可以看到 COM port(連接埠)已經有接上裝置，如圖 1-20。其中 COM port (即 COM3)需要記得，因爲當要執行燒錄新的 NodeMCU 韌體或下載程式時，需知道透過哪個 COM port 和 NodeMCU 進行溝通。

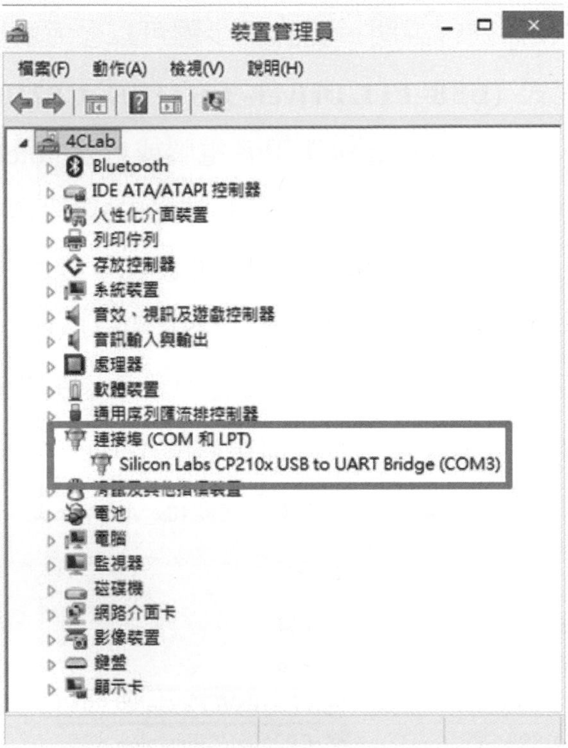

圖 1-20　NodeMCU 連接埠

2. NodeMCU 韌體燒錄程式 (NodeMCU Flasher)安裝與測試(建議讀者本步驟理解就好不須實作，以免複寫原來的韌體)

將 NodeMCU 即時作業系統的韌體(Firmware)燒錄到 NodeMCU 中，讓使用者可以用電腦和 NodeMCU 溝通。NodeMCU 韌體可以到 http：//nodemcu-build.com 網站，自行製作下載或是到 NodeMCU 官方網站下載，實際操作流程如下：

(1) 下載所要 NodeMCU 即時作業系統的韌體，即 NodeMCU 的 Firmware bin 檔如圖 1-21。下載網址：

https：//github.com/nodemcu/nodemcu-firmware/releases。

圖 1-21　NodeMCU bin 檔下載

(2) 下載韌體燒錄程式(ESP8266Flasher.exe)如圖 1-22，下載網址：

https://github.com/nodemcu/nodemcu-flasher。

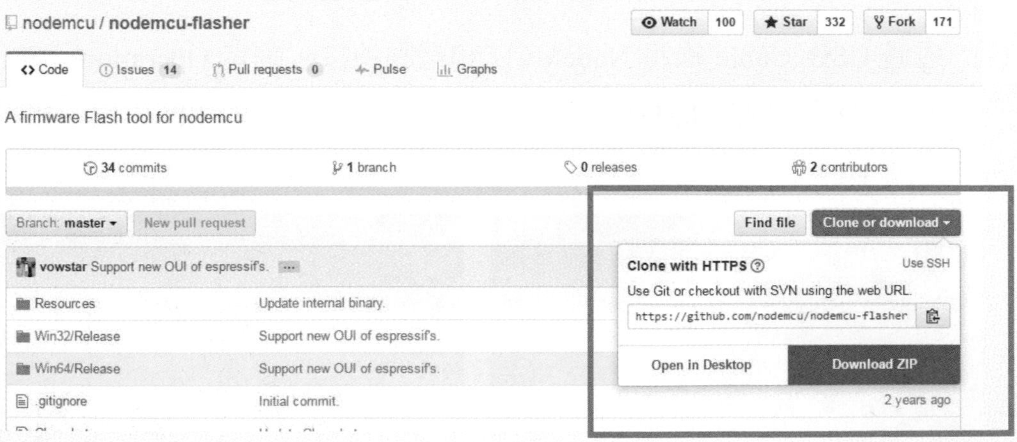

圖 1-22　NodeMCU Flasher 下載

進入燒錄程式安裝路徑下(安裝目錄/Win64/Release)，並雙擊ESP8266Flasher.exe 檔案來啓動韌體燒錄程式，如圖 1-23。

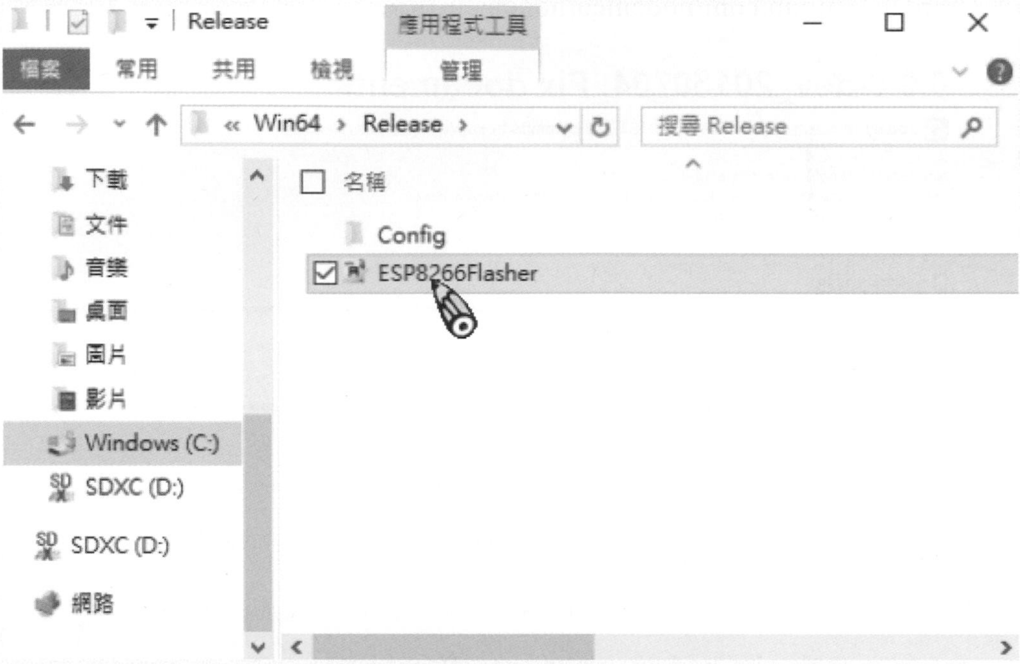

圖 1-23　NodeMCU Flasher-安裝路徑

(3) 透過 USB Cable 線將 NodeMCU 和電腦連接，設定 Operation 下的 COM Port，接著點選 Flash(F)按鍵，可得到 NodeMCU 的 MAC 值，如圖 1-24 及圖 1-25。

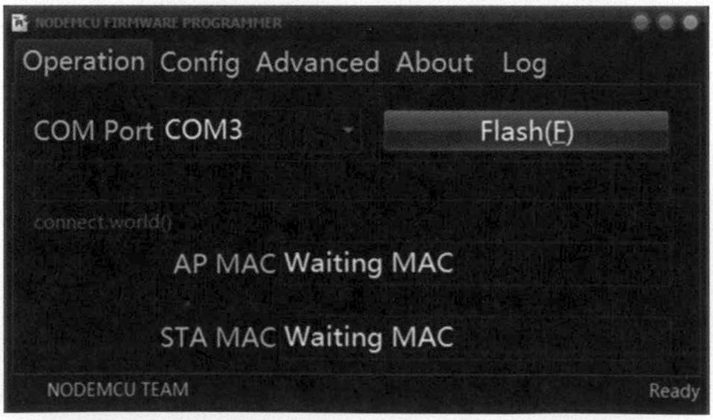

圖 1-24　NodeMCU Flasher-Operation 1

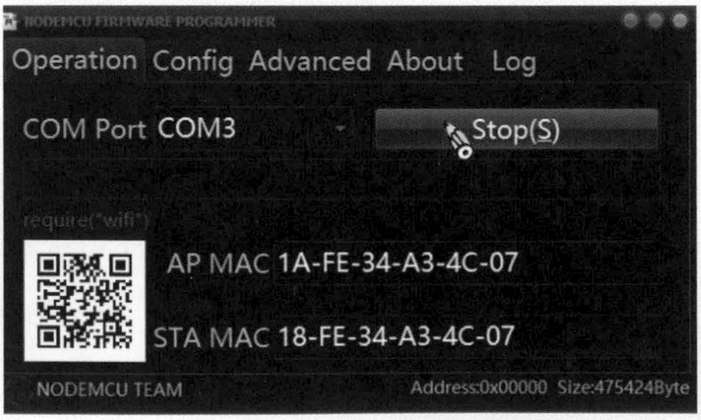

圖 1-25　NodeMCU Flasher- Operation 2

(4) 選擇 Config 下將 Flasher 的 bin 檔載入，可將即時作業系統的韌體燒錄到 NodeMCU 裡，如圖 1-26。返回 Operation 頁面，點選 Flash(F)按鈕，開始燒錄 Firmware。燒錄過程會有藍色的進度顯示，當左下方出現綠色勾勾表示燒錄完成，如圖 1-27。

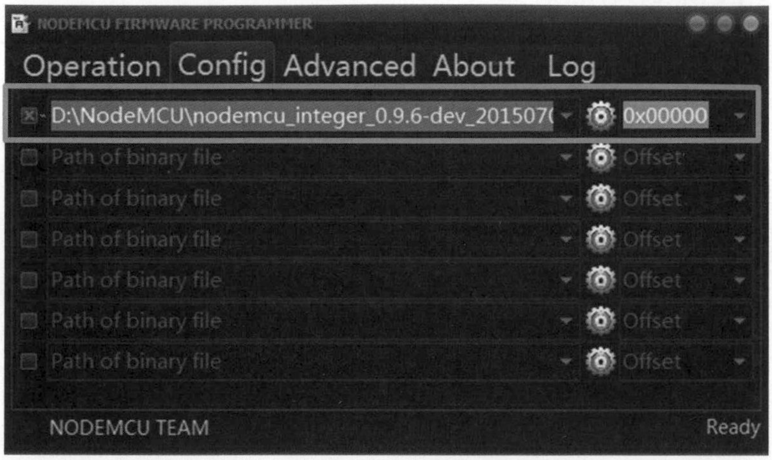

圖 1-26　NodeMCU Flasher-載入 bin 檔

圖 1-27　NodeMCU Flasher-燒錄完成

3. NodeMCU 整合開發工具(ESPlorer IDE)安裝與測試：

NodeMCU 的開發環境為 ESPlorer IDE，提供一個整合的 ESP8266 開發環境。支援 NodeMCU 的 Lua 語言和 MicroPython，也支援所有的 AT command。ESPlorer IDE 是一個 Java 應用程式，因此必須先安裝好 Java SE v7 以後的版本才能運行。ESPlorer IDE 支援下列作業系統：

- Windows(x86, x86-64)
- Linux(x86, x86-64, ARM soft & hard float)
- Solaris(x86, x86-64)
- Mac OS X(x86, x86-64, PPC, PPC64)

(1) ESPlorer IDE 軟體下載：到 http://iot.ttu.edu.tw/工具/ 網頁下載 ESPlorer.jar 開發工具。

下載工具

智慧控制APPv1.20(使用工具)：
可透過Android手機/平板與Gateway自動連線，並監控Gateway上的物聯設備。
(支援Android手機/平板，支援Android 6.0 自動連線功能 如果無法連線需開定位功能)

Zumo控制APPv1.2(使用工具)：
可透過Android手機/平板與Gateway自動連線，並監控Gateway上的Zumo。
(支援Android手機/平板，支援Android 6.0 自動連線功能 如果無法連線需開定位功能，單一控制)

MQTT Dashboard.1.9.3(使用工具)：
可透過Android手機/平板與Gateway進行MQTT的操作。

ESPlorer.jar(v0.0.2)(開發工具)：
NodeMCU的燒錄工具，在Snap!寫完程式後可透過ESPlorer將程式燒入到NodeMCU。
(支援Window，MAC，Linux)

HC-SR04 超音波感測器 lua module
(lua code)

圖 1-28(a) ESPlorer 軟體下載

或是到 http：//esp8266.ru/esplorer/網址去下載 ESPlorer.zip，如圖 1-28(b)。

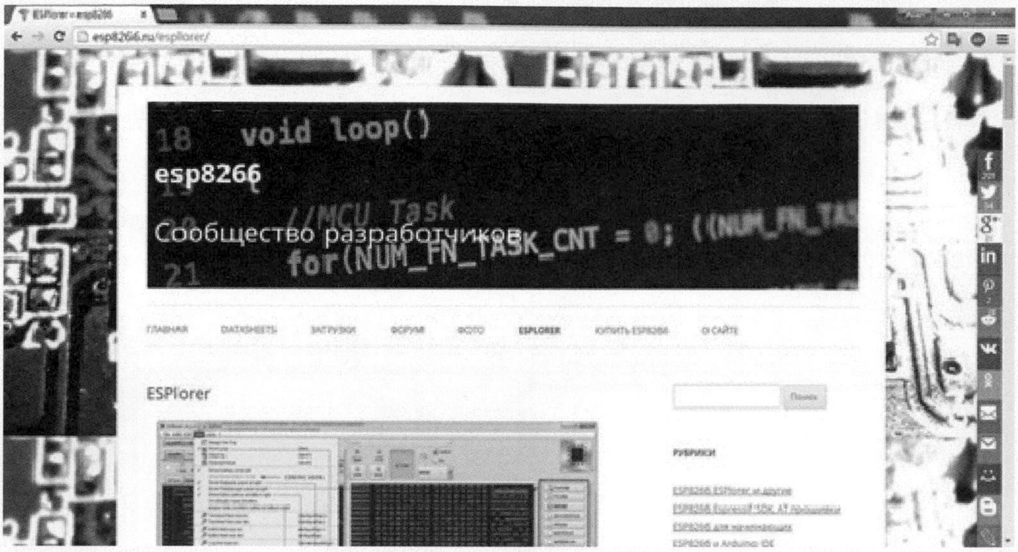

圖 1-28(b)　ESPlorer 軟體下載

(2) 將 ESPlorer.zip 解壓後，執行解壓目錄下的 ESPlorer.bat(或是 ESPlorer.jar) 即可進入開發環境 IDE，如圖 1-29。目前最新的 ESPlorer IDE 版本為 v0.2.0-rc2。

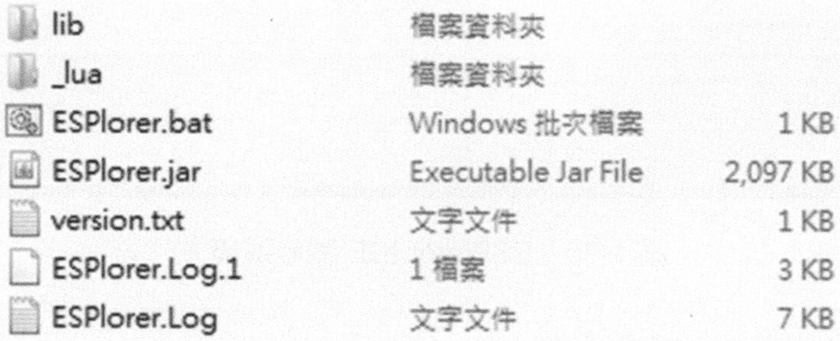

圖 1-29　ESPlorer IDE 安裝目錄

(3) ESPlorer 操作環境介紹：

圖 1-30 爲 ESPlorer IDE 主要開發環境，左半邊爲 NodeMCU 程式開發工具區，右半邊爲 NodeMCU 功能控制區。A 工具列提供程式編輯功能，B 工具區提供應用軟體(Lua files or compiled Lua files)上傳到 NodeMCU 記憶體功能。

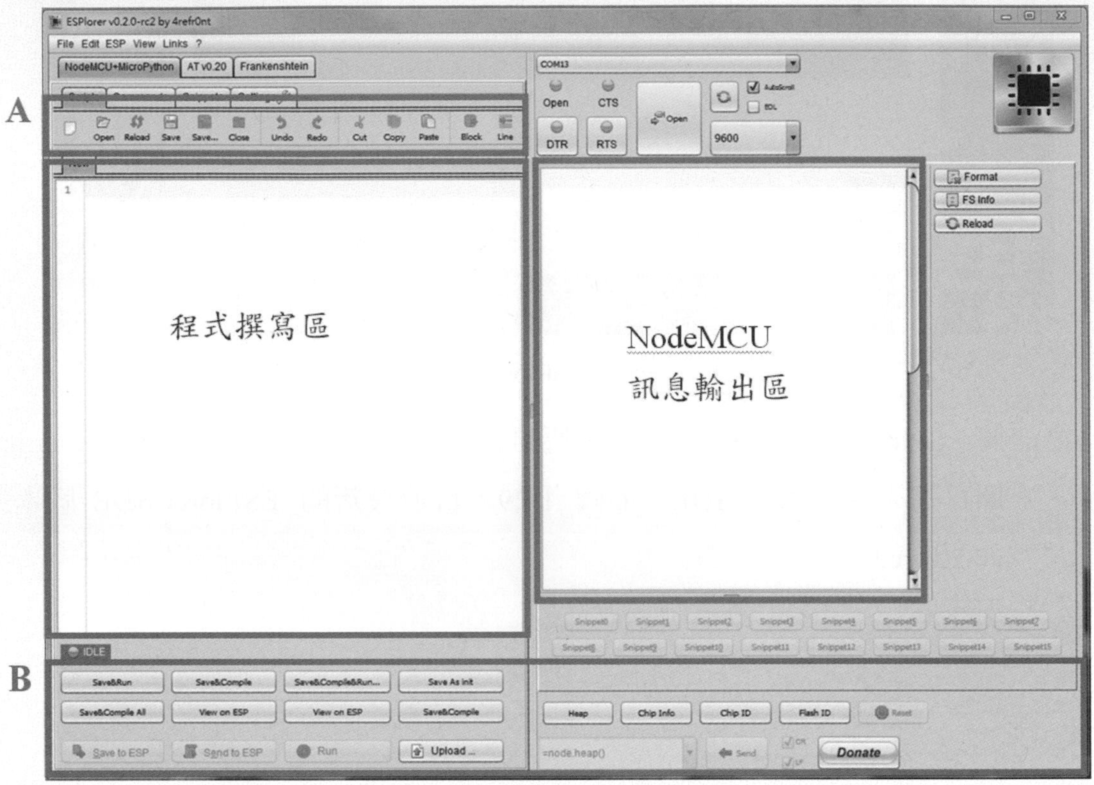

圖 1-30　ESPlorer IDE 開發環境

程式編輯功能區的主要介紹如下：

- New file：開新檔案。
- Open：開啓 lua 檔。
- Save：儲存 lua 檔。
- Line：將目前游標所在行的程式碼送到 NodeMCU 執行。
- Block：將目前游標所圈選的程式碼送到 NodeMCU 執行。

上傳功能按鈕區的主要介紹如下：

- Save&Compile：將 NodeMCU 上的 lua 檔編譯成 lc 檔。
- Save to ESP：將 lua 檔儲存到 NodeMCU，並執行該 lua 檔。
- Send to ESP：將 lua 檔內容傳送到 NodeMCU 上執行，但不儲存到 NodeMCU。
- Run：用 dofile()去執行 NodeMCU 上的 lua 檔。
- Upload：將 lua(.lua)或是 lua 編譯檔(.lc)檔上傳並儲存到 NodeMCU。
- 按下 (refresh)，搜尋所有可以使用的 COM port。
- 按下 Open (Open)可以和 NodeMCU 連接。第一次使用 NodeMCU 時，右方窗格會出現如下圖 1-31 畫面，則需要再按下 NodeMCU 的 RST 鍵。成功進入畫面如圖 1-32。

圖 1-31　第一次使用 NodeMCU 時，電腦無法連接 NodeMCU 畫面

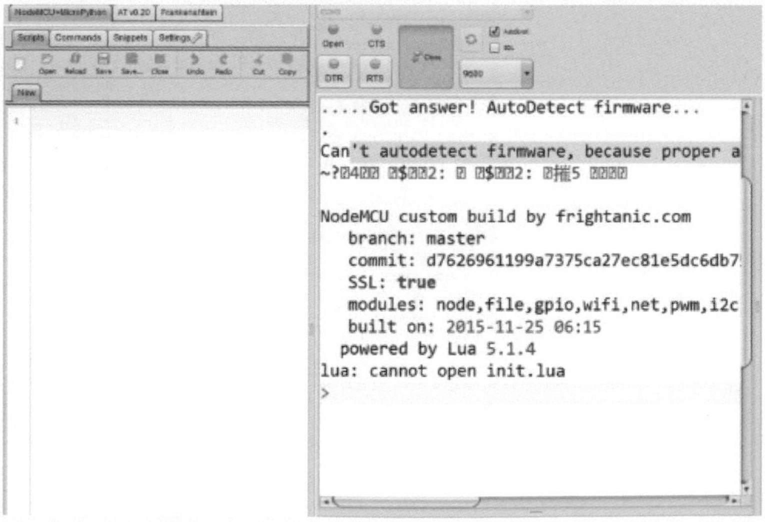

圖 1-32　電腦成功連接 NodeMCU 畫面

- 成功進入後，可以點選其他按鈕取得想要知道的 NodeMCU 資訊：

① FS Info：可以知道記憶體使用狀況與還剩多少空間可以使用，如圖 1-33。

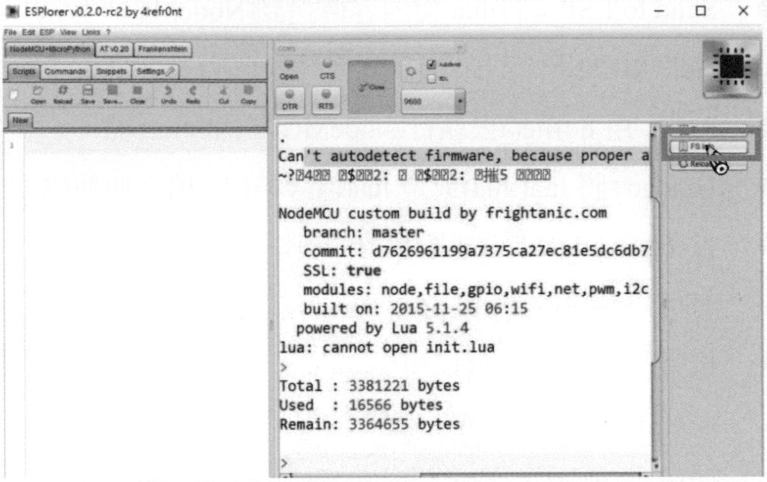

圖 1-33 FS Info

② Heap：告知目前的 RAM size 所剩空間，如圖 1-34 剩下 34168 Bytes。

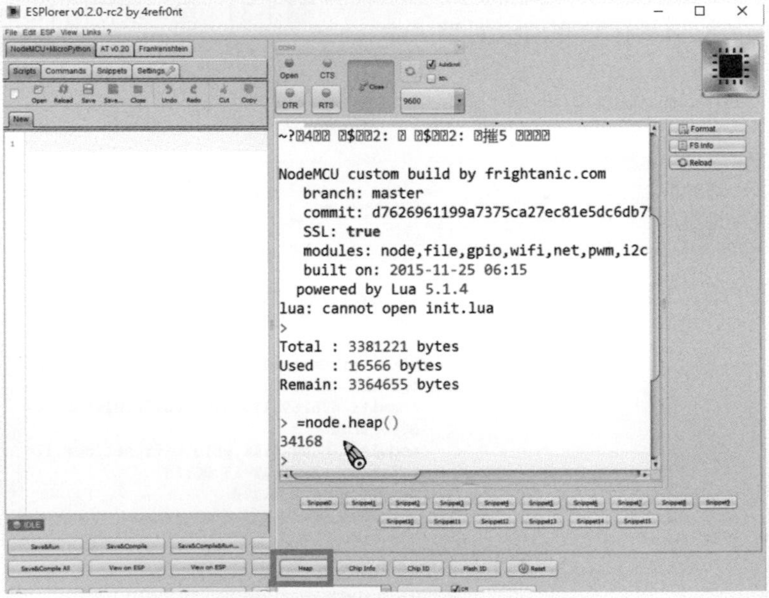

圖 1-34 Heap 剩餘空間

③ Chip Info：取得 NodeMCU 的版本、flash id 與 chip id 等相關資訊，如圖 1-35。

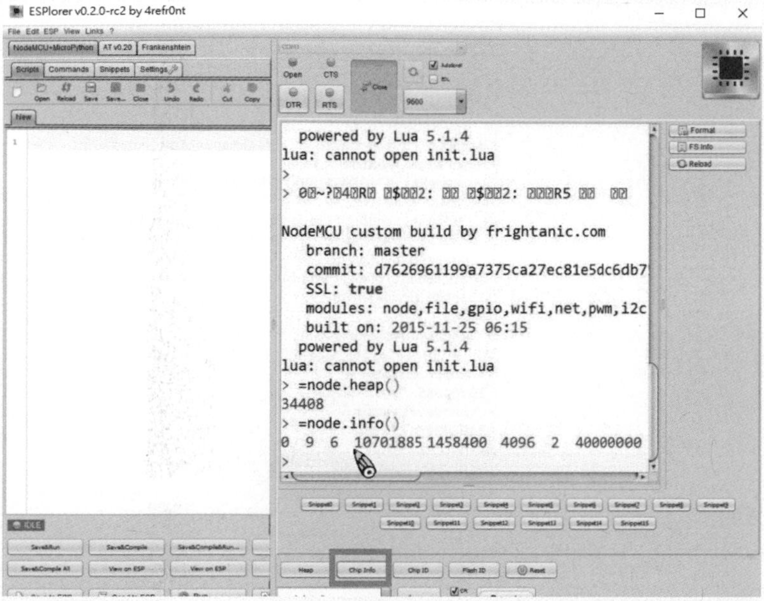

圖 1-35　Chip Info

④ Chip ID：取得 ID 值，每個 NodeMCU 都有唯一的 ID 值，如圖 1-36。

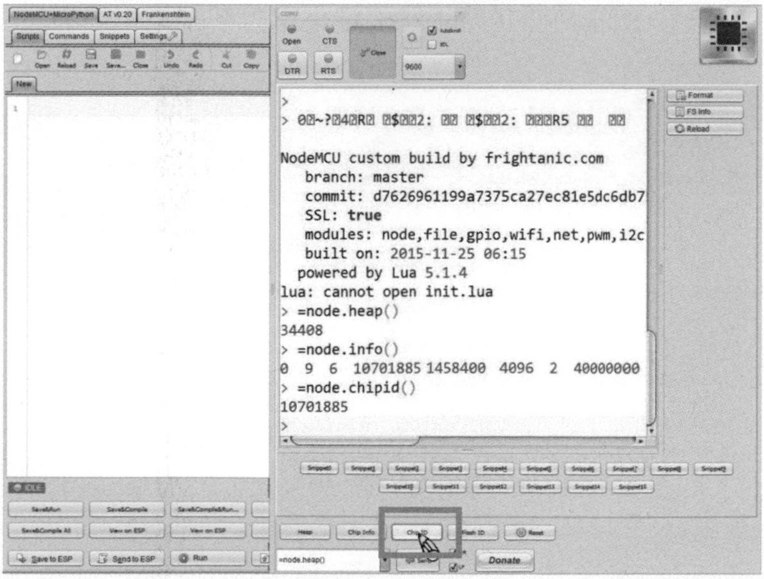

圖 1-36　Chip ID

⑤ Flash ID：取得 Flash ID 值，每個 NodeMCU 的 Flash ID 也是唯一的，如圖 1-37。

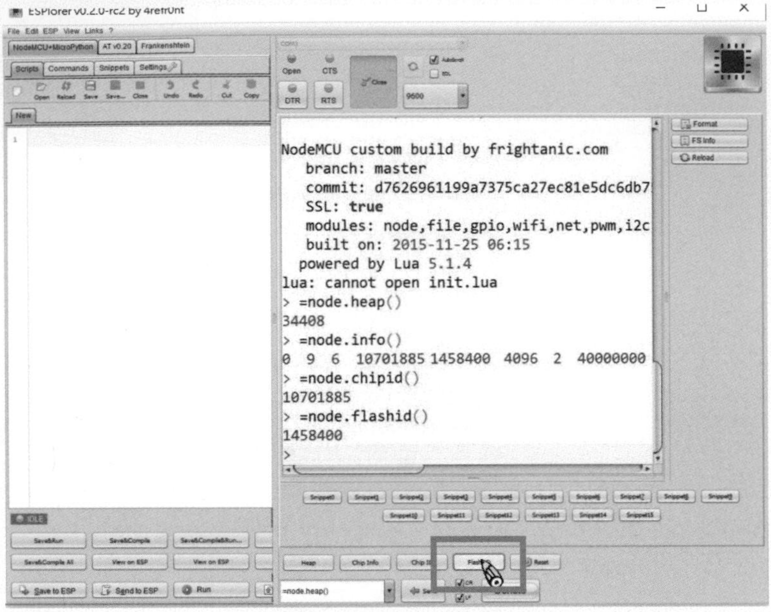

圖 1-37　Flash ID

⑥ Reset：當系統出錯可以點選 Reset 鍵重新啟動 NodeMCU，這與直接按 NodeMCU 上的 RST 鍵來重置系統是相同的，如圖 1-38。

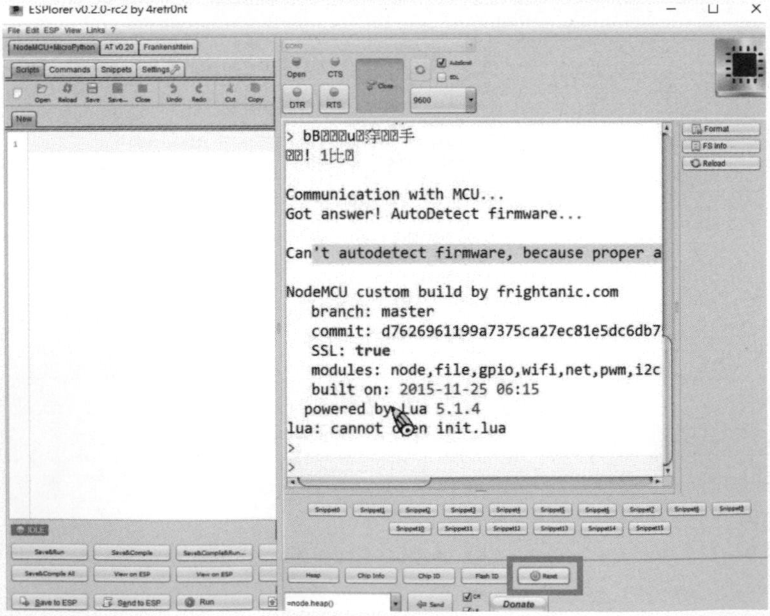

圖 1-38　Reset

⑦ Reload：reload files 按鍵可顯示出目前在 NodeMCU 中的所有載入的程式，也可從訊息輸出區得知每支程式的大小，如圖 1-39。

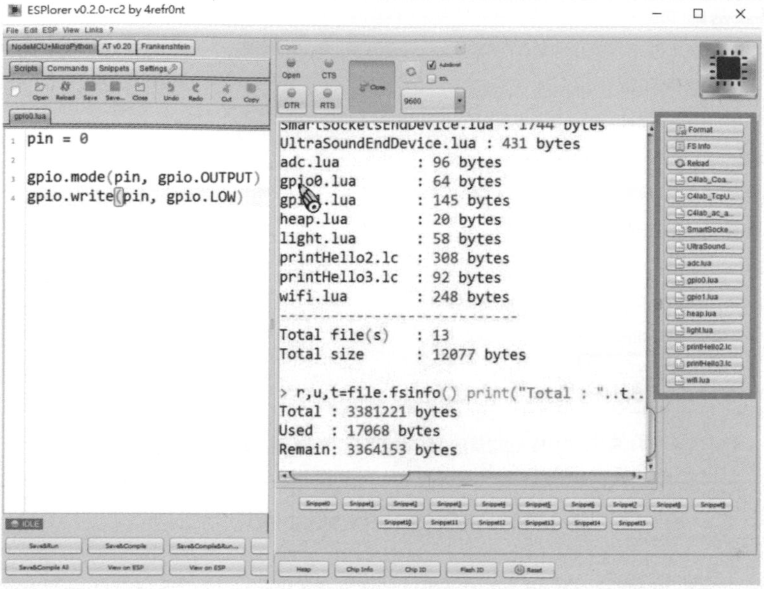

圖 1-39　Reload

4. NodeMCU 整合開發工具(ESPlorer IDE)設定 code assist 的功能：

設定 keyboard 來提供 code assist 的功能

在 ESPlorer 中 Lua 語言的指令提示功能快捷鍵" Ctrl+Space" 與作業系統預設切換中英文按鍵衝突，因此需要變更按鍵。以 Win 8 為例其步驟如下：

① 控制台→語言→進階設定，如圖 1-40：

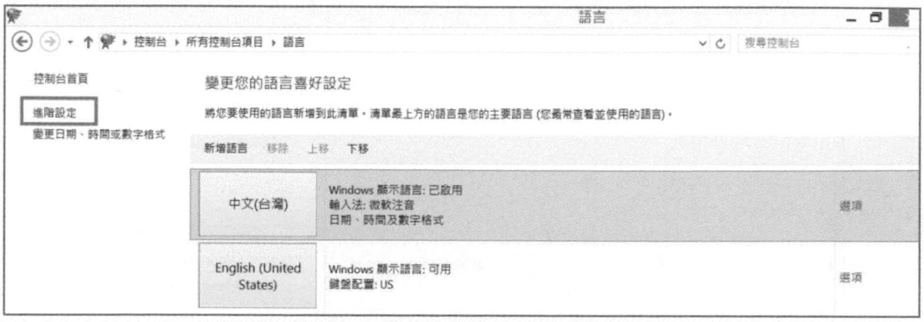

圖 1-40　設定 code assist 的功能(1)

② 點擊"變更語言快捷鍵"，如圖 1-41：

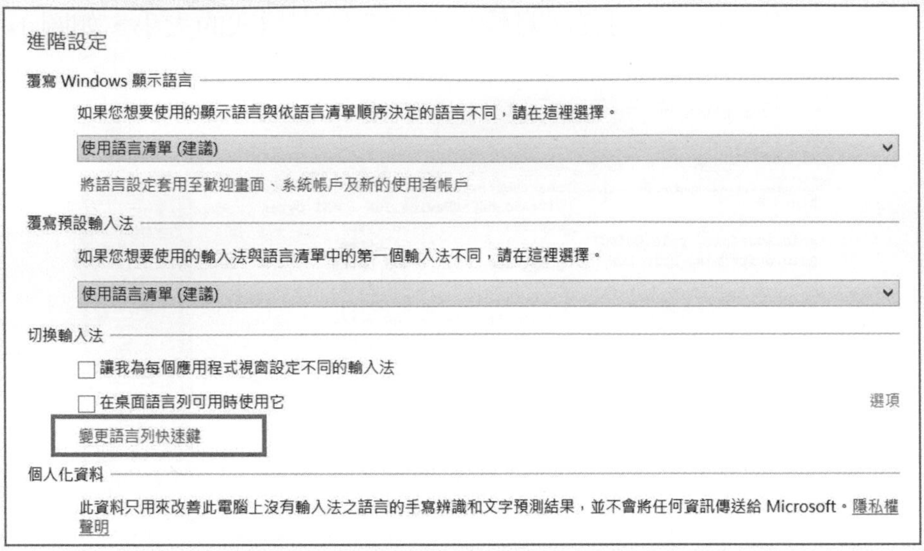

圖 1-41　設定 code assist 的功能(2)

③ 修改輸入語言快速鍵內容：將圖 1-42 第 4 項，中文輸入法-啓用/停用，改爲其他組合快速鍵，即可在中文環境下操作 ESPlorer IDE 的指令提示功能。

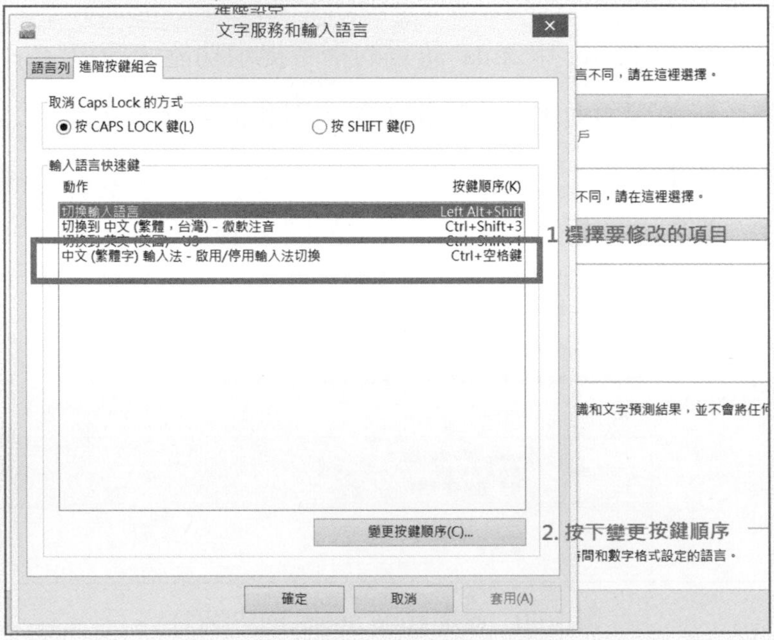

圖 1-42　設定 code assist 的功能(3)

如果電腦內只有中文環境，可在控制台→語言，新增其他語言，如圖 1-43。

圖 1-43　設定 code assist 的功能(4)

※ 何謂程式碼自動完成(code assist/complete)：例如當輸入 while 後，按下 Ctrl + Space，即可秀出相關指令，如圖 1-44。

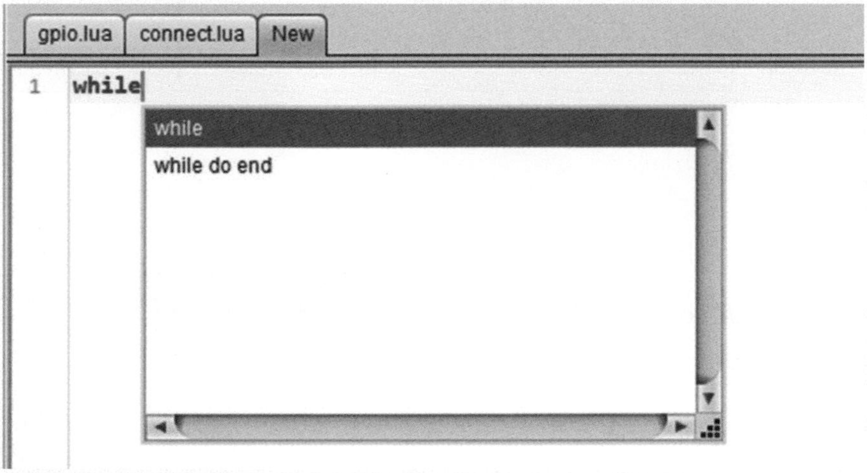

圖 1-44　自動完成 command

1.5 Fritzing IDE 安裝與測試(建議電路不熟悉的讀者讀者可以跳過本節)

Fritzing tool 是一種開放原始碼的工具，可利用 Fritzing tool 來製作嵌入式系統電路設計。此工具可以從網路上下載(http：//fritzing.org)，是免安裝版本，直接點選 Fritzing.exe 即可開啓工具開始編輯，如圖 1-45。

圖 1-45　Fritzing tool

1. 麵包板：

當開啓一個新的檔案時，會有一個麵包板(breadboard)，使用者可以透過右方元件拉入所需要的元件並配線，完成麵包板的電路配置，如圖 1-46。

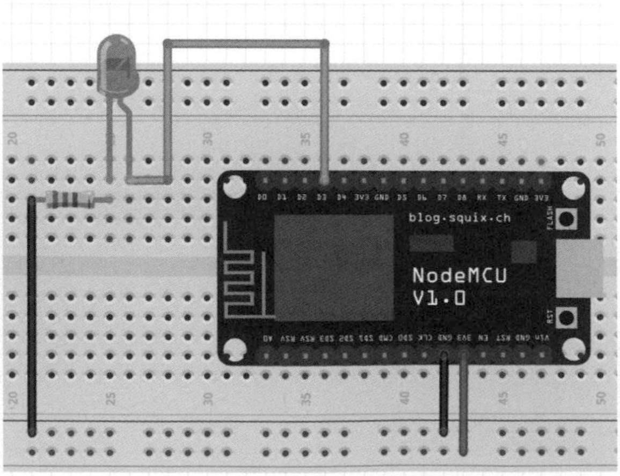

圖 1-46　麵包板

註：(1) 麵包板藍(黑)邊是 GND，紅邊是電源輸入(Vcc)。

(2) LED 燈長腳為正，短腳為負。圖 1-46 是 Active High 的 LED 線路接法，表示 HIGH 的訊號代表 ON，而 LOW 的訊號代表 OFF。

(3) 當沒有所需要的元件時，可以透過在 MIME tab 中按右鍵選擇 import，將所需要的元件載入。

(4) 如果要修改元件顏色，可以點選元件按右鍵改變線條顏色，如圖 1-47。

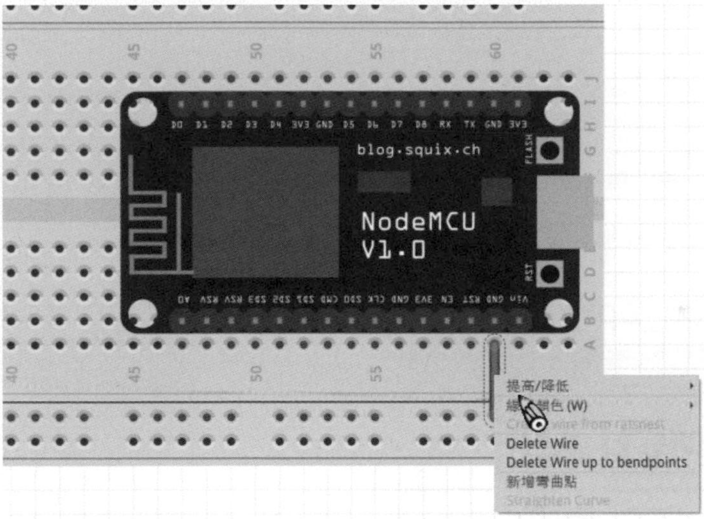

圖 1-47　改變線條顏色

2. 概要圖：

使用者在麵包板所設計的電路，會自動在概要圖產生相對應的電路圖，如圖 1-48。使用者可以對每個元件做旋轉來完成美觀的電路概要圖。

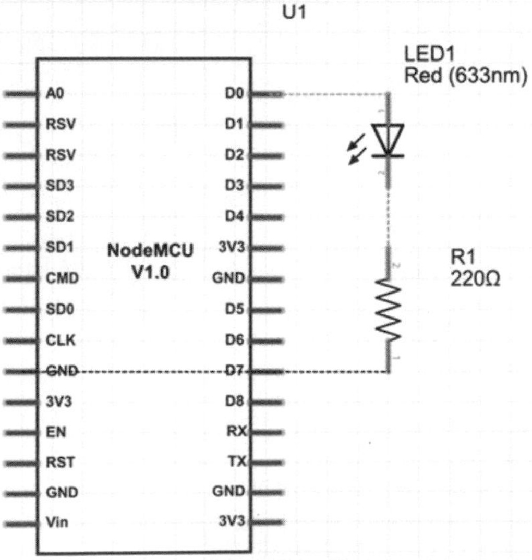

圖 1-48　概要圖

1.6 使用 ESPlorer IDE 平台做物聯網程式設計

由 1.4.4 節已經學習 ESPlorer IDE 的基本介面，接著介紹要怎麼透過 ESPlorer IDE 實作簡單的物聯網程式設計應用。在進入實作課程前，NodeMCU_Lua APIs 有提供多種模組，可以透過搜尋 NodeMCU APIs 即可取得線上資源，如圖 1-49。點擊紅框處(或是 http://nodemcu.readthedocs.io/en/master/)即可得到所有模組介紹。

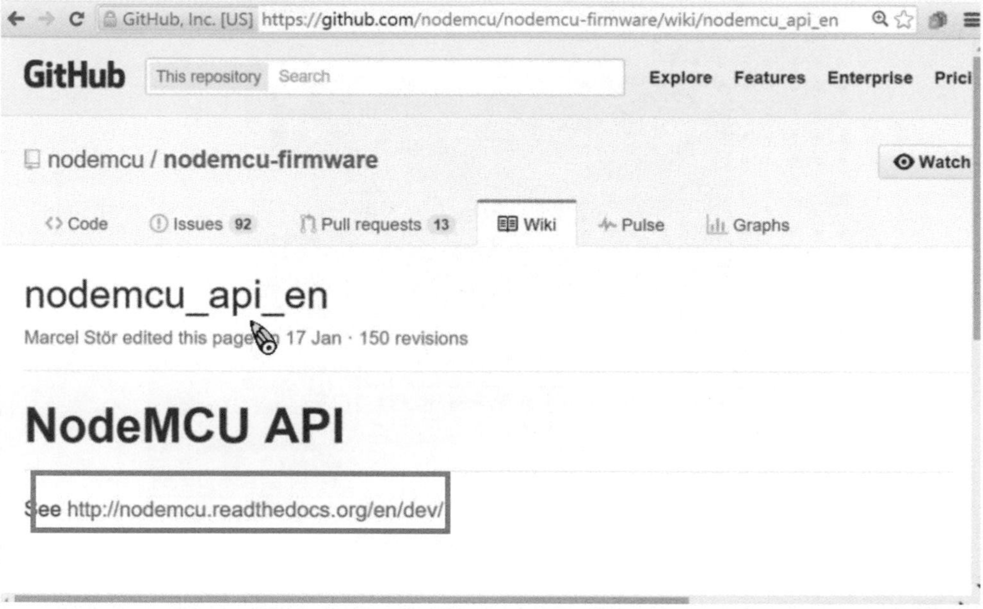

圖 1-49　NodeMCU Lua APIs

以下針對其中兩個模組做介紹，GPIO 以及 Wi-Fi 模組，並提供兩個小範例練習：

1. GPIO 模組：點選模組後就可以看到關於該模組的詳細介紹，如圖 1-50。

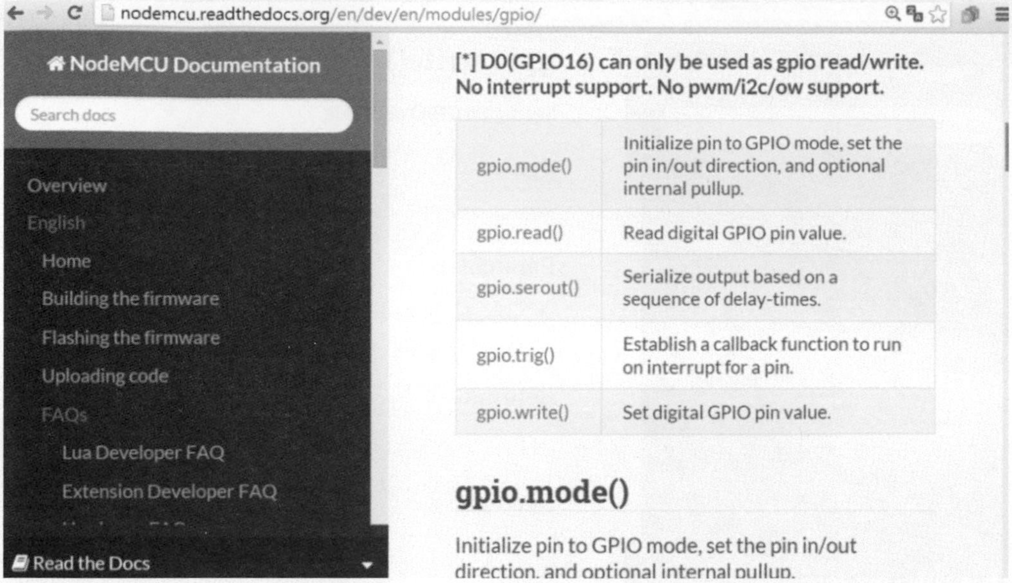

圖 1-50　GPIO Module

(1) 以圖 1-51 中 gpio.mode()來說明，假設在 D1 的接腳接一個 LED 燈，pin 要設爲 1；因爲 LED 燈爲輸出所以 mode 要設爲 gpio.OUTPUT。因爲設 mode 是 OUTPUT，所以就要寫資料(HIGH or LOW)來觸動周邊設備(actuators)，因此要設定 gpio.write()，如圖 1-52。

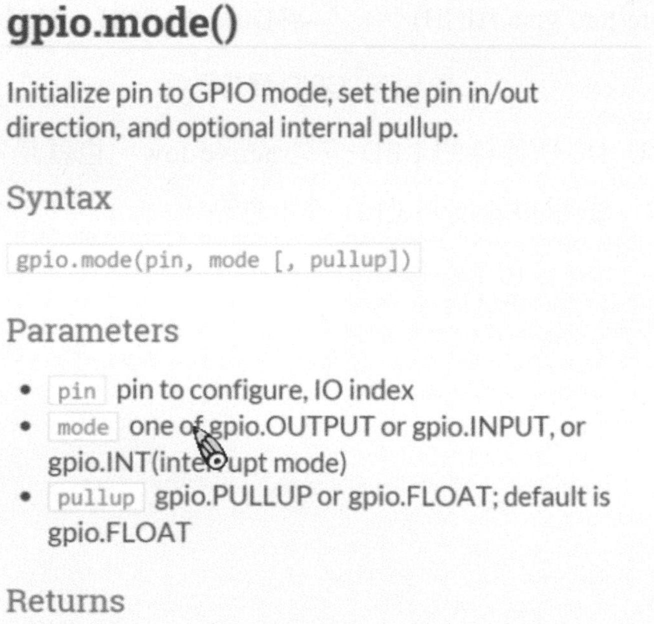

gpio.mode()
Initialize pin to GPIO mode, set the pin in/out direction, and optional internal pullup.
Syntax
gpio.mode(pin, mode [, pullup])
Parameters
pin pin to configure, IO index
mode one of gpio.OUTPUT or gpio.INPUT, or gpio.INT(interrupt mode)
pullup gpio.PULLUP or gpio.FLOAT; default is gpio.FLOAT
Returns

圖 1-51　gpio.mode()

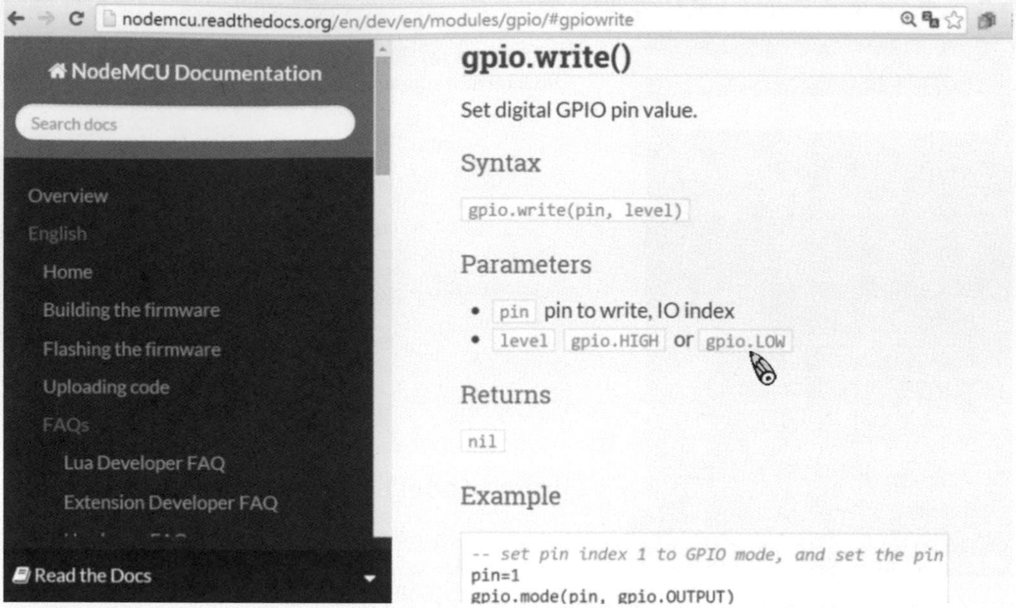

圖 1-52　gpio.write()

(2) GPIO 的程式範例：使用 GPIO 來控制 LED 的開關，如圖 1-53。

```
pin = 0                          --LED連接的GPIO
gpio.mode(pin, gpio.OUTPUT)      --將D0設為OUTPUT模式
gpio.write(pin, gpio.LOW)        --將D0設為LOW，開啟LED電源
tmr.delay(2000000)               --延遲2秒鐘
gpio.write(pin, gpio.HIGH)       --將D0設為HIGH，關閉LED電源
```

圖 1-53　GPIO 程式範例

註：NodeMCU D0 所連結的 LED 燈是 active-low，也就是高電位輸出時 LED 燈不會亮，低電位輸出時 LED 燈才會亮。

2. Wi-Fi 模組：點選模組後就可以看到關於 Wi-Fi 模組的詳細介紹，如圖 1-54。

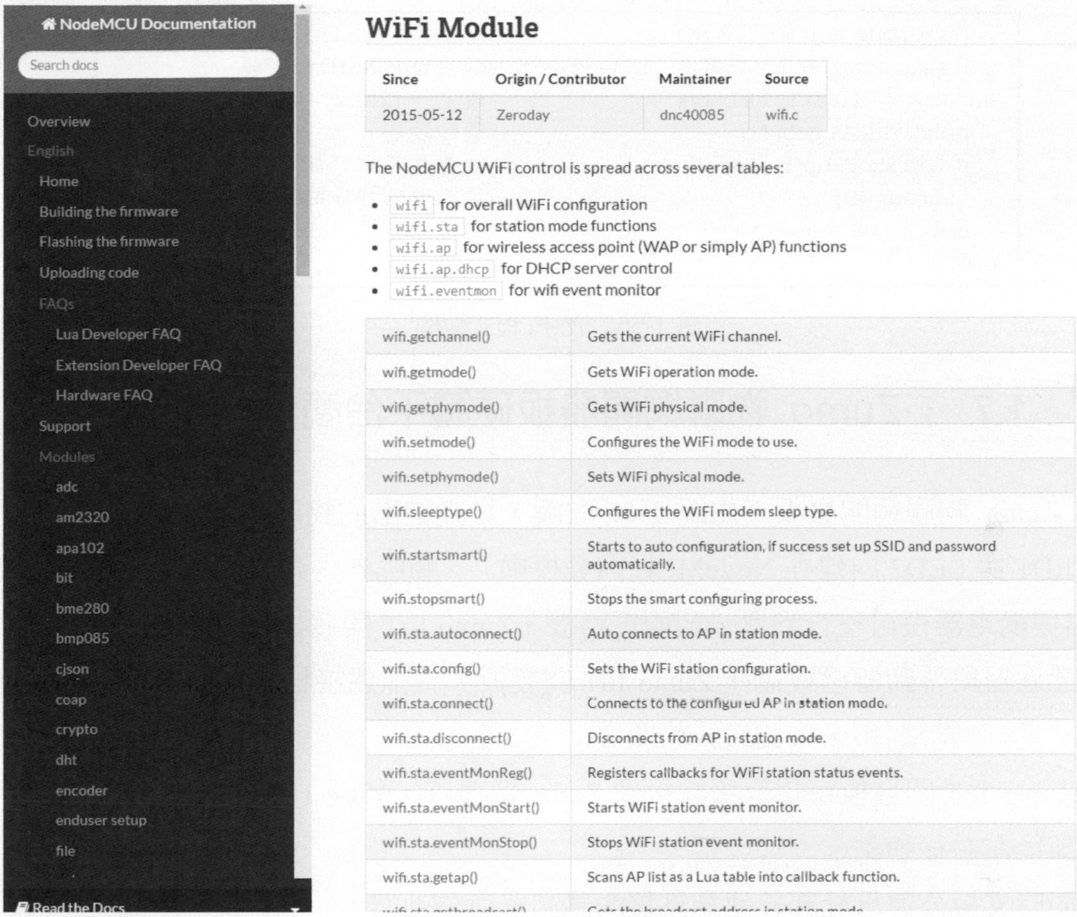

圖 1-54　Wi-Fi 模組

(1) Wi-Fi 模組有很多功能可以使用，以下舉幾個為例：

- wifi.setmode(wifi.STATION)：NodeMCU 設定為 Wi-Fi station mode(即 Wi-Fi client mode)，可以連線到 Access Point(AP)。
- wifi.sta.config("ssid","pwd")：設定要連結上的 AP 帳號之和密碼。
- wifi.sta.connect()：讓 NodeMCU Wi-Fi 晶片開始連線到 AP。

(2) Wi-Fi 的程式範例：啓動 Wi-Fi 連線並取得 IP Address，如圖 1-55：

```
wifi.setmode(wifi.STATION)                        --將wifi設為STATION模式
wifi.sta.config("4Clab-2.4G", "12345678")         --設定wifi SSID和密碼
tmr.alarm(0,1000,1, function()                    --設定一個timer。ID為0，每1000
   print(wifi.sta.getip())                        --毫秒執行一次，不斷重複執行
   if wifi.sta.getip() ~= nil then                --檢查是否取得IP
     tmr.stop(0)                                  --若已經取得IP時，則停止timer
   end
end)
```

圖 1-55　Wi-Fi 程式範例

1.7 Zumo 物聯網開發板硬體平台簡介

Zumo 物聯網開發板，如圖 1-56 左圖，是更進階的物聯網開發板，將 LEDs（LED1 與 LED2 內建在 NodeMCU 開發板中）、蜂鳴器、光感測模組、溫濕度感測器與繼電器模組整合到單一印刷電路板。Zumo IoT 開發板至少有下列優點：

1. 感應器與啓動器已經接在 Zumo IoT 開發板，省卻要接杜邦線的時間，可以直接進行物聯網和嵌入式系統的開發；
2. Zumo IoT 開發板可以直接嫁接到 Zumo 機器車，如圖 1-56 右圖，控制機器車前後左右移動；
3. 同時支援公與母杜邦線連結外接的感測器與啓動器；
4. NodeMCU 直接置於 IoT 印刷電路板上，不是放置在麵包板上，實驗結束後不需要從麵包板上拆下來，可避免因插拔麵包板上的 NodeMCU 導致針腳歪斜而損壞。

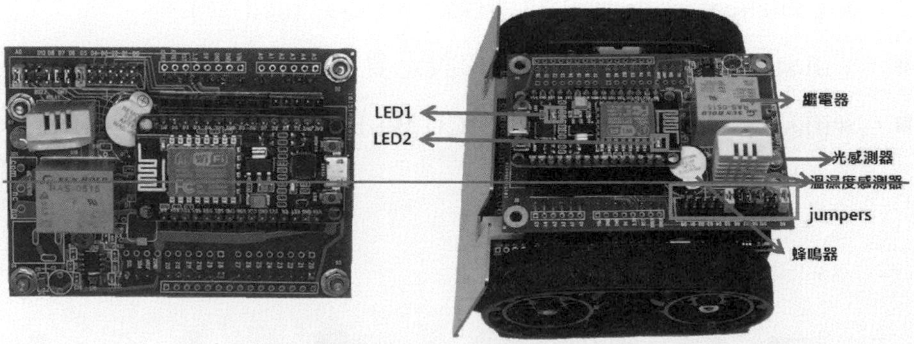

圖 1-56　Zumo IoT 開發板

Zumo IoT 開發板的接腳對應，如圖 1-57，共分爲兩區 1. Jumpers 接腳區與 2. 原 NodeMCU 的接腳區。Jumpers 接腳區提供公頭接腳，其中 D7 連結到溫濕度感測元件、D8 連結到繼電器、D12 連結到蜂鳴器、A0 連結到光的感測器。如果有 Jumper 跨接兩邊的公頭接腳，則感測器(光感測模組、溫濕度感測器)與啓動器(蜂鳴器、繼電器模組)連結 NodeMCU；如果沒有 Jumper 跨接兩邊的公頭接腳，則上排 Jumpers 提供公座接腳給其他的感測器與啓動器連結 NodeMCU，例如可以用來連結具有母頭矩陣鍵盤。公座接腳對應到 NodeMCU 的接腳名稱如圖 1-57 上面的表格，分別是 A0, 空接，D12，D8~D0 NodeMC 接腳。NodeMCU 兩邊的母座接腳區接腳與圖 1-18 接腳相同

A0		D12	D8	D7	D6	D5	D4	D3	D2	D1	D0
光感	防呆	蜂鳴器	繼電器	溫濕度	Zumo scl	Zumo sda	Zumo Motor/ LED2	Zumo motor	Zumo motor	Zumo motor	LED1
			keypad c4	keypad c3	keypad c2	keypad c1	keypad r4	keypad r3	keypad r2	keypad r1	Auto-conn

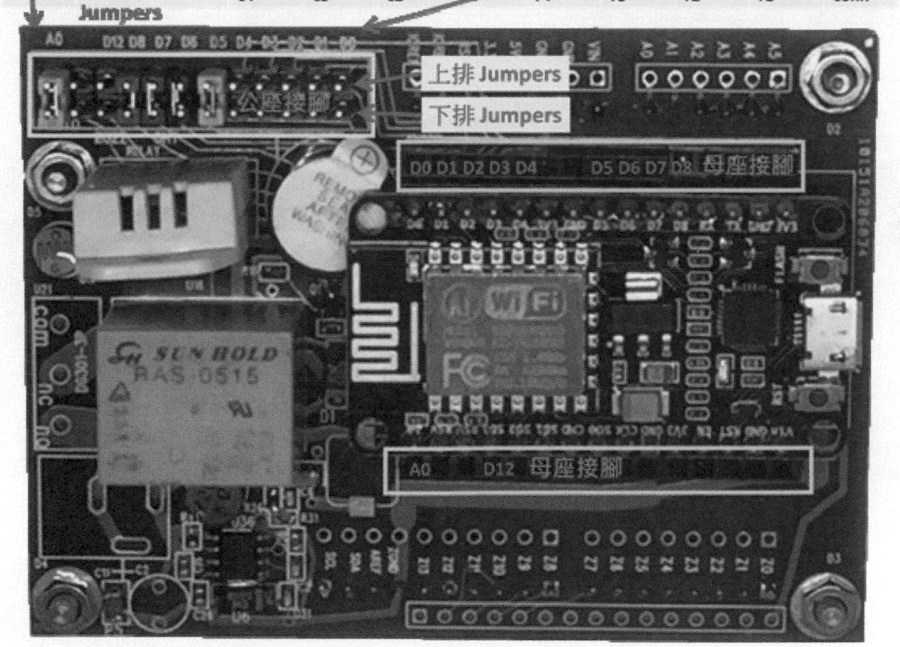

圖 1-57　Zumo IoT 開發板接腳說明

1.8 使用 Snap!4NodeMCU IDE 做物聯網程式設計

爲了讓物聯網程式設計更加容易開發，可以使用大同大學智慧物聯網研究中心團隊所開發的 Snap!4NodeMCU IDE (http://iot.ttu.edu.tw/Snap4NodeMCU/)來快速開發物聯網應用。Snap!4NodeMCU 是一種視覺化、拖拉式程式積木來撰寫圖形化程式語言。這些程式積木經由編譯器可以直接轉換成 Lua 程式語言，因此不會產生語法上的錯誤(syntax error)。此外，NodeMCU 程式 API 參數較爲複雜，使用拖拉式程式積木來撰寫圖形化程式語言，積木的參數不須死記，減少程式開發的時間與困難度。Snap!4NodeMCU IDE 開發介面，如圖 1-58。

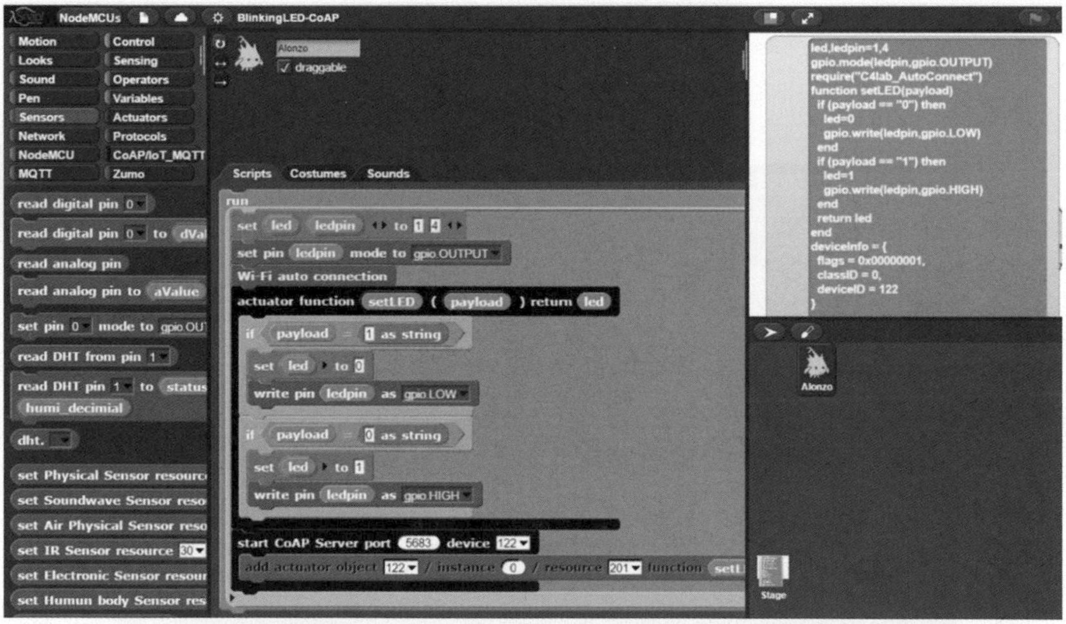

圖 1-58　Snap!4NodeMCU IDE 開發介面

除了原有的八大程式積木區之外，增加為了撰寫嵌入式與物聯網所需要的另外八大程式積木區，如圖 1-59。

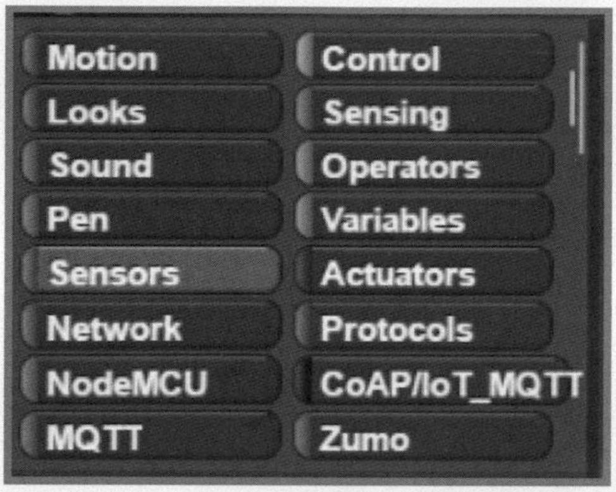

圖 1-59　嵌入式與物聯網八大程式積木區

使用 Snap!4NodeMCU IDE 開發物聯網與嵌入式系統程式步驟如下：

1. 新建 NodeMCU 專案：點擊 NodeMCU 專案選單，如圖 1-60 的步驟 1，再點擊新建 NodeMCU 專案(new NodeMCU project) 選單，如圖 1-60 的步驟 2，來建立新專案。腳本工作區會出現 run 編譯積木，如圖 1-60 的步驟 3。

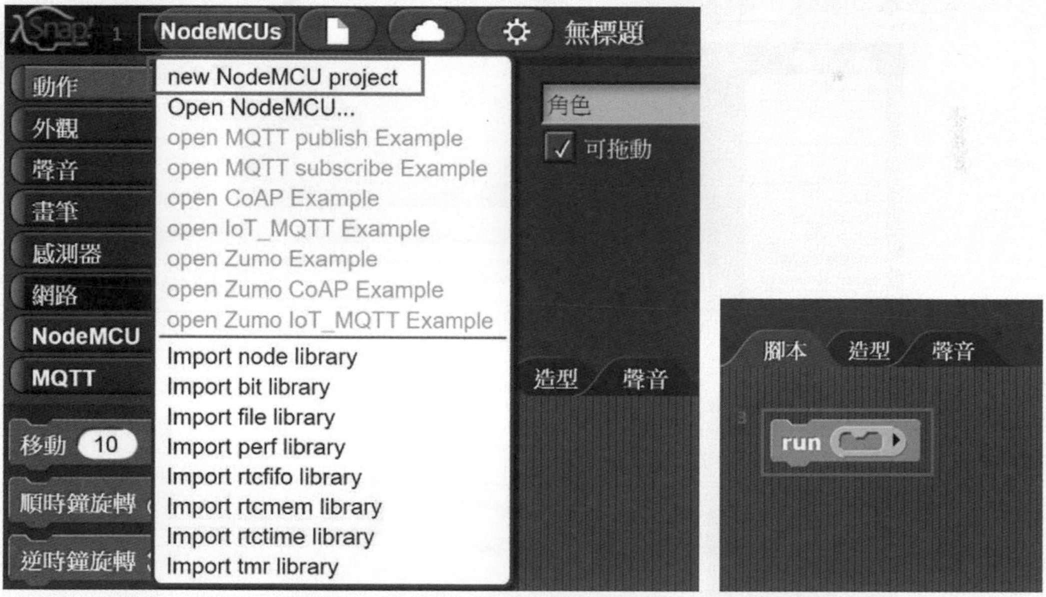

圖 1-60　新建 NodeMCU 專案步驟

2. 編寫程式：從程式積木區拖拉程式積木到腳本工作區，如圖 1-61。

圖 1-61　新建 NodeMCU 專案步驟

3. 儲存檔案：點擊專案選單（ ），再點存或另存爲選單，如圖 1-62 的步驟 1，就會出現儲存檔案對話框，輸入要儲存的檔案名稱，如圖 1-62 的步驟 2，即可將程式儲存在檔案中。

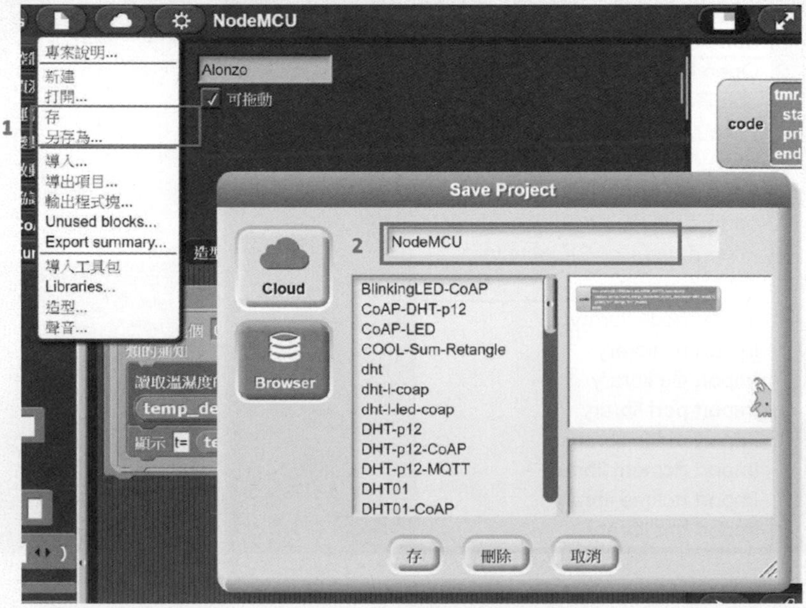

圖 1-62　儲存檔案步驟

4. 編譯 Lua 程式：編寫好程式後點擊 run 積木，如圖 1-63 的步驟 1，Lua 程式便被編譯出來在舞台區中，如圖 1-63 的步驟 2。

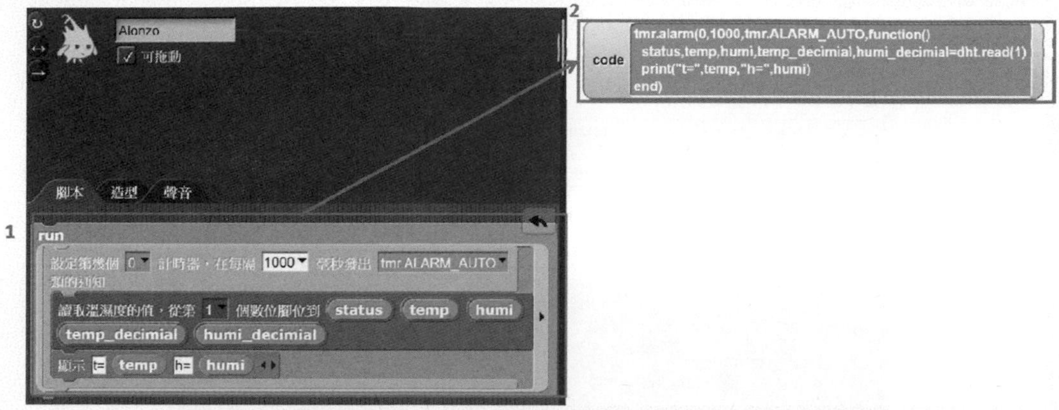

圖 1-63　編譯 Lua 程式

5. 匯出 Lua 程式到 ESPlorer IDE：到舞台區的電腦程式塊(code)，點選滑鼠右鍵，會出現匯出程式對話框，如圖 1-64(a)的步驟 1，點擊 Export Lua File…選單，如圖 1-64(b)的步驟 2，Lua 程式會送到事先開啓的 ESPlorer IDE。

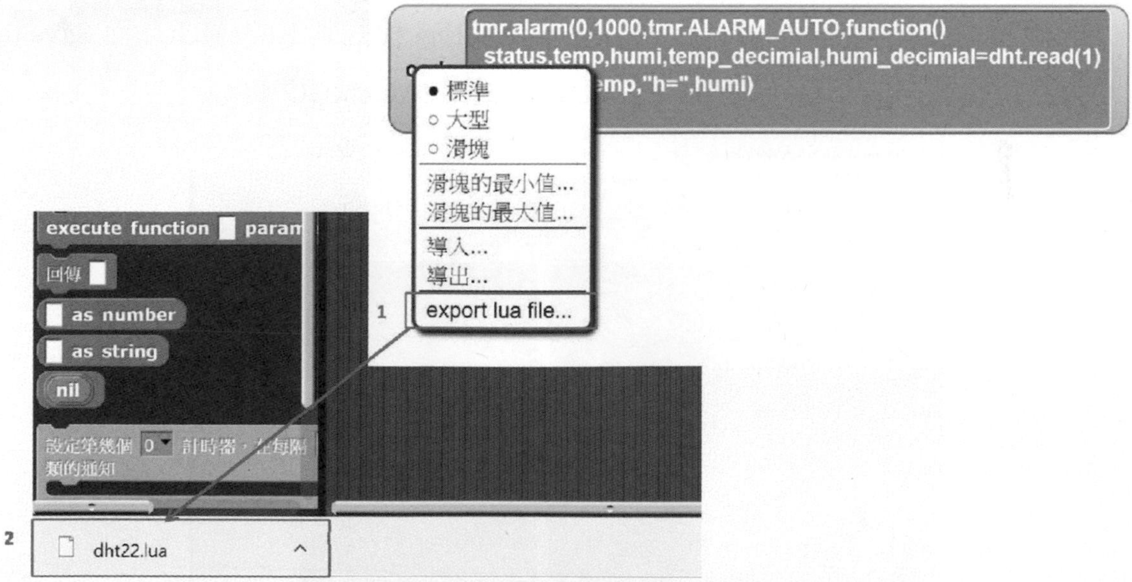

圖 1-64(a)　匯出 Lua 程式到 ESPlorer IDE

請注意：這個 ESPlorer 整合開發工具 for Snap!4NodeMCU IDE 必須到大同大學智慧物聯網研究中心下載，路徑為”http://iot.ttu.edu.tw/ 工具”或是到 https://drive.google.com/file/d/0B7U1eXewzskqN1l0dndWNWpMa00/view 下載。

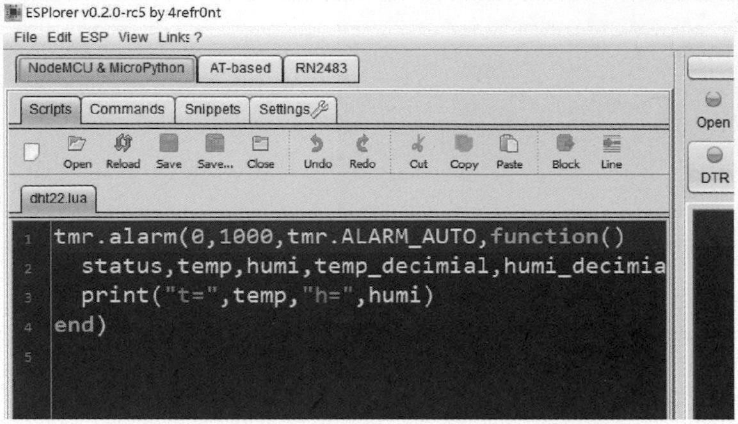

圖 1-64(b)　ESPlorer IDE 編輯畫面

6. 上傳到 NodeMCU 執行：按下 Send to ESP 按鍵或是按下 Save to ESP 按鍵可以上傳 ESPlorer IDE 編輯的 Lua 程式到 NodeMCU 執行，如圖 1-65。請注意：Send to ESP 按鍵，執行 Lua 程式但是不儲存 Lua 程式到 NodeMCU，而 Save to ESP 按鍵執行 Lua 程式並且會儲存 Lua 程式到 NodeMCU。

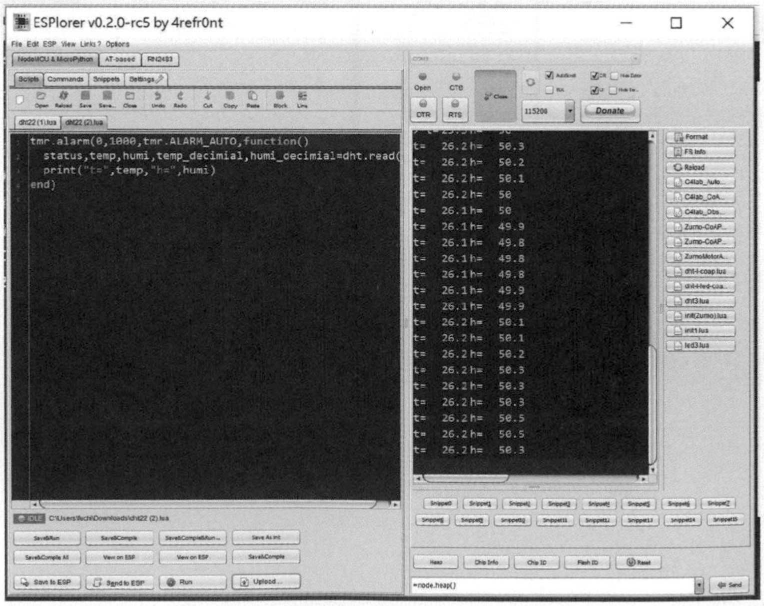

圖 1-65　ESPlorer IDE 執行畫面

1.9 小結

本章介紹了 Arduino 的基本概念以及爲何選用 NodeMCU 作爲實作硬體的原因，也介紹了本章重點 NodeMCU 的軟體、硬體平台以及 Fritzing IDE 和 ESPlorer IDE，此外提供兩個小範例讓使用者利用軟體平台撰寫簡單的程式，詳細作法可以參考實驗手冊。

本章重點如下：

1. 介紹 NodeMCU 軟體、韌體和硬體。
2. 介紹 NodeMCU 開發工具：NodeMU Flasher、Snap!4NodeMCU、ESPlorer IDE、Fritzing tool。
3. 介紹撰寫簡單的 LED 閃爍 Lua 程式與 Wi-Fi 連線程式。
4. 介紹簡單的 NodeMCU 電路設計。
5. 自我學習：
   (1) Lua：lua.org，http：//www.tutorialspoint.com/lua/。
   (2) Lua 開發工具：https：//eclipse.org/ldt/。
   (3) NodeMCU 的 Lua API：http：//nodemcu.readthedocs.org/en/dev/。
   (4) 參考 YouTube(物聯網技術與物聯網嵌入式程式基礎)以及本中心網頁(http：//iot.ttu.edu.tw)上關於 NodeMCU 以及 Lua 程式語言的教學影片。
   (5) Snap!4NodeMCU 開發工具：http://iot.ttu.edu.tw/Snap4NodeMCU/
   (6) ESPlorer 整合開發工具 for Snap!4NodeMCU IDE：
   https://drive.google.com/file/d/0B7U1eXewzskqN1l0dndWNWpMa00/view

參考資源

1. https：//www.flickr.com/photos/whaleforset/517899892/in/photolist-MLnAu-nosULf-nqvqug-nqxMN3-nsha4D-nqdYUr-csCujm-nosUAq-8ATuqR-nqdYCz-nqvp1V-nqyy6m-pvdNMR-9ZbFPF-9ed4jF-MLnAo-MLnA5-nosU31-fm54Xp-nqxNdb-wqBiZD-9ed6Kx-nqdZbi-9Vwz1Y-gWc8VE-oJVZq8-edW9Ks-i8yGFc-nosT1G-5tTNQk-nqdZic-nqdYfv-nsh9aV-6CthvX-9YTyuo-4Rze61-fmjffs-fAqLJ1-puWxLX-98ELKw-9edtDr-drKHyJ-nwYuMb-73XFEy-drKMms-dNToh1-fAqLQf-4BZKLC-dcvnTV-oKcQ3n
2. https：//www.flickr.com/photos/arakus/8077218145
3. http：//www.electrodragon.com/w/CH341
4. https：//www.silabs.com/products/mcu/Pages/USBtoUARTBridgeVCPDrivers.aspx
5. https：//github.com/nodemcu/nodemcu-flasher
6. http：//esp8266.ru/esplorer
7. http：//fritzing.org/
8. https：//github.com/nodemcu/nodemcu-firmware/wiki/nodemcu_api_en
9. 大同大學智慧物聯網研究中心, http://iot.ttu.edu.tw

CHAPTER 2

PWM 原理與應用

本章節主要介紹脈衝寬度調變(Pulse Width Modulation，PWM) 的相關原理與應用，PWM 可用在調整 LED 燈光或是電風扇的轉速。PWM 控制的優點是，當電風扇的轉速透過 PWM 變慢時，耗電量也跟著減少，也就是說每一分電量都是做有用的事情。本章節主要的單元簡介以及學習目標如下：

- **單元簡介**
  - 傳授 PWM 之相關知識以及其應用
  - 學習使用 Fritzing IDE 平台做 LED 物聯網嵌入式系統電路設計(optional)
  - 學習使用 ESPlorer IDE 平台做 LED 結合 PWM 物聯網嵌入式系統程式設計
  - 學習 Dimming 和 Blinking LED 程式設計

- **單元學習目標**
  - 了解 PWM 的特色及原理
  - 培養使用 ESPlorer IDE 設計 PWM 軟體程式的能力
  - 培養使用 Fritzing IDE 平台做 LED 物聯網嵌入式系統電路程式設計的能力
  - 養成撰寫程式易讀性的習慣

2.1 類比脈波調變

調變(modulation)的意思是將一種訊號來源轉換成另一種訊號，而類比脈波調變(Analog Pulse Modulation)是指週期性的將類比訊號轉換成脈波。隨著信息信號之取樣值，每個脈波的特徵(如振幅、波寬等)連續地改變。以聲波為例，在生活中電話聲音取樣頻率為 8kHz 也就是每秒取樣八千次，由於取樣的頻率較低，雖然可以懂得雙方談話，但電話傳送的聲音會失真。音樂 CD 取樣頻率為 44.1kHz，也就是每秒取樣四萬四千多次，所以 CD 的聲音較電話品質高，耳朵不易聽出失真的音樂。藍光 DVD 取樣頻率可以高達 192kHz。

類比脈波調變的種類主要有以下三種，如圖 2-1：

1. 脈波振幅調變(Pulse Amplitude Modulation，PAM)：類比訊號的強度用振幅來表示稱為 PAM。
2. 脈波寬度/期間調變(Pulse Width/Duration Modulation，PWM/PDM)：類比訊號的強度用時間長短來描述，在一個取樣週期中類比強度轉換為脈波 HIGH 時的時間(寬度)有多少。如圖 2-1 的 PWM 第一個週期中，取樣的類比訊號強度剛好一半，所以 PWM 的波形就會 HIGH 和 LOW 各佔一半寬度。PWM 主要可以使用在馬達強弱控制、燈具的亮度控制，具有省電的效果。
3. 脈波位置調變(Pulse Position Modulation，PPM)：類比訊號的強度用位置來決定波的大小，如圖 2-1 的 PPM 第一個週期中，取樣的類比訊號強度剛好一半所以 PPM 的波形位置就剛好在週期的正中央。主要可以使用在四旋翼的飛機，控制飛機的快慢。

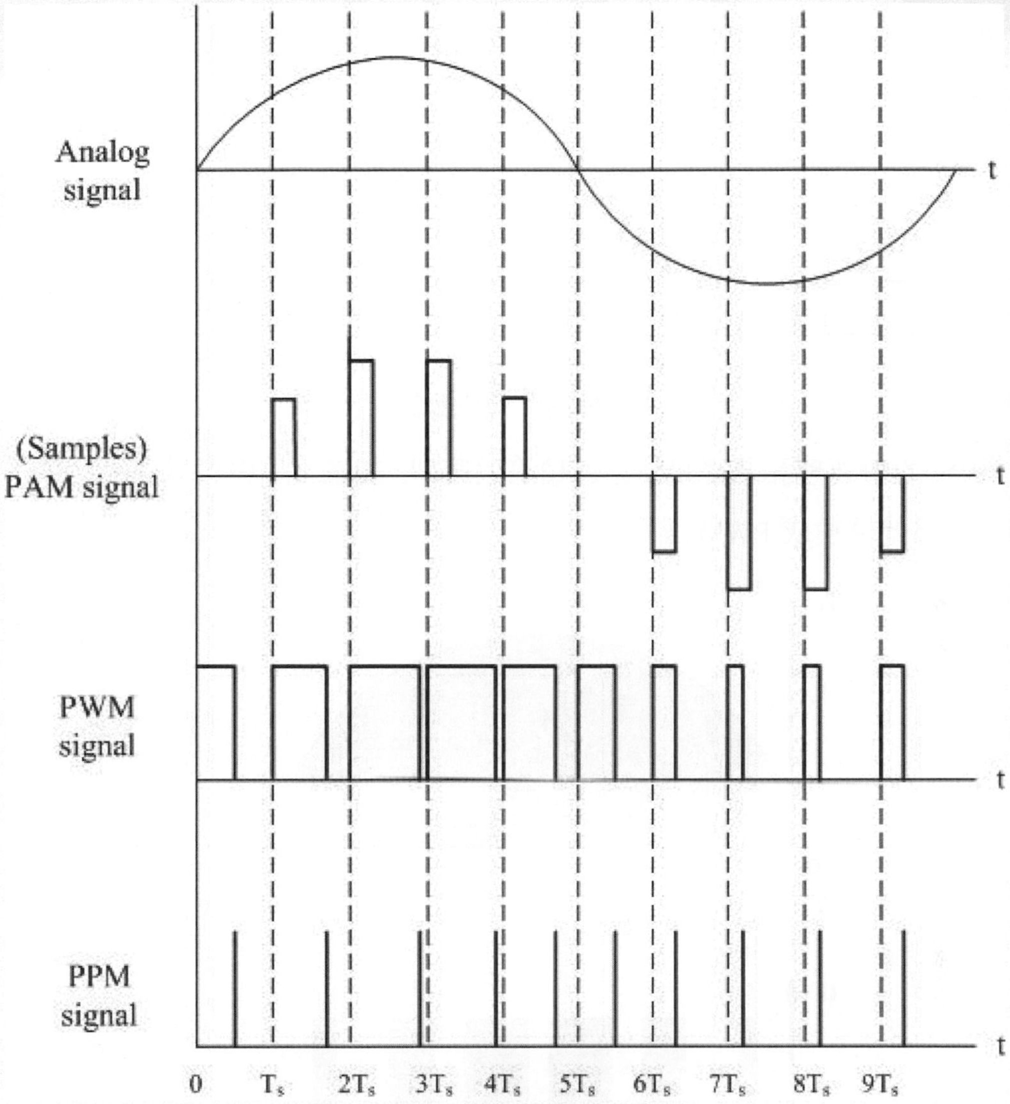

圖 2-1　類比脈波調變的種類

2.1.1　脈衝寬度(PWM)基本介紹

脈衝寬度調變(PWM)是一種將類比信號(analog signal) 轉換爲數位脈波(pulse)的技術，一般轉換後數位脈波的週期(period)是固定的，而數位脈波的責任週期(Duty Cycle = pulse width/period)會依類比信號的大小而改變。當責任週期越大表示開啓就越久，強度就越強。如圖 2-2 中一個數位方波(Low to High pulse)就是一個週期(period)，而責任週期(duty cycle)就是 High 的部分與週期的比例($Width_{high}/(Width_{high}+Width_{low})$)。

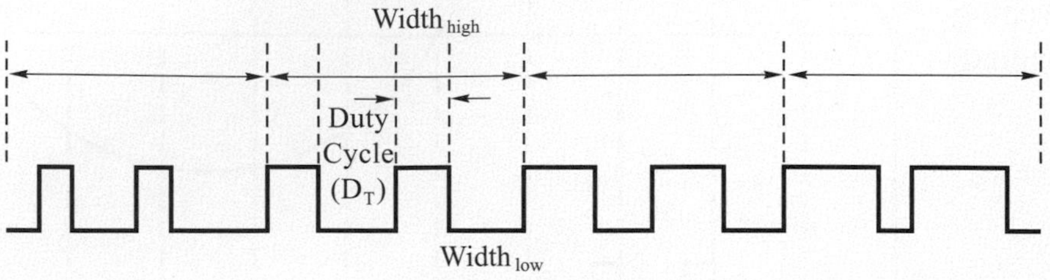

圖 2-2　責任週期

PWM 的重要理論基礎是使用面積等效原理，如圖 2-3 中可以利用面積等效原理將類比訊號轉換成 PWM 波形。

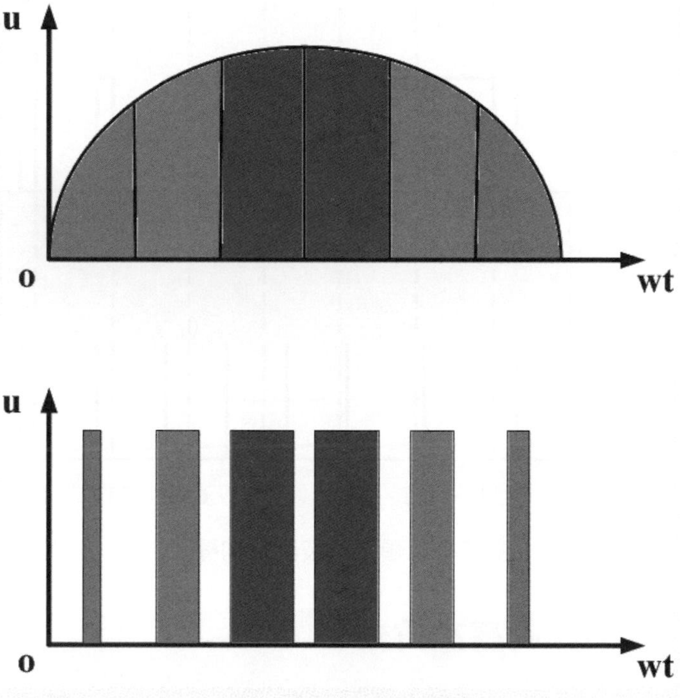

圖 2-3　面積等效原理

舉例來說如圖 2-4 中，三種的面積都是一樣的，因此耗電量就相同，看到的功效也就相同。

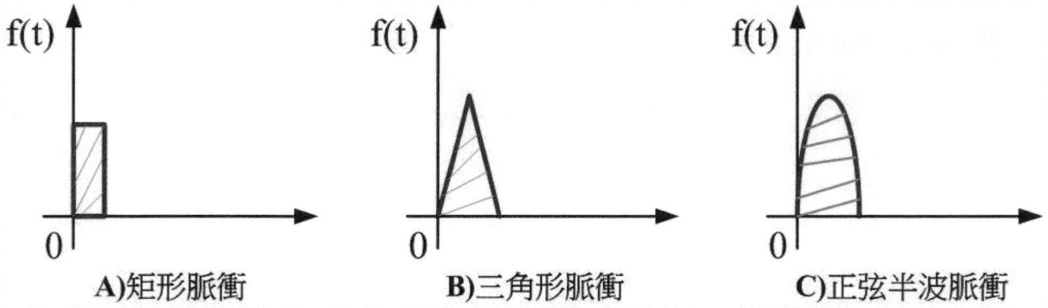

圖 2-4　電量脈衝

2.1.2　PWM 的動作原理

PWM 是一種 on-off 的數位波形，具有兩個參數：週期(period)以及責任週期(duty cycle)，如圖 2-5，其描述如下：

- 責任週期：Duty Cycle(DC) = on-time / period
- 週期：period = on-time + off-time
- 平均電壓：$V_{avg} = DC \times V_{high} + (1-DC) \times V_{low}$

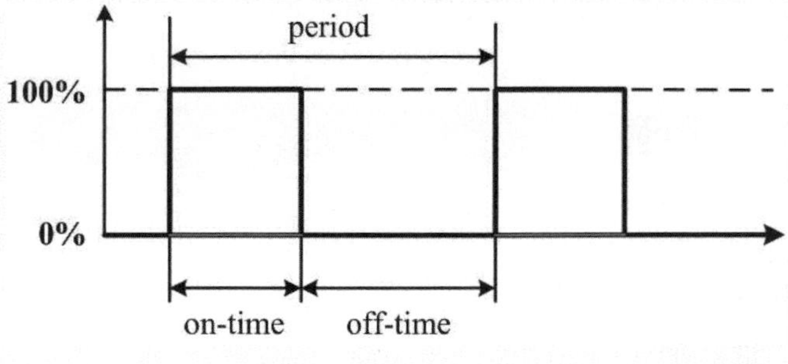

圖 2-5 責任週期範例

舉例來說，如圖 2-5 中 on-time 約佔 40%，當輸入電壓是 3.3V 時，使用上面的 PWM 時則會施予 3.3V×0.4=1.32V 的平均電壓。

想一想：

1. 如圖 2-6(a)與(b)有何關係？
2. 如圖 2-6(c)與(d)有何關係？

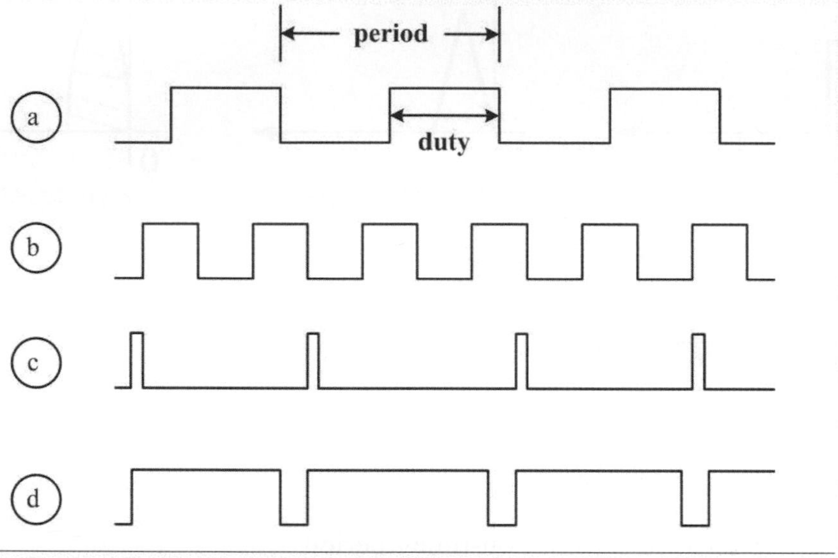

圖 2-6　週期和責任週期

想一想問題 1 **答案**：責任週期(duty cycle)均爲 50%，但週期(period)不同。

想一想問題 2 **答案**：週期相同，但責任週期不同。

2.1.3　PWM 使用範例

以馬達爲例，如圖 2-7 左是一般電路，一般電路的 on/off 很簡單，電位導通馬達就會轉，強風弱風是由可變電阻來調控，強風時可變電阻小，弱風時可變電阻大。如圖 2-7 右則是加入了 PWM，PWM 能夠調整風扇強弱，不會感受到開開停停(on/off)，只會感受到風變弱或變強。但一般電路如果 on 就一直在耗電，強風時可變電阻小，只有少部分的電能轉成熱能，弱風時可變電阻大，大部份的電能轉成的熱能，因此在電風扇開弱風時，也沒有節省到任何的電量。而 PWM 則是利用控制責任週期，責任週期小比較省電，因此在電風扇開弱風時，責任週期小，達到省電的效果。因爲馬達的電壓與責任週期成正比，因此使用 PWM 調整就可以節省電費。

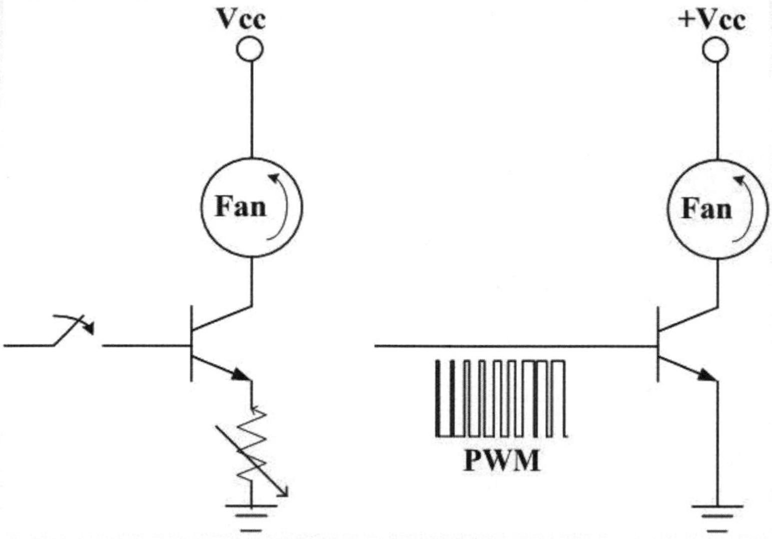

圖 2-7　馬達電路

2.2 PWM 程式設計 APIs

NodeMCU 所提供實作 PWM 的 APIs，如圖 2-8。PWM 使用步驟大約是設定接腳爲 PWM 模式(pwm.setup())、啓動該接腳 PWM 模式(pwm.start())、暫停(pwn.stop())或是關閉 PWM 模式(pwm.close())。啓動和暫停之間可以使用 pwm.setclock()和 pwm.setduty()來改變 PWM 工作頻率和責任週期(占空比)。

pwm.close(pin)	退出pin接腳的PWM模式.
pwm.getclock(pin)	獲取pin接腳的PWM工作頻率
pwm.getduty(pin)	獲取pin接腳的PWM占空比
pwm.setclock(pin, clock)	設置pin接腳的PWM的頻率為clock值
pwm.setduty(pin, duty)	設置pin接腳的占空比為duty值。
pwm.setup(pin, clock, duty)	設置pin接腳為PWM模式，工作頻率設為clock值，占空比設為duty值，最多支援6個PWM接腳
pwm.start(pin)	啟動pin接腳的PWM波形輸出，可以在對應的pin接腳檢測到波形
pwm.stop(pin)	暫停pin接腳的PWM波形輸出

圖 2-8　NodeMCU 的 PWM APIs

舉例來說，如圖 2-9(a)的軟體程式片段，如果接腳 1、接腳 2、接腳 3 分別接上紅色、綠色和藍色 LED 燈，利用 led function 就可以控制三個 LED 燈的亮度。

```
-- 接腳1、接腳2、接腳3分別接上紅色、綠色和藍色LED燈
pwm.setup(1, 500, 512)  --設置接腳1為PWM模式，工作頻率設為500Hz，占空比設為512(50%)
pwm.setup(2, 500, 512)
pwm.setup(3, 500, 512)
pwm.start(1)            --啟動接腳1 PWM波形輸出
pwm.start(2)
pwm.start(3)
function led(r, g, b)   --設定紅色、綠色和藍色LED燈亮度
  pwm.setduty(1, r)
  pwm.setduty(2, g)
  pwm.setduty(3, b)
end
led(512, 0, 0)          --設定亮50%紅色LED燈、綠色和藍色LED燈不亮
led(0, 0, 512) )        --設定亮50%藍色LED燈、綠色和紅色LED燈不亮
```

圖 2-9(a)　LED 燈 PWM 程式範例

相同的 Lua 程式也可以使用 Snap!4NodeMCU IDE 以拖拉程式積木的方式完成如圖 2-9(b)。

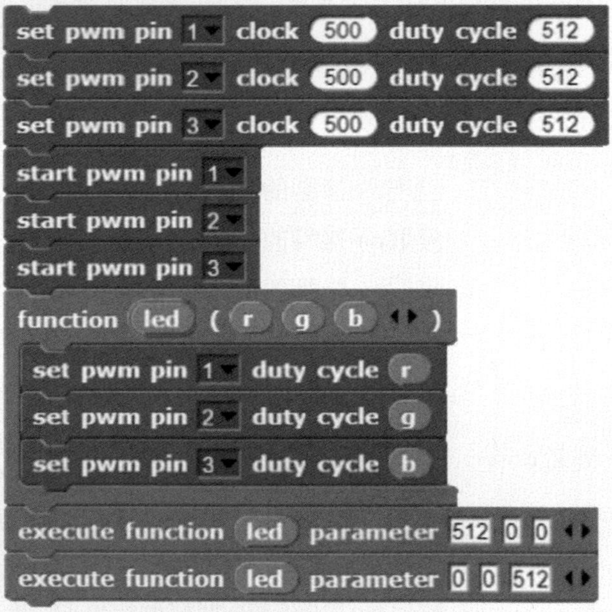

圖 2-9(b)　LED 燈 PWM 程式 Snap!4NodeMCU 範例

2.3 使用 NodeMCU 平台做 LED Dimming 程式設計

本章有四個實驗：

1. 使用 Fritzing 工具畫出 NodeMCU 與 LED 連接 LED Dimming 電路，並使用麵包板、NodeMCU 與 LED 連接 LED Dimming 電路，將 LED 燈連接到 NodeMCU 的第三根接腳(GPIO D3)。

答：詳細步驟可以參考實驗手冊單元二中的主題 A。

(1) Fritzing 之麵包板電路，如圖 2-10。

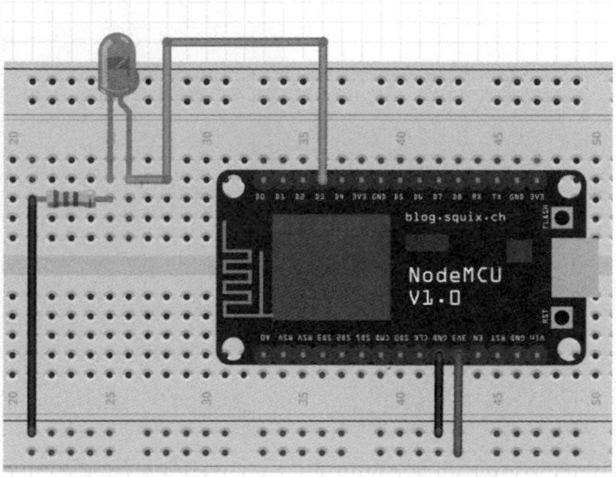

圖 2-10 Fritzing 之麵包板電路

(2) Fritzing 之電路概要圖，如圖 2-11。

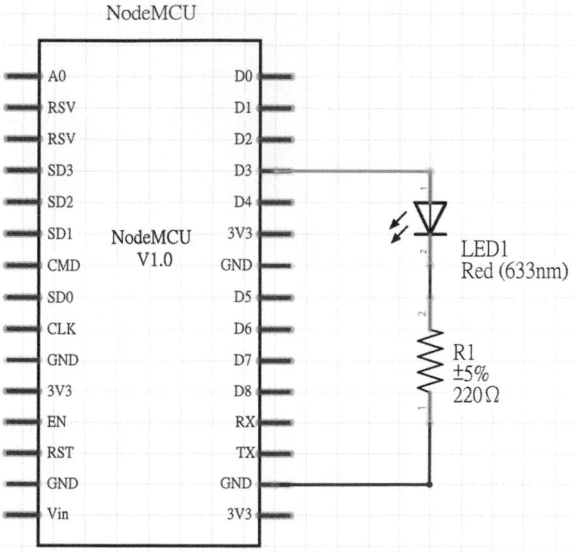

圖 2-11 Fritzing 之電路概要圖

(3) Fritzing 之 PCB 印刷板電路圖，如圖 2-12。

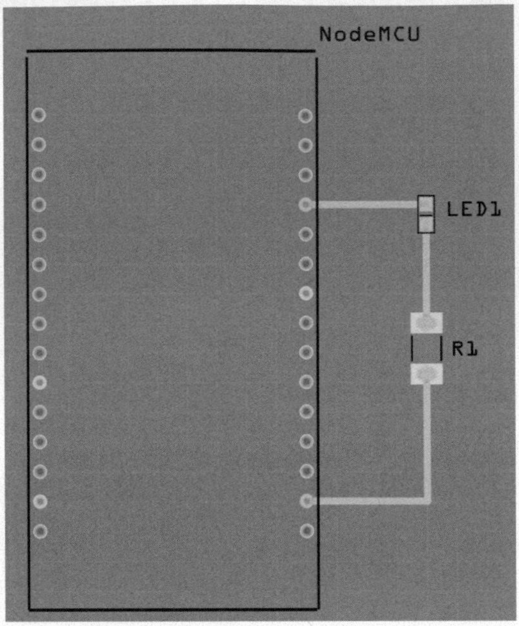

圖 2-12　Fritzing 之 PCB 印刷板電路圖

(4) 實際麵包板接線，如圖 2-13。

圖 2-13　實際麵包板接線

2. 撰寫 LED Dimming 程式，讓 LED 燈顯示從最亮到最暗，如此重複不斷。

答：程式範例及相關終端機顯示結果，如圖 2-14(a)。詳細步驟參考實驗手冊中單元二主題 B 的實驗步驟 a。或是使用 Snap!4NodeMCU IDE 以拖拉程式積木的方式完成如圖 2-14(b)。

```lua
--set PWM pin to gpio pin 3
pin = 3
--set pin 3 to be OUTPUT pin
gpio.mode(pin,gpio.OUTPUT)
--set the highest brightness
width = 1023
--set the clock to 1000Hz
clock = 1000
--set up pin 3 with 1000Hz
pwm.setup(pin,clock,width)
--start PWM output
pwm.start(pin)
--change the pulse width each 0.1 sec
tmr.alarm(0,100,1,function()
    if width < 20 then
        width = 1023
    else
        width = width -20
    end
    pwm.setduty(pin,width)
    print("width = "..width)
end)
```

```
width = 243
width = 223
width = 203
width = 183
width = 163
width = 143
width = 123
width = 103
width = 83
width = 63
width = 43
width = 23
width = 3
width = 1023
width = 1003
width = 983
width = 963
width = 943
```

圖 2-14(a)　LED Dimming 程式範例與終端機顯示結果

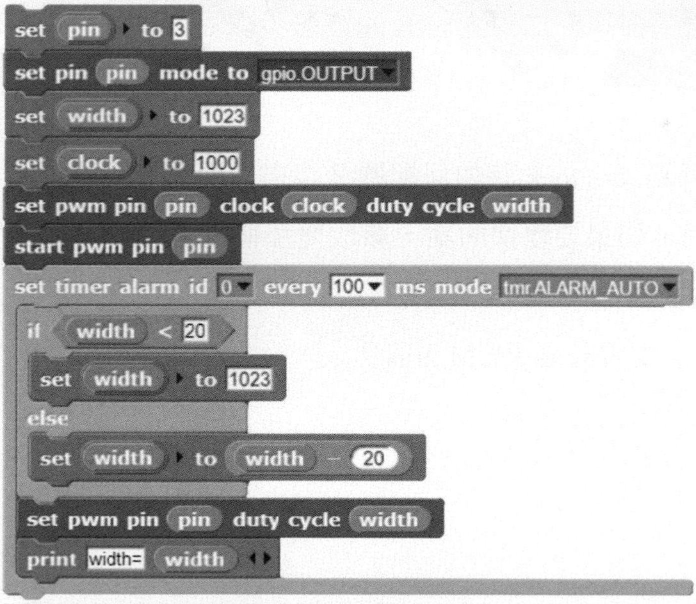

圖 2-14(b)　Snap!4NodeMCU LED Dimming 程式範例

註：

(1) width 用來表示責任週期 (Duty Cycle)。類比要用來表示爲數位，主要視用多少 bit 來表示精準度。如果以 10-bit(表示值的範圍 0～1023)精準度爲例，讀取數位值精準度最大值爲 1023，最小值爲 0。

(2) clock 用來表示週期。以 LED 燈來說週期與亮暗度無關，與產品壽命以及使用者的舒適度有關，例如當 PWM 頻率小於 60，會有閃爍現象，對使用者來說是不舒適的。

(3) pwm.close() 會停止 PWM。

3. 修改 LED Dimming 程式，讓 LED 燈顯示從最亮到最暗，再從最暗到最亮，如此重複不斷。

   答：參考實驗手冊單元二中主題 B 的實驗步驟 b。

4. 修改 LED Dimming 程式，讓 LED 燈閃爍顯示(即一秒亮一秒暗)從最亮到最暗，再從最暗到最亮，如此重複不斷。

   答：參考實驗手冊單元二中主題 B 的實驗步驟 c。

思考點

1. PWM clock 與 timer clock 該如何配置？請畫一張圖來解釋？
2. 從最亮到最暗，如果要變快的話，該改變那個變數？調大還是調小？
3. D0 接腳有支援 PWM 嗎？
4. NodeMCU 最多支援幾組 PWM pins？

2.4 小結

本章介紹了 PWM 的基本概念以及原理，利用 LED Dimming 範例練習 Fritzing tool，也利用 ESPlorer IDE 或 Snap!4NodeMCU 平台撰寫 PWM 程式。

本章重點如下：

1. PWM 原理與應用：可以用來控制 LED 面板燈、馬達控制、飛機控制、機器人控制。
2. 介紹 NodeMCU 的 PWM APIs。
3. 介紹撰寫簡單的 LED 閃爍以及漸暗漸亮的 Lua 程式。
4. 自我學習
   (1) Lua：lua.org，http://www.tutorialspoint.com/lua/。
   (2) Lua 開發工具：https://eclipse.org/ldt/。
   (3) NodeMCU 的 Lua API：http://nodemcu.readthedocs.org/cn/dev/。
   (4) 參考 YouTube 以及本中心網頁上關於 PWM 的教學影片。
   (5) Snap!4NodeMCU 開發工具：http://iot.ttu.edu.tw/Snap4NodeMCU/

參考資源

1. https://en.wikipedia.org/wiki/Pulse-width_modulation
2. http://nodemcu.readthedocs.org/en/dev/

CHAPTER 3

光敏電阻以及類比數位轉換器原理與應用

本章節主要介紹光敏電阻和類比數位轉換器(Analog to Digital Converter，ADC)的相關原理與應用，光敏電阻或光感測器可以用於手機、平板電腦或筆記型電腦，來調整螢幕亮度讓人類的眼睛可接受舒適的亮度；亦可用於手機上，當有人打電話來的時候，光敏電阻偵測出螢幕靠近耳朵的時候會關閉手機螢幕，以節省手機電池耗電。本章主要的單元簡介以及學習目標如下：

- **單元簡介**
  - 傳授光的感應器相關知識以及其原理
  - 傳授類比數位轉換器相關知識以及其應用
  - 學習使用 NodeMCU 平台做光感測器(ADC)程式設計
  - 學習智慧燈光應用

- **單元學習目標**
  - 了解光感測器與 ADC 的特色及其原理
  - 培養使用光感測器(ADC)程式設計的能力
  - 培養使用智慧燈光程式設計的能力
  - 養成撰寫程式易讀性的習慣

3.1 光的感應器相關知識以及其原理

光是一種能量傳播方式，一種人類眼睛可以見的電磁波。人類可看到的光稱爲可見光，可見光的波長分佈在 400～700 nm，如圖 3-1。光的特性有直線行進性、透過某些物體具有反射或折射功能、光徑的可逆性、干涉、衍射、光電效應以及傳播速度快。

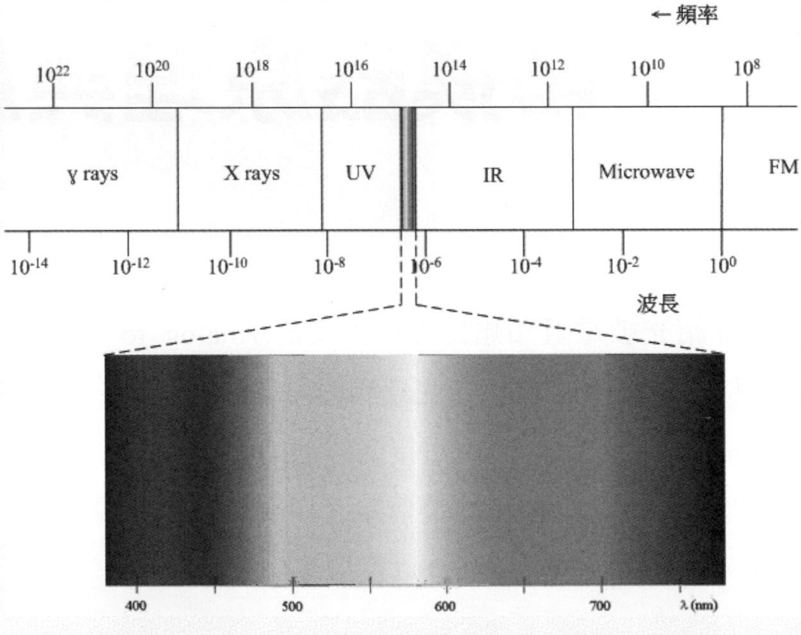

圖 3-1 可見光譜

光可以分爲人照光和自然光，例如煙火就是人照光的一種，北極光就是自然光的一種。而光源則可以分成兩種，冷光源和熱光源，像是螢火蟲、霓虹燈、LED

燈屬於冷光源，而白熾燈則屬於熱光源。光的發光原理有熱運動、躍遷輻射和受激輻射，例如電燈和火焰屬於熱運動產生的光，雷射就是由受激輻射所產生。

光的應用很多，例如可以用太陽光來產生電力，若是進一步以節能爲目的來看的話，可以將時區爲夜晚國家所剩的電力提供給時區爲白天的國家使用，這樣一來，可以避免蓋太多的電廠以及省去過多儲存電的硬體裝置(硬體昂貴且效率差)。在很多設備上也是利用光來達成想要的目的，例如：電腦、電視、投影機等，用在通信上則是光纖以及較新的光照上網技術(Li-Fi)，而用在醫療保健上則有伽瑪刀(用於切除腫瘤)、光波房、X 光機等。

其中光照上網技術(Li-Fi)是利用人照的光源像是 LED 燈來進行傳送訊息，主要可以使用在不希望通信訊號干擾設備的環境，像是醫院。

3.1.1 光度感應器(Ambient Light Sensor)

光對人類是很重要的，生活上有很多都需要用到光線，例如若是有一個智慧書桌可以自動調整燈光，就可以達到保護兒童眼睛與節能的功能，因此光的感測器就相對的重要。光度感應器主要有四種，光電晶體(Photo Transistor)、光電二極體(photo Diode)、光電 IC 以及光敏電阻(Photo resistor, light-dependent resistor)，其分述如下：

1. 光電晶體(Photo Transistor，如圖 3-2)

光電晶體是一種開關(如圖 3-2)，當光照射強度大，電晶體的兩端(source & drain)便導通。反之如果光度不夠，那麼電晶體呈現開路(open)，兩端便會不導通。

圖 3-2　光電晶體 [1] 及其電路符號 [2]　(圖片來源：pixabay)

利用光電晶體來控制設備光度感應原理可以圖 3-3 來說明，當無光的時候，光電晶體不導通，電阻相當於無限大，輸出電壓(V_o)就等於輸入電壓(V_{in})；當有光的時候，光電晶體導通，電阻相當小，輸出電壓(V_o)就接近於 0V。

$$V_o = \frac{R2}{R1 + R2} V_{in}$$

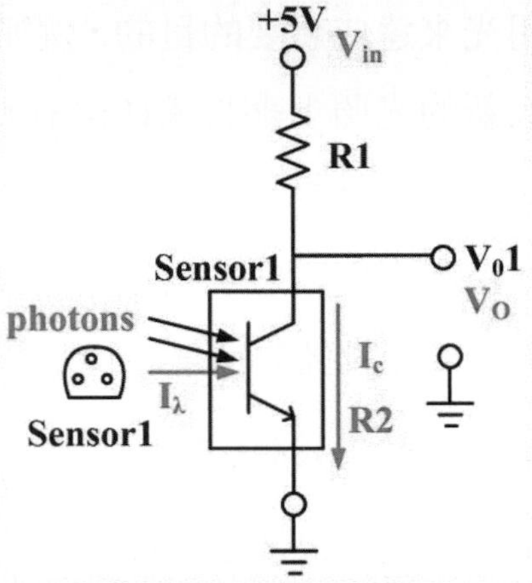

圖 3-3 光電晶體電路圖範例

2. 光電二極體(Photo Diode)

光電二極體與光電晶體類似，當無光的時候，光二極體不導通，電阻相當於無限大，二端沒有電流導通；當有光的時候，電流可以從陽極(Anode)流到陰極(Cathode)。光二極體具有整流效應，電流可以從陽極流到陰極，不能從陰極流向陽極，如圖 3-4。

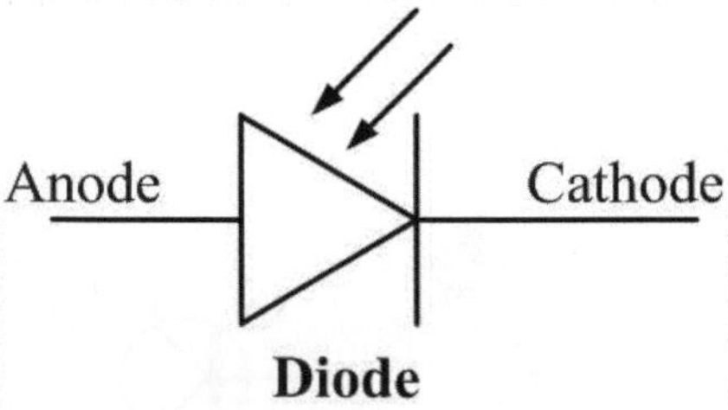

圖 3-4 Photo Diode

3. 光電 IC

光電 IC (如圖 3-5)利用多組陣列式的光二極體來更精準的測量光度，價格也通常較光敏電阻或光敏模組爲高上許多，如 Texas Advanced Optical System 所製作的 TSL230。TSL230 是由多組陣列式的光二極體組成，如圖 3-6。光強弱是以方波的方式表現出來，入射光的強度正比方波的頻率，可以利用轉換出來的頻率讀出光線的強弱。其基本特性是輸入電壓可以介於 2.7 至 5.5V DC 之間，偵測的光源波長介於 320nm 到 1050nm，而開啓時消耗電流爲 2mA、關閉時消耗電流爲 5uA。將光二極體的換算方式直接寫在 IC 上，再透過 I^2C 傳輸介面讀取。

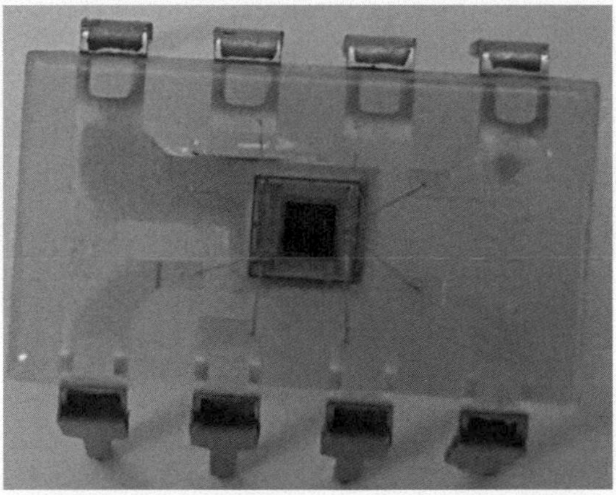

圖 3-5　光電 IC

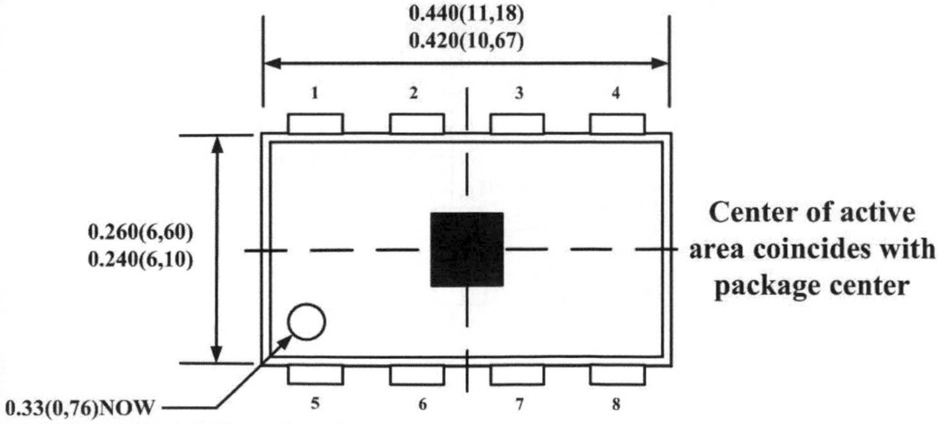

圖 3-6　陣列式的光二極體

4. 光敏電阻(Photo resistor、light-dependent resistor)

光敏電阻或光敏模組是一種可變電阻，如圖 3-7。當有光線照射時，電阻內原本處於穩定狀態的電子受到激發，成為自由電子。光線越強，產生的自由電子也就越多，電阻就會越小；光線越弱電阻越大，全暗時電阻最大。

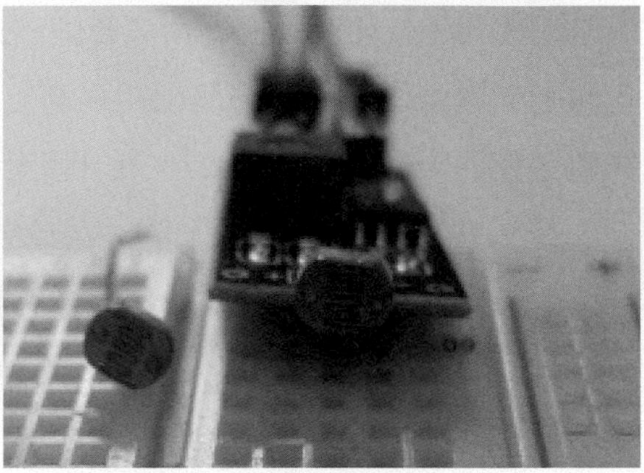

圖 3-7　光敏電阻與光敏模組

光度感應原理可以圖 3-8 來說明，利用分壓原理來量測光的強度。當串接的電阻 R1 很小時，當沒有光線的時候，光敏電阻 R2 很大，此時輸出電壓(V_o)就接近輸入電壓(V_{in})；接收到的光度越強，電阻(R2)越小造成分壓(V_o)下降，當光敏電阻 R2 等於串接的電阻 R1 時，輸出電壓(V_o)就等於輸入電壓(V_{in})的一半。輸出電壓(V_o)值越大，光度較暗，光敏電阻很大，反之光度較強，光敏電阻越小，電壓(V_o)值越小。

$$V_o = \frac{R2}{R1+R2} V_{in}$$

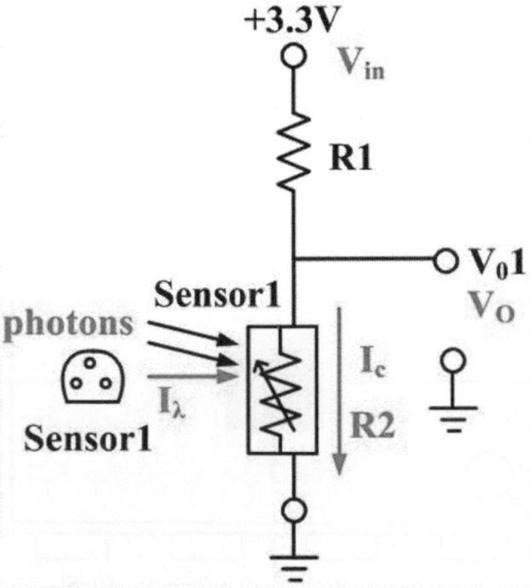

圖 3-8　光敏電阻電路圖範例

3.1.2 光感測器元件應用

光感測器可以實際應用在手機、平板電腦、筆記型電腦、汽車儀表板、液晶電視等，來及時改變螢幕的亮度。舉例來說在手機上的應用可以是當耳朵靠近螢幕時變暗，達到省電效果。而用在汽車儀表板的話，因爲白天亮度較高可以讓儀表板的燈較亮，晚上則較暗可以讓儀表板的不必太亮，適當調整光度讓人眼睛可以清楚看見儀表板狀況。因此光感測器主要的目的就是要節省能源以及透過調整螢幕亮度達到人類眼睛可以接受的舒適亮度。此外，早期路燈爲定時設定開關，並不能因應環境變化而做出相對應的反應而浪費資源，利用光感測器可以完全解決路燈控制問題；光感測器也可以用在停車格監測，回報是否有車子停在停車格內。

3.2 類比數位轉換器相關知識以及其應用

光感應器主要是利用光的強弱改變電阻轉成電壓方式量測。轉換成電壓的方法就可以利用類比數位轉換器(Analog-to-Digital Converter，ADC)達成。類比數位轉換器的目的是將連續的類比訊號或是物理量(通常爲電壓)轉換爲數位訊號，如圖 3-9，電壓的精準度在於轉換位元數，當轉換位元數爲 10 (bits)，精準度就介於 0～1023 之間。類比數位轉換器主要有三個重要參數：

1. 輸入電壓範圍，例如正 5V (或 3.3V)到 0V。
2. 轉換位元數，例如 NodeMCU 只有一顆 10-bit 類比數位轉換器，電壓範圍 3.3V 到 0V，上限 3.3V 之 ADC 讀值爲 1023、下限 0V 之 ADC 讀值爲 0，而 ADC 讀值 512 則爲 1.65V。

3. 取樣頻率，當每秒取樣次數越高，聲音越細緻。例如電話取樣頻率 8kHz，表示每秒取樣 8k 次，而 CD/MP3 約爲 44.1kHz，可以明顯感受到 CD/MP3 的音質比話筒好。藍光 DVD 取樣頻率可以高達 96kHz 或是 192kHz。當取樣頻率越高且轉換位元數越多，ADC 取樣波形會越接近原始波。

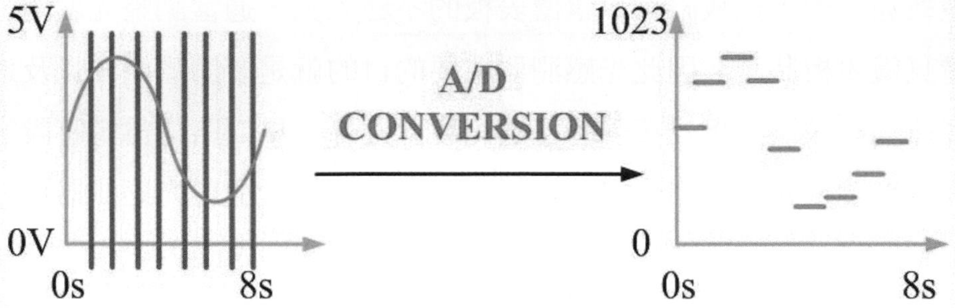

圖 3-9　類比數位轉換器

NodeMCU 只有 1 個 10-bit ADC 接腳(A0)，可量測 1 個外部訊號源，量測值爲 0～1023，若是希望增加 ADC 則可以使用 tri-state 多工器。NodeMCU Lua APIs 有 ADC 的模組定義兩個函式，adc.read()和 adc.readvdd33()。adc.read()將接收到的電壓值轉換爲 0 到 1023 的數值，adc.readvdd33()則是讀取系統電壓。

3.3 使用 NodeMCU 平台做光感測器(ADC)程式設計

本章有四個實驗，其中 3 和 4 是智慧燈光的應用：

1. 使用 Fritzing 工具畫出 NodeMCU 與光感測器連接電路，並使用麵包板實際將 NodeMCU 與光感測器連接。

   答：詳細步驟可以參考實驗手冊單元三主題 A。

   (1) Fritzing 之麵包板電路，如圖 3-10。

圖 3-10　Fritzing tool 之麵包板電路

(2) Fritzing tool 之電路概要圖，如圖 3-11。

(3) Fritzing tool 之 PCB 印刷板電路圖，如圖 3-12。

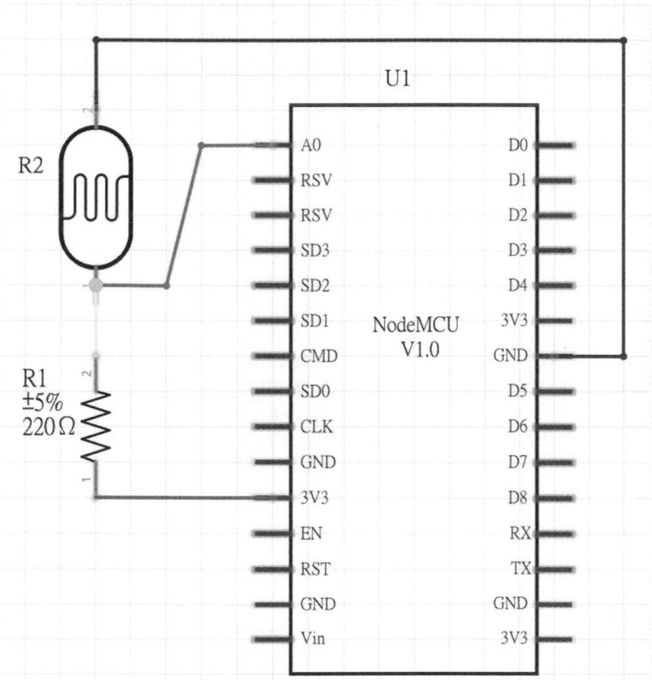

圖 3-11　Fritzing 之電路概要圖

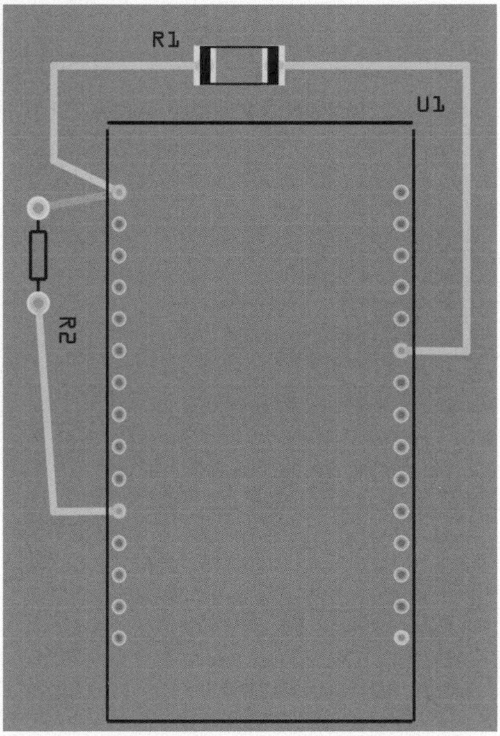

圖 3-12　Fritzing 之 PCB 印刷板電路圖

(4) 實際麵包板接線如圖 3-13。光感測器的 VCC 接腳接 NodeMCU 的 3.3(3.3V)或是 Vin(5V)，光感測器的 GND 接腳接 NodeMCU 的 GND 接腳，光感測器的 A0 接腳接 NodeMCU 的 ADC 接腳(A0)。

圖 3-13　實際麵包板接線

2. 利用 Lua 程式撰寫並讀取光感測器的值，並觀察以及實驗下述兩點：

(1) 當手不蓋/半蓋/蓋住光感測器，觀察終端機顯示的變化。

(2) 使用手機"手電筒"App 照射感測器，觀察終端機顯示的變化。

答：Lua 程式範例及相關終端機顯示結果如圖 3-14。藉由終端機顯示結果可以觀察到當全亮時 adc 數值小，當全暗時 adc 數值變大，詳細步驟參考實驗手冊單元三主題 B。圖 3-15 為讀取光感測器的 Snap4NodeMCU 積木建構程式範例，詳細作法可以參考附錄 B。

```lua
pin=0
tmr.alarm(0,200,1,function()
  print(adc.read(pin))
end)
```

```
adc=134
adc=169
adc=343
adc=440
adc=515
adc=625
adc=707
adc=747
adc=793
adc=826
adc=889
adc=990
adc=991
adc=1024
adc=1024
adc=1024
adc=1024
adc=1024
```

圖 3-14　光感測器程式範例與終端機顯示結果

圖 3-15　光感測器 Snap4NodeMCU 範例程式

註：利用 5mm 光敏電阻來進行程式練習。當光線最暗的時候稱爲暗電阻($R2_{max}$～1.4MΩ)、最亮的時候稱爲亮電阻($R2_{min}$～100Ω)。由於光敏電阻沒有極性，所以在接線時一端接 GND 一端接電阻。可以透過分壓原理利用電阻值來得知亮度，當亮度越亮讀到的值越小，當亮度越暗時讀到的值越大。利用圖 3-14 的程式碼來讀取電壓轉換後的值。

3. 調整 Lua 程式，當光度不足時，自動啓動 LED 燈。

   答：詳細步驟請參考實驗手冊單元三主題 C。

4. 調整 Lua 程式，當光度足夠時關閉 LED 燈；光度不足時調整 LED 燈亮度。

   答：詳細步驟請參考實驗手冊單元三主題 C。

思考點

1. 若是將固定的電阻 R1(fixed resistor)與 R2(光敏電阻)位置對調後如圖 3-16，那麼 R1 該使用多少的歐姆電阻呢？

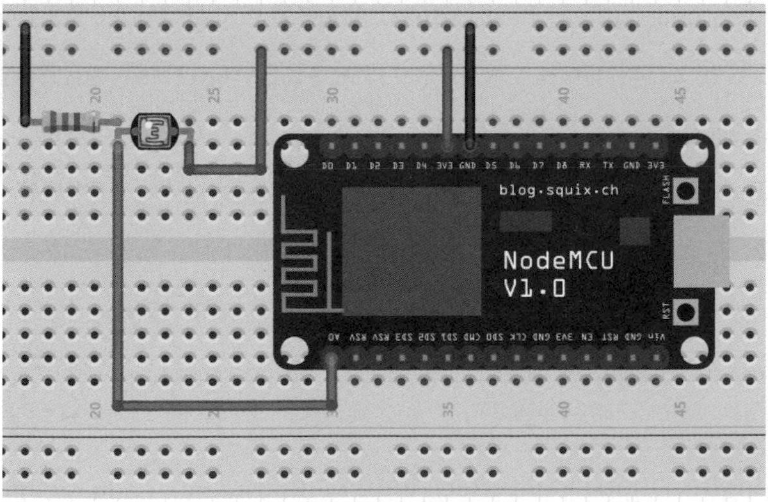

圖 3-16　電阻位置對調

2. NodeMCU 最多支援幾組 ADC 接腳？
3. 如何利用 tri-state buffer 擴充 NodeMCU 的 ADC 接腳？
4. PWM、ADC 和 DAC 有什麼關係呢？

3.4 小結

本章介紹了光感應器相關知識以及 ADC 的基本概念，也提供一個範例讓使用者利用 Fritzing IDE 和 ESPlorer IDE 平台撰寫程式，此外也提供兩個結合 LED 進行智慧燈光的應用程式，詳細作法可以參考實驗手冊。

本章重點如下：

1. ADC 原理與應用。
2. 光敏電阻原理與應用：智慧燈光、智慧農場。
3. 介紹 NodeMCU 關於 ADC 的 APIs。
4. 光感測器 Lua 程式撰寫。
5. 自我學習：參考 YouTube 以及本中心網頁上關於 ADC 與光敏電阻的教學影片。

參考資源

1. https://pixabay.com/zh/%E6%99%B6%E4%BD%93%E7%AE%A1-%E7%94%B5%E5%AD%90%E4%BA%A7%E5%93%81-%E5%8D%8A%E5%AF%BC%E4%BD%93-%E7%BB%84%E4%BB%B6-798173/
2. https://pixabay.com/zh/%E6%99%B6%E4%BD%93%E7%AE%A1-%E7%AC%A6%E5%8F%B7-%E7%94%B5%E8%B7%AF-146813/https://pixabay.com/static/uploads/photo/2015/06/05/06/34/transistors-798173_960_720.png
3. https://en.wikipedia.org/wiki/Analog-to-digital_converter
4. https://en.wikipedia.org/wiki/Light
5. ADC (Analog-to-Digital Converter), http://wiki.csie.ncku.edu.tw/embedded/ADC

CHAPTER 4

移動感測器原理與應用

本章節主要介紹移動感測器(motion sensor)的相關原理與應用，並使用 NodeMCU 平台做移動感測器程式設計以及利用 GPIO 模組製作智慧燈光應用。移動感測器的應用已經是隨處可見，例如雙手伸到水龍頭前，水龍頭自動出水、用完廁所後，廁所的自動沖水。本章主要的單元簡介以及學習目標如下：

- **單元簡介**
  - 傳授移動感測器之相關知識以及其應用
  - 傳授讀取 GPIO 數位資料之相關知識
  - 學習使用 NodeMCU 平台做移動感測器程式設計
  - 學習智慧燈光應用

- **單元學習目標**
  - 了解 PIR 移動感測器的特色及原理
  - 培養使用移動感測器以及讀取數位接腳程式設計的能力
  - 培養使用智慧燈光程式設計的能力
  - 養成撰寫程式易讀性的習慣

4.1 移動感測器之相關知識以及其應用

移動感測器的主要目的是偵測物體的移動，物體移動偵測的方法有紅外線偵測、超音波、雷達、雷射與影像等方法。紅外線的方法是無線感測中比較簡單的方法，價格低廉以及普及性具有相當優勢。本章節主要介紹紅外線感測器，簡稱 PIR sensor (Passive Infrared sensor)來偵測人體移動並且實做智慧燈光，也就是當偵測有人經過且光線不足的時候，自動啓動燈光。

4.1.1 移動感測器元件應用

移動感測器可以透過人體的熱量偵測，進一步決定要做何處理，舉例如下：

1. 水龍頭(圖 4-1)自動出水、廁所的自動沖水：利用偵測是否有物體在紅外線感應器前方移動，而自動開啓水龍頭或是將馬桶自動沖水。

圖 4-1　紅外線感應式水龍頭

2. 警報系統 (Intruder Detection，圖 4-2)：利用紅外線偵測是否有人在不應該出現的地方出現，進而發出警報或是通知安全警衛人員。

圖 4-2　警報系統 [1](圖片來源：flickr)

3. 自動照明裝置 (Automatic lighting device)：當偵測到有人進入到紅外線感應範圍內且光線不足的時，就會將照明裝置自動開啓。
4. 邊境安全(Border Security，圖 4-3)：主要應用在國界邊境上，利用紅外線偵測是否有人在邊界移動。

圖 4-3　邊境安全 [2](圖片來源：flickr)

5. 隱蔽式監視和追蹤(Covert Surveillance and tracking，圖 4-4)：通常配合影像處理，利用多個 PIR sensor 偵測那個角度有物體經過，再移動攝影機到該位置。

圖 4-4　隱蔽式監視和追蹤[3](圖片來源：flickr)

4.1.2 移動感測

移動感測(motion sensor)主要分為兩種，主動式和被動式。

1. **主動式的移動偵測(Active motion sensors)**：

主動式的移動偵測感測器透過送出的能量以及接收到的能量來偵測，送出的能量有可為：微波(Microwave)、超音波(Ultrasound)、雷達(Radar)、光達(LiDAR)，這些能量放射出去之後，如果碰到物品，就會反彈回來，如圖 4-5。

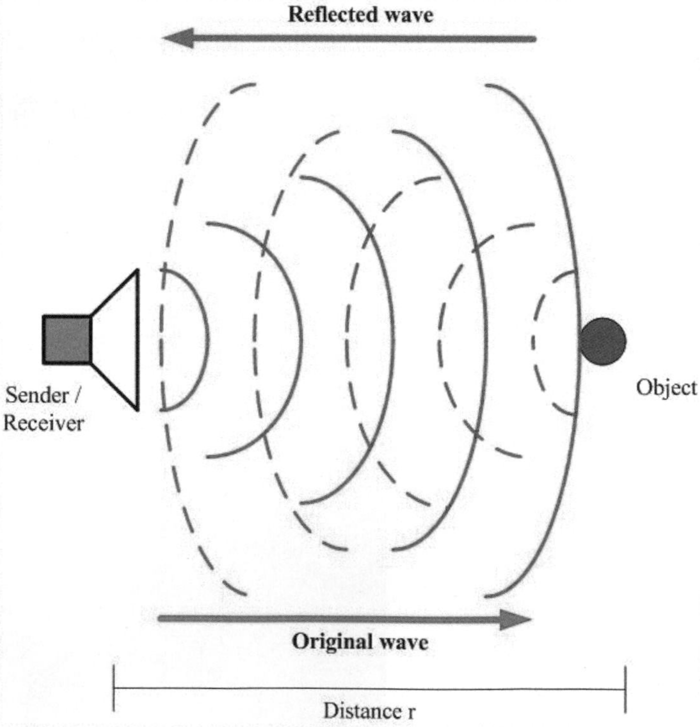

圖 4-5　主動式移動感測

2. **被動式移動偵測(Passive motion sensors)：**

被動式的移動偵測感測器不會主動送出能量但會接收能量，例如攝影機可以接受光的資訊，轉換成影像、PIR移動偵測感測器可以接收人體發射出來的紅外線，如圖4-6。

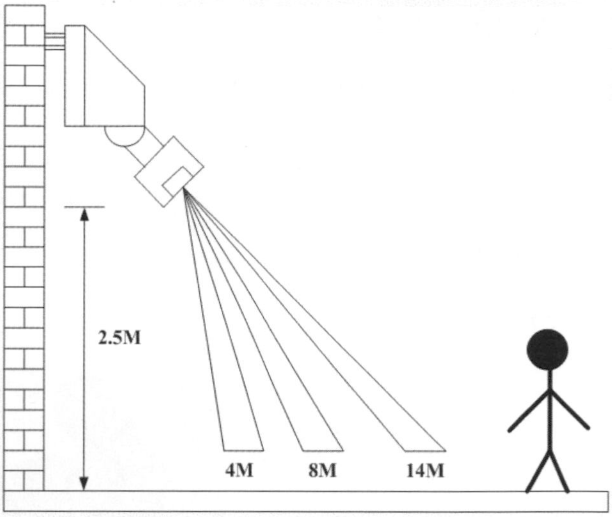

圖 4-6　被動式移動感測

4.1.3　紅外線動作感測器或稱人體紅外線感測器

紅外線動作感測器(PIR Motion Sensor)就是一種被動式移動偵測的應用。是一種偵測物體紅外線移動的電子裝置，探測元件的波長靈敏度在 0.2~20μm，可以偵測出人體、動物、燈泡、蠟燭及中央空調等所散發出的紅外線，其中人體所發出的紅外線中心波長爲 9~10μm。主要運作模式是將一個大範圍紅外線偵測的角度透過菲涅爾透鏡的折射功能，將紅外線折射到 PIR sensor 中，如圖 4-7。

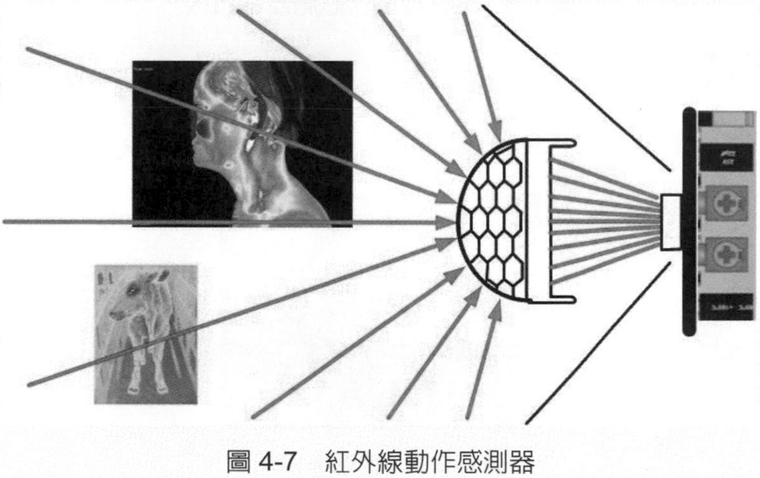

圖 4-7　紅外線動作感測器

紅外線動作感測器電路板上的元件(圖 4-8)：

1. 旋鈕：主要有兩個旋鈕，一個可以用來設置多久重新偵測一次的時間(Delay time)，一個用來設置所要測量的距離(Sensitivity)。順時針爲加長延遲時間或是靈敏度提高，逆時針則相反。
2. 接腳：主要有三個接腳(GND、OUT、VCC)，早期設備還有兩種觸發接腳，重複觸發(repeatable trigger)或只觸發一次(non-repeatable trigger)，以圖 4-8 來說，設定的是只觸發一次。

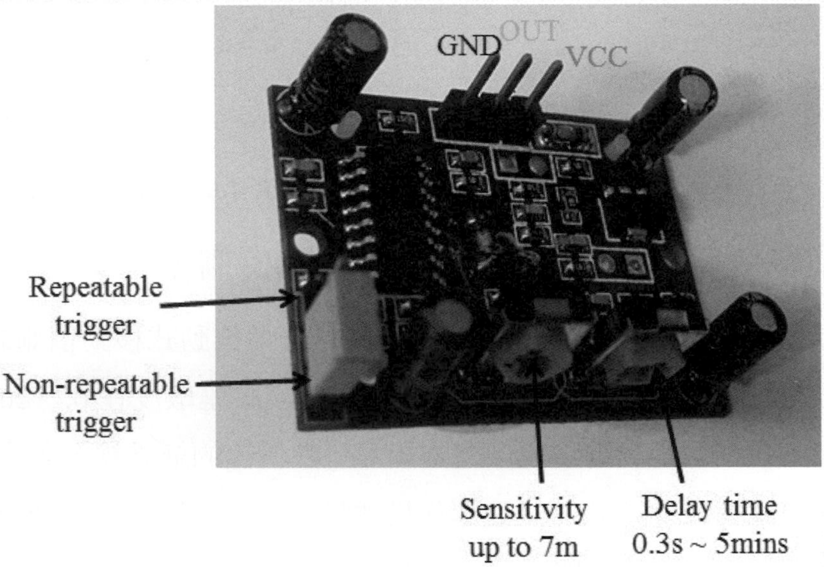

圖 4-8　紅外線動作感測器電路板

4.1.4　人體感應模組

本章節所使用的是 HC-SR501 人體感應模組，如圖 4-9。

圖 4-9　人體感應模組

主要規格描述如下：

(1) 工作電壓範圍：可接受直流電壓 4.5V 到 20V。

(2) 靜態電流小於 50μA。

(3) 輸出：當有偵測到物體時會輸出高電位(3.3 V)，沒有偵測到物體則是輸出低電位(0V)。

(4) 觸發方式分爲不可重複觸發以及重複觸發。

(5) 延遲時間 (Delay time)可製作範圍 0.5 秒到 200 秒之間。

(6) 電路板外形尺寸爲 32mm×24mm。

(7) 感應角度大約小於 100 度錐角。

(8) 感測距離在感應角度靠近中間部分大約 5~7 公尺，在周圍部分大約 3~4 公尺。

(9) 工作溫度可以接受–15 度到 70 度之間。

(10) 感應透鏡(菲涅爾透鏡)尺寸大小爲直徑 23mm。

在使用 HC-SR501 人體感應模組時要注意以下幾點：

(1) HC-SR501 人體感應模組在上電後，需要一分鐘初始化時間，此時可能會有 0101 的輸出，這些輸出值應該忽略不計。

(2) 一般光源也會產生紅外線，可能會影響測試結果，測試時建議把 HC-SR501 人體感應模組隱藏在包包中，或關閉主要光源。

4.2 使用 NodeMCU 平台做移動感測器程式設計

PIR sensor 是使用數位接腳，所以可以利用 D1 至 D12 來讀取 PIR 的值。以本章的實際練習，NodeMCU 和 PIR 接腳接法，如圖 4-10。

1. 將 PIR 的 GND 接到 MCU 的 GND 接腳。
2. 將 PIR 的 OUT 接到 MCU 的 Pin 4(數位接腳(D0~D12))。
3. 將 PIR 的 VCC 接到 MCU 的 Vin (5V)接腳。

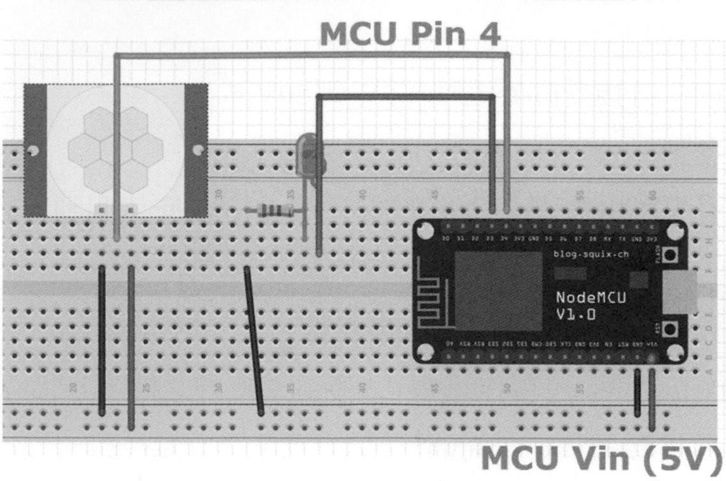

圖 4-10　Fritzing 電路

本章有四個實驗：

1. 使用 Fritzing 工具畫出 NodeMCU 與 PIR 感測器連接電路，並使用麵包板實際將 NodeMCU 與 PIR 感測器連接。

   答：詳細步驟可以參考實驗手冊單元四主題 A。

   (1) Fritzing 之麵包板電路，如圖 4-11。

圖 4-11　Fritzing 之麵包板電路圖

(2) Fritzing 之電路概要圖，如圖 4-12。

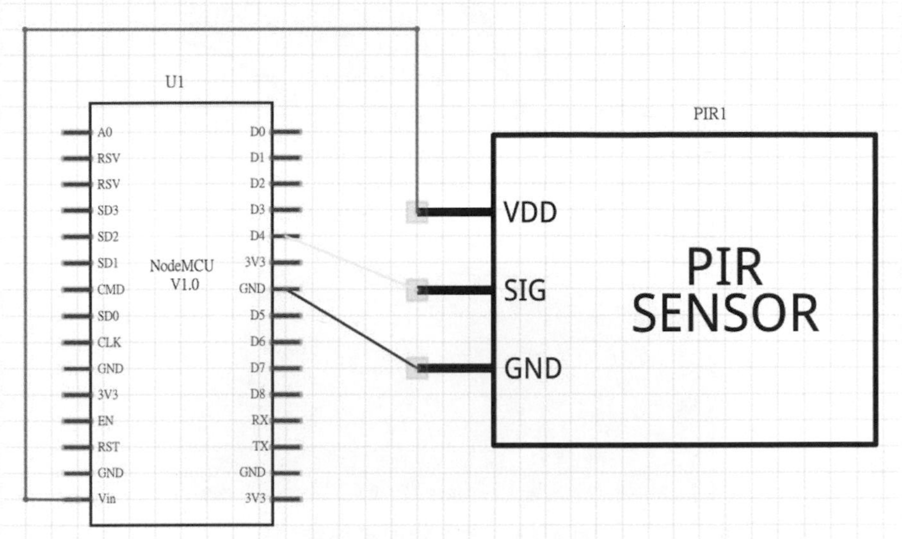

圖 4-12 Fritzing 之電路概要圖

(3) Fritzing 之 PCB 印刷板電路圖，如圖 4-13。

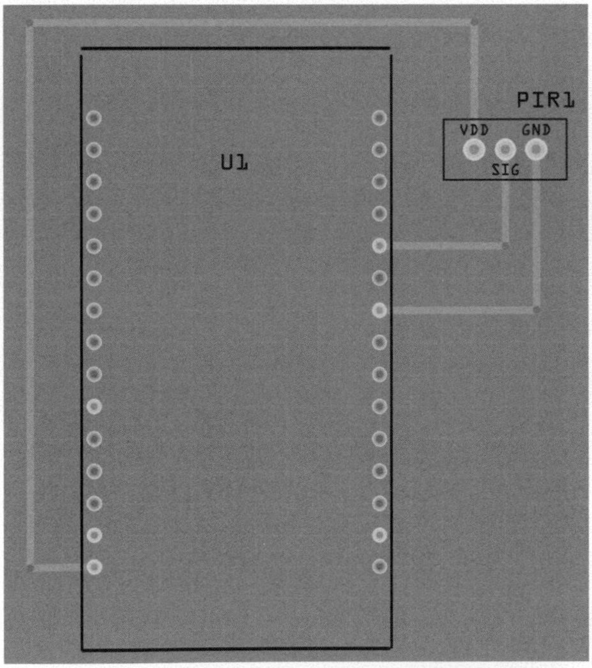

圖 4-13 Fritzing 之 PCB 印刷板電路圖

(4) 實際麵包板接線，如圖 4-14。

圖 4-14 實際麵包板接線

2. 利用 Lua 程式撰寫並讀取 PIR 感測器的值，並觀察以及實驗下述三點：

(1) 當揮手／蓋住人體感應模組，觀察終端機顯示的變化。

(2) 調整延遲時間 (Delay time)，觀察終端機顯示的變化。

(3) 調整感應距離 (Sensing distance)，觀察終端機顯示的變化。

答：Lua 程式範例及相關終端機顯示結果，如圖 4-15 和圖 4-16。詳細步驟參考實驗手冊單元四主題 B。

```
pirPin = 4
i=1
gpio.mode(pirPin, gpio.INPUT)
tmr.alarm(0, 500, 1, function()
    state = gpio.read(pirPin)
    print(i .. " PIR="  .. state)
    i= i + 1
end)
```

圖 4-15 程式範例

註：當有人體感應時將 state 設為 1，無人體感應時則設為 0。

```
13 PIR=1
14 PIR=1
15 PIR=1
16 PIR=1
17 PIR=1
18 PIR=1
19 PIR=1
20 PIR=1
21 PIR=1
22 PIR=1
23 PIR=1
24 PIR=1
25 PIR=1
26 PIR=1
27 PIR=0
28 PIR=0
29 PIR=0
30 PIR=0
31 PIR=0
32 PIR=0
33 PIR=0
34 PIR=0
35 PIR=0
36 PIR=0
37 PIR=0
```

圖 4-16　終端機顯示結果

3. 調整 Lua 程式，當感應人體時，自動啓動 LED 燈。

   答：詳細步驟參考實驗手冊單元四主題 C。

4. 調整 Lua 程式，當感應人體時且光線不足時，自動啓動 LED 燈。

   答：詳細步驟參考實驗手冊單元四主題 C。

思考點

1. 調整延遲時間時，timer 週期需不需要修改？為什麼？該如何修改？
2. 你的 PIR 感測器最遠能偵測多長的距離呢？
3. HC-SR501 人體感應模組 PIR VDD 可以接 3.3V 嗎？輸出結果會是什麼情形？
4. NodeMCU 最多支援幾組數位接腳？

4.3 小結

本章介紹了移動感測器(motion sensor)的相關原理與應用，並使用 NodeMCU 以及 GPIO 模組做移動感測器程式，並結合 LED 燈實際製作智慧燈光應用。

本章重點如下：

1. HC-SR501 人體感應模組原理與應用。
2. NodeMCU 所提供的讀取 GPIO APIs。
3. 簡單的人體感應模組 Lua 程式撰寫。
4. 自我學習：參考 YouTube 以及本中心網頁上關於 PIR 或人體感應模組的教學影片。

參考資源

1. https://www.flickr.com/photos/jonathanmcintosh/3744953433/in/photolist-6GVSbD-e84tLb-eaqBye-6GVSiZ-7xmwoR-ojGv7C-nnJQ4v-nmgJX7-nneQpm-mTBxT-nywoWV-6JFtLz-e8d6VQ-9DSoUY-kZLNde-ecAXn2-bUoyju-6GZX2U-89df9Y-kaKXC4-ken4xU-f4VMXu-6fdG2y-frCtt5-8bZeSP-qhezW6-coVpnb-efj4M7-q1keGK-ckYoXq-8XhAoF-6GWi9g-aGVVrB-zHaAFW-b1yBDx-9kQQ6-a9yeTX-oPvQft-9kQW6-6H1oau-8VbfmN-9j7Qi5-a7sbQH-9kQYf-cPopod-pC8pom-e8u3zx-2xB9iW-5XC1Xe-5fR48r
2. https://www.flickr.com/photos/47125576@N00/14234530238/
3. https://www.flickr.com/photos/highwaysagency/9392517176/in/photolist-7d4NX2-7aWj4q-7aVmu6-7b4MDK-k7HBAp-7gPxcc-bjjLEk-fiZ78j-6D7WTf-ata7qm-7FAkEA-e5U8m5-cEx7fq-7iT3rH-fiJRBv-ata9jb-7b1435-ata5Sy-ata5QN
4. https://en.wikipedia.org/wiki/Passive_infrared_sensor

CHAPTER 5

矩陣鍵盤感測器原理與應用

本章節主要介紹矩陣鍵盤感測器(Keypad sensor)的相關原理與應用，並使用NodeMCU 平台以及利用 GPIO 模組做鍵盤感測器程式設計。鍵盤的應用是無所不在的，例如 ATM(自動提款機)與電梯、遙控器及電話上的按鍵與跳舞機的踏鍵等。本章主要的單元簡介以及學習目標如下：

- **單元簡介**
  - 傳授矩陣鍵盤感測器之相關知識以及其應用
  - 傳授讀取/寫入 GPIO 數位資料之相關知識以及其應用
  - 學習使用 NodeMCU 平台做鍵盤感測器程式設計
  - 學習鍵盤(Keypad)加入蜂鳴器應用

- **單元學習目標**
  - 了解矩陣鍵盤感測器的特色及原理
  - 培養使用矩陣鍵盤感測器讀取/寫入數位接腳程式設計的能力
  - 培養使用鍵盤(Keypad)加入蜂鳴器程式設計的能力
  - 養成撰寫程式易讀性的習慣

5.1 矩陣鍵盤感測器之相關知識以及其應用

矩陣鍵盤是把按鍵做二維的排列，主要利用行列式的方式去偵測按鍵是否有被按壓，當某一個鍵被按壓時，接線是導通的，如果沒有按壓時，接線是不導通的。一般若是沒有使用矩陣式的話，例如有 16 個按鍵時會需要 16 條線(16 個接線偵測按鍵)，而使用 4x4 矩陣方式，只需 8 條線；使用 2x8 矩陣方式，只需 10 條線。因此，使用矩陣鍵盤，可以節省 pin 腳個數。

5.1.1 鍵盤感測器元件應用

鍵盤的應用是無所不在的，舉凡桌上型和筆記型電腦的鍵盤、計算機鍵盤、電話鍵盤、遙控器、搶答系統鍵盤，以及電梯裡的按鍵與門禁系統鍵盤等等都是鍵盤感測器的應用，如圖 5-1。

圖 5-1　鍵盤感測器元件應用 1-4(圖片來源：flickr)

5.1.2 矩陣鍵盤感測器(Keypad key sensor)

市面上有很多電子鎖，電子鎖內就需要有 Keypad，而 Keypad 就是一種矩陣鍵盤感測器，以圖 5-2 爲例，主要由四列四行共 16 個按鍵組成的開關陣列。第一列第一行(R1xC1)是" 1" 按鍵、第四列第三行(R4xC3)是" #" 按鍵。其中每個按鍵跨接在某一行與某一列之間，因此如果開關被按下，則對應位置的行與列會形成短路。也就是說，只要檢測行與列是否短路，就能判斷對應的按鍵是否被按下，如圖 5-3。

圖 5-2　4×4 矩陣鍵盤感測器

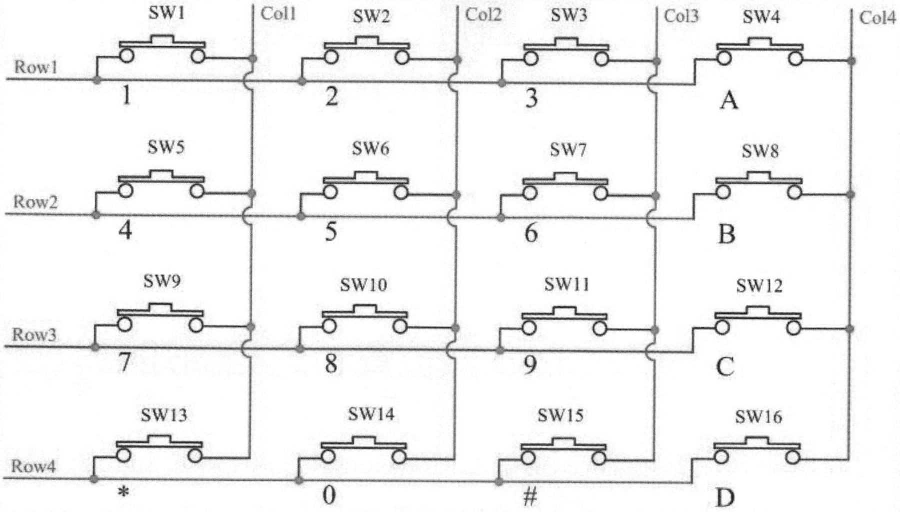

圖 5-3　矩陣鍵盤電路圖

例如，NodeMCU 某一接腳(例如 D1 接腳)接線到按鍵 SW1 所對應的 Row1 接腳，當 NodeMCU D1 接腳輸出高電位且 SW1 按鍵按下時，其對應的 Col1 輸入接線也會爲高電位輸入。而鍵盤掃描的程序每次僅對某一列(Row)設爲高輸出電位，因此依序掃描該列上 Col1～Col4 的各按鍵，當掃到的按鍵爲高電位，表示該按鍵被按下觸發；第 n 列設爲高電位輸出且掃描 Col1～Col4 接腳輸出之後，會將第 n 列輸出電位設爲低電位，並且把第 n+1 列設爲高電位輸出，並依序掃描該列上 Col1～Col4 的各按鍵，不斷重覆(1.)列輸出電位與(2.)掃描行的電位，如圖 5-4。

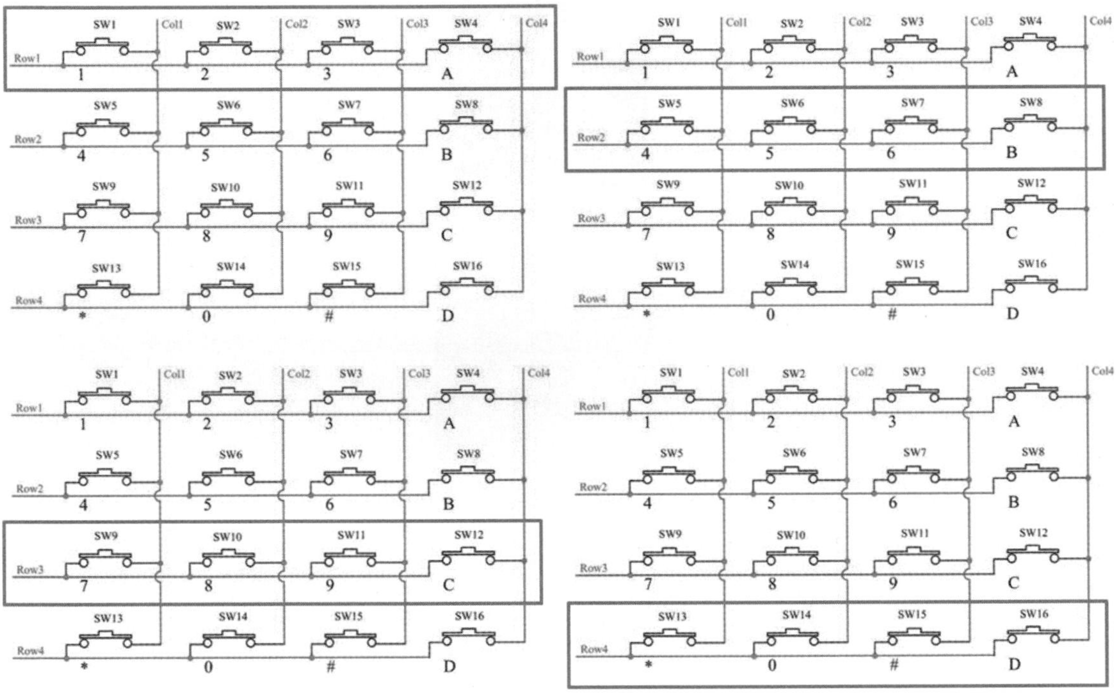

圖 5-4　鍵盤掃瞄方式

因此可以知道鍵盤掃描的程序重點在於依序掃描信號，並進行讀取鍵盤輸入。

5.2 讀取/寫入 GPIO 數位資料之相關知識以及其應用

想要讀取矩陣式鍵盤就需要利用 GPIO(General Purpose Input/Output)的讀取和寫入功能，再利用掃描的方式偵測按下的按鍵是哪一個。而一般的微處理器

(MCU)接腳怎麼做輸入／輸出呢？可以利用如圖 5-5 所示 MCU 的 GPIO 硬體電路來解釋。一般而言，GPIO 接腳硬體電路包括二個三態邏輯閘(Tri-state buffer，Tri.a, Tri.b)、一個暫存器(D FlipFlop，DFF)、一個上拉電阻(pull-up resistor，R_{up})及一個電晶體(transistor，t)來控制 PI.x 管腳。其中，PI.x 管腳可以接到外部的感測器接腳(即 MCU 輸入感測器資料)或是接到外部的啓動器(即 MCU 輸出資料控制啓動器)。

三態邏輯閘的運作像一個有管制的通道，當控制接腳爲低電位(0V)的時候，通道是暢通的；當控制接腳爲高電位(3.3、5V)的時候，三態邏輯閘通道形成高阻抗，通道是不導通的。

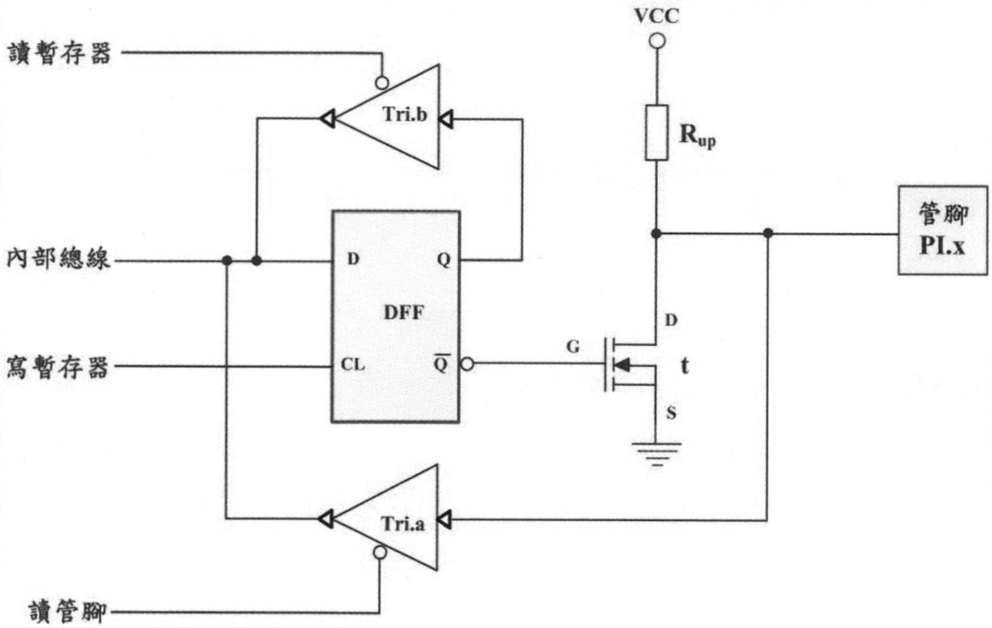

圖 5-5　MCU 的 GPIO 接腳硬體電路

1. GPIO 接腳硬體設定爲輸入功能：

當 GPIO 硬體設定爲輸入功能時，下方的三態邏輯閘(Tri.a)“讀管腳”值會設定爲 0(低電位)且上方的三態邏輯閘(Tri.b)“讀暫存器”值會設定爲 1(高電位)，此時，管腳的資料會進入下方的三態邏輯閘(Tri.a)，當三態邏輯閘“讀管腳”值爲 0 時，管腳值爲多少直接輸入到 DFF 的 D，因此有時鐘脈波(CL)

上升緣(rising edge)訊號時(即 CL = 0 → 1)，資料就會被保留住在暫存器(DFF)中。此外，輸入值也會被送到“內部總線”(即 NodeMCU 微處理器內部)，如圖 5-6。

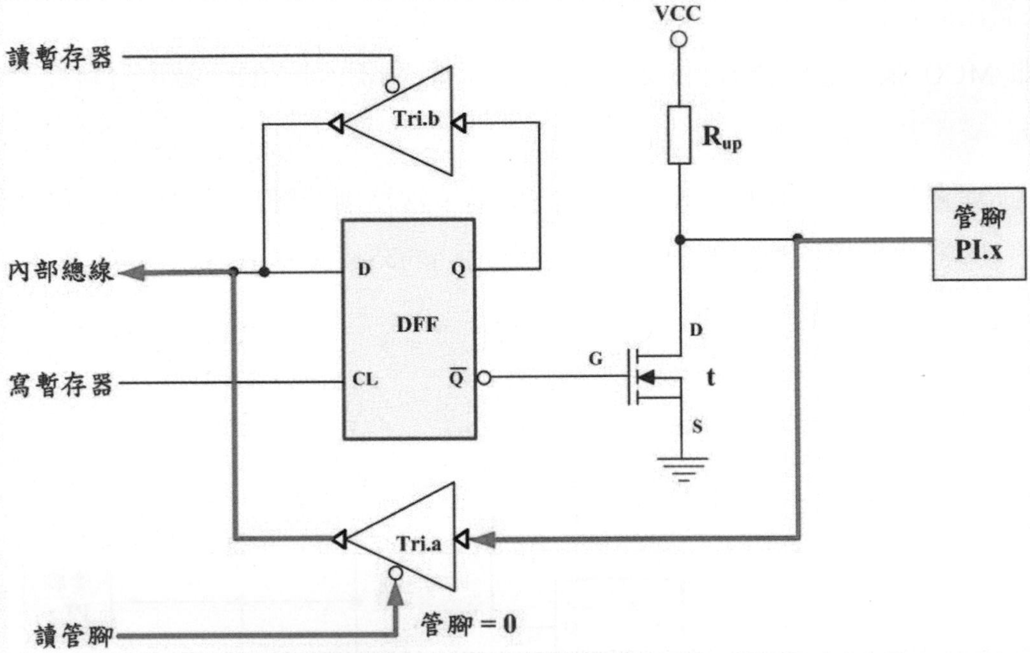

圖 5-6　GPIO 設定為輸入功能

2. GPIO 接腳硬體設定爲輸出功能：

當 GPIO 硬體設定爲輸出功能時，下方的三態邏輯閘(Tri.a)的“讀管腳”值會爲 1(高電位)，Tri.a 三態邏輯閘爲高阻抗，因此下方的輸入訊號不會進入 DFF 暫存器。而上方的三態邏輯閘(Tri.b)的"讀暫存器"值會爲 0(低電位)，因此“內部總線”的訊號可以進入暫存器(DFF)中，因此有時鐘脈波(CL)上升緣(rising edge)訊號時(即 CL = 0 → 1)，資料就會被保留住在暫存器(DFF)中，再利用暫存器 DFF 的 $\overline{Q}$ 控制高電位或低電位輸出到管腳(PI.x)，如圖 5-7。當暫存器 DFF 的 Q 爲 1(高電位)，$\overline{Q}$ 會爲 0(低電位)，電晶體(t)不導通，管腳(PI.x)輸出高電位；當暫存器 DFF 的 Q 爲 0(低電位)，$\overline{Q}$ 會爲 1(高電位)，電晶體(t)導通，管腳(PI.x)接通到 GND，輸出低電位。

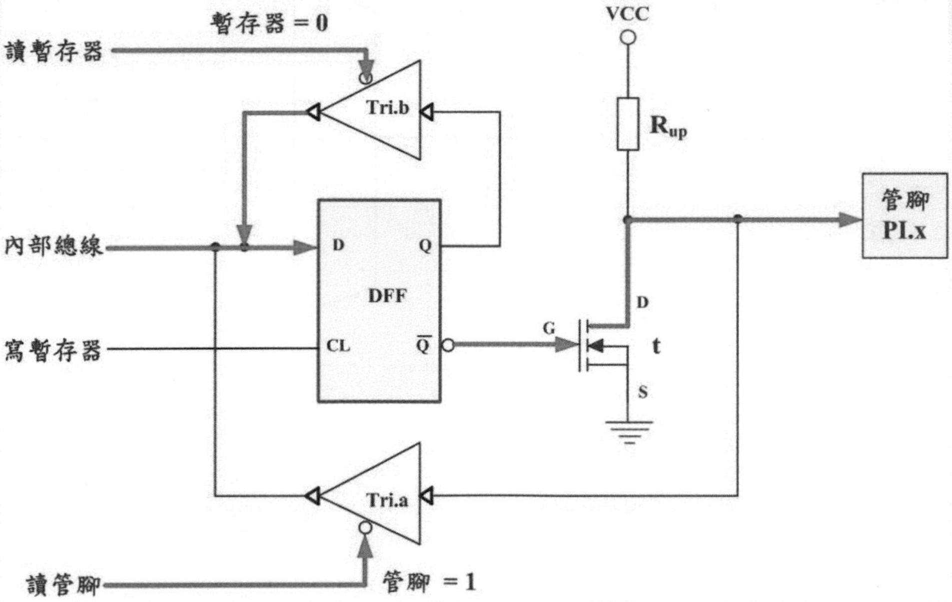

圖 5-7 GPIO 設定為輸出功能

微處理器(例如 NodeMCU)通常有一個輸入暫存器與多個輸出暫存器(如圖 5-8)。要輸出資料時，微處理器透過多工器選擇哪個暫存器的資料要輸出到 Pin Pad 管腳 (圖 5-8 上半部)；而 Pin Pad 管腳輸入資料則是透過圖 5-8 下半部的輸入暫存器(Input Register)暫存資料；其中輸出輸入方向暫存器(Direction Register)決定是做輸出或輸入使用。

當輸出輸入方向暫存器設定爲 1 時，上方的三態邏輯閘不會導通，所以是做輸入，等同於將 GPIO 硬體設定爲輸入功能，如圖 5-9；相反的，如果設定爲 0 時，則是做輸出，等同於將 GPIO 硬體設定爲輸出功能，如圖 5-10。

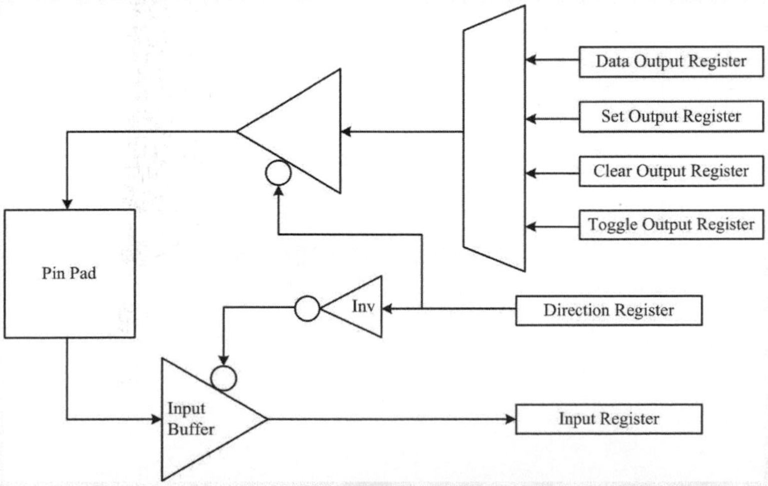

圖 5-8 GPIO 的輸入暫存器與多個輸出暫存

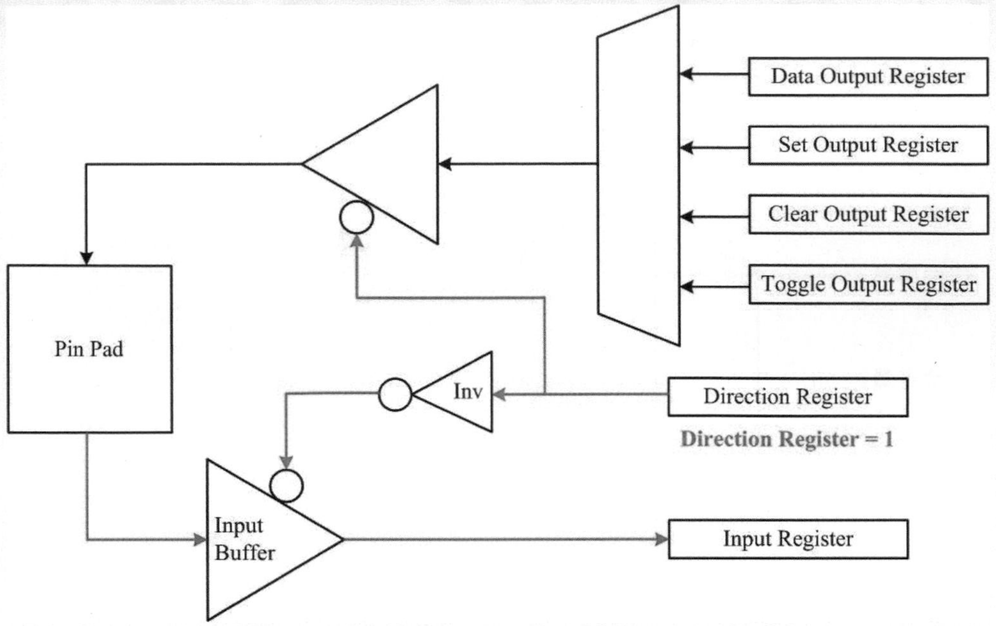

圖 5-9　設定為輸入功能

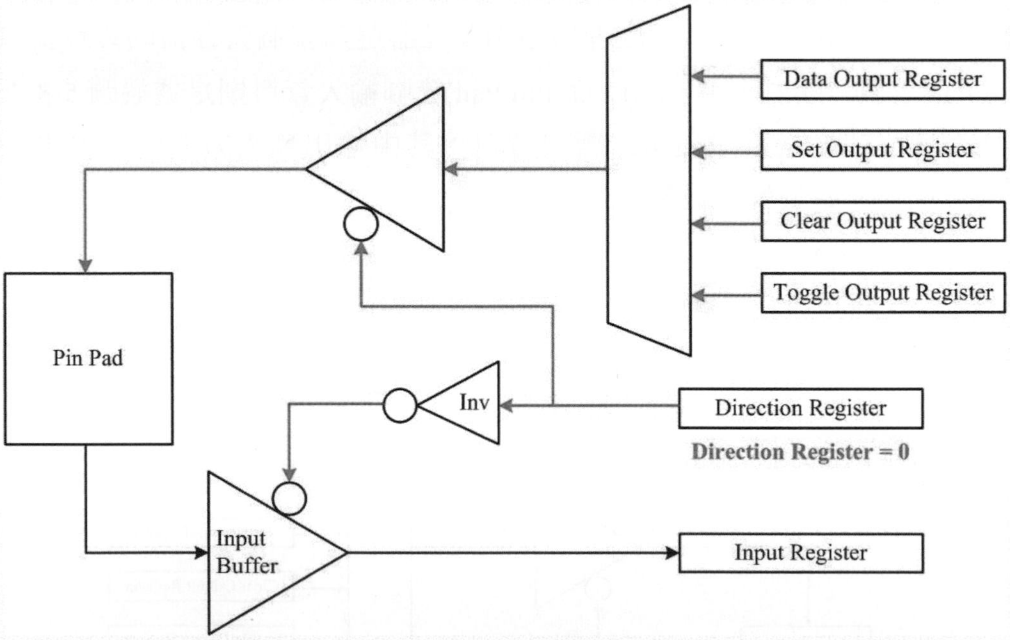

圖 5-10　設定為輸出功能

5.3 使用 NodeMCU 平台做鍵盤感測器程式設計

利用 NodeMCU 連接鍵盤感測器時，以圖 5-11 為例，必須設定四根輸入接腳和四根輸出接腳，舉例來說可以將鍵盤的 R1 至 R4 接到 NodeMCU 的 D1 至 D4，將鍵盤的 C1 至 C4 接到 NodeMCU 的 D5 至 D8。接著將 NodeMCU 的 D1 至 D4 設為輸出接腳，D5 至 D8 設為輸入接腳。

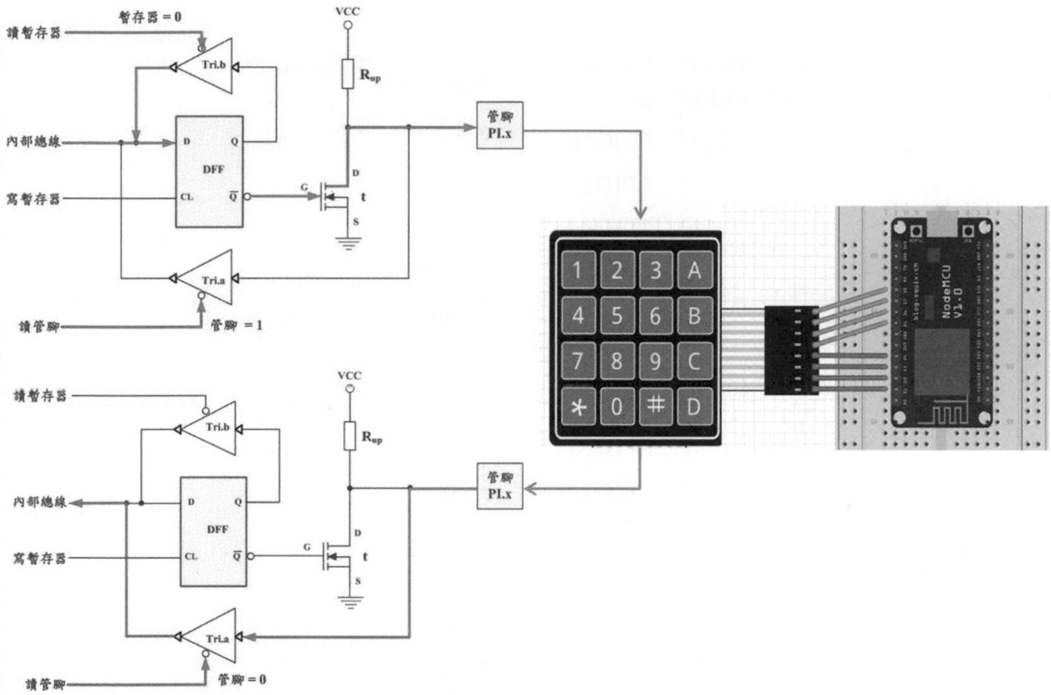

圖 5-11　使用 NodeMCU 平台連接鍵盤感測器

5.3.1 複習 NodeMCU GPIO 模組

1. 數位輸入：
   (1) gpio.mode(pin, gpio.INPUT)：設定 pin 接腳(D0～D12)為輸入。
   (2) gpio.read(pin)：讀取指定的 pin 接腳電位，0 表示低電位、1 表示高電位。
2. 數位輸出：
   (1) gpio.mode(pin, gpio.OUTPUT)：設定 pin 接腳(D0～D12)為輸出。

(2) gpio.write(pin, gpio.HIGH)：將指定的 pin 接腳輸出爲高電壓。

(3) gpio.write(pin, gpio.LOW)：將指定的 pin 接腳輸出爲低電壓。

NodeMCU 對應接腳如圖 5-12，原始的 NodeMCU D1、D2、D7 與 D8 接腳的既定輸出爲低電位，其餘的接腳爲高電位。安裝即時作業系統 1.5.1 後，只有 D1 與 D2 接腳的既定輸出爲低電位，其餘的接腳爲高電位。因爲接腳可以規劃成輸出和輸入，接腳暫存的值可能是高電位也可能是低電位，因此我們在設計程式的時候都要將這些接腳設定成輸出或者是輸入，並且設定接腳初始值。

NodeMCU IO index	ESP8266 pin	Default	Firmware 1.5.1
0 [*]	GPIO16	High	High
1	GPIO5	Low	Low
2	GPIO4	Low	Low
3	GPIO0	High	High
4	GPIO2	High	High
5	GPIO14	High	High
6	GPIO12	High	High
7	GPIO13	Low	High
8	GPIO15	Low	High
9	GPIO3	High	High
10	GPIO1	High	High
11	GPIO9	High	High
12	GPIO10	High	High

圖 5-12　NodeMCU vs ESP8266 IO Pins

5.3.2　鍵盤感測器程式設計

本章有四個實驗

1. 使用 Fritzing 工具畫出 NodeMCU 與鍵盤(Keypad)感測器的連接電路，並使用麵包板實際將 NodeMCU 與鍵盤感測器連接。

   答：詳細步驟可以參考實驗手冊單元五主題 A。

   (1) Fritzing 之麵包板電路，如圖 5-13。

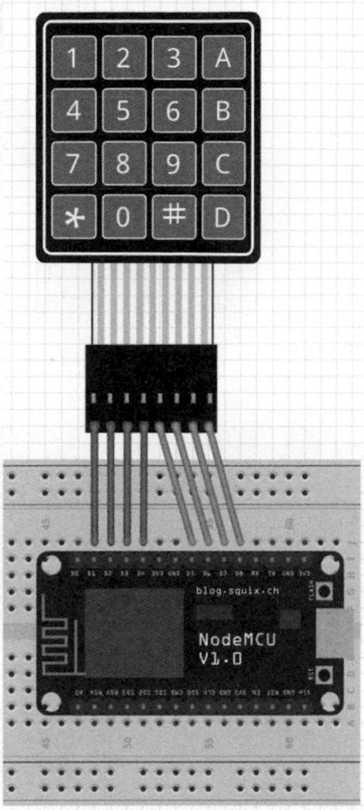

圖 5-13　Fritzing 之麵包板電路圖

(2) Fritzing 之電路概要圖，如圖 5-14。

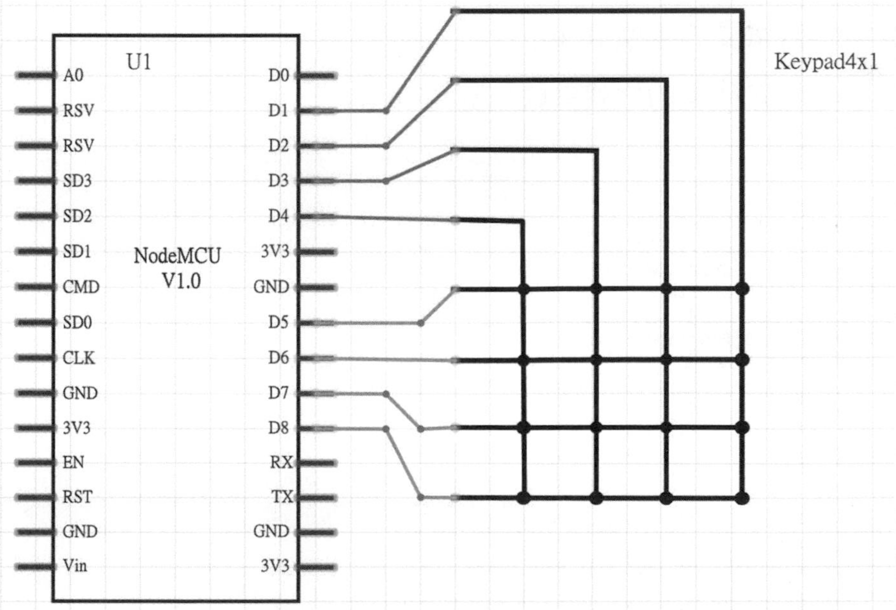

圖 5-14　Fritzing 之電路概要圖

(3) 實際麵包板接線，如圖 5-15。

圖 5-15　實際麵包板接線

2. 利用 Lua 程式撰寫並按下鍵盤上的按鍵，並觀察以及實驗下述兩點：

(1) 按下鍵盤就放，觀察終端機顯示的變化。

(2) 長時間按下鍵盤才放，觀察終端機顯示的變化。

答：Lua 程式範例及相關終端機顯示結果如圖 5-16(a)和圖 5-17。詳細步驟參考實驗手冊單元五主題 B。相同的 Lua 程式也可以使用 Snap!4NodeMCU IDE 以拖拉程式積木的方式完成如圖 5-16(b)。

```
keys = {{"1","2","3","A"},{"4","5","6","B"},{"7","8","9","C"},{"*","0","#","D"}}
                                    -- define keys' name for 4x4
for pin = 1, 4 do
gpio.mode(pin, gpio.OUTPUT)         --initial gpio D1~D4 output mode
gpio.mode(pin+4, gpio.OUTPUT)       --initial gpio D5~D8 output mode then set to low
gpio.write(pin+4, gpio.LOW)
gpio.mode(pin+4, gpio.INPUT)        --Set pin D5~D8 input mode (Row)
end
tmr.alarm(0,200,1,function()        --Set Timer in 200ms
    for rpin =1,4 do                --Loop for Set high level to assigned row pin
        gpio.write(rpin,gpio.HIGH)
        for cpin=1,4 do             --Loop for read assignedd column pin for keyin detect
        hit = gpio.read(cpin+4)
            if hit == gpio.HIGH then
            print ("Key["..rpin.."]["..cpin.."]="..keys[rpin][cpin])
                                    -- If there is keyin , show Row/Col pin name and Key name
            end
        end
        gpio.write(rpin,gpio.LOW)   --reset Row to low level
    end
end)
```

圖 5-16(a)　keypad Lua 程式範例

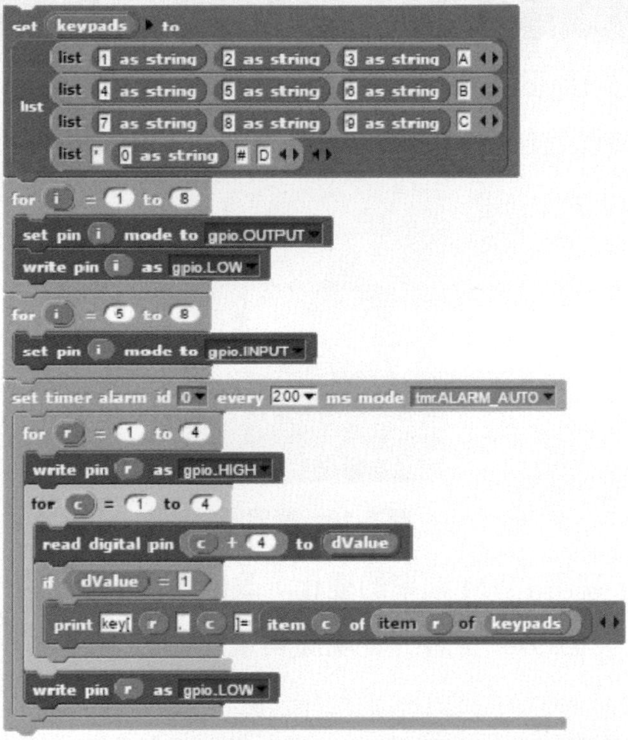

圖 5-16(b) Snap!4NodeMCU keypad 程式範例

註：

(1) 其中因為 GPIO 接腳預設電位是 1，所以需要將 D5～D8 設定為 0，由程式碼 4-7 行實現。

(2) 由第 9 行設定按鍵多久被掃描一次看是否有被觸發，這裡設定為 0.2 秒。

(3) 第 10 行的 for 迴圈，是依序觸發(設為高電位)每一列的值後，再利用第 12 行的 for 迴圈偵測每一行看是否有那個按鍵被觸發。

(4) 第 19 行主要是要將第 10 行設為高電位的值改為低電位(0V)。

3. 加入蜂鳴器，調整 Lua 程式，當按下一個鍵之後，自動嗶一聲來提醒已經按下鍵盤上的按鍵。

```
Key[1][1]=1
Key[1][2]=2
Key[1][3]=3
Key[1][4]=A
Key[2][1]=4
Key[2][2]=5
Key[2][3]=6
Key[2][4]=B
Key[3][1]=7
Key[3][2]=8
Key[3][3]=9
Key[3][4]=C
Key[4][1]=*
Key[4][2]=0
Key[4][3]=#
Key[4][4]=D
```

圖 5-17 終端機顯示結果

答：詳細步驟參考實驗手冊單元五主題 C。

註：蜂鳴器(圖 5-18)正極部分接在 NodeMCU 的數位接腳上，另一接腳則接在 GND。當接腳電位爲高電位時會發出聲音，低電位則不發出聲音。

圖 5-18 蜂鳴器

4. 調整 Lua 程式，運用 PWM 頻率的變化，改變蜂鳴器發出不同的音階，例如按了" 1" 按鍵可以發出 Do 音階，實現簡易電子琴的實作。音階-頻率對照表(單位：Hz) 如下：

低音	Do	Re	Mi	Fa	So	La	Si
頻率	262	294	330	349	392	440	494
中音	Do	Re	Mi	Fa	So	La	Si
頻率	523	587	659	698	784	880	988
高音	Do	Re	Mi	Fa	So	La	Si
頻率	1046	1175	1318	1397	1568	1760	1976

答：詳細步驟參考實驗手冊單元五主題 D。

思考點

1. timer 週期時間需不需要修改？爲什麼？該如何修改？
2. 如何修改程式使得長時間按下鍵盤，一次接受一個出現一個按鍵？
3. 按不同鍵可以出現不同聲音嗎？ (提款機可能不適合，不同的按鍵聲音會被猜測出密碼。)

5.4 小結

本章介紹了矩陣式的鍵盤感測器相關原理與應用，並使用 NodeMCU 平台以及利用 GPIO 模組做鍵盤感測器程式設計，並實際將蜂鳴器與鍵盤感測器結合應用，實現簡易電子琴的實作。

本章重點如下：

1. 鍵盤(Keypad)感應模組原理與應用。
2. 蜂鳴器響聲與電子琴應用。
3. General Purpose Input／Output (GPIO)接腳原理。
4. 介紹 NodeMCU 讀取／寫入 GPIO 的 APIs。
5. 鍵盤(Keypad)加入蜂鳴器應用。
6. 自我學習：參考 YouTube 以及本中心網頁上關於 GPIO、Keypad 或是 Buzzer 感應模組的教學影片。

參考資源

1. https://www.flickr.com/photos/126080172@N03/14714850068/in/photolist-oqisgw-b1qMG-cRGCnh-9BVHmk-7dcFo-6sHJFL-uqMBf-6yq1bj-g9FyfG-DWtde-7bNZYS-662Gz6-cRGCD1-662Gp4-cRJxT1-47dnYK-bw1FpU-6dUex4-obNw2V-7TawMW-d8auR5-cnzK3S-4bKwRW-f19c1-5SuE9A-QiJm-5xfqr2-7TawxW-ff7gJ-8jbB6-5o2W6h-d8auf9-vezru-icfJrE-qC8NDY-7edja8-6xBoAr-47doa6-kZo7LT-4WrmRD-4WSGr4-6N8x9h-8jqLdc-gyD1S-9HSWiz-7FSUUK-c55zTU-b1qNV-wHaeS-c2Z3Qu
2. https://www.flickr.com/photos/osde-info/1518479846/in/photolist-3jbBa1-bgfCUk-B5zSb-6pGeE-7jm6dd-6AdHXb-6pFFa-qgskU-4EeDGe-4Gi1J9-dnTDXS-6pGg5-4MZAxs-4wVKuz-9qUE5q-bjeiYM-6pG1Q-6pFYC-7UMyW-5vFAtZ-eCuWjw-e9Agdx-8EGHW5-UmZqZ-kWzhi-4Do95E-kg1avW-9wsVX-DMAik-a7BHJ4-iDnpXV-8SCm

te-dHxWYj-4pyKYY-7E5v1a-eCunLs-8hJS4-hyRFtr-2ZPBgk-biaW1z-2bn9mu-pLdeta-hZLGR-qPtzX-2bn9d7-aDbmf5-eGKHWw-q1vuHs-4Ge47a-aY8o6r

3. https://www.flickr.com/photos/johnseb/3505588628/in/photolist-eaKKNo-2sq6m-yvKUd2-oM7EEy-bMkDtz-6whL7z-fhsws-e65fLN-e65eby-puXqCR-dn12m8-J3qq5y-e64xPG-dtydtn-8fpX6H-8sVGgY-e2EFMY-6jCZkf-Ay16h-e1NcfR-eubNYK-621ke9-n28Q6e-otnV6U-8qc7Tp-4N22H8-9W8j5t-4ri6c9-7gsxcJ-6kM4nf-9tR896-dEvDYm-dSYYHm-6JxmZs-6CPZ58-vQT1C-4tGKm5-bGoXuv-fxyFaA-5E9LG-4GB7mN-7jJdXA-7P5oFW-iFZACu-83KK5N-76RTzx-efnBE8-eexV2u-igzNw-ejdnQr
4. https://www.flickr.com/photos/shizo/20668762884/in/photolist-xuqP7L-oZTzh-5G4jL2-d15ywW-BasPu7-edJkb3-pPtj8P-iAXN-niY68f-j3ksZ-6rkaQe-oFtL-98JY-v3BME-85bEwU-2gjBm3-7rQXsR-opFuN-6rpEHy-n9z38-cJh3o9-a4a2P6-auJHGi-79J6R-7tZTYX-5kT4qt-79X6gx-dCn4c3-2gnLT7-6crUT9-nwjDR9-nYtFU1-ed3dDY-54t6Xs-885RF-vuyam-apxVW8-eiMXuB-3L9Wd-8wRATX-n9zhr-53M6xZ-4ehRXw-aXxf6-3V9LJf-aAsJB-6o2MZF-4edSfr-hGoF9-pyuxy
5. https://en.wikipedia.org/wiki/Keypad
6. https://en.wikipedia.org/wiki/Buzzer

CHAPTER 6

土壤濕度感測器原理與應用

本章節主要介紹土壤濕度感測器(Soil moisture sensor)的相關原理與應用，並使用 NodeMCU 平台之數位和類比的 GPIO 模組做土壤濕度感測器程式設計，並加入蜂鳴器通知土壤溼度異常情形發生。土壤濕度感測器可以用在植物盆栽、園林灌溉、農業與溫室植物栽種等應用。本章主要的單元簡介以及學習目標如下：

- **單元簡介**
  - 傳授土壤濕度感測器之相關知識以及其應用
  - 傳授數位和類比資料讀取之相關知識以及其應用
  - 學習使用 NodeMCU 平台做土壤濕度感測器程式設計
  - 學習土壤濕度感測器加入蜂鳴器通知異常情形應用

- 單元學習目標
  - 了解土壤濕度感測器的特色及原理
  - 培養使用土壤濕度感測器以及讀取數位或類比接腳程式設計的能力
  - 培養使用土壤濕度加入蜂鳴器程式設計的能力
  - 養成撰寫程式易讀性的習慣

6.1 土壤濕度感測器之相關知識以及其應用

種植植物時，知道土壤濕度是重要的，過多與過少的水量，都不利於植物的生長，利用土壤濕度可以判別出土壤是否過乾或過濕，過乾的時候能夠自動灑水灌溉，過濕的時候馬上停止灑水，隨時注意土壤的濕度，來栽種健康的植物或是盆栽。

6.1.1 土壤濕度感測器應用

土壤濕度感測器主要可以應用在以下方面：

1. 農業應用：

測量土壤濕度是重要的農業應用，可以幫助農民管理他們的灌溉系統更有效。透過土壤濕度感測器以及對每樣農作物成長階段所需要的水分條件，不僅能夠讓農民使用適當的水量種植作物，也能夠增加產量和作物改良土壤水分管理過程中關鍵的植物生長階段的質量。

2. 園林灌溉應用：

在草坪使用土壤濕度感測器可以控制灌溉控制器根據土壤濕度自動灑水。這樣一來可以將定時灑水系統轉換成智慧灑水系統。

3. 溫室植物或居家盆栽土壤濕度監測

溫室植物或居家盆栽會枯萎常常會因爲忘記澆水，因此有了土壤濕度感測器就可以在快要缺水的時候，發出警報提醒主人澆水。

4. 土壤濕度感測器不僅可以應用在土壤種植上，也可以有以下的延伸應用：

(1) 浴室洗澡水滿偵測：應用在浴缸水位偵測的話，可以及時得知水位已經滿了可以關水，或是透過手機發送訊息給使用者通知可以使用浴缸了。

(2) 河川水位偵測：當河川水位過滿，可以及時通知附近居民是否需要進行疏散。

(3) 地下室積水偵測。

6.1.2 土壤濕度感測器介紹

土壤濕度感測器(Soil moisture sensor)，又叫做土壤水分儀、土壤濕度計，主要用來測量土壤含水量有多少。土壤濕度感測器能夠根據土壤水分含量的狀態和變化，分析植物的生長狀況，找到最適合它的種植環境，進而了解食品安全、生產力及生態環境。

如圖 6-1 的 YL-69 土壤濕度感測器可以用數位或類比的接腳來讀取。當土壤缺水時，數位接腳會輸出高電位，反之輸出低電位；而類比接腳當土壤水量缺水時，輸出一個較高值，當土壤水量充裕時，則輸出一個較低值。YL-69 土壤溼度感測器中還有一個藍色數位電位器，可以藉由調整電位器的值設定感測器對土壤濕度的靈敏度。所需要的輸入電壓是 3.3V 到 5V。

土壤濕度感測器也具備有固定螺栓孔方便使用者固定。PCB 的尺寸是 3cm×1.6 cm；具有電源指示燈和數位開關量輸出指示燈，電源指示燈用來指示是否有供電，此外可以利用電位器來調整當土壤水分為多少時數位開關量輸出指示燈會亮燈。感測器採用 LM393 晶片的比較器，利用比較器的值來判斷要輸出高電位或低電位。

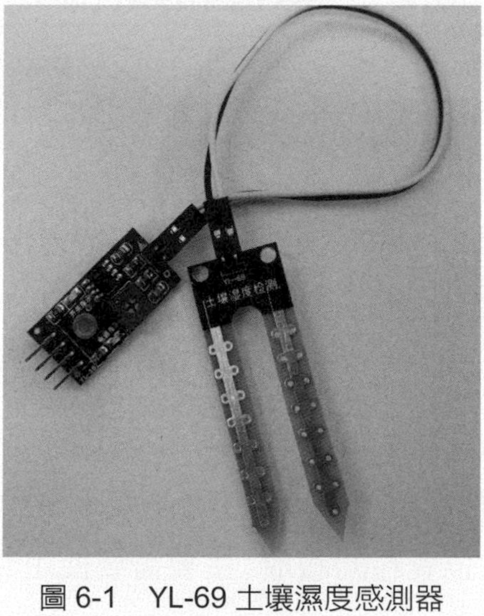

圖 6-1　YL-69 土壤濕度感測器

6.1.3 土壤濕度感測器分壓原理

土壤濕度感測器的分壓原理可以利用圖 6-2 來說明：

1. 當土壤沒有水分時，電阻 R_2 的值很大，因此輸出電壓就大。
2. 當土壤有水分時，電阻 R_2 的值就變小，因此輸出電壓就小。

$$V_{OUT} = \frac{R_2}{R_1 + R_2} V_{IN}$$

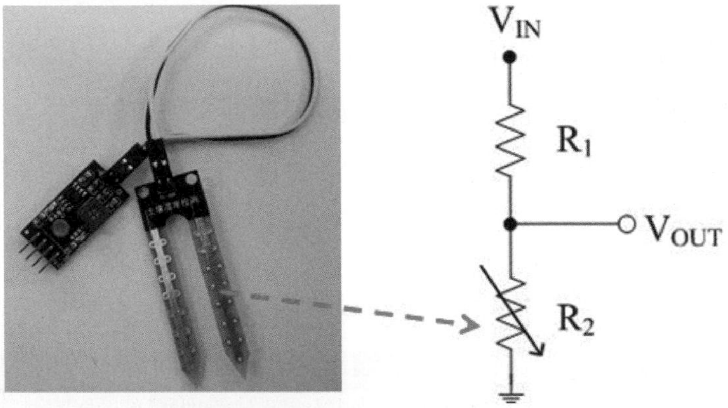

圖 6-2　土壤濕度感測器的分壓原理

6.2 數位和類比讀取資料之相關知識以及其應用

YL-69 土壤濕度感測模組可以同時支援數位與類比輸入。NodeMCU 只有 1 個 10-bit ADC 接腳可量測外部類比的訊號源，因此同時只能使用一種類比訊號的感測器，例如壓力感測器、聲音感測器等等。若是想要使用多種感測器就可以使用 I^2C 介面的 DAC/ADC 晶片、繼電器(Relay)或是 tri-state buffer 組成的多工器(Multiplexer)。而經過 ADC 接腳量測後的值會介於 0 到 1023 之間。NodeMCU 的 D0～D12 數位接腳可以用來感測 YL-69 土壤濕度感測模組的土壤濕度是否有超過某個既定值，超過則數位接腳得到高電位，沒有超過則得到低電位。

1. 數位資料的讀取：主要需要使用到 NodeMCU GPIO 軟體模組的以下兩種 API：
   (1) gpio.mode(pin, gpio.INPUT)：可以設定 0~12 的 pin 腳爲 GPIO 輸入。

(2) gpio.read(pin)：讀取 GPIO pin 接腳電位，0 表示低電位(土壤水分高)，1 表示高電位(土壤缺水)。

2. 類比資料的讀取：NodeMCU 的 ADC 軟體模組主要有兩個：
   (1) adc.read()：傳回 0 到 1023 之間的值。
   (2) adc.readvdd33()：傳回系統的電壓值。

6.3 使用 NodeMCU 平台做土壤濕度感測器程式設計

在本課程裡所使用的是 YL-69 土壤濕度感測模組，接腳的接法爲：

1. YL-69 的 VCC 接腳接 NodeMCU 的 3.3(3.3V)或是 Vin(5V)接腳。
2. YL-69 的 GND 接腳接 NodeMCU 的 GND 接腳。
3. YL-69 的 D0 接腳接 NodeMCU 的數位接腳(D0~D12)。
4. YL-69 的 A0 接腳接 NodeMCU 的類比接腳(A0)。

本章有四個實驗：

1. 使用 Fritzing 工具畫出 NodeMCU 與土壤濕度感測模組的連接電路，並使用麵包板實際將 NodeMCU 與土壤濕度感測模組連接。

   答：由於 Fritzing 目前尚未提供 YL-69 土壤濕度感測模組的元件，因此使用 SparkFun Soil Moisture Sensor 爲例來建立電路圖。詳細步驟可以參考實驗手冊單元六主題 A。

   (1) Fritzing 之麵包板電路，如圖 6-3。

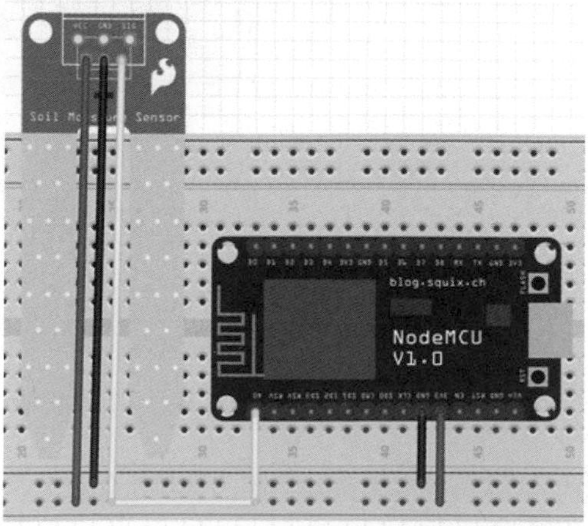

圖 6-3　Fritzing 之麵包板電路圖

(2) Fritzing 之電路概要圖，如圖 6-4。

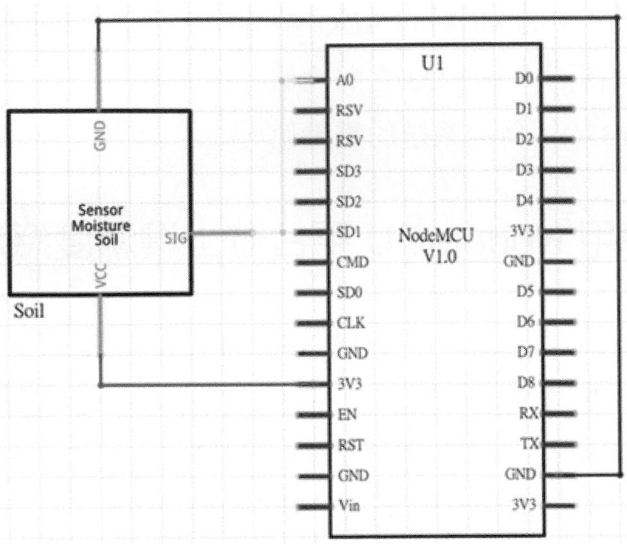

圖 6-4 Fritzing 之電路概要圖

(3) Fritzing 之 PCB 印刷板電路圖，如圖 6-5。

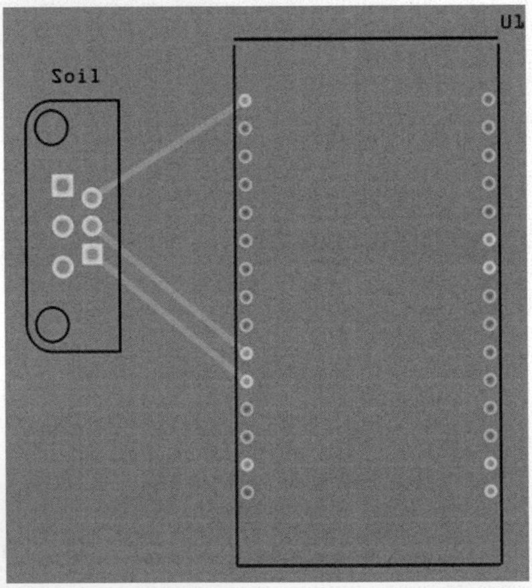

圖 6-5 Fritzing 之 PCB 印刷板電路圖

(4) 實際麵包板接線，如圖 6-6。由於本課程所使用的 YL-69 土壤濕度感測模組直接有數位和類比接腳，所以可以同時接到 NodeMCU 上。

圖 6-6　實際麵包板接線

2. 利用 Lua 程式讀取土壤濕度感測模組的類比值，並觀察以及實驗下述四點：
   (1) 將土壤濕度感測模組置入水杯，觀察終端機顯示的變化。
   (2) 將土壤濕度感測模組移出水杯，觀察終端機顯示的變化。
   (3) 將土壤濕度感測模組置入水杯後，慢慢移出水杯，觀察終端機顯示的變化。
   (4) 調整可變電阻，觀察終端機顯示的變化。

   答： Lua 程式範例及相關終端機顯示結果如圖 6-7(a)(b)和圖 6-8。詳細步驟參考實驗手冊單元六主題 B。

run
set timer alarm id 0 every 1000 ms mode tmr.ALARM_AUTO
read analog pin to aValue
print aValue

圖 6-7(a)　Snap4NodeMCU 程式範例

```
analogPin = 0
tmr.alarm(0, 1000, 1, function()
  print("analog=", adc.read(analogPin))
  end
 )
```

圖 6-7(b)　程式範例

```
analog=1024
analog=1024
analog=1024
analog=732
analog=660
analog=651
analog=660
analog=668
analog=660
analog=535
analog=540
analog=545
analog=532
analog=508
analog=490
analog=496
analog=496
analog=500
analog=502
analog=505
analog=507
analog=509
analog=510
analog=510
analog=525
analog=448
analog=474
analog=474
analog=488
analog=457
analog=492
```

圖 6-8　終端機顯示結果

3. 利用 Lua 程式讀取土壤濕度感測模組的數位值，並觀察以及實驗下述三點：
   (1) 將土壤濕度感測模組置入水杯，觀察終端機顯示的變化。
   (2) 將土壤濕度感測模組移出水杯，觀察終端機顯示的變化。
   (3) 調整可變電阻，觀察終端機顯示的變化。

   答：詳細步驟參考實驗手冊單元六主題 C。
4. 加入蜂鳴器(或 LED)，調整 Lua 程式，當快缺水時，自動一直嗶聲(或開啓 LED 燈)來提醒擁有者。

   答：詳細步驟參考實驗手冊單元六主題 D。由於土壤濕度感測器並不會發出聲響，所以要如何得知現在是缺水狀態或是飽水狀態呢，就可以利用蜂鳴器(或 LED)來達到目的。

思考點

1. 土壤濕度感測模組的可變電阻有何作用？對類比訊號的輸出有影響嗎？對數位訊號的輸出有影響嗎？
2. 如何修改土壤濕度不同，可以出現不同聲音(或 LED 亮度)？

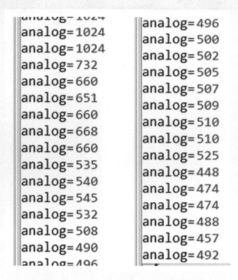

6.4 小結

本章介紹了土壤濕度感測器相關原理與應用，並使用 NodeMCU 平台，利用數位和類比的讀取資料模組做土壤濕度感測器程式設計，並實際利用蜂鳴器與土壤濕度感測器結合進行實驗，實驗詳細作法可以參考實驗手冊。此外也可以配合第三章的光的感測器，記錄植物生長的光照與土壤濕度，上傳到雲端形成大數據，藉由大數據的分析來改善植物的栽培。

本章重點如下：

1. 土壤濕度感應模組原理與應用。
2. 蜂鳴器應用。
3. 介紹 NodeMCU 關於數位以及類比訊號讀取的 APIs。
4. 土壤濕度感應模組加入蜂鳴器應用。
5. 自我學習：參考 YouTube 以及本中心網頁上關於 GPIO、土壤濕度感應模組或是蜂鳴器的教學影片。

參考資源

1. https://en.wikipedia.org/wiki/Soil_moisture_sensor

CHAPTER 7

溫濕度感測器原理與應用

本章節主要介紹溫濕度感測器的相關原理與應用，並使用 NodeMCU 平台以及提供的數位 data (one wire) read API 量測與撰寫溫濕度感測器程式。溫濕度感測器可用在家用溫濕度計或者是醫療用的耳溫槍。本章主要的單元簡介以及學習目標如下：

- **單元簡介**
  - 傳授溫濕度感測器之相關知識以及其應用
  - 傳授 DHT data (one wire) read API 之相關知識以及其應用
  - 學習使用 NodeMCU 平台做溫濕度感測器程式設計
  - 學習溫室或是智慧盆栽應用

- **單元學習目標**
  - 了解溫濕度感測器的特色及原理
  - 培養使用DHT溫濕度感測器以及DHT data read APIs讀取數位接腳程式設計的能力
  - 培養使用溫室或是智慧盆栽應程式設計的能力
  - 養成撰寫程式易讀性的習慣

7.1 溫濕度感測器之相關知識以及其應用

人類在溫度過冷或過熱的地方是沒有辦法生存的。此外，濕度也是很重要的一環，人生活在相對濕度45%～65%的環境中最感舒適，太過潮濕的環境，容易滋養黴菌、細菌、病毒及過敏原，進而引發關節炎、感冒、濕疹、過敏、氣喘、香港腳、異位性皮膚炎、慢性氣管炎等症狀出現，且潮濕會加速建材中的化學毒物釋放，污染室內空氣品質。相反地太過乾燥的環境會使人體表皮細胞脫水、皮脂腺分泌減少，導致皮膚粗糙起皺甚至開裂；乾燥的空氣也會引發過敏性皮膚炎、皮膚瘙癢等過敏性疾病。

因此利用溫濕度感測器偵測出環境的溫濕度，智能家居便可以自動控制適當的溫度與濕度，像是溫度太熱就可以開啓電扇或是冷氣、太冷就可以開暖氣機、濕度太高時可以開啓除濕機、太乾燥時就可以噴灑水氣等。

7.1.1 溫濕度感測器應用介紹

溫濕度感測器應用十分廣泛，在居家應用方面，如冷暖氣機、烤箱、電子料理溫度計、除濕機、防潮箱、家用室內溫濕度計；在醫療應用方面，如醫療溫度計、耳溫槍、成年尿布、海關體溫檢查；在溫控應用方面，如食品儲運、汽車；在農業及畜牧業的應用方面，如溫室、土壤溫濕度；以及在博物館文物與檔案管理應用方面，因爲歷史文物很寶貴，必須保持一定的溫濕度才不會被損壞、智慧烤肉乾機是一種特別的應用，如何讓肉乾可以烤熟但不烤焦。

7.1.2 溫度介紹

溫度是用來表示物體冷熱程度的物理量，微觀上來講是物體分子熱運動的劇烈程度。溫度並無法直接測量，只能透過物體隨溫度變化的某些特性來間接測量。

物體溫度數值的標尺叫溫標(溫度標準)，溫標有很多種，像是台灣用的是攝氏溫標(℃)，攝氏溫標定義在一大氣壓下，水的冰點和沸點分別爲 0℃和 100℃；美國採用的是華氏溫標(°F)，在一大氣壓下水的冰點爲 32°F，沸點爲 212°F。若是在科學方面需要使用絕對溫標，例如熱力學溫標，又稱開爾文溫標、絕對溫標，簡稱開氏溫標(K)，一般所說的絕對零度指的便是 0K(= –273.15℃)。

溫度會影響很多物理特性，例如音速、空氣密度和聲阻抗，如圖 7-1。當溫度低時，聲音傳送速度就會比較慢所以聲音阻抗程度也比較大，另外空氣密度也比較高，反之亦然。

溫度(°C)	音速(m/s)	空氣密度(kg/m³)	聲阻抗(s/m³)
-10	325.4	1.341	436.5
-5	328.5	1.316	432.4
0	331.5	1.293	428.3
5	334.5	1.269	424.5
10	337.5	1.247	420.7
15	340.5	1.225	417.0
20	343.4	1.204	413.5
25	346.3	1.184	410.0
30	349.2	1.164	406.6

圖 7-1　溫度對物理量的影響

溫度理論上最高溫度稱爲「普朗克溫度」，所謂的普朗克溫度指的是宇宙大爆炸第一個瞬間的溫度，目前可測得是 1.417×10^{32}℃。而理論上的對低溫度則是「絕對零度」。絕對零度(absolute zero)是熱力學的最低溫度，是粒子動能低到量子力學最低點時物質的溫度，目前可知道的是 0K = –273.15℃。太陽可見表面溫度大約是5,505℃，而太陽核心溫度大約是1600萬℃；地球地表溫度最冷可以達–90幾度C，最熱可以到70幾度C；而人造的CERN原子撞擊機器，當質子和核產生碰撞時後產生的溫度可以高達10萬億℃，比太陽核心溫度還高很多。

溫度測量的方法也有很多種，例如：

1. 膨脹測溫法：利用加熱時體積會改變，而採用幾何量體積或長度作爲溫度的標誌，主要有水銀和酒精溫度計兩種。
   (1) 水銀溫度計的測量範圍大約是–30～300℃。
   (2) 酒精溫度計的測量範圍大約是–115～110℃。
2. 電學測溫法：當溫度改變會影響電阻，再利用電阻的電學量作爲溫度的標誌。
   (1) 電阻溫度計多用於低於600℃的場合。
   (2) 熱電偶溫度計測量範圍一般在1600℃以下。
   (3) 半導體熱敏電阻溫度計利用半導體器件的電阻隨溫度變化的規律來測定溫度，主要用於低精度測量，一般在–90℃～130℃有靈敏度較高的精度。
3. 磁學(磁化率)測溫法：利用偵測磁場的大小來測量溫度，常用在超低溫(小於1K)測量中。
4. 聲學(聲速)測溫法：主要用於低溫下熱力學溫度的測定。
5. 頻率測溫法：利用某些物體的頻率隨溫度變化的原理來測量溫度，石英晶體溫度計的解析度可達萬分之一℃
6. 光學測溫法：像是機場常見的紅外線溫度計，測量從目標物上所散發出的紅外線輻射能量，再轉換能量成一個電子信號，以溫度單位被顯示出來。

7.1.3 濕度介紹

濕度一般在氣象學中指的是空氣濕度，表示空氣中水蒸氣的含量，所以在空氣中液態或固態的水不算在濕度中，而不含水蒸氣的空氣被稱爲乾空氣。度量空氣濕度的高低有蒸汽壓、絕對溼度、相對溼度(RH)、比濕和露點等，現在常見的測量方式爲相對濕度，一般人在45%到55%的相對濕度下感覺最舒適。

現代相對濕度測量的方法有以下幾種：

(1) 電容濕度計：以 DHT11(圖 7-2)來說，大約有±2%RH 的精準度，測量範圍為 20%至 95% RH。

(2) 電阻濕度計：防冷凝的傳感器具有高達±3%RH 的精準度。

圖 7-2 DHT11 溫濕度感測器

(3) 熱濕度計：測量絕對濕度。

(4) 重力測定濕度計：最精確的主要方法，但需要有精準的電子秤。

7.1.4 溫濕度感測器介紹

本課程所使用的溫濕度感測器是 DHT22 (圖 7-3)，DHT22 在啟動的時候就會自動校準數位信號輸出，是一款高精度溫濕度複合感測器。應用專用的數位模組採集技術和溫濕度傳感技術，確保產品具有極高的可靠性與穩定性。感測器內使用電阻式感測器來量測溫度、使用電容式感測器來量測濕度，並且具有一個 8-bit 的 CPU 來做校正。主要是利用單線制串列介面(one-wire interface)來進行信號傳輸，傳輸距離可達 20 米以上。

DHT22 溫濕度感測器主要可以應用在冷暖空調、除濕器、測試及檢測設備、消費品、汽車、自動控制、數據記錄器、家電、濕度調節器、醫療、氣象站及其他相關濕度檢測控制等。

圖 7-3 DHT22 溫濕度感測器

將 DHT22 與 DHT11 比較的話，DHT11 除了價格比較便宜外，其他在溫/濕度測量的範圍、精準度、測量週期以及響應時間(Response time)方面，DHT22 都比 DHT11 好很多。詳細比較圖，如圖 7-4。

	DHT-11	DHT-22
價格	30	175
濕度測量範圍	20-90%RH	0-100%RH
濕度測量精度	±5%RH	±2%RH
溫度測量範圍	0~50℃	-40~80℃
溫度測量精度	±2℃	±0.5℃
測量週期	1 sec	2 sec
響應時間	<5s	溫度 <5s / 濕度 <10s

RH：相對濕度

圖 7-4 DHT22 與 DHT11 比較

7.2 NodeMCU DHT 溫濕度讀取數位資料之相關知識以及其應用

NodeMCU 所提供的 DHT APIs 實作 1-wire interface 的協定，提供雙向單通道(bi-directional and half duplex)傳輸介面。1-wire 是達拉斯半導體的技術，只需單一信號線，提供長距離、低的數據傳輸速率。NodeMCU 的 DHT APIs 已經將讀取 DHT 溫濕度資料設計爲好簡單易用的 APIs，因此使用者只要下 dht.read 指令就可以讀取 DHT 溫濕度資料。NodeMCU 的 DHT APIs 描述如圖 7-5。基本上只要下 dht.read()就可以讀取所有的 DHT 感測器，包括 DHT11、21、22、33、44 溫濕度感測器。

Function	Description
Constants	Constants for various functions.
dht.read()	Read all kinds of DHT sensors, including DHT11, 21, 22, 33, 44 humidity temperature combo sensor.
dht.read11()	Read DHT11 humidity temperature combo sensor.
dht.readxx()	Read all kinds of DHT sensors, except DHT11.

圖 7-5　NodeMCU 的 DHT APIs

所以我們可以利用 dht.read(pin)來讀取溫濕度感測器的值。其中輸入 pin 腳可以是 D0 至 D12。回傳值主要有以下五項(見圖 7-11 第四行程式碼)：

1. status：
   (1) dht.OK：表示這次量測是成功的。
   (2) dht.ERROR_CHECKSUM：由於使用 1-wire 方式，當資料在資料傳輸中損毀的話，就會回覆 CHECKSUM ERROR。
   (3) dht.ERROR_TIMEOUT：當資料太長或有干擾沒有回應封包的話，就會回覆 TIMEOUT ERROR。
2. temp：如果韌體有提供浮點數，即會使用這個變數傳回實數的溫度值。如果韌體只有提供整數，即會使用這個變數傳回溫度的實數小數點以前的整數值。
3. humi：如果韌體有提供浮點數，即會使用這個變數傳回實數的濕度值。如果韌體只有提供整數，即會使用這個變數傳回濕度的實數小數點以前的整數值。
4. temp_dec：如果韌體有提供浮點數，這個部分沒有用。如果韌體只有提供整數，即會使用這個變數傳回溫度的實數小數點之後的整數值。
5. hum_dec：如果韌體有提供浮點數，這個部分沒有用。如果韌體只有提供整數，即會使用這個變數傳回濕度的實數小數點之後的整數值。

7.3 使用 NodeMCU 平台做溫濕度感測器程式設計

在本課程裡所使用的是 DHT22 溫濕度感測模組，接腳的對應如圖 7-6。DHT22 與 NodeMCU 的接法為：

1. DHT22 的 VCC 接腳(或是 DHT22 模組的+接腳)接 NodeMCU 的 3.3(3.3V)或是 Vin(5V)。
2. DHT22 的 Data 接腳(或是 DHT22 模組的 out 接腳)接 NodeMCU 的數位接腳 (D0~D12)。
3. DHT22 的 NC 接腳不接 NodeMCU。
4. DHT22 的 GND 接腳(或是 DHT22 模組的–接腳)接 NodeMCU 的 GND。

DHT22 pins	
1	VCC
2	DATA
3	NC
4	GND

圖 7-6　DHT22 接腳對應

本章有四個實驗：

1. 使用 Fritzing 工具畫出溫濕度感測模組應用電路，並使用麵包板實際將 NodeMCU 與溫濕度感測模組連接。

   答：詳細步驟可以參考實驗手冊單元七主題 A。

(1) Fritzing 之麵包板電路，如圖 7-7。

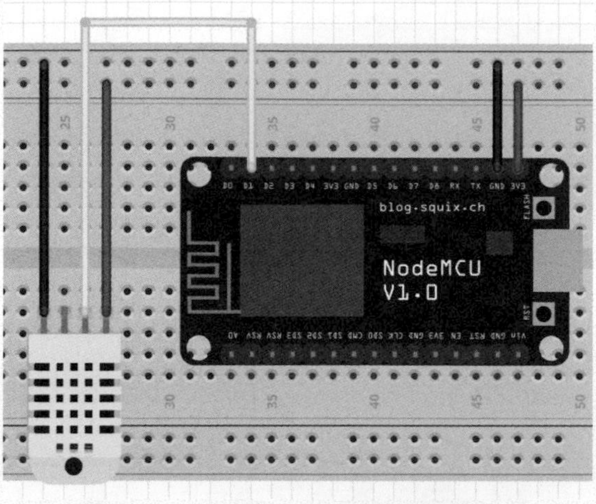

圖 7-7　Fritzing 之麵包板電路圖

(2) Fritzing 之電路概要圖，如圖 7-8。

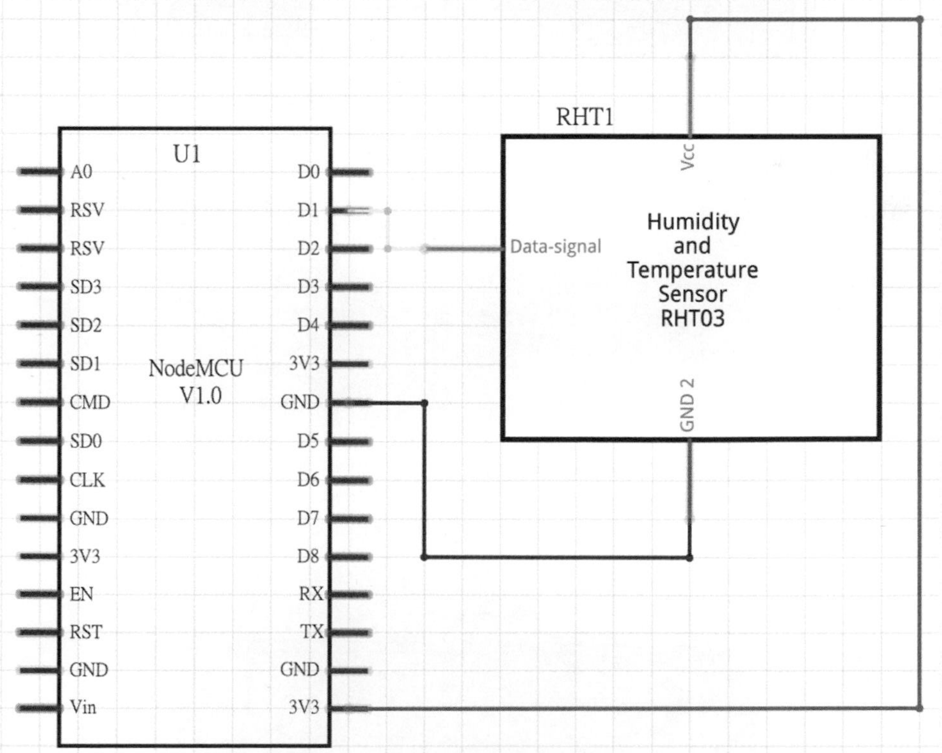

圖 7-8　Fritzing 之電路概要圖

(3) Fritzing 之 PCB 印刷板電路圖，如圖 7-9。

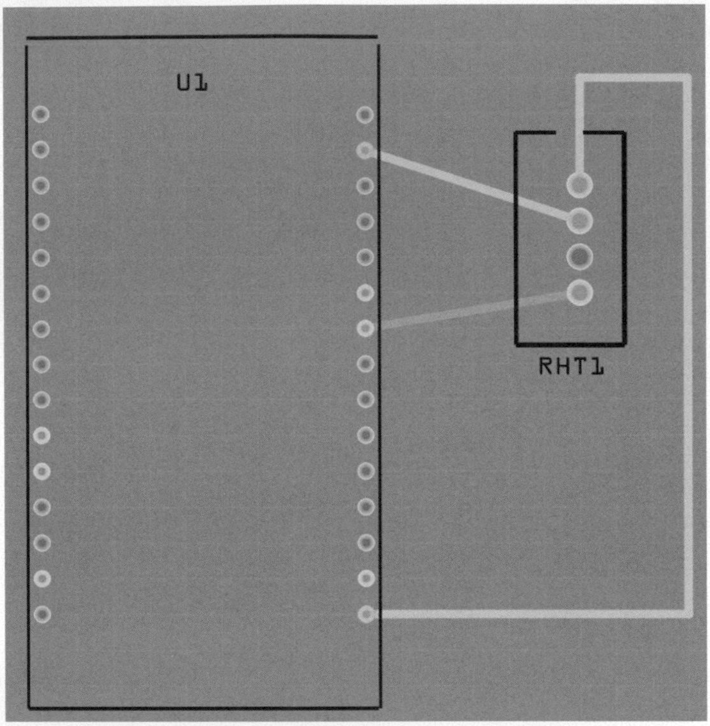

圖 7-9　Fritzing 之 PCB 印刷板電路圖

(4) 實際麵包板接線，如圖 7-10。

圖 7-10　實際麵包板接線

2. 撰寫 Lua 程式讀取溫濕度感測模組的值，並觀察以及實驗下述兩點：

   (1) 手輕輕按住感測模組，觀察終端機顯示的變化。

   (2) 對著感測模組吹氣，觀察終端機顯示的變化。

   答：Lua 程式範例及相關終端機顯示結果如圖 7-11 和圖 7-13。當值越高相對溫濕度越高。詳細步驟參考實驗手冊單元七主題 B。圖 7-12 爲讀取溫濕度感測模組的 Snap4NodeMCU 積木建構程式範例，詳細作法可以參考附錄 B。

```lua
pin = 12
gpio.mode(pin, gpio.INPUT)
tmr.alarm(0,2000,1,function()
    status, temp, humi, temp_dec, humi_dec = dht.read(pin)
    if status == dht.OK then
        -- Float firmware using this example
        print("DHT Temperature:"..temp..";".."Humidity:"..humi)
    elseif status == dht.ERROR_CHECKSUM then
        print( "DHT Checksum error." )
    elseif status == dht.ERROR_TIMEOUT then
        print( "DHT timed out." )
    end
end)
```

圖 7-11　DHT22 溫濕度感測模組 Lua 程式範例

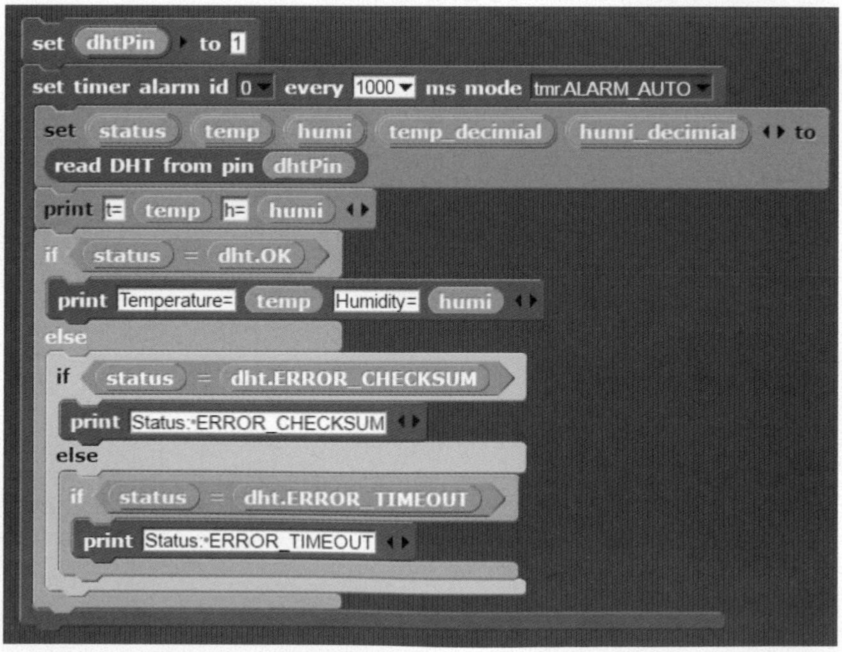

圖 7-12　DHT22 溫濕度感測模組 Snap4NodeMCU 程式範例

```
DHT Temperature:27.1;Humidity:53
DHT Temperature:27.2;Humidity:52.9
DHT Temperature:27.1;Humidity:52.8
DHT Temperature:27.1;Humidity:52.8
DHT Temperature:27.1;Humidity:52.7
DHT Temperature:27.2;Humidity:52.6
DHT Temperature:27.9;Humidity:64.6
DHT Temperature:28.3;Humidity:75.4
DHT Temperature:28.3;Humidity:82.4
DHT Temperature:28.1;Humidity:87.3
DHT Temperature:27.9;Humidity:90.2
DHT Temperature:27.7;Humidity:92.7
DHT Temperature:27.5;Humidity:94.5
DHT Temperature:27.3;Humidity:95.5
```

```
DHT Temperature:27.3;Humidity:95.5
DHT Temperature:27.2;Humidity:95.7
DHT Temperature:27.2;Humidity:95.4
DHT Temperature:27.2;Humidity:94.5
DHT Temperature:27.2;Humidity:92.2
DHT Temperature:27.2;Humidity:88.9
DHT Temperature:27.2;Humidity:84.7
DHT Temperature:27.2;Humidity:81
DHT Temperature:27.2;Humidity:77.2
DHT Temperature:27.2;Humidity:73.5
DHT Temperature:27.2;Humidity:70.3
DHT Temperature:27.2;Humidity:67.5
DHT Temperature:27.2;Humidity:65.2
```

圖 7-13 終端機變化

3. 加入土壤濕度感測器，調整 Lua 程式，同時顯示植物生長時候的溫濕度及土壤濕度。

   答：詳細步驟參考實驗手冊單元七主題 C。

4. 加入蜂鳴器，調整 Lua 程式，當快缺水時，溫度過高或是過低時，濕度過高或是過低時，自動一直嗶聲來提醒擁有者。

   答：詳細步驟參考實驗手冊單元七主題 D。

思考點

1. timer 週期時間需不需要修改？爲什麼？該如何修改？
2. 1-wire interface 技術的好處？

7.4 小結

本章介紹了溫濕度感測器相關原理與應用，並使用 NodeMCU 平台利用提供的數位讀取資料模組做溫濕度感測器程式設計。也提供兩個關於溫溼度感測器的進階應用。

本章重點如下：

1. 溫濕度感測模組原理與應用。
2. 結合溫濕度感測模組、土壤濕度感測模組與蜂鳴器應用於溫室或是智慧盆栽。
3. NodeMCU 所提供的 DHT APIs。
4. 簡單的溫溼度感測器 Lua 程式撰寫。
5. 自我學習：參考 YouTube 以及本中心網頁上關於 1-wire interface、溫濕度感測模組、土壤濕度感測模組與蜂鳴器的教學影片。

參考資源

1. https://en.wikipedia.org/wiki/Temperature
2. https://en.wikipedia.org/wiki/Humidity
3. https://en.wikipedia.org/wiki/Thermometer

CHAPTER

8

繼電器原理與應用

本章節主要介紹繼電器(Relay)的相關原理與應用，並使用 NodeMCU 平台做繼電器模組的程式設計，繼電器可用在電動窗簾的控制、啓動電視和冷氣機與門禁系統。利用繼電器讀者可以將傳統的機械式電風扇，改裝成智慧電風扇，也可以自行實做出智慧插座。本章主要的單元簡介以及學習目標如下：

- **單元簡介**
  - 傳授繼電器模組之相關知識以及其應用
  - 傳授 gpio digital write data 之相關知識以及其應用
  - 學習使用 NodeMCU 平台做繼電器模組程式設計
  - 學習智慧燈光(PIR + Relay) 應用

- **單元學習目標**
  - 了解繼電器模組的特色及原理
  - 培養使用繼電器模組 write digital pin 程式設計的能力
  - 培養繼電器模組與智慧燈光程式設計的能力
  - 養成撰寫程式易讀性的習慣

8.1 繼電器模組之相關知識以及其應用

繼電器是一種常見的電子控制器件，當我們使用遙控器啓動電視的時候，其實我們是啓動了電視的繼電器，讓電源可以供應到電視 IC 面板，進而啓動電視。此外，使用門禁卡開啓電子門、啓動或關閉電子窗簾或冷氣機也都是利用繼電器來控制直流或是交流電源，進而使用這些電子產品。

8.1.1 繼電器應用

繼電器的應用有很多，以下舉幾個例子：

1. 電動窗簾：睡覺的時候自動把窗簾關閉；早上起床時間到了，光的感測器偵測到陽光，就將窗簾自動打開。
2. 智慧電子鎖：智慧門鎖除了以一般鑰匙打開門鎖之外，尚可利用指紋辨識、密碼輸入與悠遊卡感應來電子式的啓動智慧門鎖上的繼電器來開門。此外，使用手機也能遠端控制電子鎖上的繼電器能夠進行開門或關門。
3. 門禁系統：門禁系統與電子鎖類似也是使用門禁卡感應繼電器來控制開門或關門的動作。
4. 電磁閥：電磁閥是一種特殊的繼電器應用，可以用來控制氣體或者液體的流動。例如，草坪自動灑水系統、油管與天然氣的輸送、洗衣機和洗碗機等都是使用電磁閥來控制水進入設備內。
5. 電動車、汽車控制：電動車與汽車內的車窗或天窗的開啓與關閉、電動座椅的調整也都是利用繼電器的控制開關。
6. 利用繼電器將傳統的機械式電風扇，改裝成智慧電風扇。
7. 利用繼電器實做出智慧插座。

8.1.2 繼電器介紹

繼電器(Relay)，如圖 8-1，是一種用來進行開關的電子控制器件(Actuator)，具有控制系統(又稱爲輸入迴路)和被控制系統(又稱爲輸出迴路)，主要運作方式是在輸入迴路中用較小的電流去控制具較大電流的輸出迴路，形成一種「自動開關」，如圖 8-2。輸入迴路透過控制電晶體導通時，輸入迴路線圈產生磁場將錨吸引而導通輸出迴路，如圖 8-2 下圖；利用繼電器去驅動110V 或是 220V 的市電微波爐等大電流的設備。輸入迴路也可以透過控制電晶體不導通輸入迴路，輸入迴路線圈不會產生磁場，錨不會被吸引，輸出迴路則沒被導通，如圖 8-2 上圖。

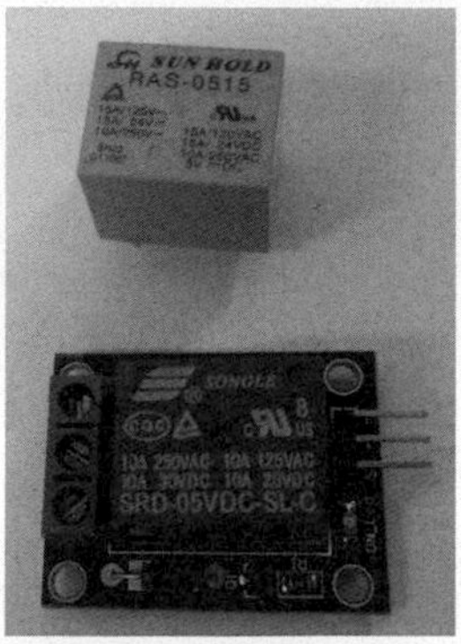

圖 8-1　繼電器

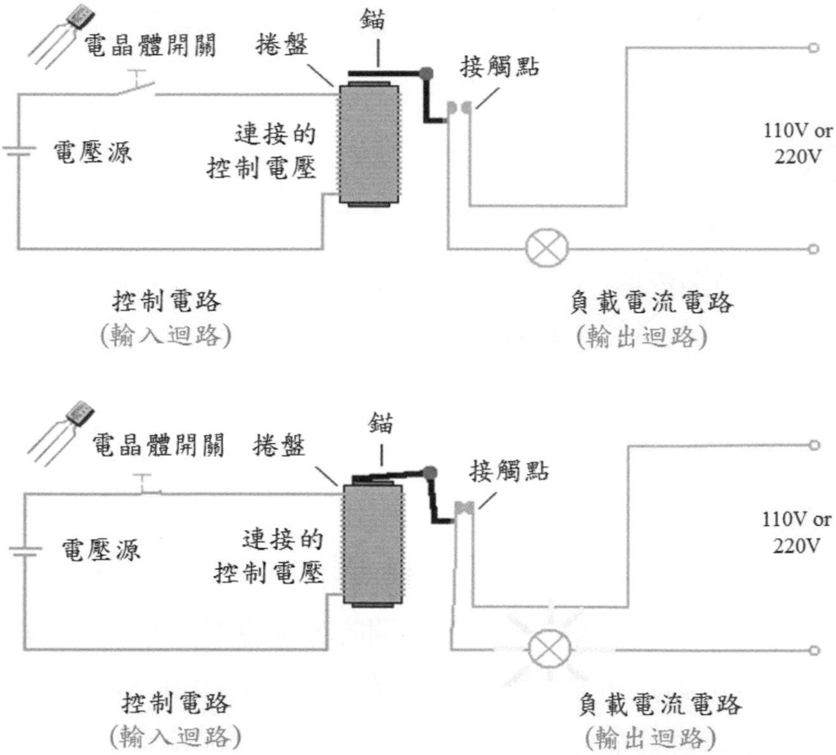

圖 8-2　繼電器運作方式 [1](圖片來源：wiki)

繼電器電路中也具備自動調節、安全保護、轉換電路等作用。經由輸入迴路的小電源電壓稱爲操作電壓，可以讓輸出迴路的電源電壓提供大電流。小型的繼電器可以切換至幾安培電流，大型的繼電器可以切換至高達 3000 安培電流。此外，輸出迴路的設備可以是交流電或是直流電。

8.1.3 繼電器的類型與種類

繼電器的類型主要有四種，單刀單擲、單刀雙擲、雙刀單擲以及雙刀雙擲，如圖 8-3。所謂的單刀意思是當電源一啓動時只會讓一個通路導通，而雙刀是一啓動時，可以讓兩個通路同時導通；單擲和雙擲指的是一次可以控制 1 個或 2 個控制點。說明如下(請參考圖 8-3)：

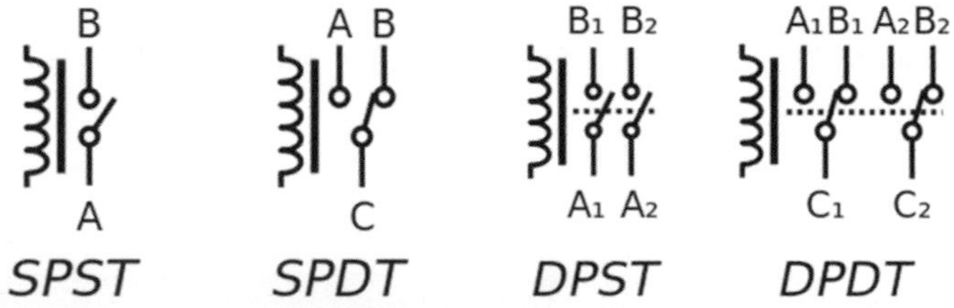

圖 8-3　繼電器的類型

1. **單刀單擲(SPST，Single Pole Single Throw)：**

   平常是 A、B 端是斷開的，兩邊不導通的；通電時，A 端的彈簧被吸引，就會與 B 端控制點接通，A、B 端因此連接而導通。

2. **單刀雙擲(SPDT，Single Pole Double Throw)：**

   平常是 C、A 端是斷開的(normal open)，兩邊不導通的，而 C、B 端是連接的(normal close)，兩邊是導通的；通電時，C 端的彈簧被吸引，就會與 A 端控制點接通，C、A 端因此連接而導通，而 C、B 端則是被斷開、不導通的。

3. **雙刀單擲(DPST，Double Pole Single Throw)：**

   平常是 A_1、B_1 端和 A_2、B_2 端是斷開的，兩邊不導通的(normal open)；通電時，A_1 端與 A_2 端的彈簧被吸引，就會分別與 B_1 和 B_2 端控制點接通，A_1、B_1 端和 A_2、B_2 端因此連接而導通。

4. **雙刀雙擲(DPDT，Double Pole Double Throw)：**

平常是 C_1、A_1 端和 C_2、A_2 端是斷開的(normal open)，兩邊不導通的，C_1、B_1 端和 C_2、B_2 端是連接的，兩邊是導通的(normal close)；通電時，C_1、C_2 端的彈簧被吸引，就會分別與 A_1、A_2 端控制點接通，C_1、A_1 端和 C_2、A_2 端因此連接而導通，而 C_1、B_1 端和 C_2、B_2 端則是被斷開、不導通的。

繼電器可以依工作原理或是輸入信號的性質來分類。如果依工作原理來分，利用通電後產生的磁場，吸引單刀，將迴路導通的電磁式繼電器(如圖 8-4)和其他像是感應式繼電器、電動式繼電器、電子式繼電器、熱繼電器、光繼電器等。如果依控制的輸入信號來分的話，利用電壓多少才會導通的電壓繼電器，和其他像是電流繼電器、時間繼電器、溫度繼電器、速度繼電器、壓力繼電器等。這些繼電器可以利用電磁式繼電器加上各式的感應器來達成，例如溫度繼電器可以利用第 7 章所介紹的溫濕度感測器，溫度超過一定的值的時候，開啓或關閉設備。

圖 8-4　電磁式繼電器(機械式繼電器)

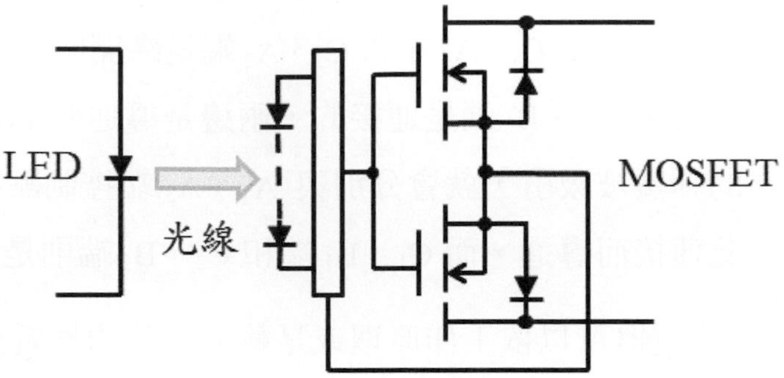

圖 8-5　光繼電器電路圖

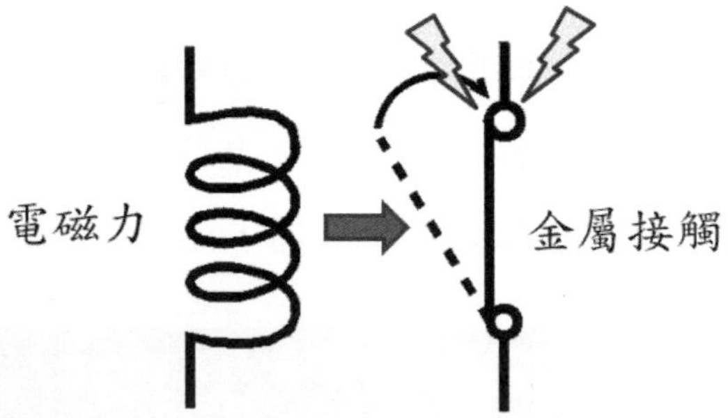

圖 8-6　機械式繼電器電路圖

光繼電器是一種由半導體實現的固態器件或電繼電器(Solid State Relay)，而不是機械或真空管電路。光繼電器由於沒有機械觸點，因此沒有觸點的磨損問題，使用壽命接近於無限，而機械式繼電器比較容易壞，大約開關幾萬到幾百萬次左右就可能會壞了，因此長壽命、高信賴性是光繼電器的優點。光繼電器也沒有動作聲音、不會彈跳而且防震。此外交流電和直流電(Direct current，DC)都可以使用，具有低電流控制、高隔離電壓、高速切換、低洩漏電流的特性。光繼電器和機械式繼電器的電路圖，如圖 8-5 和圖 8-6。

光繼電器主要通電時會產生光，進而讓光電晶體(或稱光電耦合元件、光耦)導通。這種繼電器比較不危險，因為控制迴路屬於 DC，使用光在兩個隔離電路之間的傳輸信號，所以當一邊有接 AC 或是較高的 DC 產品設備時，兩邊是沒有直接接觸的，當 AC 或是較高的 DC 產品設備產生錯誤或燒毀時，並不會影響到原本的設備，如圖 8-7。

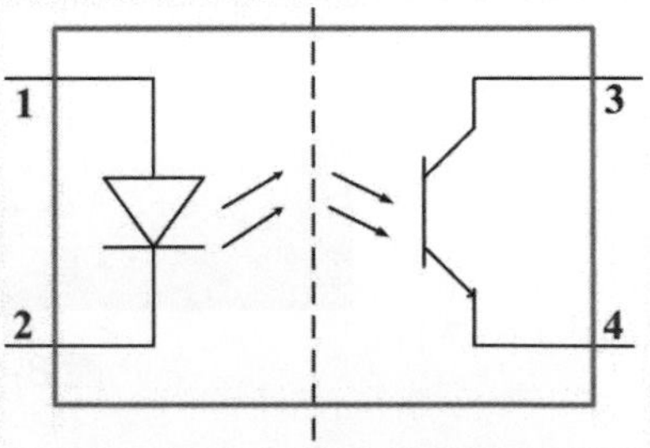

圖 8-7　光電耦合元件電路圖

以圖 8-8 為例，有一個 NodeMCU 利用控制電晶體讓中間部分的線路導通產生磁場，進而控制 NO 的導通與否。

注意：使用交流電(Alternating Current，AC)要確認有接對再通電，因爲交流電的電力很強可能會將人電死或將實驗室或設備燒掉，所以要非常注意、小心。

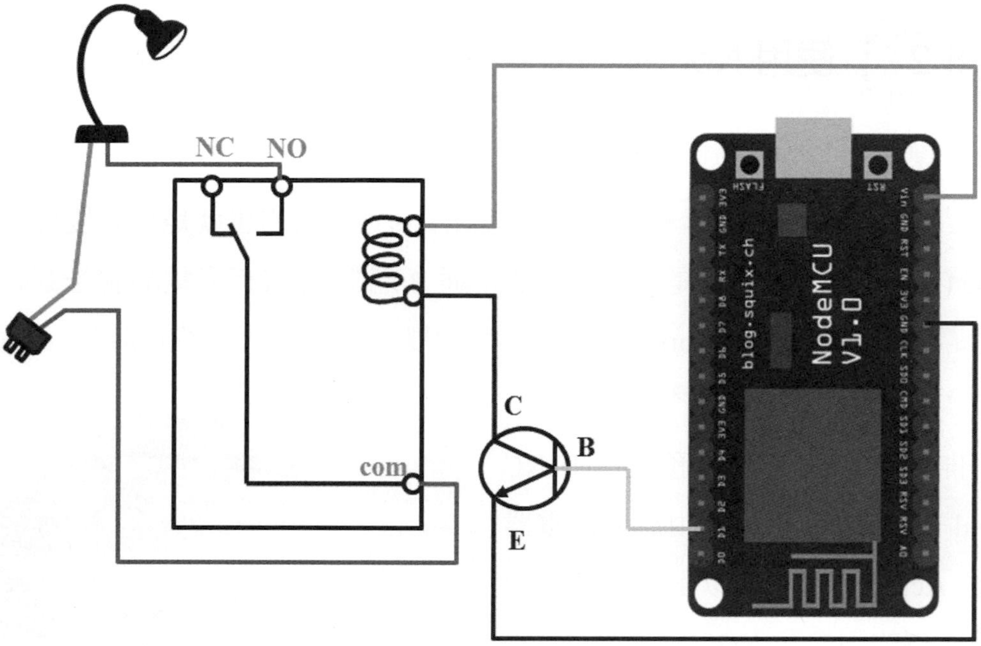

圖 8-8　繼電器智慧燈光範例

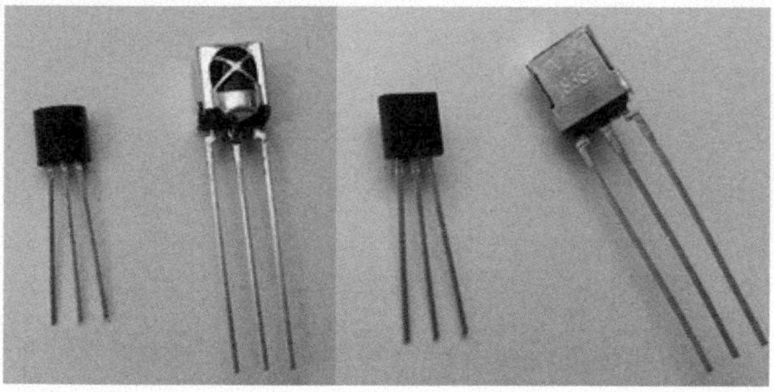

圖 8-9　三極體

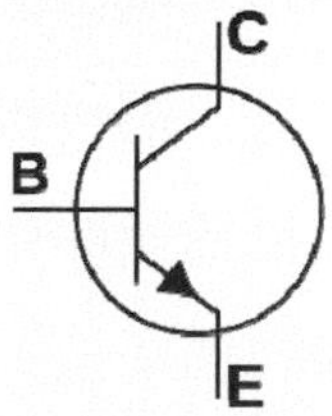

圖 8-10　NPN 三極體電路圖

繼電器通常由電晶體所控制(如圖 8-8)，電晶體除了具有開關功能外，電晶體可以用於放大、穩壓、信號調製和許多其他功能，是很重要的發明之一。電晶體一般而言至少要有三隻外接腳，故又稱三極體，如圖 8-9。三隻接腳分別爲基極(Base，B)、集極(Collector，C)和射極(Emitter，E)。圖 8-10 所示的電晶體是一種

NPN 型的電晶體，使用時正電位接到集極，射極接地，當輸入到基極超過一定的臨界電壓(threshold voltage)時，集極就可以將電流輸出到射極，形成兩邊導通電路。

8.2 使用 NodeMCU 平台做繼電器模組程式設計

在本課程裡所使用的是四個"單刀雙擲"繼電器的模組，如圖 8-11 為單一繼電器的接法。有三種輸出接腳，com (Common)接腳是共用的也就是單刀雙擲的 C 端點，NC (Normal close)接腳是單刀雙擲的常通 B 端點(即沒有光電晶體控制時，C、B 端是導通的)，而 NO (Normal open)是單刀雙擲的常開 A 端點(即沒有光電晶體控制時，C、A 端是斷開而不導通的)。

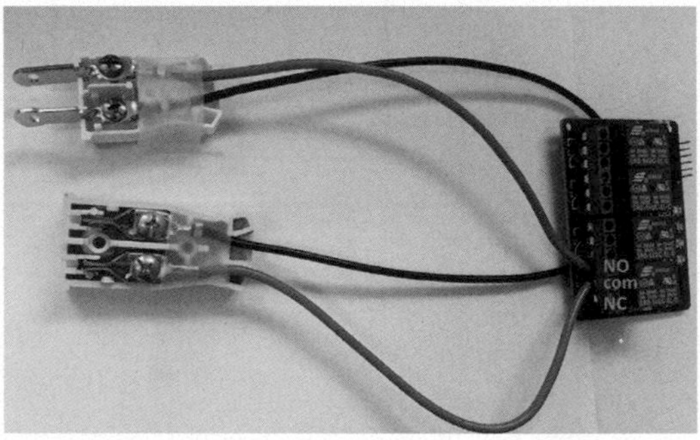

圖 8-11　使用繼電器實現智慧插座

一開始 com 端點的刀預設是和 NC (Normal close)端接通的，由於此繼電器模組是 Active low，所以當輸入值為 0 時，com 端的刀會和 NO (Normal open)端接通的。以圖 8-11 來說，我們有公的插頭和母的插頭，將二條交流電的火線分別接到 com 端點和 NO 端點和公插頭連接，火線的另二端再接到公插頭和母插頭的火線；交流電的中性線則可以直接連接公插頭和母插頭的中性線，因此當有設備的插頭和母插頭連接，而公插頭也插入電源供應的插座後，則會將其形成一個迴路，所以該設備就可以被導通。

而圖 8-12 是本課程實驗所使用的 5V-4 路電磁式繼電器，當 Relay 1(2/3/4)控制輸入為 0 時，Relay 1(2/3/4)指示燈其中會點亮，和該 Relay 連接的設備就會被導通。在指示燈上方的四個小黑方塊則是光電晶體。VCC 接腳接 5 伏特電源，GND 接腳接地，Relay 1(2/3/4)控制輸入則接到 4 根 NodeMCU 數位 GPIO 接腳。

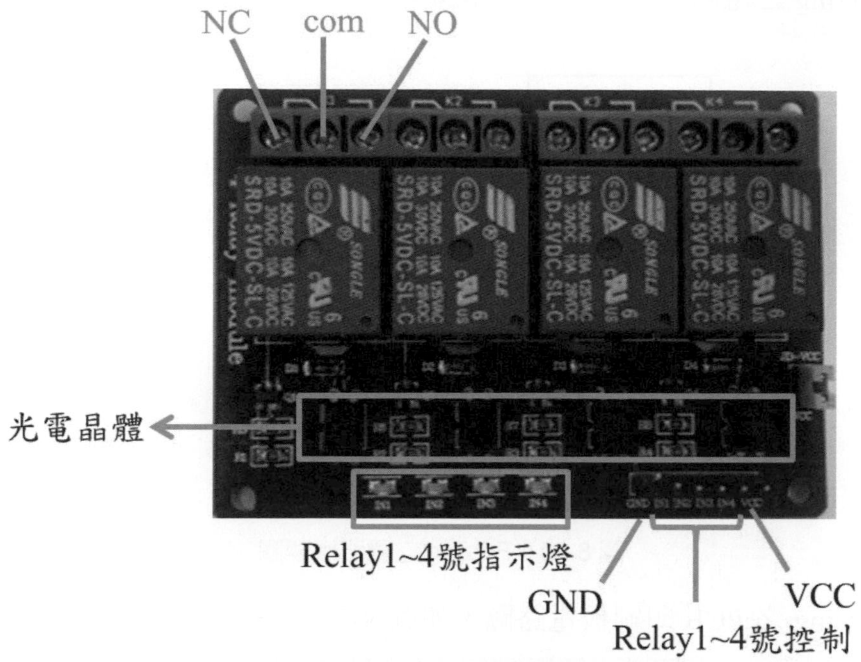

圖 8-12　4 路繼電器

本章有四個實驗：

1. 使用 Fritzing 工具畫出 NodeMCU 與繼電器模組的連接電路。

   答：詳細步驟可以參考實驗手冊單元八主題 A。

   (1) Fritzing 之麵包板電路，如圖 8-13。

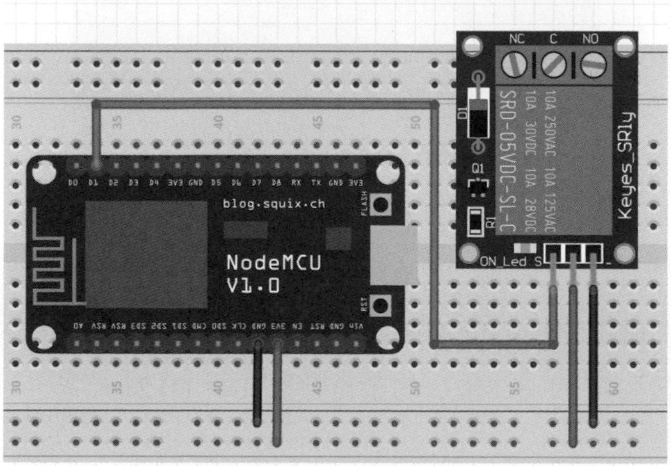

圖 8-13　Fritzing 之麵包板電路圖

(2) Fritzing 之電路概要圖，如圖 8-14。

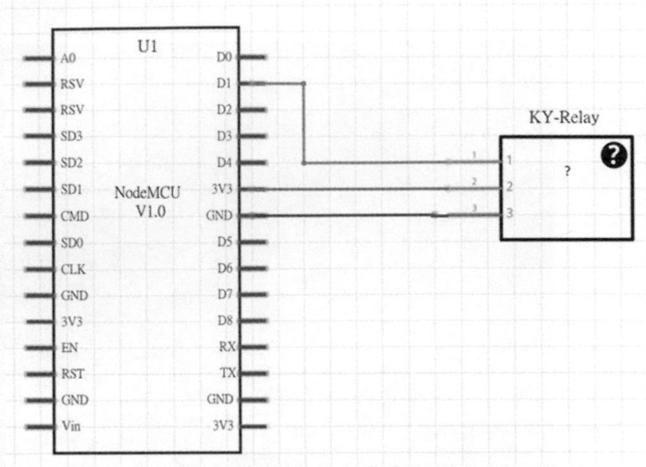

圖 8-14　Fritzing 之電路概要圖

(3) Fritzing 之 PCB 印刷板電路圖，如圖 8-15。

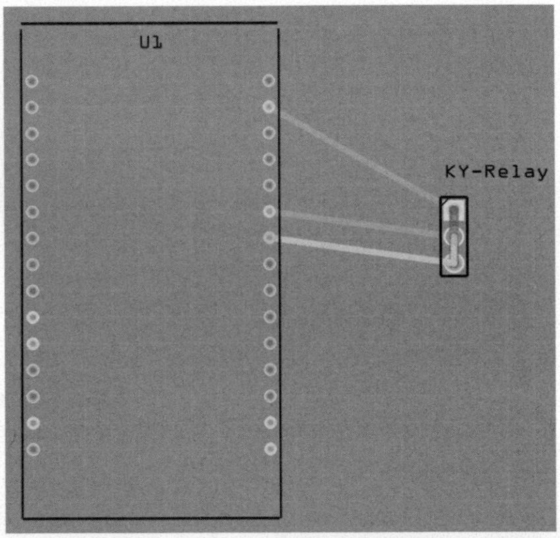

圖 8-15　Fritzing 之 PCB 印刷板電路圖

(4) 實際麵包板接線，如圖 8-16。繼電器模組的 VCC 接腳接 NodeMCU 的 Vin(5V)，繼電器模組的 GND 接腳接 NodeMCU 的 GND 接腳，繼電器模組的 IN 接腳接 NodeMCU 的數位接腳(D0~D12)。

圖 8-16　實際麵包板接線

2. 使用麵包板實際將繼電器模組接線完成一個智慧插座。

   (1) 剪三條線(兩紅一黑)。

   (2) 將這些線連接公和母插頭。

   答：實際接線圖，如圖 8-17。

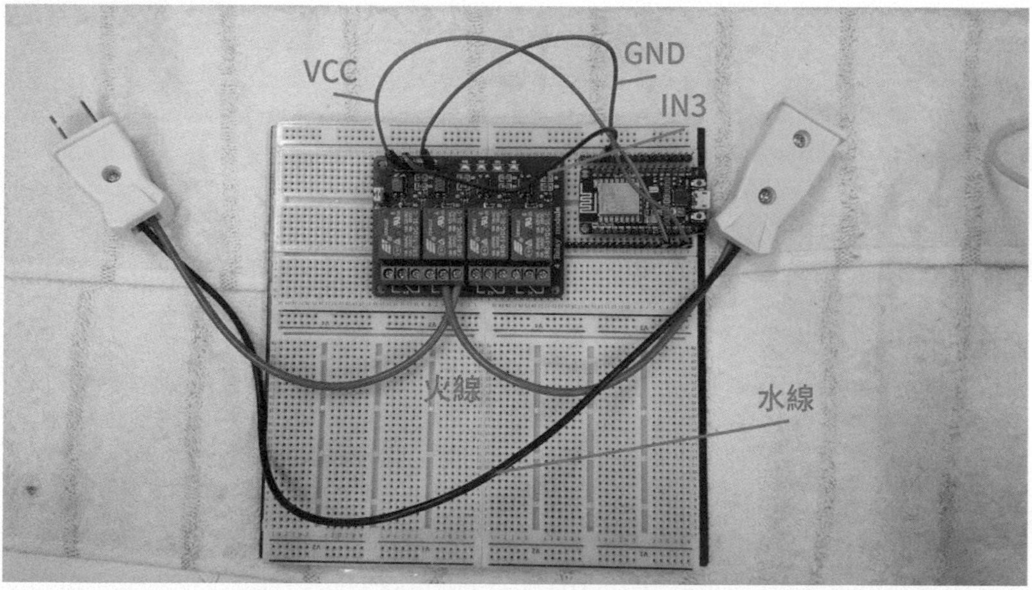

圖 8-17　繼電器實際接圖

3. 利用 Lua 程式控制繼電器去開啓或關閉交流電燈光如檯燈，並觀察以及實驗下述兩點：
   (1) 先不接電路，測看看是否能夠開啓與關閉繼電器，會有"洽"的聲響。
   (2) 成功後，再接上電器測試。
   答：詳細步驟參考實驗手冊單元八主題 C。
4. 加入壓力感測器、超音波感測器或是移動感測器，調整 Lua 程式，當偵測到有人的時候，自動點亮燈光。
   答：詳細步驟參考實驗手冊單元八主題 D。

思考點

1. 如何實作自動灑水系統？
2. 如何實作電子鎖？

8.3 小結

本章介紹了繼電器模組的原理與應用，並使用 NodeMCU 平台做繼電器模組程式設計以及如何使用繼電器做出智慧燈光的應用。

本章重點如下：

1. 繼電器原理與應用。
2. 介紹 NodeMCU 數位寫入的 APIs。
3. 智慧燈光應用。
4. 自我學習：參考 YouTube 以及本中心網頁上關於繼電器或人體感應模組的教學影片。

參考資源

1. https://zh.wikipedia.org/wiki/%E7%BB%A7%E7%94%B5%E5%99%A8#/media/File:Relais_Animation.gif
2. http://plainicon.com/download-icon/47690/table-lamp
3. https://en.wikipedia.org/wiki/Relay

CHAPTER 9

壓力感測器原理與應用

本章節主要介紹壓力感測器的相關原理與應用，並使用 NodeMCU 平台做壓力感測器的程式設計。壓力感測可以部分取代人類皮膚的觸覺，例如應用在機器手指觸覺感應，來抓取物件。本章主要的單元簡介以及學習目標如下：

- **單元簡介**
  - 傳授壓力感測器之相關知識以及其應用
  - 傳授類比資料讀取之相關知識以及其應用
  - 學習使用 NodeMCU 平台做壓力感測器程式設計
  - 學習壓力感測器加入蜂鳴器應用

- **單元學習目標**
  - 了解壓力感測器的特色及原理
  - 培養使用壓力感測器及讀取類比資料軟體程式的能力
  - 培養使用壓力感測器做電子琴電路設計的能力
  - 養成撰寫程式易讀性的習慣

9.1 壓力感測器之相關知識以及其應用

觸覺是人類很重要的五種感官之一，而壓力感測可以部分取代人類皮膚的觸覺。機器人的機器手臂可以知道拿到的是遙控器或是茶杯而控制抓力嗎？若是拿的是玻璃杯，當抓力太大會將玻璃杯弄碎，當抓力太小又會將抓不住玻璃杯弄掉。所以必須知道要用多少力才可以將物品握住而不捏碎，因此壓力感測器就可以應用於此。

9.1.1 壓力感測器應用

壓力感測器的應用有很多，例如：

1. 玩具／遊戲：遊戲使用的搖桿或是控制遙控車、飛機的遙控器，利用施加壓力的大小判斷前進後退或是旋轉。
2. 互動地板：互動式的地板鋼琴利用施加壓力的大小和地板的位置來決定該彈奏哪個音符合強度。
3. 醫療：可以用來量測液體壓力，例如洗腎機、血壓或是眼壓量度；藉由走路或跑步時所施壓力來判斷姿勢正確與否；藉由測量人體躺在床上時的壓力不同來判斷睡眠品質。
4. 運動：奧運跆拳道比賽中電子護具的應用，當被對手踢到有感應到重大壓力時就被得分；用在擊球時感應施力的大小判斷擊球時的姿勢是否正確。
5. 交通：可以應用於交通執法照相機，例如在停等線上擺放壓力感測器，藉由車子前輪和後輪壓力感測計算出速度，當超速時就啓動照相機拍照進行取締。

6. 3C 產品：應用在手寫筆(板)，可以利用在面板上書寫時所施加的壓力，判斷出所書寫的筆觸大小。
7. 樂器：電子琴、電子鼓，利用壓力大小而有大小聲變化。
8. 汽車／工業：應用在潛水艇，當潛水深度越深所承受的壓力越大；利用石英材質所設計出動態測量高速變化的壓力感測器，用來監測引擎汽缸的燃燒壓力或是渦輪發動機中氣體的壓力；座位偵測，利用壓力感測座位上是否有人。

9.1.2 壓力

壓力指的是單位面積所受的正向作用力，即$P=F/A$(N/m^2 ，每平方公尺所承受牛頓之力)，稱作帕斯卡。壓力不是力而是一種強度的物理量。壓力用在不同領域單位就有所不同，例如：

1. 氣象學：在氣象學中使用巴(mb)、毫巴(mb)、帕(Pa)和百帕(hPa)作爲大氣壓力的量測單位，但用在化學計算中，氣壓的國際單位則爲標準大氣壓 " atm(atmosphere)" 。
   (1) 1 巴爲每平方公分承受 10^6 達因之力(10^6dyne/cm^2)。
   (2) 1 毫巴爲每平方公分承受 1000 達因之力(10^3dyne/cm^2)。
   (3) 1 帕爲每平方公尺承受 1 牛頓之力(1N/m^2)。
   (4) 1 百帕爲每平方公尺承受 100 牛頓之力(100N/m^2)。
   (5) 1 個標準大氣壓等於 101325 帕，1.01325 巴，或者 760 毫米汞柱(mmHg)。
   (6) 其中 $1\text{ N} \equiv 1\text{ kg}\cdot\text{m/s}^2 = 10^5$ dyne，1mmHg= 133.322 Pa。
2. 工業界：在工業界主要使用 psi 以及托耳(torr)爲壓力量測單位。
   (1) 1psi 爲每平方英吋承受 1 磅的壓力(1b/in^2)，例如可以用 2216 psi 表示呼吸器的氣罐壓力，正常汽車輪胎壓爲 32psi。
   (2) 1 托耳和 1 毫米汞柱(mmHg)等價，主要用來表示高度眞空工程、血壓或是眼壓量度。根據世界衛生組織指引，理想的收縮壓/舒張壓是 120/80 以下，正常收縮壓/舒張壓是 139/89 以下，140/90 至 160/95 是偏高血壓，180/90 以上便屬於高血壓。

9.1.3 壓力感測原理

壓力感測電阻(Force-sensing resistors，FSR)是一種電阻會依照施加的壓力而變化的材質，如圖 9-1。當感應面的壓力增加時，其阻抗就會減少，從而取得壓力數據。以圖 9-2 來說，當所施的力量越大，電阻值就會越小。

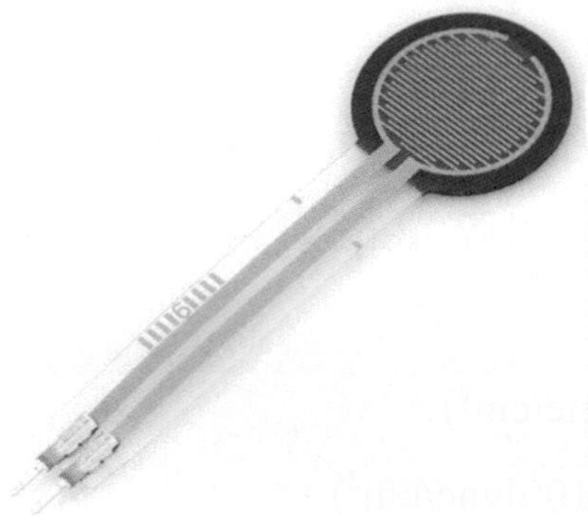

圖 9-1　壓力感測電阻

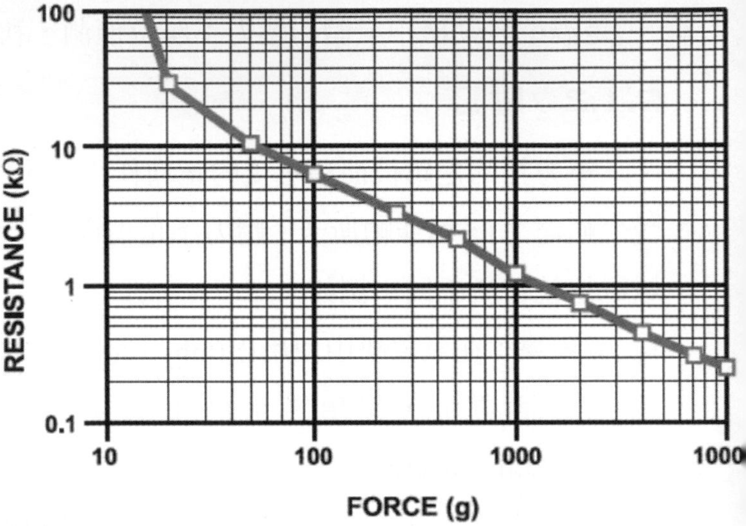

圖 9-2　壓力感測曲線圖[1]

(圖片來源：http://www.trossenrobotics.com/productdocs/2010-10-26-DataSheet-FSR402-Layout2.pdf)

9.1.4 壓力感測器分壓原理

壓力感測器的分壓原理可以利用圖 9-3 來說明：

1. 當感應面的壓力增加時，電阻 R_2 的值變小，因此輸出電壓就小。
2. 當感應面的壓力減小時，電阻 R_2 的值就變大，因此輸出電壓就大。

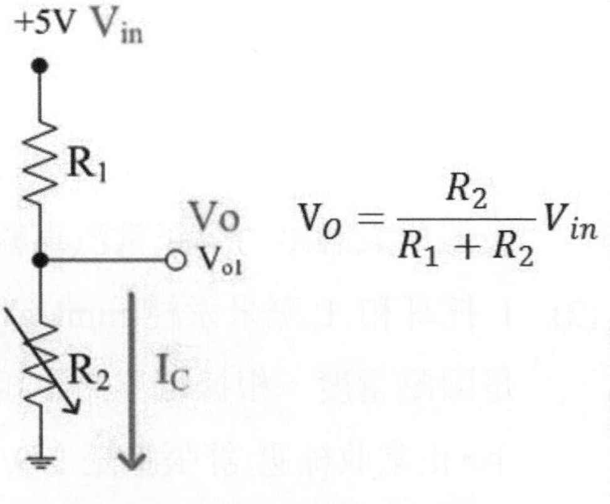

圖 9-3　壓力感測器的分壓原理

9.2 使用 NodeMCU 平台做壓力感測器程式設計

在本課程裡所使用的是 FSR402 壓力感測器(如圖 9-1)。FSR402 是 Interlink Electronics 公司生產的一款重量輕、體積小、感測精度高、超薄型電阻式壓力感測器。將施加在 FSR 感測器薄膜區域的壓力轉換成電阻值的變化，從而獲得壓力資訊。當壓力越大電阻就越低，可以接受 100g 到 10kg 的壓力大小。產品規格如下：

1. 整體長度：2.375" (60.325mm)。
2. 整體寬度：0.75" (19.05mm)。
3. 整體厚度：0.018" (0.4572mm)。
4. 感測區域：0.5" (12.7mm)。
5. 壓力範圍：0.1N~10N。

可以應用的範圍像是感測機械夾持器末端有無夾持物品、仿生機器人感測足下的地面狀況、哺乳類動物咬力測試的生物實驗等。

本章有四個實驗：

1. 使用 Fritzing 工具製作壓力感測器應用線路圖並實際使用麵包板將線路接好。

   答：詳細步驟可以參考實驗手冊單元九主題 A。

   (1) Fritzing 之麵包板電路，如圖 9-4。

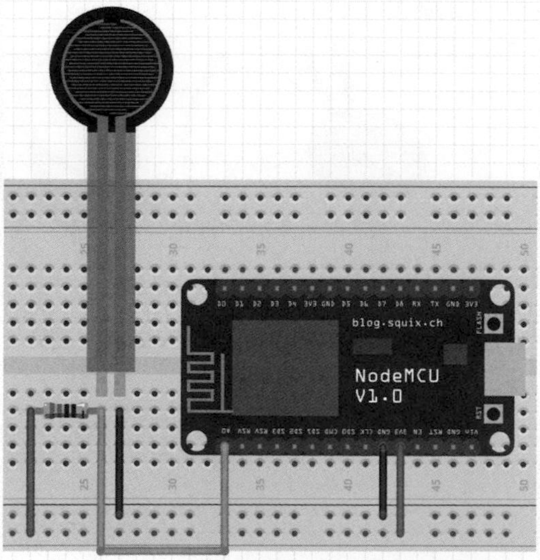

圖 9-4 Fritzing 之麵包板電路圖

(2) Fritzing 之電路概要圖，如圖 9-5。

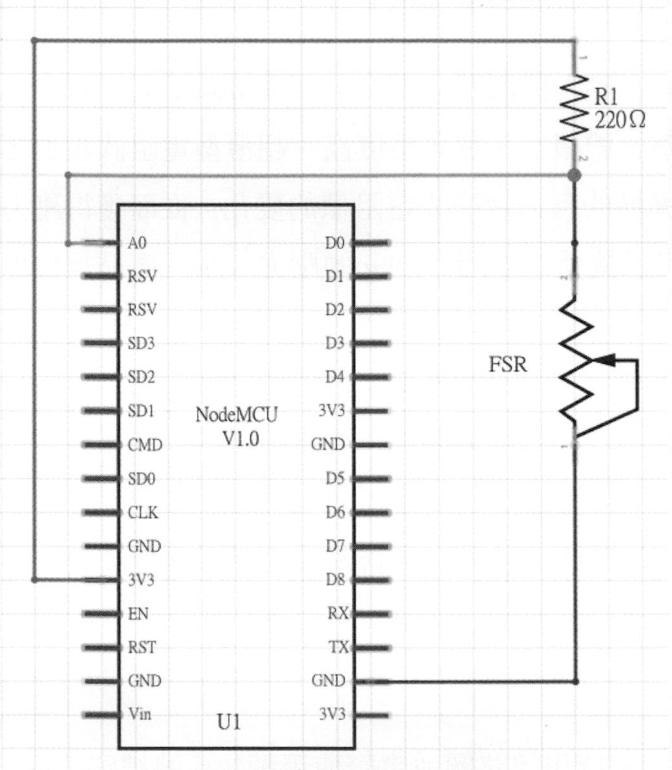

圖 9-5 Fritzing 之電路概要圖

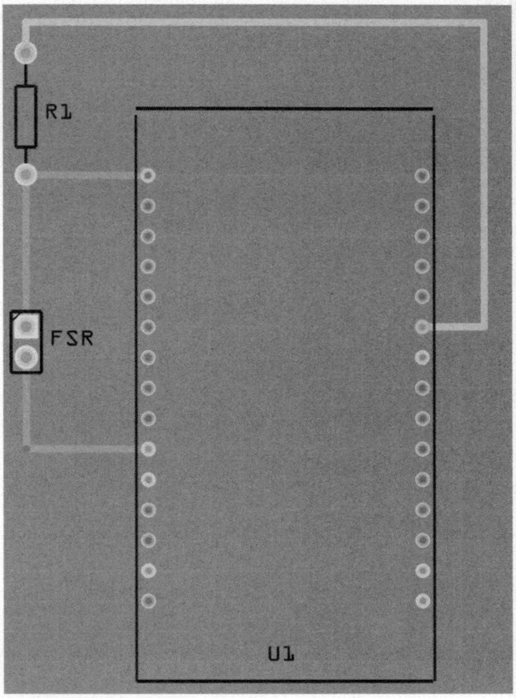

圖 9-6 Fritzing 之 PCB 印刷板電路圖

(3) Fritzing 之 PCB 印刷板電路圖，如圖 9-6。

(4) 實際麵包板接線，如圖 9-7。

圖 9-7 實際麵包板接線

2. 撰寫 Lua 程式讀取壓力感測器的值，並觀察以及實驗下述兩點：

   (1) 輕輕壓下壓力感測器，觀察終端機顯示的變化。

   (2) 用力壓下壓力感測器，觀察終端機顯示的變化。

   答：Lua 程式範例及相關終端機顯示結果，如圖 9-8 和圖 9-9。如圖 9-9 左為輕輕壓下的變化，如圖 9-9 右為重重壓下的情形；當值越低表示壓下壓力感測器的壓力越重。詳細步驟參考實驗手冊單元九主題 B。

```
pin = 0
tmr.alarm(0, 200, 1, function()
    force = adc.read(pin)
    print("Force = " ..force)
end)
```

圖 9-8　FSR_程式範例

```
Force = 1024
Force = 1024
Force = 1024
Force = 1024
Force = 1024
Force = 1024
Force = 1023
Force = 1022
Force = 1020
Force = 1017
Force = 1009
Force = 1001
Force = 1002
Force = 993
Force = 993
Force = 992
Force = 991
Force = 989
Force = 988
Force = 989
Force = 989
Force = 988
```

```
Force = 1024
Force = 1024
Force = 1024
Force = 1024
Force = 1024
Force = 884
Force = 828
Force = 792
Force = 788
Force = 785
Force = 786
Force = 776
Force = 775
Force = 775
Force = 773
Force = 768
Force = 767
Force = 768
Force = 767
```

圖 9-9　FSR_終端機顯示結果

3. 調整 Lua 程式，當壓力感測器偵測到有人的時，自動啓動 LED 燈或蜂鳴器。

   答：詳細步驟參考實驗手冊單元九主題 C。

4. 調整 Lua 程式，利用壓力感測器調整 LED 燈亮度或蜂鳴器大小聲。

   答：詳細步驟參考實驗手冊單元九主題 C。

思考點

1. 電子琴如何製作？
2. 接腳 D0 是否支援 PWM？
3. NodeMCU 最多支援幾組 PWM？
4. NodeMCU 最多支援幾組類比接腳？

9.3 小結

本章介紹了壓力感測器的原理與應用，並使用 NodeMCU 平台做相關的程式設計以及如何使用壓力感測器結合蜂鳴器做出應用。也提供兩個關於壓力感測器運作 PWM 的進階應用，詳細作法可以參考實驗手冊。

本章重點如下：

1. 壓力感測器原理與應用。
2. NodeMCU 所提供的類比以及 PWM 的 APIs。
3. 自我學習：參考 YouTube 以及本中心網頁上關於壓力感測器和 PWM 的教學影片。

參考資源

1. http://www.trossenrobotics.com/productdocs/2010-10-26-DataSheet-FSR402-Layout2.pdf
2. https://en.wikipedia.org/wiki/Force-sensing_resistor
3. http://www.interlinkelectronics.com/FSR402.php
4. https://zh.wikipedia.org/wiki/%E7%89%9B%E9%A0%93_(%E5%96%AE%E4%BD%8D)
5. https://zh.wikipedia.org/wiki/%E7%A3%85%E5%8A%9B%E6%AF%8F%E5%B9%B3%E6%96%B9%E8%8B%B1%E5%AF%B8
6. https://zh.wikipedia.org/wiki/%E8%A1%80%E5%A3%93

CHAPTER 10

聲音感測模組原理與應用

本章節主要介紹聲音感測模組(Microphone sensor)的相關原理與應用，並使用 NodeMCU 平台以及提供的數位與類比 GPIO 模組做聲音感測模組程式設計。最常見的聲音感測模組爲麥克風，除了可以放大聲音之外，也可以來偵測環境噪音。本章主要的單元簡介以及學習目標如下：

- **單元簡介**
  - 傳授聲音感測模組之相關知識以及其應用
  - 傳授數位和類比 GPIO 資料讀取之相關知識以及其應用
  - 學習使用 NodeMCU 平台做聲音感測模組程式設計
  - 學習聲音感測模組加入 LEDs 應用

- **單元學習目標**
  - 了解聲音感測模組的特色及原理
  - 培養使用聲音感測模組以及讀取/寫入數位接腳程式設計的能力
  - 培養使用聲音感測模組和 LEDs 程式設計的能力
  - 養成撰寫程式易讀性的習慣

10.1 聲音感測模組之相關知識以及其應用

聲音主要透過物體振動來產生聲波，通過空氣或其他介質(例如固體、液體)傳播，被人或動物聽覺器官所感知。聲音的頻率一般會以赫茲(Hz)表示每秒鐘周期性振動的次數，聲音強度是用分貝(dB)來表示。聲音音調越高，頻率越大；音調越低，頻率越小。聲音強度越大，響度越大，振幅越大；音量越小，響度越小，振幅越小。

隨著社會的進步，噪音已經成爲社會問題。噪音使人急躁易怒、影響睡眠。根據行政院環境保護署資料，通常音量在 50 分貝以下，人會感到舒適；在 50-70 分貝之間，則會引起些微的不舒服；若長期處於音量 70 分貝的環境，就會讓人產生焦慮不安，引發各種症狀。若長期處在 85 分貝以上的噪音環境下，可能會使聽力受損，暫時性之重聽，如不好好使耳朵休息，會變成永久性之重聽。此外，汽車的喇叭聲可達 110 分貝；警笛或救護車的聲音可達 120 分

音量(分貝)	音源
20	時鐘滴答聲
50	低聲交談
70	擴音器
80~90	汽車行駛
100以上	爆竹、飛機起降

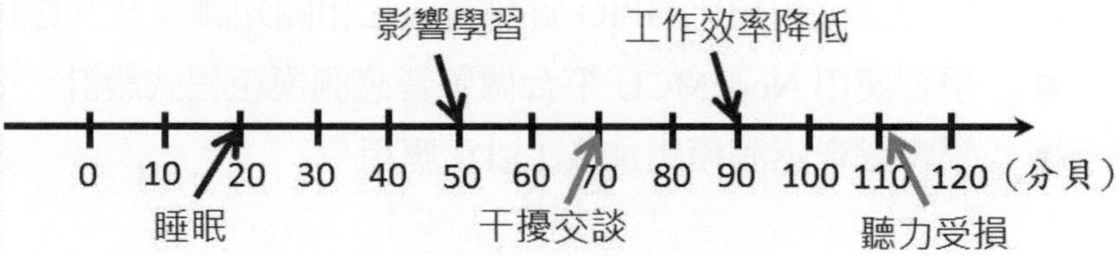

圖 10-1 噪音分貝

貝；飛機的引擎聲可達 130 分貝；140 分貝以上時，耳朵裡的鼓膜會破裂。關於噪音的影響詳細如圖 10-1。

10.1.1 聲音感測器應用

聲音感測器可以應用的地方很多，以下是 YouTube 上實際應用的例子，使用者可以自行前往觀看：

1. 婦聯聽障文教基金會兒童聽力保健動畫-認識噪音
   https://www.youtube.com/watch?v=uFlJcGT742o
2. 噪音汙染影響全球逾 10 億人聽力受損
   https://www.youtube.com/watch?v=5ZzDBS9Xllk
3. 世博德國館動力球震撼表演
   http://www.youtube.com/watch?v=M4Rb1c2VCOo
4. 聲音控制盒音樂
   http://www.youtube.com/watch?v=8uDoSirA1Ho
5. 聲控小樹苗
   https://www.youtube.com/watch?v=RgHnKAzNKVA

10.1.2 聲波

聲音主要透過物體振動來產生聲波，屬於機械波的一種。聲音需要透過介質(空氣、固體或液體)傳播將聲波(也可以稱爲聲能)往外傳送，讓人或動物的聽覺器官中的聽覺神經，將聲能轉換成電能，刺激腦細胞產生聽覺。聲音的傳播速度在固體最快，其次液體，而氣體的音速最慢，在眞空中聲音是不能傳遞的。而音速跟氣體的濕度、溫度和密度有關，在 0℃的海平面，聲音的傳播速度是 331.5 米／秒，一萬米高空之音速約爲 295 公尺／秒；在水中的聲音傳播速度是 1473 米/秒；在鐵中的傳播速度是 5188 米/秒。

10.1.3 聽覺頻率範圍

人耳可以聽到的聲波的頻率一般在 20 赫茲(Hz)至 20000 赫茲(20kHz)之間；低於 20Hz 稱爲次聲波，高於 20kHz 以上稱爲超音波，如圖 10-2。鯨魚的聲波就是次聲波，頻率很低但波長很長，所以傳送的距離可以很遠。通常超音波可以用來測量距離，利用打出去的超音波來回的時間來計算，因此可以應用在盲人行動上，例如在盲人頭上戴超音波儀器，利用打出的超音波回傳回來的聲響讓盲人知道前面是不是有障礙物，和這個障礙物距離有多遠(https://www.youtube.com/watch?v=SzFu8aZCYOM)。

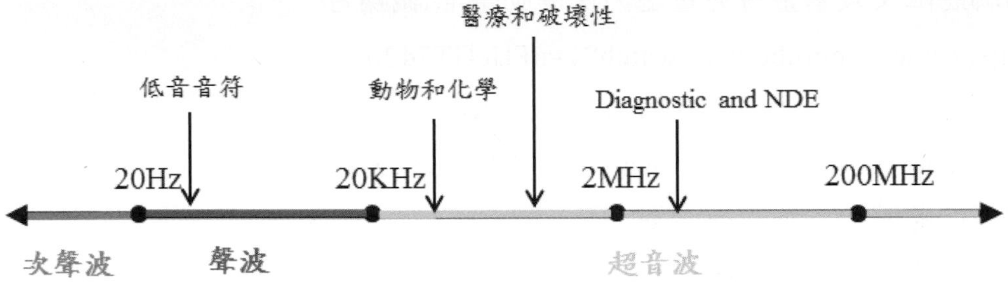

圖 10-2　聲波

目前市面上也有賣一種超音波洗衣機，原理是利用將超音波打入時產生氣爆，讓衣服和髒汙藉此分離，達到清洗的作用；這樣的原理也可以應用在清洗眼鏡與金屬飾品上，像是黃金、銀飾等。

如圖 10-3 列出某些動物的聽覺頻率範圍，可以看出狗、貓和海豚可以聽到一些人類聽不到的高頻部分，而蝙蝠可以聽到很低頻的聲波也可以聽到高頻的聲波。

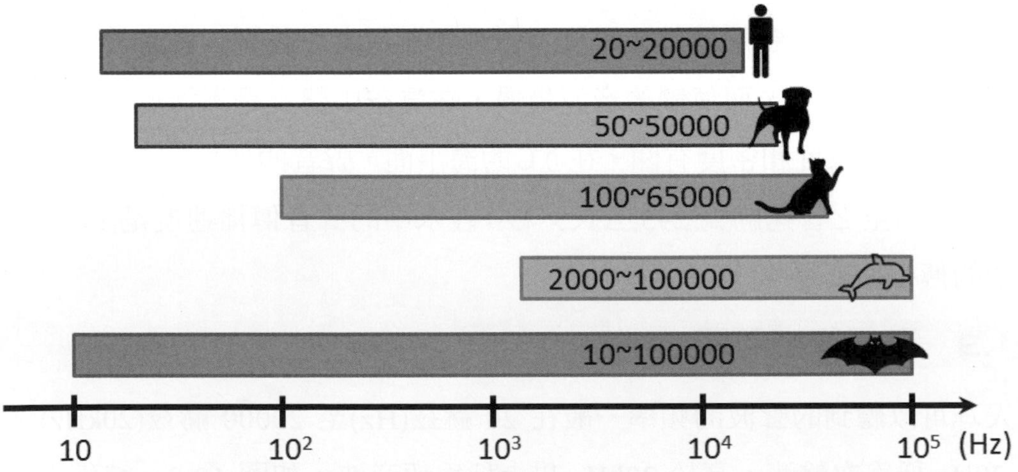

圖 10-3　動物聽覺頻率範圍

人的耳朵構造(如圖 10-4)可以用來接收廣域的機械波，首先聲波由外耳道(3)傳入，聲波經過中耳的鼓動鼓膜(4)，驅動鎚骨(7)、砧骨(8)以及鐙骨(9)，將聲能轉換成機械能後，鐙骨再利用拉動內耳的耳蝸(19)產生震動，震動了其中的淋巴液，激發絨毛細胞的神經末梢產生脈衝，傳給大腦；所以聲波經由外耳進入中耳、內耳，最後到達腦部，這樣就可以聽到聲音了。

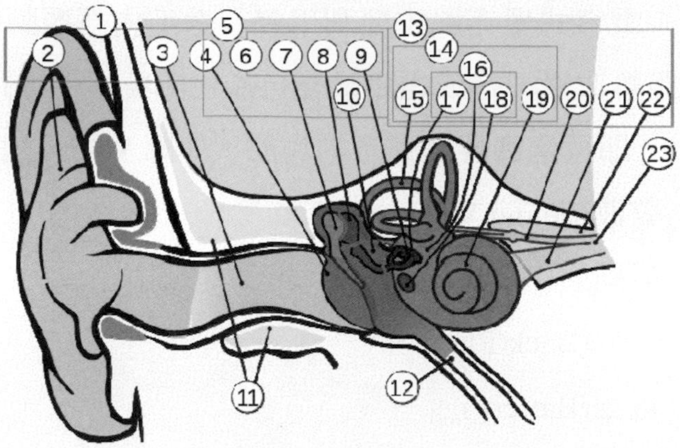

圖 10-4　人耳構造[4](圖片來源：wiki)

註：1.外耳 2.耳廓 3.耳道 4.鼓膜(耳膜)5.中耳 6.聽小骨 7.鍾骨 8.砧骨 9.鐙骨 10.鼓室 11.顳骨 12.耳咽管 13.內耳 14.半規管 15.內耳 16.前庭 17.卵圓囊 18.圓窗 19.耳蝸 20.前庭神經 21.耳蝸神經 22.內耳道內部 23.前庭耳蝸神經。

10.2 聲音感測器

麥克風(又稱微音器、話筒或傳聲器)，一種將聲音轉換成電子訊號，使聲音放大的裝置。麥克風種類有很多種：

1. 動圈式麥克風(Dynamic Microphone)：聲音較為柔和，適合用來收錄人聲。
2. 電容式麥克風(Condenser Microphone)：靈敏度較高，常用於高品質的錄音。
3. 駐極體電容麥克風(Electret Condenser Microphone)：用於消費電子產品。
4. 微機電麥克風(MEMS Microphone)：手機、PDA 等小型行動產品。
5. 鋁帶式麥克風(Ribbon Microphone)：專業錄音室。
6. 碳精麥克風(Carbon Microphone)：舊式電話機。

詳見 Wiki (https://zh.wikipedia.org/wiki/%E9%BA%A6%E5%85%8B%E9%A3%8E)

10.2.1 電容式麥克風

電容式麥克風主要利用聲音送進內部振動膜(Diaphram)振動，使基板與振動膜距離改變，造成電壓改變再產生訊號相移電路(resistor-capacitor circuit，RC 電路)，即可達到傳送聲音的功能，如圖 10-5。圖中的數字編號依序表示為：

1. 聲波(Sound Waves)。
2. 振動膜(Diaphragm)。
3. 基板(Back Plate)。
4. 電池(Battery)。
5. 電阻(Resistance)。
6. 輸出信號(Audio Signal)。

運作原理是將聲波通過振動膜和基板組成的電容，由電池驅動電容和電阻的迴路後得到輸出信號，也就是聲音。

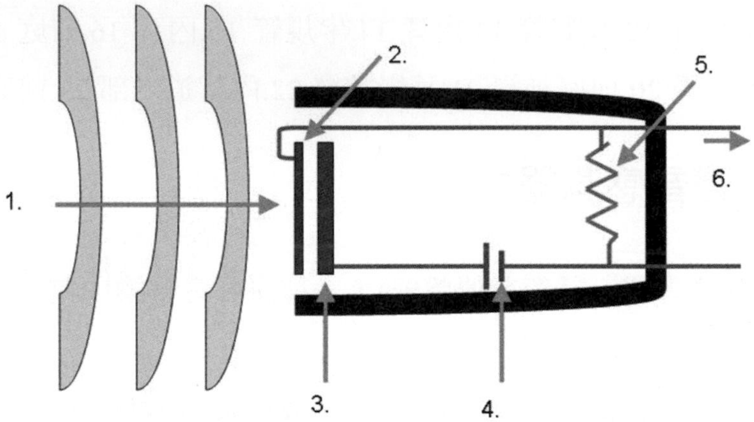

圖 10-5　電容式麥克風原理 [5](圖片來源：wiki)

在本課程裡所使用的是 Keyes 的高感度聲音感測模組(Keyes Microphone Sound Detection Sensor Module)KY-038，使用電容式麥克風的運作原理，如圖 10-6。總共有 4 支接腳，有一支接腳可以用來做數位訊號輸出，一支可以用來做類比訊號輸出。當使用數位訊號輸出時，只反應有沒有聲音音量超過一個門檻值，若有就輸出高電位，若沒有則輸出低電位，此外也可以用藍色部分的可變電阻用來調整靈敏度。當使用類比訊號輸出時，主要是透過 LM386IC 將麥克風接收的訊號大小轉換成音量大小，LM386 可以把聲音信號放大 20 到 200 倍。

圖 10-6　高感度聲音檢測模組

10.2.2　數位和類比 GPIO 資料讀取之相關知識

將聲音感測模組結合 NodeMCU 主要會使用到 NodeMCU 的數位和類比 API。

1. 數位資料讀取：主要需要使用到 NodeMCU GPIO API，
   (1) gpio.mode (pin, gpio.INPUT)：可以設定 pin 為 0～12 的 GPIO 輸入接腳。
   (2) gpio.read (pin)：讀取 pin 接腳電位，0 表示低電位，1 表示高電位。
2. 類比資料讀取：主要利用 NodeMCU 的 ADC 接腳讀取以及輸出麥克風的值。利用 adc.read (pin)之語法
   (1) Input：因為是類比訊號，所以接腳(pin)只能設定為 0。
   (2) Output：傳回麥克風的輸出值(0～1023)。

10.3　使用 NodeMCU 平台做聲音感測模組程式設計

在 10.2 節提到本課程所使用的是 Keyes 的高感度聲音感測模組(Keyes Microphone Sound Detection Sensor Module)，聲音感測模組(以下用 SS 表示)與 NodeMCU 的接法為：

1. SS 的"+"接腳接 NodeMCU 的 3.3(3.3V)或是 Vin(5V)。電源若是接 3.3V 的話，聲音感測模組的讀取值靈敏度較低。
2. SS 的"G"接腳接 NodeMCU 的 GND 接腳。
3. SS 的"A0"接腳接 NodeMCU 的 ADC 接腳(A0)。

4. SS 的"D0"接腳接 NodeMCU 的數位接腳(D0～D12)，在本章節實驗中可接可不接。

本章有三個實驗：

1. 使用 Fritzing 工具製作聲音感測模組應用線路圖並實際使用麵包板將線路接好。

   答：詳細步驟可以參考實驗手冊單元十主題 A。

   (1) Fritzing 之麵包板電路，如圖 10-7。由於 Fritzing 工具目前沒有提供 Keyes 的高感度聲音感測模組，因此使用"Breakout Board for Electret Microphone"來進行線路圖的實作。

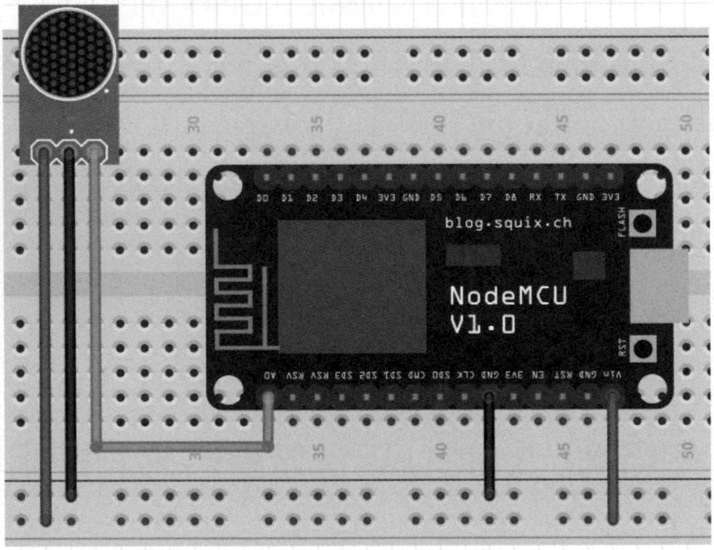

圖 10-7　SS_Fritzing 之麵包板電路圖

(2) Fritzing 之電路概要圖，如圖 10-8。

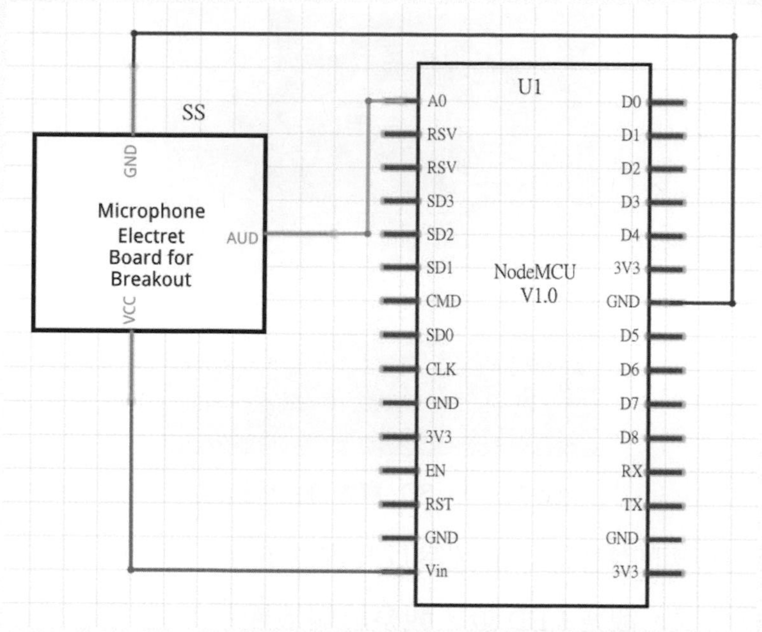

圖 10-8 SS_Fritzing 之電路概要圖

(3) Fritzing 之 PCB 印刷板電路圖，如圖 10-9。

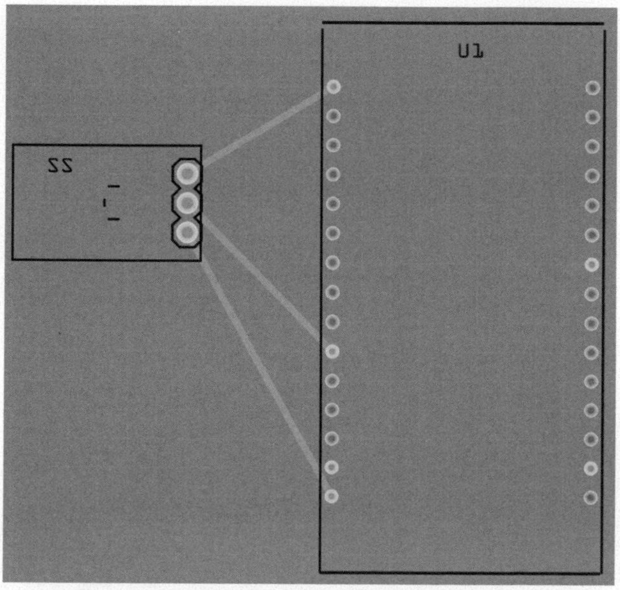

圖 10-9 SS_Fritzing 之 PCB 印刷板電路圖

(4) 實際麵包板接線，如圖 10-10。

圖 10-10　SS_實際麵包板接線

2. 撰寫 Lua 程式讀取聲音值，並觀察以及實驗下述三點：

(1) 調整靈敏度，觀察 LED 燈，觀察終端機顯示的變化。

(2) 輕拍聲音感測模組，觀察終端機顯示的變化。

(3) 播放音樂，觀察終端機顯示的變化。

答：Lua 程式範例及相關終端機顯示結果如圖 10-11 和圖 10-12。在一般環境噪音下讀到的數位值介於 782 到 786 之間，當輕拍感測模組可達 832。詳細步驟參考實驗手冊單元十主題 B。

```
analogPin = 0
tmr.alarm(0, 50, 1, function()
  print("analog=", adc.read(analogPin))
  end
 )
```

圖 10-11　SS_程式範例

```
analog=785    analog=785
analog=782    analog=785
analog=783    analog=786
analog=784    analog=784
analog=782    analog=782
analog=782    analog=832
analog=778    analog=760
analog=782    analog=831
analog=784    analog=795
analog=782    analog=783
analog=782    analog=781
analog=783    analog=645
analog=782    analog=679
analog=783    analog=807
analog=784    analog=784
              analog=778
              analog=776
```

圖 10-12　SS_終端機顯示結果

3. 加入數個 LED 燈，撰寫 Lua 程式當播放音樂時，可以動態呈現 LED 燈。

   答：詳細步驟參考實驗手冊單元十主題 C。

思考點

1. 噪音該如何偵測？
2. 噪音該如何阻絕或吸收？

10.4 小結

本章介紹了聲音感測模組相關原理與應用，並使用 NodeMCU 平台利用提供的數位讀取資料模組做聲音感測模組程式設計。提供一個關於聲音感測模組結合 LED 燈的進階應用，詳細作法可以參考實驗手冊。

本章重點如下：

1. 聲音感測模組原理與應用。
2. 動態 LED 燈音樂應用。
3. 自我學習：參考 YouTube 以及本中心網頁上關於 LED 或聲音感測模組的教學影片。

參考資源

1. 世博德國館動力球震撼表演：http://www.youtube.com/watch?v=M4Rb1c2VCOo
2. 聲音控制盒音樂：http://www.youtube.com/watch?v=8uDoSirA1Ho
3. 聲控小樹苗：https://www.youtube.com/watch?v=RgHnKAzNKVA
4. https://zh.wikipedia.org/wiki/%E8%80%B3
5. https://zh.wikipedia.org/wiki/%E9%BA%A6%E5%85%8B%E9%A3%8E#/media/File:Mic-condenser.PNG
6. http://ncs.epa.gov.tw/
7. https://zh.wikipedia.org/wiki/%E9%BA%A6%E5%85%8B%E9%A3%8E

CHAPTER 11

嵌入式系統概論

物聯網應用系統是由嵌入式系統加上物聯網技術組合成的，因此本章節先介紹基本的嵌入式系統概念，第 2 章到第 10 章所介紹的應用，都是非常簡單的嵌入式系統設計。因爲在物聯網的環境下，感測器和啓動器也是不可或缺的，因此會介紹一些在嵌入式系統比較常見、常用的感測器以及啓動器。有了嵌入式硬體的了解後，要怎麼對這些硬體下指令進行溝通呢？因此針對微處理器對感測器的輸入與對啓動器的輸出之運作方式做介紹。最後則利用循序圖來表達建置一嵌入式系統時，所需要考慮到的功能與結構，讓使用者可以輕易的設計出嵌入式系統。

本章主要的單元簡介以及學習目標如下：

- **單元簡介**
  - 嵌入式系統基本介紹
  - 感測器以及啓動器
  - 嵌入式系統的輸出與輸入控制
  - 嵌入式系統實作
  - 嵌入式系統網路

- **單元學習目標**
  - 了解嵌入式系統的組成及應用
  - 了解感測器以及啓動器的功用
  - 培養實做出嵌入式系統的能力
  - 了解嵌入式系統網路

11.1 嵌入式系統概論

嵌入式系統主要由微處理器(Microcontroller, MCU)、感測器(Sensors，input devices)、啓動器(Actuators，output devices)以及嵌入式軟體(embedded software)組成。嵌入式系統的感測器，能夠感知周遭的狀況(例如：溫度太高)，提供給 MCU 做智慧的判斷(例如：天氣太熱)；接下來，MCU 就能夠利用啓動器，做出智慧的行爲(例如：啓動冷氣壓縮機來降溫)。

嵌入式系統的應用是無所不在的，舉凡微波爐、電冰箱、洗衣機、空氣清淨機、冷氣機、電子鍋、烘碗機等都是嵌入式系統的應用；這些嵌入式系統都是因爲有電腦(MCU)而變得聰明，換句話說嵌入式系統就是一種將電腦或微處理器應用到某一個特殊應用領域，而電腦是不可見的(invisible computer)，也就是說使用者不知道或是不在乎嵌入式系統(例如：微波爐)是否有電腦存在，只是會感覺嵌入式系統很好用(例如：微波爐單鍵就可以煮爆米花)、很有智慧(例如：爆米花煮熟時會通知你的手機)。

嵌入式系統的電腦無所不在，但我們不會稱微波爐爲電腦，因爲電腦已經嵌入到微波爐或者其他裝置中，這就是 invisible computer 的概念。就如同馬達的應用，也是無所不在的，如 DVD 光碟機、冷氣機、電冰箱、洗衣機等都有馬達，馬達也是不可見的(invisible motor)。因此若是像這些無所不在的嵌入式設備，利用物聯網技術都可以連網的話，設備可以跟設備互動，就是一種物聯網的應用(例如：智慧家庭)。

11.2 嵌入式系統的感測器(Sensors)

感測器是一種資料輸入的設備(如圖 11-1)，主要用來提供環境資訊給嵌入式系統，感測器的種類很多，以下介紹部分感測器的用途：

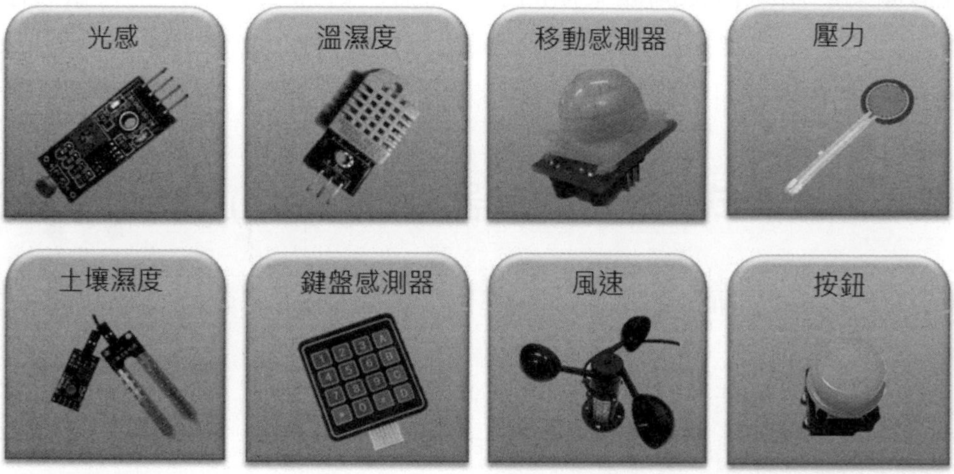

圖 11-1　感測器(Sensors)

1. 光照：偵測目前環境的亮度，當亮度太暗時自動開燈，當亮度太亮時自動關燈，以節省電費。
2. 溫度：偵測目前環境的溫度，當溫度高時自動開啓電風扇或冷氣，反之亦然。
3. 濕度：偵測目前環境的濕度，當濕度太高時，自動開啓除濕機，當濕度太低時，自動開啓灑水器。
4. 氣壓：測量氣體壓力的強度。
5. 風速：測量風的速度，判斷是否有風。
6. 風向：測量風的方向。
7. 壓力：例如當坐在椅子上，椅子偵測到壓力後，自動把檯燈打開。
8. 電子羅盤：類似指北針，得知北方方向位置，可以用於導航。
9. 陀螺儀：知道垂直於地球的傾斜角度。
10. 超音波：用途很廣，如測量距離、測量厚度等。
11. 三軸加速度：例如用在 Wii，利用三個軸向所產生的變化得知揮棒與否、或是健康照護中的跌倒偵測。

12. 磁力：由霍爾效應(Hall effect)可以知道門、窗是否還關著。
  ※ 霍爾效應是指當固體導體放置在一個磁場內且有電流通過時，導體內的電荷載子受到洛倫茲力的作用而使軌跡發生偏移，形成垂直於電流方向的電場，繼而產生穩定電壓(霍爾電壓)的現象。
13. 水位偵測：可以用來偵測是否有積水，避免設備損壞。
14. 水流偵測：利用水位偵測器來偵測水位高低，再通知水閥停止或繼續注水。
15. 化學物質、有害氣體偵測：用來偵測有害氣體(例如：CO、CO_2)、土壤的酸鹼。
16. 按鈕或矩陣按鍵：用來偵測使用者的輸入選項。

11.3 嵌入式系統的啓動器(Actuators)

啓動器是一種輸出的設備(如圖 11-2)，主要用來提供改變環境資訊，其中部分的啓動器介紹如下：

1. LED：一種發光二極體，用來發出燈光來提醒使用者。
2. 喇叭(Speaker)：發出聲音，來提醒使用者。
3. 馬達(Motor)：控制轉動，如開啓鐵捲門、電動窗簾。
4. 繼電器(Relay)：一種開關可以用來啓動電源，如智慧插座。
5. 電磁閥(Solenoid valve)：用來探測與控制通過的氣體或液體量，又可分爲食用級的電磁閥與一般電磁閥。
6. 蜂鳴器(Buzzer)：和喇叭一樣，可以用來發出警告聲音，利用不同的頻率 pwm 也可以發出各種音樂的音符。
7. 液晶顯示器(Display)：可以在面板上顯示資訊，例如溫濕度狀態。

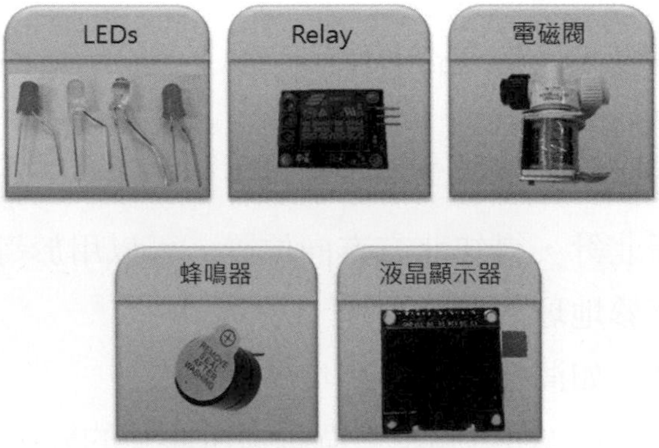

圖 11-2　啓動器(Actuators)

11.4 嵌入式系統的輸出與輸入控制

對於微處理器對感測器的輸入與對啟動器的輸出有下列幾種常見的方式：

- GPIO 數位接腳(digital pin)的讀取與輸出：這是最常用的控制方式，利用高電位或低電位的輸出來控制 LED 燈點亮或者關閉；利用讀取高電位或低電位的值，來決定輸入鍵盤是否被按下。
- GPIO 類比接腳(analog pin)的讀取與輸出：現實社會中的物理量，常常是連續性的資料，如溫度、濕度、光度，因此我們需要類比接腳，將連續性的物理量讀取出來，而類比接腳是透過類比轉數位轉換器(analog to digital convertor)將類比資料轉成數位資料；在類比輸出方面，類比接腳透過數位轉類比轉換器(digital to analog convertor)將不同的電壓值輸出到外接例如控制馬達轉速。然而類比控制訊號成本較高、容易隨時間漂移難以調節、功耗大、易受雜訊和環境干擾等等問題。
- 脈波寬度調變(Pulse Width Modulation，PWM)訊號的輸出：類比訊號控制訊也可改用脈波寬度調變技術將類比訊號轉換爲數位脈波，轉換後脈波的週期固定，但脈波的占空比(duty cycle)會依類比訊號的大小而改變。當佔空比爲 100%的時候，等於高電位的數位輸出；當佔空比爲 0%的時候，等於低電位數位輸出；當佔空比爲 50%的時候，等於一半高電位的數位輸出。
- 通用非同步收發傳輸器(Universal Asynchronous Receiver/Transmitter，UART)：將資料由串列通訊與並列通訊間作傳輸轉換，較常見的是 RS232 介面標準。RS232 利用的是以分時方式每次傳送一個位元(bit)給接收端的一對一串列通訊，例如電腦上的 COM1 和 COM2 介面就是 RS232(如圖 11-3)。NodeMCU 上面就有一顆 Silicon Lab 出品的 CP2102 晶片，USB 介面與 UART 介面轉換模組，可以將電腦的 USB 訊號轉換成 UART 的訊號。CH340 也是一顆常見的 USB 介面與 UART 介面轉換模組。

圖 11-3　RS232 介面接頭

- 串列周邊介面(Serial Peripheral Interface Bus，SPI)：Motorola 公司設計發展的**高速同步串列介面**，用在短程通訊的全雙工同步串列通訊介面規範，一般需要 4 條接線：(1)MOSI(master out slave in) master 數據輸出，slave 數據輸入、(2)MISO(master in slave out) master 數據輸入，slave 數據輸出、(3)SCLK 時脈信號，由 master 產生並控制、(4)CS(Chip Select)由 master 控制選擇哪一個 slave 信號，slave 只有在 CS 信號爲低電位時，才會對 master 的操作指令有反應。SPI 硬體結構簡單、全雙工而且傳輸速度快，一般是 5M/10M/20Mbps。應用此介面的周邊設備像是轉換器(ADC 或 DAC)、記憶體(EEPROM 或 FLASH)、感測器(溫度、壓力)、LED 等。
- I^2C (Inter-Integrated Circuit)：是一種 Philips 公司半雙工同步匯流排，由於速度不快，因此主要提供系統中積體電路相互通訊連結的介面。只需要兩條信號線：串列資料線(Serial Data Line，SDA)及串列時脈線(Serial Clock Line，SCL)。支援的傳輸速度則有 10kbps 的低速模式、100kbps 的標準模式、400kbps 的快速模式以及 3.4Mbps 的高速模式。能簡單的在現有匯流排上加入新的設備(功能)，或快速由硬體電路中移除故障的元件而不會影響到系統其它部份。

  ※　全雙工：資料可以在雙向同時傳輸；例如講電話，雙方都可以同時說話。

  ※　半雙工：一次只能有一方傳輸資料，另一方必須等到對方傳送完後才能傳送；例如無線電，同時只能有一方說話。
- One wire：是 Maxim 子公司_達拉斯半導體的專利技術，採用單一信號線，是一種非同步半雙工的傳輸方式。類似於 I^2C，傳輸距離較長但資料傳輸速率較低。1-Wire 有兩種速率：標準模式爲 16kbps，驅動模式爲 142kbps。

11.5 嵌入式系統實作

物聯網設計的第一步即是實作出嵌入式系統，再將這些不同的嵌入式系統利用物聯網的技術，智慧聯網起來。本節介紹一種簡潔的方法來設計嵌入式系統。

我們可以利用統一塑模語言(Unified Modeling Language，UML)的循序圖(sequence diagram)來描述系統的功能與結構，例如使用者要怎麼操作系統，透過使用者操作嵌入式系統中的輸入元件(input devices 或 Sensors)和輸出元件(output devices 或 Actuators)的回應，我們可以輕易的設計出嵌入式系統。注意，本書判斷裝置是輸入或輸出裝置主要是以微處理器的觀點來看，因為所有輸入或輸出都是透過微處理器來運作。

以設計微波爐為例(如圖 11-4)，第一個動作為打開微波爐門(Door open)將食物放進去，然後將門關上(Door close)：當使用者開微波爐門時，微波爐裡的燈會點亮，讓使用者放入需加熱的食物。在微波爐嵌入系統的實作上，開門偵測可以用按鈕(input button)來偵測，燈的部分可以使用 LED 燈。當微波爐微處理器偵測到按鈕開啓時，便知道使用者打開微波爐的門，準備將食物放入微波爐中進行加熱，因此微處理器進一步將 LED 燈點亮；當微波爐微處理器偵測到按鈕關閉時，便知道使用者已經將食物放入微波爐中，進而將 LED 燈關掉。

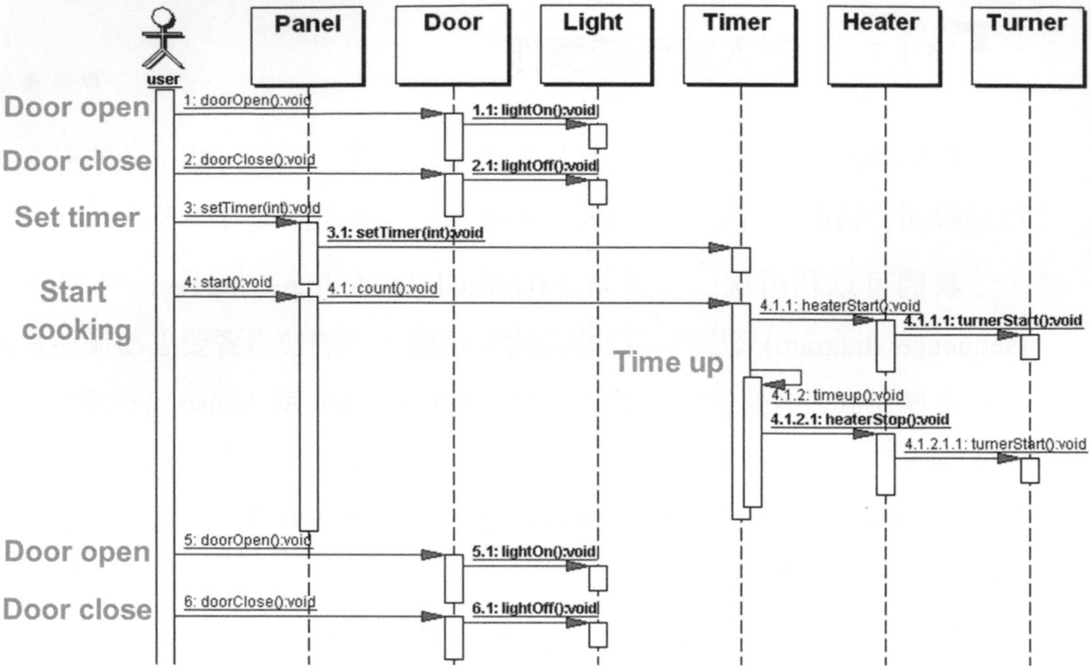

圖 11-4　循序圖(sequence diagram)

第二個動作爲設定加熱時間(set timer)：微波爐食物加熱時間的設定可以利用第 5 章所介紹的簡易鍵盤(keypad)。在實作上，微處理器接受使用者輸入的加熱時間資料後，便可以把時間資料儲存起來，利用計時器硬體(timer)即可完成加熱時間的動作。簡易鍵盤是輸入元件，而計時器是輸出元件。

第三個動作爲啓動微波爐加熱(start cooking)：使用者按了簡易鍵盤上的啓動鍵時，微波爐微處理器便會啓動微波加熱器(heater)與加熱轉盤(turner)，並啓動計時器開始計時。當加熱時間到了，計時器便會通知微處理器，微處理器進而關閉加熱器並停止轉盤。加熱器與加熱轉盤是輸出元件而計時器此時是輸入元件。值得注意的是，計時器同時是輸入元件也是輸出元件。

最後一個動作是打開微波爐門(Door open)將食物取出來，然後將門關上(Door close)，與第一個動作相同。

微波爐的加熱原理是利用產生微波的元件-磁控管(magnetron)，將電能轉化爲微波能，以 2450MHZ 的頻率發射出微波能，讓水分子以每秒鐘 24.5 億千次的變化頻率進行分子間相互碰撞、磨擦而產生熱能，導致食物被加熱。因此要製作一個微波爐所需要的硬體有微處理器(MCU)、偵測開門或關門的按鈕以及 LED 燈、設定時間用的矩陣鍵盤和微處理內建的計時器以及加熱食物時所需要的加熱器(利用繼電器來啓動或關閉磁控管)和加熱轉盤(即馬達)，其硬體架構如圖 11-5。

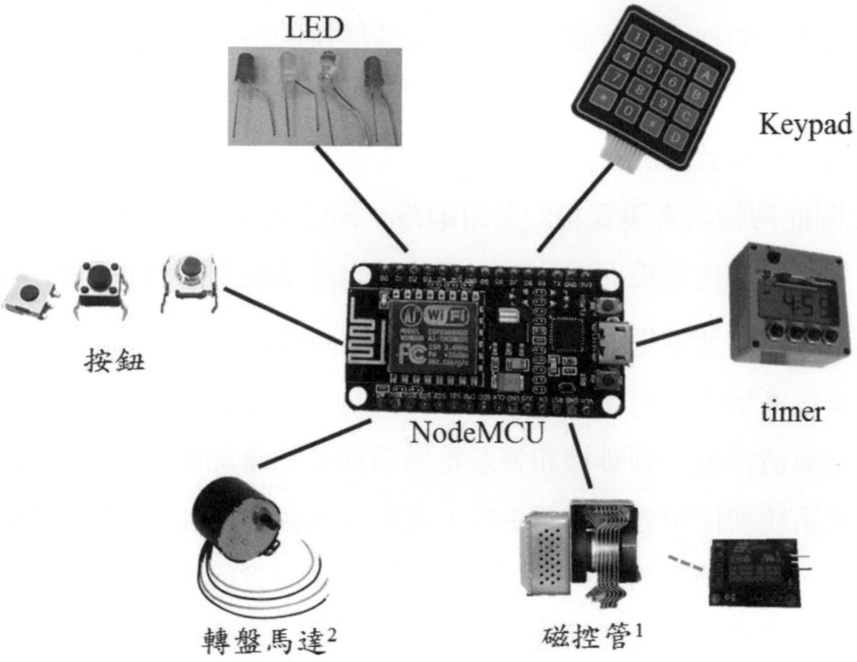

圖 11-5　微波爐的硬體架構

當想要將物聯網技術應用在微波爐上，應該加入那些功能？例如煮好時送訊息到電視或手機。另一個就是可以在雲端儲存各種食物的烹調方式，利用 Wi-Fi 透過掃描技術掃描食物的 EPC/QR code 後，自動去雲端下載烹煮方式開始烹調。

11.6 嵌入式系統網路

一般的嵌入式系統，例如冰箱、微波爐，通常不具備有連線功能。物聯網的嵌入式系統網路通訊是必備的，可以用有線(如 Ethernet、RS485、power line)或無線(ZigBee、Bluetooth、Wi-Fi、LoRa, 2G/3G/4G/5G)的方式連結。嵌入式系統網路就是將一群嵌入式系統透過有線或無線傳輸媒體互相連接起來，達到資訊交流的目的。

網路依規模大小可區分成四種類型：個人區域網路(Personal Area Network)、區域網路(Local Area Network)、都會網路(Metropolitan Area Network)與廣域網路(Wide Area Network)。個人區域網路指個人範圍(隨身攜帶或數米之內)的計算裝置(如電腦、電話、PDA、數位相機等)組成的通訊網路。區域網路通常是建置在公司內部或學校內部的網路，有範圍小及傳輸速度快的特性。廣域網路將多個區域網路以光纖或其他專線連接後，形成的一個更大範圍的網路，涵蓋範圍可能達到一個城市、國家，甚至全世界。都會區域網路指大型的計算機網路，是介於 LAN 和 WAN 之間能傳輸語音與資料的公用網路。網際網路(Internet)指的是目前這個以 TCP/IP 通訊協定所連接而成的跨國網路，也就是我們平時在用的這個網路。

嵌入式系統網路通常是區域網路，而物聯網(Internet of Things)則是由這些無數的嵌入式系統區域網路和廣域網路共同組成的。如圖 11-6 智慧家庭的案例，掃地機器人、空氣清淨機、咖啡機和智慧電風扇都是物聯網的嵌入式系統。這些物聯網的嵌入式系統與使用者的智慧手機，在家中透過 Wi-Fi 連結到物聯網閘道器(IoT gateway)，形成物聯網的區域網路。此外，使用者的智慧手機和平板電腦的瀏覽器，在辦公室或是其他任何地方可透過網際網路來遠端控制這些智慧家電，這就形成物聯網的廣域網路。

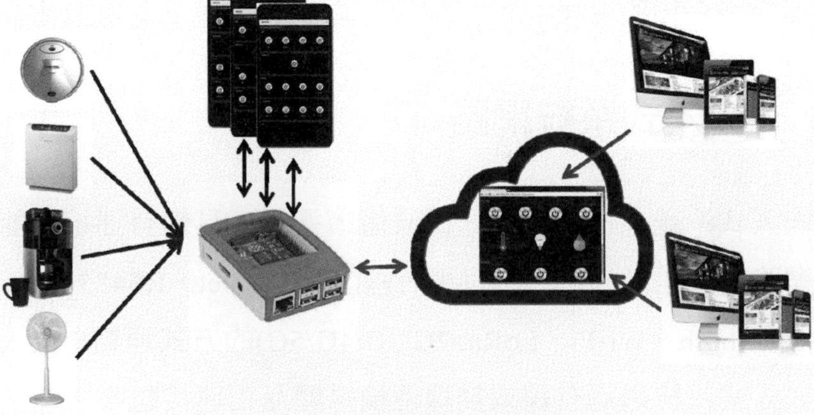

圖 11-6　智慧家庭網路架構

11.6.1 電腦網路節點

圖 11-6 智慧家庭的智慧手機、物聯網閘道器、掃地機器人、空氣清淨機、咖啡機和智慧電風扇都是電腦網路的節點(node)。要能正確無誤的溝通，節點必須具有獨一無二的網際網路協定位址(Internet Protocol Address)或可以簡稱爲網路位址(IP address)，節點間因此可以透過網路交換訊息。網路節點又可細分爲提供網路服務(例如郵件服務、遊戲服務)的伺服器主機(server)、使用網路服務的工作站(client) 與協助網路服務的資訊設備，如無線基地台(access point)、路由器(router)和閘道器(gateway)。

最常用的 IP 位址分爲 IPv4(Internet Protocol version 4, 網際網路通訊協定第四版)與 IPv6(Internet Protocol version 6, 網際網路通訊協定第六版)網路位址。IPv4 是網際網路的核心，也是使用最廣泛的網際協定版本，IPv6 的設計目的是取代 IPv4，解決 IPv4 位址用盡問題，然而長期以來 IPv4 在網際網路流量中仍占據主要地位。IPv4 的 IP 位址由 32 位元組成，最多可有 4,294,967,296(即 2^{32})個 IP 位址；IPv6 的 IP 位址由 128 位元組成，IP 位址數量可高達 3.402823669×1038 個 IP 位址。

IPv4 的 IP 位址通常由 4 個 8 個位元(0~255)的整數表示(xxx.xxx.xxx.xxx) ，例如 Google 的網站網域名稱 www.google.com，其所對應的 IPv4 位址爲 172.217.31.164；大同大學網域名稱 www.ttu.edu.tw，其所對應的 IPv4 位址爲 140.129.22.145。要檢查自己的 IP 位置，或任何網址的 IP，可以開啓瀏覽器，輸入以下的網址：http://dir.twseo.org/ip-check.php 結果顯示在圖 11-7。

圖 11-7 檢查自己電腦或任何網址的的 IP 位址與位置

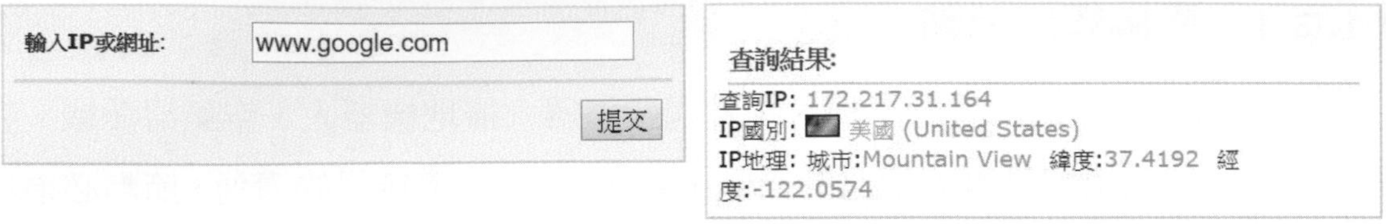

圖 11-7 檢查自己電腦或任何網址的的 IP 位址與位置(續)

雖然 IP 位址可以來識別每一部電腦，對人類而言，要記憶超過 5 個以上由數字所組成的 IP 位址並不容易。領域名稱(Domain Name) 能用有意義的單字或縮寫名稱來代替 IP 位址，則會更容易記憶，例如大同大學(Tatung University)簡寫是 ttu，網址就是 www.ttu.edu.tw，大同大學資訊工程系(Department of Computer Science and Engineer) 簡寫是 cse，網址就是 www.cse.ttu.edu.tw。領域名稱與 IP 位址的互轉是透過 DNS(Domain Name Service)系統軟體，例如：查詢領域名稱 www.ttu.edu.tw，可對映到位址 140.129.22.145；查詢位址 140.129.22.145，對映到領域名稱 www.ttu.edu.tw。當我們在使用瀏覽器輸入網址，DNS 伺服器就會相對應的 IP 位址找出，並且連結到該 WWW 伺服器。DNS 的作用就是『讓人類記憶的有意義主機名稱，轉譯成爲電腦 0 和 1 的 IP 位址！』，免除了強記號碼的痛苦。

11.6.2 電腦網路通訊協定

電腦節點可能使用不同的作業系統(Windows, Linux, iOS, ...)，有些嵌入式系統電腦節點可能根本沒有作業系統，每個節點的功能強弱均不相同，可能說的話也不一樣，資料的格式也不一樣，因此必須透過標準的通訊協定來溝通訊息。最有名的兩個網路協定爲：開放式系統互連通訊參考模型(Open System Interconnection Reference Model) 和 TCP/IP 協定(TCP/IP Protocols)。

11.6.2.1 電腦網路通訊協定-OSI 模型

開放式系統互連通訊參考模型簡稱爲 OSI 模型(OSI model)，由國際標準化組織(ISO, International Standard Organization)於 1983 年提出，定義於 ISO/IEC 7498-1，整個網路通訊的工作，劃分成不同的功能區段，稱爲層級(layer)，第 n

層級協定使用低一層級(第 n-1 層級)協定的服務，提供服務給高一層級(第 n+1 層級)協定。OSI 模型將複雜的網路功能切分爲七層協定：

- 第 1 層爲實體層(Physical Layer) 負責發送和接收原始(raw)數據、也就是將原始數據轉換爲電信號(例如乙太網路)，無線電信號(例如 Wi-Fi 無線網路)或光信號(例如光纖網路)。
- 第 2 層爲資料鏈結層(Data-Link Layer) 負責檢測並更正物理層中可能發生的錯誤和流量控制。資料鏈結層資料包裹爲 MAC 訊框 (frame) 。
- 第 3 層爲網路層(Network Layer) 負責節點之間的連線建立、終止與維持、資料封包(package)的傳輸路徑選擇。如果要傳送的訊息(message)太大而不能在這些節點之間的數據鏈路層上從一個節點傳輸到另一個節點，則網絡可以通過拆分訊息來實現訊息傳遞。網路層資料包裹爲封包(package) 。
- 第 4 層爲傳輸層(Transport Layer)負責流量控制(flow control)、切段/重組段落(segmentation/desegmentation)、錯誤控制(error control)例如毀損(damaged)、遺失(lost)、延遲 (delayed)適時重送。
- 第 5 層爲會談層(Session Layer)負責控制節點之間的對話、建立，管理和終止本地和遠程應用程序之間的連接、並建立檢查點，休止，終止和重啓過程。
- 第 6 層爲表現層(Presentation Layer)負責資料格式轉換(或者是重新編碼)成爲網路的標準格式、資料的加解密、資料的壓縮與解壓縮。
- 第 7 層爲應用層(Application Layer) 提供高級 APIs 如資源共享(resource sharing)，遠程文件存取(remote file access) 給使用者的應用程式呼叫。

圖 11-8 顯示 OSI 模型及相對應的網路協定。OSI 模型並沒有提供一個可以實現的方法，而是一個在制定標準時所使用的概念性框架，用來協調行程間通訊標準的制定。更多有關於 OSI 模型相關內容，讀者可以閱讀 Wiki 網站(https://en.wikipedia.org/wiki/OSI_model)或是 YouTube 網站”Cisco 思科教程-1 OSI 七層網路模型”

(https://www.youtube.com/watch?v=ZNSF1H2Gj64&list=PLw6NObKC3AYm4XyetSaYo0BhY-0Ee1KTp)

7.應用層 application layer	例如HTTP、SMTP、SNMP、FTP、Telnet、SIP、SSH、NFS、RTSP、XMPP、Whois、ENRP
6.表現層 presentation layer	例如XDR、ASN.1、SMB、AFP、NCP
5.會議層 session layer	例如ASAP、SSH、ISO 8327 / CCITT X.225、RPC、NetBIOS、ASP、IGMP、Winsock、BSD sockets
4.傳輸層 transport layer	例如TCP、UDP、TLS、RTP、SCTP、SPX、ATP、IL
3.網路層 network layer	例如IP、ICMP、IPX、BGP、OSPF、RIP、IGRP、EIGRP、ARP、RARP、X.25
2.資料連結層 data link layer	例如乙太網、令牌環、HDLC、影格中繼、ISDN、ATM、IEEE 802.11、FDDI、PPP
1.實體層 physical layer	例如線路、無線電、光纖

圖 11-8　OSI 模型及相對應的網路協定

11.6.2.2　電腦網路通訊協定-TCP/IP 協定

TCP/IP 協定(TCP/IP Protocols)也稱爲 TCP/IP 協定疊(TCP/IP Protocol Stack)源於美國國防部(縮寫爲 DoD)的 ARPA 網專案，這個協定由網際網路工程任務組(Internet Engineering Task Force)負責維護。TCP/IP 協定網路功能切分爲四層協定，四層協定的名詞翻譯以及內容的說明，採用 Wiki 網站的 TCP/IP 協定套組(https://zh.wikipedia.org/wiki/TCP/IP)：

- 第 1 層爲網路介面層(Link Layer) 定義區域網路範圍內的連網方法，負責同一區域網路的兩個不同節點(主機)之間網路封包的發送和接收。網路介面層相當於 OSI 模型中的實體層(Physical Layer)和資料鏈結層(Data-Link Layer)。
- 第 2 層爲網路互連層(internet layer)負責完成資料從來源節點(source)傳送到目的節點(destination)的基本任務。網路互連層相當於 OSI 模型中的網路層(network layer)，也是 TCP/IP 協定的 IP 層，提供路由(packet routing)和尋址(host

addressing)的功能，使兩終端系統能夠互連且決定最佳路徑，並具有一定的擁塞控制和流量控制的能力。

- 第 3 層爲傳輸層(transport layer)負責端到端可靠性和保證資料按照正確的順序到達。提供兩種重要的服務:TCP 協定(Transmission Control Protocol，傳輸控制協定) 與 UDP 協定(User Datagram Protocol，用戶資料報協定) 。TCP 是一種連線導向的(Connection Oriented)、可靠的(reliable)、同步傳輸(Synchronous Transmission)的、流量控制(Flow Control)的傳輸層通訊協定。兩個節點要透過 TCP 協定互送資料，TCP 協定必須先『建立連線』、接著『資料傳輸』與最後的『關閉連線』。所以 TCP 協定是較可靠但是較無效率的(Inefficient)傳輸協定。UDP 協定是一種非連線導向的(Connectionless)的非可靠傳輸協定，一旦把應用程式發給網路層的資料傳送出去，就不保留資料備份，不會運用確認機制來保證資料是否正確的被接收、不需要重傳遺失的資料、也不提供回傳機制來控制資料流的速度。對於訊息量較大、時效性大於可靠性的傳輸來說(例如語音 / 影像即時傳輸)，UDP 協定是較佳的選擇。
- 第 4 層爲應用層(Application Layer)負責所有和應用程式協同工作，利用基礎網路交換應用程式專用的資料的協定。瀏覽器所使用的 HTTP/HTTPS 協定(Hypertext Transfer Protocol，超文字傳輸協定)、遠端檔案傳送的 FTP 協定(File Transfer Protocol，檔案傳輸協定)、電子郵件所用的 POP3 協定(Post Office Protocol, version 3，郵局協定)和 SMTP 協定(Simple Mail Transfer Protocol，簡單郵件傳輸協定)、透過網路終端機(terminal) 連結到其他台電腦的 TELNET 協定(Teletype over the Network，網路電傳)和 SSH 協定(Secure Shell，安全外殼協定)等都是使用 TCP 協定的應用層協定。自動分配 IP 網路位址的通訊協定 DHCP 協定(Dynamic Host Configuration Protocol，動態主機配置協定)、協調世界時間同步到幾毫秒的誤差內 NTP 協定(Network Time Protocol，網路時間協定)等都是使用 UDP 協定的應用層協定。此外，有一些應用層的協定同時使用 TCP 與 UDP 協定，例如將網域名稱和 IP 位址相互對映的 DNS 協定(Domain Name Service，域名服務)、對網路節點進行讀取及寫入狀態資訊來管理網路的 SNMP 協定(Simple Network Management Protocol，簡單網路管理協定)、測試節點是否還活著和測量往返時間的 ECHO 協定(Echo Protocol，迴繞協定)、根據主機的 IP 位址，獲得其 MAC 位址的 ARP 協定(Address Resolution Protocol，位址解析協定)等。應用層相當於 OSI 模型中的會談層(Session Layer)、表現層(Presentation Layer)和應用層(Application Layer)。

圖 11-9 顯示 OSI 模型、TCP/IP 協定及相對應的網路協定。更多有關於 TCP/IP 相關內容，讀者可以閱讀 Wiki 網站(https://zh.wikipedia.org/wiki/TCP/IP)或是 YouTube 網站" TCP/IP 協定"
(https://www.youtube.com/watch?v=FY6EbeyrjOM&t=111s)

OSI模型	TCP/IP協定	網路協定
7.應用層 application layer 6.表現層 presentation layer 5.會議層 session layer	4.應用層 application layer	HTTP、FTP、DNS、POP3、Telnet、SSH、SMTP、DHCP、NTP、DNS、SNMP、ARP
4.傳輸層 transport layer	3.傳輸層 transport layer	TCP、UDP
3.網路層 network layer	2.網路互連層 internet layer	對於TCP/IP來說這是網際網路協定（IP）
2.資料連結層 data link layer 1.實體層 physical layer	1.網路介面層 link layer	乙太網、Wi-Fi、光纖。

圖 11-9　TCP/IP 協定及相對應的網路協定

11.6.3　TCP/UDP 通訊埠(port)

任何聯網的節點可以透過的 IP 位址請求伺服器服務，而且這一台伺服器可以同時提供多個網路服務。一個請求封包送到這台伺服器的時候，作業系統會先接收，再看看這個封包是需要什麼服務？這個封包有一個通訊埠(port)欄位，可以決定哪一種網路服務請求，也決定了連線使用的通訊協定，例如郵件的服務(Mail server) 使用 TCP 通訊埠 25、網際網路的服務(WWW server) 使用 TCP 通訊埠 80。

伺服器的每一項網路軟體服務都要指定一個通訊埠，通訊埠以 16 位元數字來表示，可以提供 65536(2^{16}) 不同的 TCP/UDP 網路服務，稱爲通訊埠編號(port number)，範圍從 0 到 65535。在 TCP 協定中，通訊埠編號 0~1023 爲公認連接埠號(well-known port numbers)；編號 1024~4999 由用戶端程式自由分配，編號 5000~65535 由伺服器端程式自由分配。在 UDP 協定中，來源埠號是可以選擇要不要填上，如果設爲 0，則代表沒有來源埠號。圖 11-10 列舉出常用的 TCP/UDP 網路服務與物聯網的協定，其中 TCP 通訊埠編號 1883 與 8883 是 MQTT 協定，會在第 13 章介紹，其中 UDP 通訊埠編號 5683 與 56834 是 CoAP 協定，會在第 14 章介紹。更多有關於 TCP/IP 通訊埠相關內容，讀者可以閱讀 Wiki 網站：https://en.wikipedia.org/wiki/List_of_TCP_and_UDP_port_number。

常用埠	描述
0/TCP,UDP	保留埠；不使用（若傳送過程不準備接受回覆訊息，則可以作為源埠）
7/TCP,UDP	Echo（回顯）協定
20/TCP,UDP	FTP 檔案傳輸協定 - 預設資料埠
21/TCP,UDP	FTP 檔案傳輸協定 - 控制埠
22/TCP,UDP	SSH（Secure Shell）- 遠端登入協定，用於安全登錄檔案傳輸（SCP，SFTP）及埠重新定向
23/TCP,UDP	Telnet 終端仿真協定 - 未加密文字通訊
25/TCP,UDP	SMTP（簡單郵件傳輸協定）- 用於郵件伺服器間的電子郵件傳遞
53/TCP,UDP	DNS（域名服務系統）
80/TCP	HTTP（超文字傳輸協定）- 用於傳輸網頁
110/TCP	POP3（郵局協定，第3版）- 用於接收電子郵件
156/TCP,UDP	SQL服務
161/TCP,UDP	SNMP (簡單網路管理協定)
443/TCP	HTTPS（超文字安全傳輸協定）over TLS/SSL（加密傳輸）
1883/TCP	mqtt Message Queuing Telemetry Transport Protocol (MQTT)
5683/UDP	coap Constrained Application Protocol (CoAP)
5684/UDP	coaps DTLS-secured CoAP
8883/TCP	mqtts TLS-secured MQTT

圖 11-10　常用的 TCP/UDP 網路服務與物聯網的協定

11.7 小結

嵌入式系統是將應用系統嵌入到硬體中(如冷氣機)，是種獨立的操作模式，亦即控制冷氣機時就只能操控冷氣機。而所謂的物聯網技術就是將具有連網的嵌入式系統，結合物聯網的標準所發展出來的應用。連上網路的嵌入式系統和物聯網最大的差別就是有沒有遵循物聯網的標準。最簡單的物聯網應用就是利用手機透過物聯網技術，例如 CoAP 或是 MQTT(將分別在第 13 與 14 章介紹)，控制家裡所有連網設備。本章介紹了嵌入式系統基本概念、嵌入式系統常用的感測器以及啓動器和存取感測器以及啓動器的協定。並使用微波爐爲例，利用 UML 工具說明如何使用感測器與啓動器實現嵌入式系統。最後介紹了網路的基本概念，爲後面物聯網的教學奠下基礎。

本章重點如下：

1. 感測器以及啓動器原理與應用。
2. 嵌入式系統的輸出與輸入控制協定。
3. 利用統一塑模語言的循序圖實現嵌入式系統實作。
4. 嵌入式系統網路。

參考資源

1. https://pixabay.com/zh/%E7%A3%81%E6%8E%A7-%E5%BE%AE%E6%B3%A2-%E9%83%A8%E5%88%86-%E7%94%B5%E5%AD%90%E4%BA%A7%E5%93%81-%E9%AB%98%E7%94%B5%E5%8E%8B-%E6%95%A3%E7%83%AD%E5%99%A8-%E7%94%B5%E5%AD%90%E9%9B%B6%E4%BB%B6-508987/
2. http://www.changan-motor.com/tw/index.html
3. https://en.wikipedia.org/wiki/Main_Page
4. https://en.wikipedia.org/wiki/Unified_Modeling_Language
5. https://zh.wikipedia.org/wiki/TCP/IP
6. https://en.wikipedia.org/wiki/OSI_model
7. Cisco 思科教程-1 OSI 七層網路模型, https://www.youtube.com/watch?v=ZNSF1H2Gj64&list=PLw6NObKC3AYm4XyetSaYo0BhY-0Ee1KTp
8. TCP/IP 協定", https://www.youtube.com/watch?v=FY6EbeyrjOM&t=111s

CHAPTER 12

物聯網技術入門

由第 11 章我們可以了解基本的嵌入式系統概念，接著解釋什麼是物聯網(Internet of Things，IoT)以及爲什麼需要物聯網。再針對物聯網及其架構進行介紹，另外解釋物聯網可以應用在哪些方面以及介紹 Charith Perera et. al.在 2014 年所提出物聯網相關的智慧應用，最後介紹由 IBM 以及國際電信聯盟(International Telecommunication Union，ITU)所提出在物聯網發展時所會面臨到的七項挑戰。

本章主要的單元簡介以及學習目標如下：

- **單元簡介**
  - 物聯網基本介紹
  - 物聯網技術架構
  - 物聯網應用
  - 物聯網發展所面臨的挑戰

- **單元學習目標**
  - 了解物聯網的特色及架構
  - 了解物聯網的應用
  - 了解物聯網所面臨的挑戰

12.1 物聯網基本介紹

物聯網(Internet of Things)一詞可溯源自 1985 Peter Lewis 在美國 FCC(Federal Communications Commission)所支持的無線應用會議演講中提出「物聯網是人員，流程和連接設備和傳感器技術的整合，使這些設備的可以被遠程監控、操作和趨勢評估」。1995 年比爾蓋茲的《未來之路》一書中，描述物聯網智慧化居家生活的想像。1998 年麻省理工學院 Auto-ID 中心主任 Kevin Ashton 提出了物聯網的定義。2005 年，國際電信聯盟(International Telecommunication Union，ITU)發布了「ITU 網際網路報告 2005：物聯網」，其中宣告「物聯網」時代的來臨。2008 年 IBM 提出「智慧地球」概念，主要的內容是，把新一代 IT 技術充分運用在各種行業、各種事物之中；即把感測器安裝到公路、電力網、建築、供水系統、油氣管道等各種設施中，並且連接起來形成所謂「物聯網」。在此基礎上，人類可以用更精準、更有效率的方式管理生活，從而達到智慧狀態。

2009 年美國總統歐巴馬將物聯網提升爲美國國家發展戰略。歐盟也在 2009 年 6 月宣布「物聯網行動計畫」，開始在醫療、航空、能源與汽車等領域建置物聯網。2010 年 IBM 更提出以交通、城市、政府、電網、教育等五大應用領域持續發展。Gartner 分析師 Steve Prentice 在 2012 年十月提出物聯網(Internet of Things)會演化爲萬物聯網(Internet of Everything)，爲物聯網提供了一個很好的方向。很快的 Cisco 也跟進，針對 Internet of Everything 提出了以物件(things, physical devices)、數據(data)、用戶(people)以及資訊處理(process) 均被連接在一起的概念，也就是所有東西全部連上網路。

面對物聯網龐大的商機，全球科技巨頭都已開始大手筆投資在物聯網上，如 Google 在 2014 年以 32 億美元收購恆溫器與煙霧警報器製造商 Nest Labs，又於

2015 年 Google I/O 開發者大會中發布物聯網平台 Brillo 與物聯網通訊協定 Weave。蘋果於 2015 年 9 月正式發布智能家居應用 HomeKit 平台，涵蓋了藍牙(BLE)配對、安全及通訊等方面，也對基於 Wi-Fi 連接的 HomeKit 周邊設備作出相應規定。三星在 2015 年 12 月的物聯網開發者大會上，正式推出連接物聯網設備的晶元 Artik，可使用 Artik 來開發並實現可穿戴產品到智能洗衣機乃至無人機。英特爾於 2015 年 11 月發布結合軟硬體的 IoT 平台參考架構，將整合更多的硬體和軟體產品，建立一個通吃物聯網設備、網路和雲端的物聯網生態系。2018 年 Google 提出了 Android Things 作業系統，只要會寫 Android App 就能開發物聯網系統。

台積電張忠謀董事長在 2014 年預告，「物聯網」將會是「Next big thing(下一件大事)」。聯發科蔡明介董事長也預言，「我們將會進入一個智慧裝置無所不在的世界」，由此可見物聯網的大商機已經來臨。由於半導體若要再進一步成長，就必須有一個產業來支撐半導體，這個產業就是物聯網。因爲要發展物聯網，所有終端設備、物聯網智慧閘道器等都需要用到晶片。工研院產經中心指出，2015 年是「Smart Ready，IoT Go！」的一年，也是物聯網創新應用元年。工研院估計，目前包括 IoT (Internet of Things)與 IoE(Internet of Everything)的「物件聯網」，滲透率僅不到 2%；相對於手機用戶的滲透率高達 96%發展潛力無窮。Gartner 物聯網預測報告中，2016 年全球將會使用 64 億個物聯網(IoT)裝置，至 2020 年將成長至 208 億個，成長近 3 倍！此外，大陸的十三五計畫商機，也讓物聯網充滿各種想像及可能。物聯網技術也成爲 21 世紀不可不學的課程。

12.1.1 何謂物聯網？

如第 11 章所述，若是將無所不在的嵌入式系統設備，利用物聯網的標準進行連網的話，就是一種物聯網的應用，更精確的講應該是「物聯網+」的應用。例如，「物聯網+家庭」就是物聯網的智慧家庭的應用；「物聯網+城市」就是物聯網的智慧城市的應用；「物聯網+旅館」就是物聯網的智慧旅館的應用。其他像智慧醫療、車聯網、智慧交通、智慧零售、工業 4.0、智慧農業等都是「物聯網+」的應用。

嵌入式系統是將應用系統嵌入到硬體中(如冷氣機)，是種獨立的操作模式，亦即控制冷氣機時就只能操控冷氣機。而所謂的物聯網技術就是將具有連網的嵌入式系統，結合物聯網的標準所發展出來的應用。連上網路的嵌入式系統和物聯網最大的差別就是有沒有遵循物聯網的標準。最簡單的物聯網應用就是利用手機透過物聯網技術，CoAP 或是 MQTT(將分別在第 13 與 14 章介紹)，控制家裡所有連網設備。

物聯網依硬體的架構(如圖 12-1)分為最底層的「物聯網終端設備」(IoT end devices 或是「智慧物件」(smart objects)、中間層的「物聯網智慧閘道器」(smart gateways)和最上層的「雲端系統」(cloud systems)。智慧物件與智慧閘道器可以用有線(如 Ethernet、RS485、power line)或無線(NFC、ZigBee、Bluetooth、Wi-Fi、LoRa、2G/3G/4G/5G)的方式連結，有些特殊的智慧物件也有可能不經由閘道器直接連到雲端系統；智慧閘道器與雲端系統通常是透過 ADSL(非對稱數碼用戶線路)、VDSL(超高速數位用戶線路)、光纖、Ethernet、Wi-Fi、LoRa、3G/4G/5G、人造衛星等的方式連結。

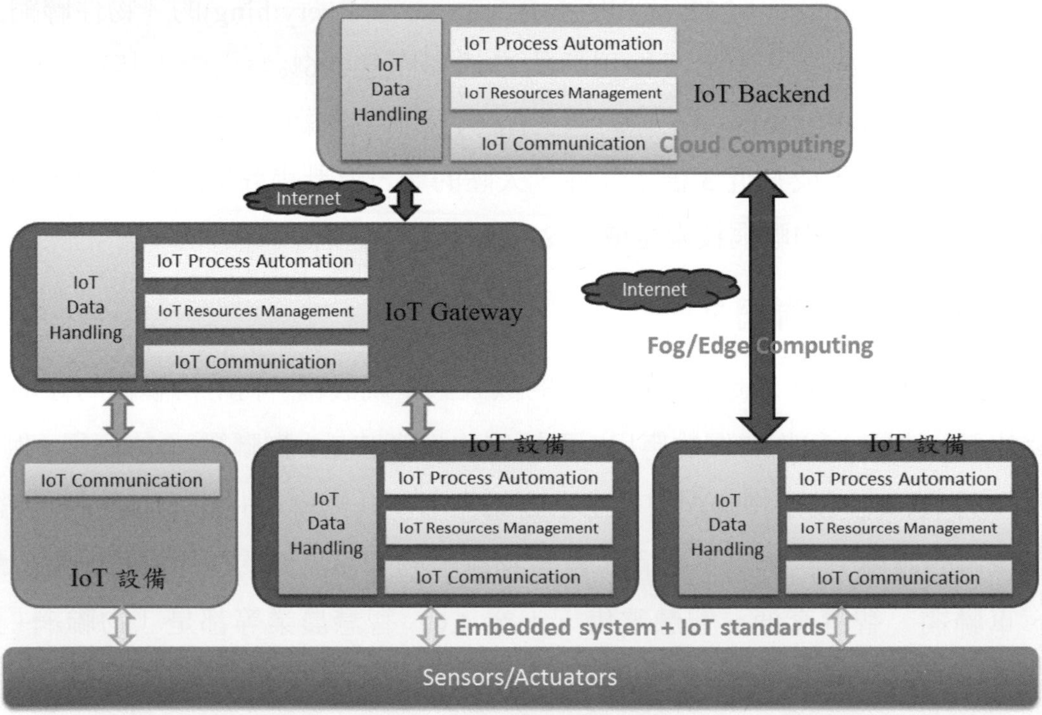

圖 12-1　物聯網系統架構

物聯網硬體架構最底層的智慧物件又可分為「簡易的物聯網終端設備」與「智慧的物聯網終端設備」。其中，簡易的物聯網終端設備只負責傳送感測器資料與接受簡易命令來控制啓動器；而智慧的物聯網終端設備能夠先分析與處理感測器資料，並及時控制啓動器。智慧物件可包含下列主要元件，如圖 12-2：

- 唯一識別碼(identification)：智慧物件可通過網際網路 IP 地址、MAC 地址、Chip ID 或其他方式，如 EPC (electronic product code)產品電子碼來唯一識別智慧物件。
- 感測器與啓動器(sensors and actuators)：感測器感知周遭環境資料並傳送給使用者或雲端系統；而啓動器啓動設備或嵌入式系統也就是說啓動服務
- 通訊設備(communication devices)：智慧物件的通訊方式可能有：
  - NFC (Near field Communication)通訊設備來傳送 RFID (Radio Frequency Identification)資訊或是 Bluetooth 通訊設備來傳送 BLE (Bluetooth low energy)標籤(tag)資訊。
  - ZigBee、Bluetooth、Wi-Fi、2G/3G/4G、LoRa、Sigfox、NB-IoT(5G)、CAT-M1(5G)通訊設備來傳送資料或者是接受命令。
- 微處理器(Microprocessor or microcontroller)：智慧物件用的是微處理器，是物聯網的大腦，通常具有低成本、低耗電量的特性。主要的功能是分析感測器資料、控制通訊設備來傳送與接收資料，啓動終端設備服務。例如本書所用的 32-bit 單核 NodeMCU (ESP 8266)或是為物聯網設計的 32-bit 雙核 NodeMCU-32S (ESP 32)。這兩款物聯網晶片，除了提供 4M~16MB 的 Flash 來儲存即時作業系統與應用程式之外，也提供了網路資料傳送加密解密功能，這是 8-bit Arduino 系列所無法達到的功能。物聯網系統需要較高的安全等級，Arduino 系列開發板由於無法有效的提供了物聯網系統所需要的加密解密功能，嚴格來講， Arduino 開發板或許可以實作嵌入式系統應用，但卻不適合用來開發物聯網系統。
- 服務(services)：物聯網服務是由物聯網軟體實現的，智慧物件提供的服務大致可分為：

- ■ 資訊收集服務(information collection service)：顧名思義此服務是以資料收集爲主要目的，例如溫度、濕度、雨量、電量等資訊收集或是智慧穿戴式裝置心跳、血氧、血糖等資訊的收集。
- ■ 協作感知服務(collaborative-aware service)：此服務是以智慧物件之間協同合作爲主要目的，例如在智慧家庭應用上，當智慧管家偵測主人晚上躺在床上睡覺時，便可以自動關閉客廳沒有在使用的電器以節省電力，並啓動最高安全家庭防衛機制。此外，智慧大樓、工廠自動化也是屬於協作感知服務的範疇。
- ■ 無所不在的服務(ubiquitous service)：基本上，物聯網的最終目的爲提供無所不在的服務，例如智慧城市應用裡，智慧交通隨時提供最新的交通資訊，讓我們能夠避開出事或者擁擠的路段。

● 資源資料模型(resource data model)：實體世界(physical world)上的感測器與啓動器必須要能夠與虛擬電腦世界(cyber world)結合，因此統一的感測器與啓動器資源描述是十分重要的。有了統一的虛擬電腦世界的資料模型(data model)加以描述，實體世界上的智慧物件與智慧物件之間才能夠智慧互聯。

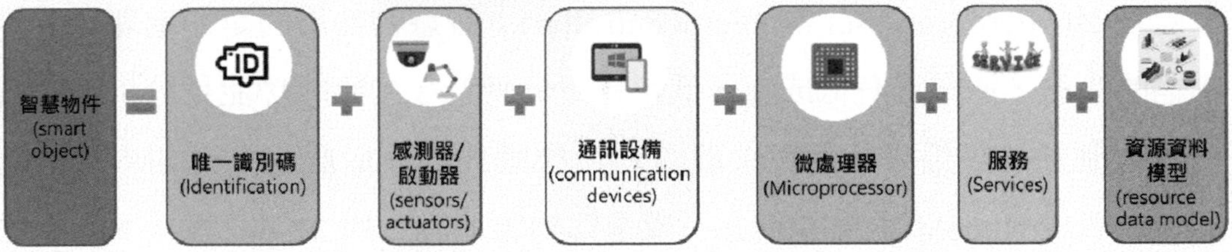

圖 12-2　智慧物件的主要元件

物聯網硬體架構中間層的物聯網智慧閘道器，扮演著類似路由器的資訊聯繫或智慧物聯的中介角色。在資訊聯繫上，當智慧物件的數據資料傳輸到閘道器時，閘道器會傳送通知給遠端使用者或是雲端系統；當使用者或是雲端系統想要控制智慧物件時，閘道器會傳送服務命令啓動智慧物件服務。在智慧物聯功能上，智慧閘道器可以讓智慧物件與其他的智慧物件智慧互聯，也可內建一個專家系統(expert system)，依照個人、家庭、公司等不同角色的需求，設定專家系統的規則，可以「智動化」(智慧化+自動化)的操控各個設備，並且依照客戶的喜好以及需求客製化規則，提供各式各樣智慧化的服務。透過物聯網閘道器，傳送到雲端的資料可以匿名，如此可以確保使用者的隱私權。

建立物聯網的其中一個目的自然是分析大數據(big data)，洞察問題，並找出優化現況的解決方案，而雲端系統提供了運算資源、儲存資源與網路資源，來達到此目的。因此藉由廣布 Sensor 收集 data 產生大數據，再將數據集結成有用的資訊(Information)進而產生知識(Knowledge)，再透過給予某些規則，讓知識變成有效益的智慧(Wisdom)。

由裝置與伺服器的角度來看的話，之前大多是 Server-to-Server(S2S)的架構，用來提供網路服務或是商業的 APP，現在也有裝置之間可以互相溝通技術也就是 Device-to-Device。然而裝置之間也會需要用到一些網路服務，因此之間多了一層控制層 Device-to-Server(D2S)，如圖 12-3。主要目的就是將裝置上的資料上傳到雲端(也就是 Server)，雲端再進行大數據的收集、分析，接著再執行智慧的行爲。舉例來說，有一台監視器可以知道是使用者 A 現在坐在沙發上，並觀看著電視，監視器和電視會上傳它們的資料到雲端上。經過一段時間的統計分析後，雲端可能判斷出使用者 A 在某個時段都是觀看電視的某一台，因此當使用者 A 在那個時段打開電視時，會詢問使用者 A 是否要觀看那一台電視頻道，這樣就是一種智慧行爲的判斷。

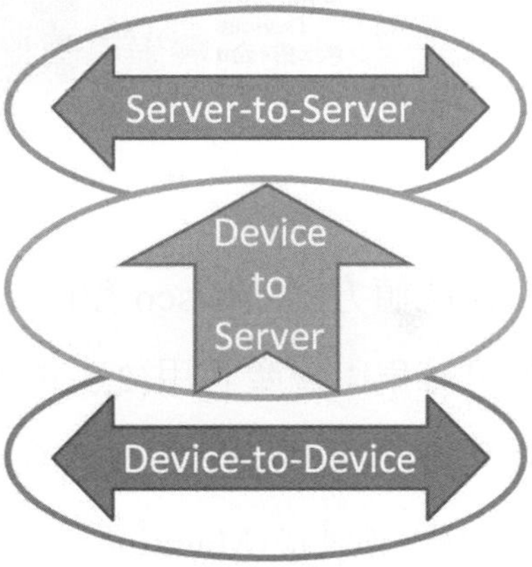

圖 12-3 Device to Server

12.1.2 物聯網產值

許多公司對於物聯網產值做出預測，其差異其實非常大，這裡提出 Cisco、Gartner 與 IDC 對於 2020 年物聯網產值的預測，以下資料僅供參考。

Cisco 2011 年出版「The Internet of Things-How the Next Evolution of Internet Is Changing Everything」，作者 Dave Evans 整理出的圖 12-4 中，指出 2007 年時，連結的設備超過人類的總數。2010 年時全世界人口總數爲 68 億人，而世界上的「連網裝置」共有 125 億個，平均每人可以使用 1.84 台連接上網的設備所提供的服務，在 2020 年將擁有 500 億個連網裝置，屆時每人平均將可享受 6.58 個連網裝置的服務。

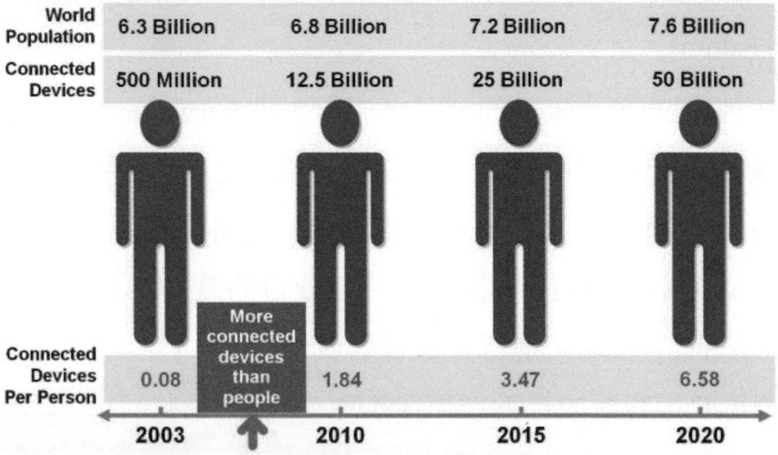

圖 12-4　Cisco IoT Market2(圖片來源：Cisco)

在產值方面，Cisco 預測 2020 年物聯網創造的市場價值可高達 14.4 兆美元，具體可分爲：資產利用(2.5 兆美元)、員工生產力(2.5 兆美元)、供應鏈及物流($2.7 兆美元)、客戶體驗($3.7 兆美元)以及創新($3.0 兆美元)。如果以連線型態來分，則可分爲物對物(Machine-to-Machine，M2M)產値、物對人(Machine-to-Person，M2P)產値以及人對人(Person-to-Person，P2P)產値；在單純物件和物件之間的溝通，也就是 M2M 方面預測達到 6.3 兆美元，M2P 也就是物件經由手機通知人的部分預測達到 3.5 兆美元，而 P2P 也就是訊息由人通知人的部分預測達到 4.5 兆美元，詳細如圖 12-5。

Connection Type	IoE Value (2013-2022)
Machine-to-Machine (M2M) • Data sent/received from one machine (thing) to another • Often called the IoT	$6.3 trillion
Machine-to-People (M2P) • Data sent/received from a machine (thing) to a person • Often called data and analytics	$3.5 trillion
People-to-People (P2P) • Data sent/received from one person to another • Often called collaboration	$4.5 trillion

圖 12-5　Cisco IoE Value(圖片來源：Cisco)

Gartner 調查中心預估全球至 2020 年時將會有超過 260 億個包含冰箱、電視、照明設備等聯網裝置，且物聯網所帶來的經濟附加總值將達 1.9 兆美元(如圖 12-6)。其中率先導入的垂直市場爲製造業 15%、醫療照護 15%與保險業 11%。

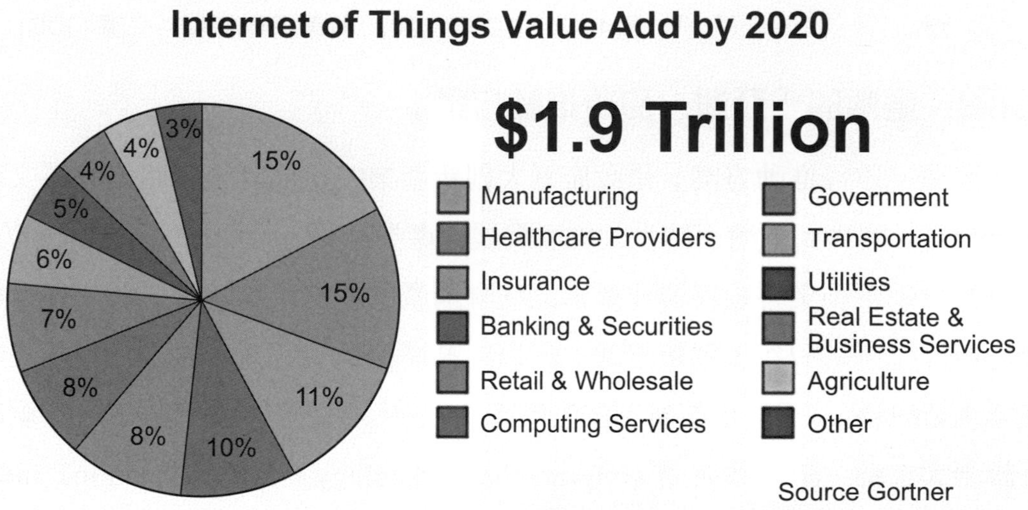

圖 12-6　Gartner 預估 2020 年物聯網產值(圖片來源：Gartner)

IDC(International Data Corporation)則預估到了 2020 年物聯網設備將達到 281 億台(如圖 12-7)，屆時全球市場價值將可達 7 兆美元。市場調查機構 Forrester Research 預測，2020 年之前，全球物聯網產值將達到如今網際網路產值的 30 倍。

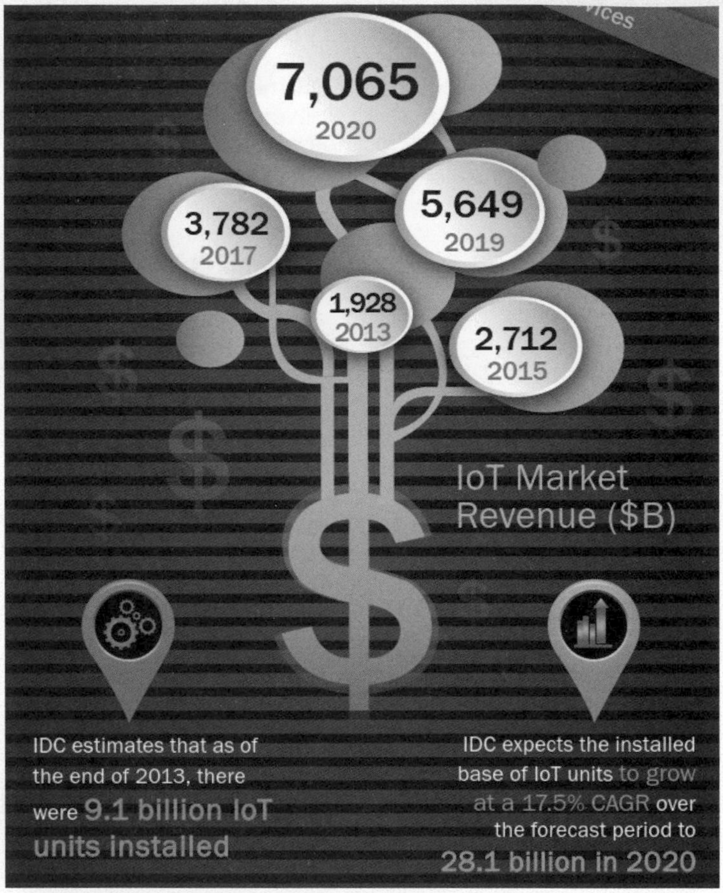

圖 12-7　IDC 預估 2020 物聯網產值(圖片來源：IDC)

12.1.3　臺灣的「亞洲・矽谷推動方案」

「亞洲・矽谷推動方案」是政府五大創新產業的重要計畫，也是蔡英文總統的重要政見，關係到臺灣下個世代經濟發展的產業結構。「亞洲・矽谷推動方案」的願景是以創新創業啓動經濟成長，以物聯網產業促進產業轉型升級，而目標是「鏈結亞洲、連結矽谷、創新臺灣」。以物聯網創新生態系主軸在於推動「物聯網產業創新研發」+「強化創新創業生態系」，分爲創新創業經濟成長、物聯網產業升級兩大主軸，讓臺灣從 IT (Information Technology，資訊科技)到 IoT(Internet of Things，物聯網)的全面轉型升級計畫。

「亞洲．矽谷推動方案」整體架構爲一個生態系、兩大主軸、三大連結、四大策略，以「推動物聯網產業創新研發」與「強化創新創業生態系」兩大主軸，來建構一個以「研發爲本」的物聯網創新創業生態系。

如圖 12-8 爲一個物聯網創新生態系示意圖，由大學院校、大企業、研究機構以及新創、中小企業等研究單位及企業體系，組成一種研發群聚的概念，進而建構出一個以研究發展爲本的創新創業生態系。

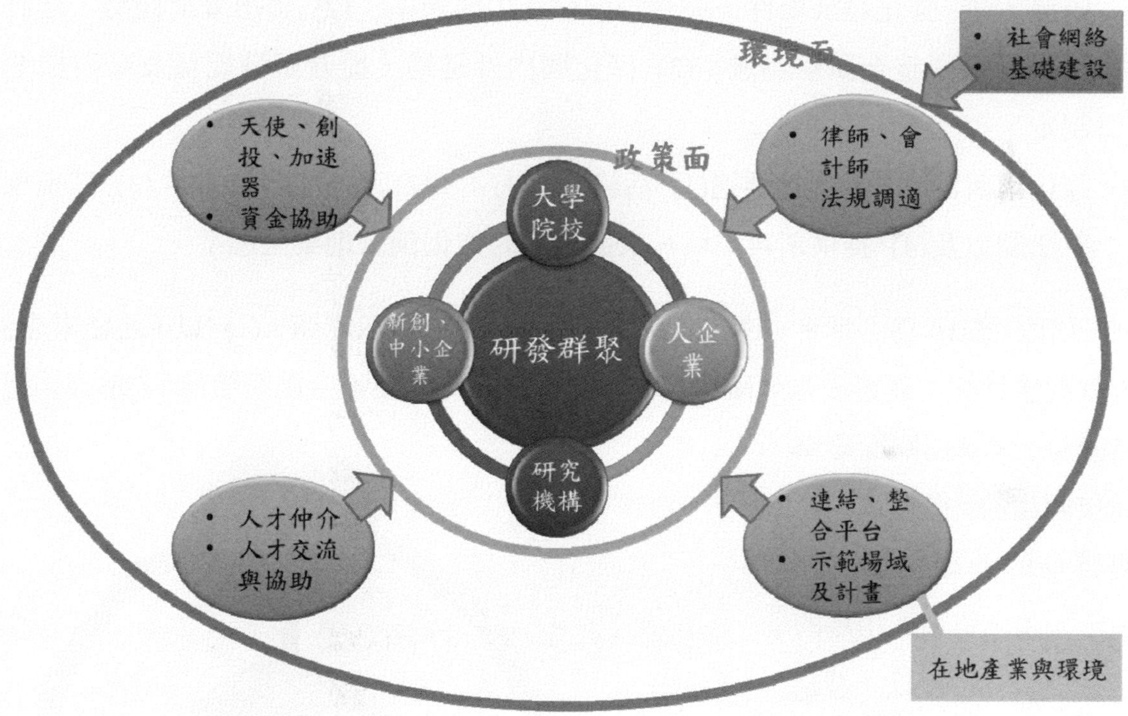

圖 12-8　「亞洲．矽谷推動方案」物聯網創新創業生態系

如圖 12-9 爲「亞洲．矽谷推動方案」的兩大主軸示意圖：

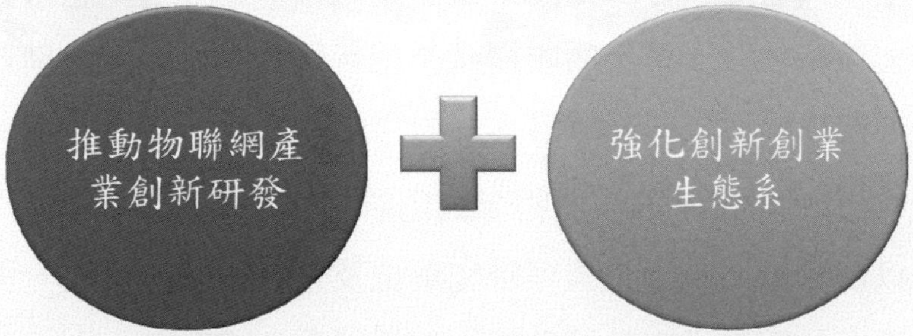

圖 12-9　「亞洲．矽谷推動方案」兩大主軸

1. 推動物聯網產業創新研發：主要提出藉由以下三點達到推動物聯網產業創新研發，(1) 強化發展條件，完善物聯網新生態體系；(2) 善用臺灣優勢，建置物聯網軟硬整合試驗場域；(3) 深化國內外鏈結，提升研發能量及參與標準制定。
2. 強化創新創業生態系：透過(1) 活絡創新人才；(2) 完善資金協助；(3) 完備創新法制以及(4) 提供創新場域，來進一步的強化創新創業生態系。

如圖 12-10 爲「亞洲．矽谷推動方案」的三大連結示意圖，(1) 以「連結未來」做軟硬體進化：從過去強調硬體實力，進化轉型爲軟硬整合創新價值；(2) 以「連結國際」來掌握國際標準與技術趨勢：從過去生產與貿易的連結，擴增技術、人才、資金、市場的緊密結合；(3) 以「連結在地」來整合業者的互補性發揮整體產業能量：由過去中央主導政策，轉爲中央與地方合作，促進跨領域創新與跨區域整合。

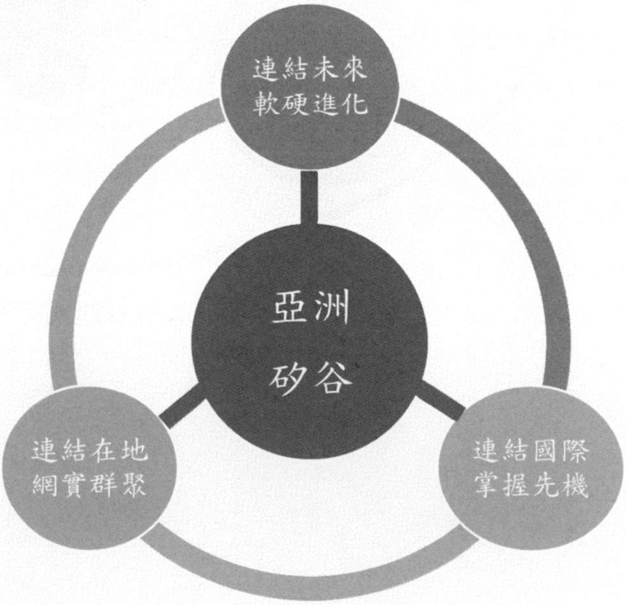

圖 12-10　「亞洲．矽谷推動方案」三大連結

如圖 12-11 為「亞洲．矽谷推動方案」的四大策略示意圖，第一策略是體現矽谷精神、強化鏈結亞洲、健全創新創業生態系；第二策略是連結矽谷等國際研發能量建立創新研發基地；第三策略是軟硬互補，藉由提升軟實力建構物聯網完整供應鏈；第四策略則是網實群聚，提供創新創業與智慧化多元示範場域。

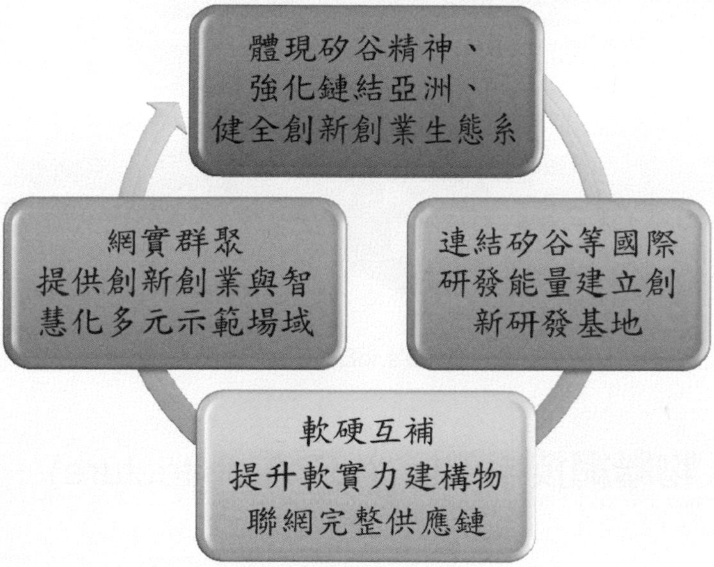

圖 12-11　「亞洲．矽谷推動方案」四大策略

12.1.4　物聯網(Internet of Things)與萬物聯網(Internet of Everything)

物聯網目前並沒有一個很精確、嚴謹的定義，是一種模糊的概念。物聯網目前有幾種說法，IoT(Internet of Things)是最普遍的說法，也是 IBM、Oracle、Intel 等公司所強調的物件和物件之間的溝通。IBM 提出智慧地球的主要概念，把新一代 IT 技術充分運用在各種行業、各種事物之中，連接起來形成所謂「物聯網」，再使用超級電腦和雲端將「物聯網」整合起來，實現人類社會與物理系統的結合。

而 IoE(Internet of Everything)則是 Cisco 所強調的觀念，不只物件之間進行溝通，而是連人和物件之間也可以進行溝通。四個構成 IoE 的重要元素：物件、數據、用戶以及資訊處理，如圖 12-12。藉由感測器所收集的原始資料(Data)經由處理(Process)後，再傳送給對的人(People)或物(Things)的啓動器，資料經由大數據的分析，可用來做決策。

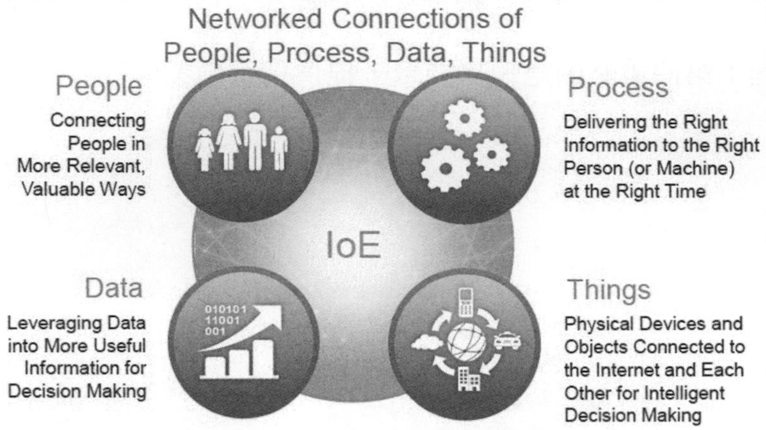

圖 12-12　Cisco's IoE (圖片來源：Cisco)

12.2 物聯網技術架構 (IoT Architecture)

物聯網技術架構依照實際用途來看，在概念上可分成 3 層架構，如圖 12-13 左圖所示。由底層至上層分別爲感知層、網路層與應用層。感知層用來識別、感測與控制物體的各種狀態，透過感測網路將資訊蒐集並傳遞至網路層；網路層則是爲了將感測資訊傳遞至應用層

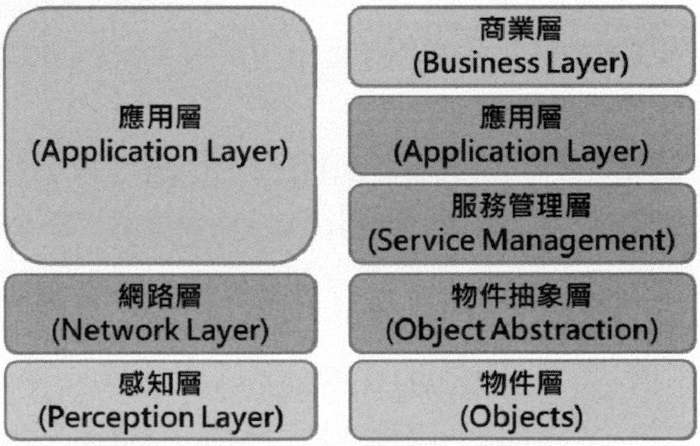

圖 12-13　物聯網技術架構

的應用系統；應用層則是結合各種資料分析技術，以及子系統重新整合，來滿足企業不同的業務需求。這樣 3 層架構可以用來定義無線感測網路(Wireless Sensor Networks)，目前很多的聯網嵌入式系統也是以這樣的架構加以建置，但對物聯網的定義來說則有一點過於簡單與含糊。

比較精準的物聯網架構可分成 5 層架構，如圖 12-13 右圖所示。由底層至上層分別爲物件層、物件抽象層、服務管理層、應用層與商業層。

物件層用來感測與控制實體物件的各種狀態，等同於物聯網三層架構的感知層。物件抽象層將智慧物件所產生的資料，透過安全的機制傳送到服務管理層，資料也可以經由物件抽象層處理完之後，直接向雲端傳送；資料可以透過各種不同的有線或無線傳輸媒介來傳送，如 Power line、Ethernet、RS-485、ZigBee、Bluetooth、Wi-Fi、2G/3G/4G/5G、LoRa (Long Range)、NB-IoT 網路，等同於物聯網三層架構的網路層。

服務管理層將智慧物件的服務功能抽象化，任何物聯網的程式設計師，可以存取與處理抽象化的物聯網裝置的資源。也就是說智慧物件的服務是在網路上的一個資源(例如 URI)，因此程式設計師可以不管此智慧物件的服務是透過哪一種物聯網硬體平台實現，或是哪一種網路來提供傳送資料，都可以控制這些智慧物件。服務管理層也負責處理接收到的資料做決策，並且把要求的服務，透過物聯網的協定傳送給使用者。

應用層負責提供服務給提出請求的使用者，例如提供溫度或是濕度的資料，滿足使用者的需求。應用層實現了物聯網垂直市場(vertical market)的應用，例如智慧家庭、智慧建築、智慧交通、智慧製造，工廠自動化與智慧醫療等應用。

商業層負責管理物聯網系統整體的服務和活動，提供商業模式的建置，針對各種應用層所產生的資料，支援大數據的分析。例如智慧交通的資料可以供智慧物流或車聯網使用。應用層與商業層之間的運作方式，如圖 12-14。

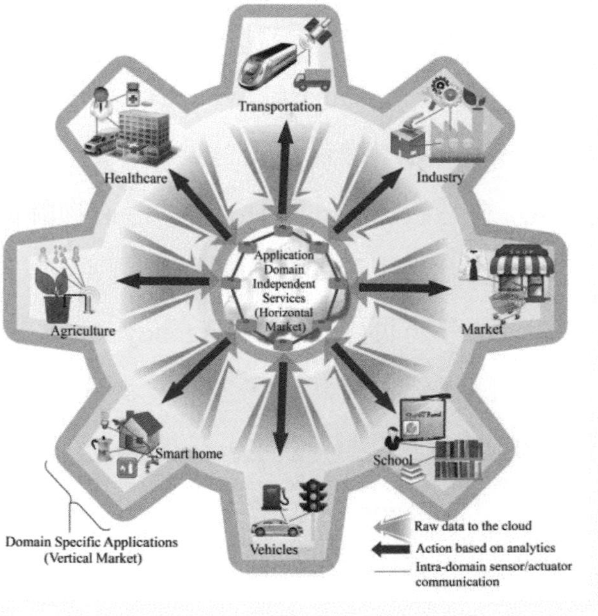

圖 12-14　應用層與商業層
(圖片來源：Internet of Things: A Survey on Enabling Technologies, Protocols, and Applications)

12.3 物聯網應用

物聯網可以應用在很多方面，例如：

1. 工業 4.0(Industrial Automation)：從機台設計、物聯網大數據收集到智慧分析、雲端知識萃取。
2. 智慧醫療(Smart Health)：藉由空氣品質偵測或是利用感測器對人體的血壓、血糖等進行監測，做出相對應的判斷，達到智慧醫療的應用。
3. 智慧運輸和物流(Smart Transport and Logistics)：原本就是 IoT 的概念，更進一步的應用可以參考 12.3.2 節的物流網解釋。
4. 智慧家庭(Smart Home)：怎麼讓居家環境變得智慧、舒適及安全。
5. 智慧城市(Smart City)：利用將感測器及啓動器裝設在城市中的公共設施上，讓其透過網路相互連結後進行運用，形成智慧城市。
6. 智慧零售(Intelligent Retail)：根據收集不同性別和年齡消費者的消費行爲，進行大數據分析，制定出不同的銷售策略，找到正確商機。
7. 智慧消費(Smart Payment)：利用電子支付方式讓消費者不需再帶著沉甸甸的零錢就可以進行消費行爲。
8. 智慧飯店(Smart Hotel)：透過物聯網技術，讓消費者可以利用手持裝置就可以控制飯店房間內的電器產品。
9. 智慧防災(Smart Emergency Alert System)：利用物聯網技術，透過感測器的資訊得知火災狀況，並進一步分析出最佳的逃生路徑。
10. 無人商店：沒有店員的自助購物體驗。例如亞馬遜(Amazon)的無人商店「Amazon Go」、7-ELEVEN 即將推出無人商店「X-STORE」、阿里巴巴首家無人零售店「淘咖啡」。

12.3.1 感應即服務(Sensing as a Service Model)物聯網應用

Charith Pereraet. al.[7] 在 2014 年提出物聯網相關的智慧應用，首先以智慧冰箱爲例，如圖 12-15，以前智慧家庭只侷限在人和家之間，但可以再加入廠商的觀點。

首先可以在冰箱的門上內建一個 Door Sensor，再利用霍爾效應偵測門是否有打開，此外冰箱內的所有物品都內建一個 RFID tag，當物品放入冰箱時，就可以利用 RFID Reader 得知冰箱內有的物品有哪些，取出時再利用 RFID Reader 就可以得知取出那種物品。當冰箱連線到網路上，就將冰箱有哪些物品透過感應器上傳到雲端上，此時雲端是 Service Provider 的角色。因此當想要知道冰箱內有哪些物品的人必須先取得冰箱擁有者的同意就可以向雲端訂閱冰箱物品的相關資訊，例如冰淇淋工廠就可以付費訂閱得知每戶家庭所需要的冰淇淋量，因此冰淇淋工廠就可以訂購適當的原物料，而不需要浪費原料。匿名的用戶也因為提供了有用的資訊，可以獲得現金或者是折價券。這樣就是一種感應即服務(Sensing as Service Model)。

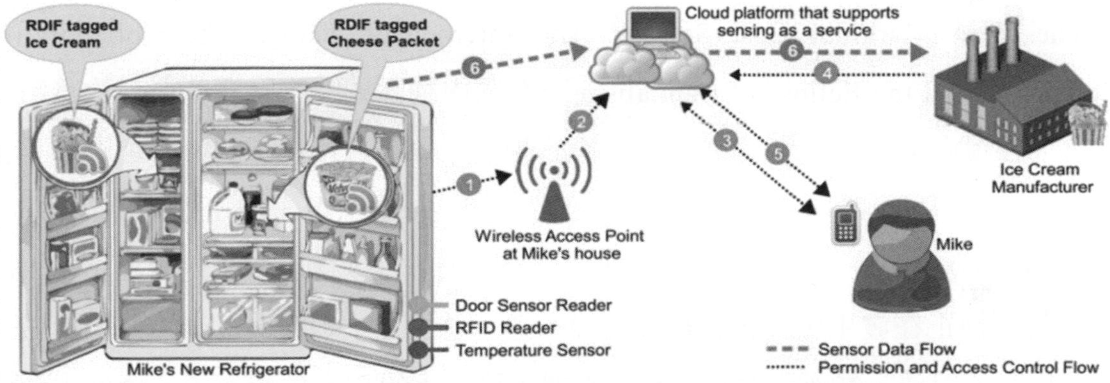

圖 12-15 IoT Application：Smart Home Scenario[7]

(Source: "Sensing as a Service Model for Smart Cities Supported by Internet of Things")

該作者也提出如何在智慧城市中有效的管理垃圾，主要概念和上個例子相同，如圖 12-16。例如市政府(City Council)可以使用垃圾桶的感應器所提供的資料，去規劃出最省成本的回收車行徑路線，此外管理流程中是否會對健康和安全產生疑慮則有另一單位 Health and Safety Authorities 在控管。回收公司需要判斷哪些東西可以再回收利用，剩下的則是送到焚化爐。因此回收公司需要可以經由感應器所提供的資料去預測並監控自己是否有足夠空間可以存放垃圾。

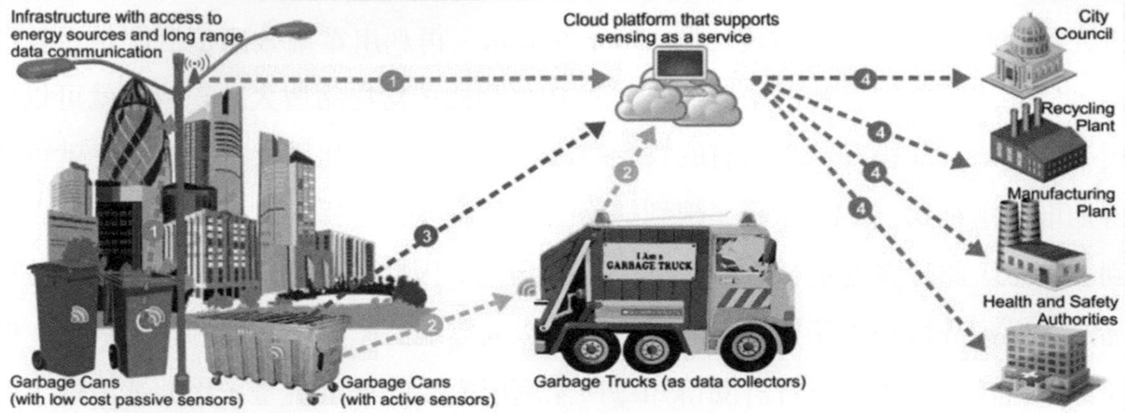

圖 12-16　IoT Application：Efficient Waste Management in Smart Cities

12.3.2　物聯網、通訊網路、物流網以及智慧電網

享譽全球的未來學大師兼著名經濟學家傑瑞米里夫金(Jeremy Rifkin)[12] 在 "The Zero Marginal Cost Society: The Internet of Things, the Collaborative Commons, and the Eclipse of Capitalism" (在國內翻譯成『物聯網革命：改寫市場經濟，顛覆產業運行，你我的生活即將面臨巨變』)一書指出『新興的物聯網正在加快我們的社會轉向幾乎零成本的商品和服務的時代，加上全球協作共享(Collaborative Commons)的迅速崛起，終將終結資本主義。』這不是科幻情節，因爲這些事物正在發生中。物聯網興起後，透過感測器去收集資訊(大數據)，透過機器學習演算法、類神經網路分析大數據，可以大幅提高生產效率，降低生產成本，加上共享廣泛的產品和服務，進而促使整個經濟體系生產與運送各種商品及服務的邊際成本降到趨近於零。未來的製造業、能源業、教育業及更多產業的商品與服務，也都將近乎「免費」的。

大多數人的反應會是這怎麼可能？關鍵當然在於物聯網的強大力量。物聯網是未來三大網路發展的基礎，所謂的三大網路就是通訊網路(Communications Internet)、能源網路(Energy Internet)以及物流網路(Logistics Internet)。這三大網路在物聯網無縫的智慧基礎建設支持下，結合在一起，進而觸發了第四次工業革命。物聯網把所有事物(機器、天然資源、產品線、物流網路、消費習性、回收流程以及經濟和社會生活中的幾乎其他所有面向)和每個人全部連結在一起。

物聯網可以感測所有設備的用電狀況，即時通報企業及家庭電器用品的電力用量；通訊網路會讓使用者知道相關用量對傳輸網上的電力價格的影響；智慧物聯網系統可以依照電力的消費者的使用習慣，自動將家電用品設定爲省電模式，或是在尖峰用電時間暫時將電源關閉，以避免電價劇烈上升，或甚至導致電網的電壓不足，而這些物聯網自動省電作爲將使系統的擁有者的電費帳單上獲得電費折抵。

智慧電網也是未來重要的發展之一，每天所產的電量若是用不到就浪費了，因爲目前並無法有效儲存電力再去利用，因此透過物聯網與通訊網路可以得知哪些地區需要用電？哪些地區產生過多的電？智慧電網就可以將這些本來要浪費掉了的電力資源轉介到其他需要的地方。例如，或許未來在電力傳輸成本降低下，當臺灣是白天時，美國與歐洲是晚上，若是可以透過智慧電網的技術，就可以互相將彼此用不到的電能再利用，達到節能的效果。而要如何進行配電？就要利用物聯網智慧電表與智慧插座的概念去偵測每個家庭或是每樣物件需要多少的電量，再利用網路上傳到雲端，進而統計出每個家庭、地區、縣市甚至到整個臺灣所需要的電量。雲端會有個智慧電網，紀錄每個國家現在所產出的電力有多少是多餘的，再利智慧電網來配送電力到需要的國家或是地區。

智慧物流網是電子商務產品出貨流程中最難處理、成本較高的最後一哩路(last mile) 。現今的物流系統造成很多的問題，有很多送貨車在道路上行進會造成空氣汙染、而當送貨車隨意停放時也容易造成交通阻塞問題。透過物聯網個人或社區的智慧郵筒，當貨物到達郵筒時可主動傳訊息到消費者手機上或是智慧家庭的智慧管家，而產品運送，可透過物流貨車、自動駕駛物流貨車或是物流多旋翼直升機，到達時可主動通知個人或是管理社區管理員取貨或是退貨。此外，透過物聯網感應技術，物流貨車、自動駕駛物流貨車或是物流多旋翼直升機可安排最精簡的路徑，避免重複繞路的浪費，節省油錢，也解決污染空氣、減少交通的擁擠問題。台灣工業技術研究院也開發出智慧自動寄存系統，配合物流業者解決了大學師生物流問題。

通訊網路就是連結人與人的電信網路與目前最夯的互聯網應用，物聯網加上互聯網應用在電子商務上就是智慧零售，應用在城市、社區與家庭就是智慧城市、智慧社區與智慧家庭，應用在健康照護就是智慧醫療，重要性不在話下。

12.4 物聯網發展所面臨的挑戰

ITU(國際電信聯盟)和 IBM 提出七項物聯網發展所面臨的挑戰，包含：

1. 連網成本過高

目前物聯網的營收規模未達到市場預期，由於集中式的雲端與大型伺服器的基礎架構以及維護成本高昂，再加上中間廠商的服務費用，造成現有的物聯網解決方案費用十分高昂。

2. 網際網路的信賴度低

網路資安事件的案例頻傳，因此打造值得信賴的物聯網環境之任務十分艱鉅，同時亦所費不貲。隨著物聯網不斷的擴大並被普遍採用，其設計必須整合隱私及匿名技術，以便於讓使用者能夠掌握自己的使用權。

3. 無法因應未來

許多企業快速進入智慧型連網裝置市場，但尚未認知到在該領域生存發展非常困難。消費者每 18 到 36 個月即會汰換智慧型手機，然而物聯網基礎設施的壽命可能長達數年。此外，後續的產品軟體更新與程式修正的成本將在數十年間對企業的財務造成龐大壓力。

4. 缺乏功能價值

現今許多物聯網解決方案缺乏具意義的價值，大部分裝置僅強調連線，卻無法讓消費者獲得更好的使用經驗。目前只有少數製造商重視簡單而實用的價值，並提高設備的核心功能和用戶體驗，而且不要求訂閱服務或應用程式。

5. 不完整的商業模式

現今多數物聯網的商業模式乃依靠販售用戶數據或鎖定式廣告，實際收入機會爲數據匯集與整合業者所擁有。另外，像是烤麵包機與門鎖等產品，在過去皆不需要應用程式或服務合約綁定就可使用。因此，目前市場對於物聯網將帶來大量應用程式收入的預測過度樂觀。

6. 物聯網仍然面臨互操作性/互聯互通缺失的嚴峻挑戰

物聯網聚集了 ICT 行業內，從消費者電子設備製造商到通信服務提供商、應用程式開發商等眾多的利益攸關方，並需要他們能夠彼此緊密協作。而爲使物聯網最終能滿足各行各業的相關應用需求，ICT 行業以外的其他利益攸關方(包括汽車製造商、公用事業公司、家電製造商、公共行政部門等)就應積極參與。然而另一方面，聯合所有這些利益攸關方，將會極大程度地增加物聯網發展的複雜度(這是國際電聯和其他論壇需要應對的主要挑戰)一而這是確保互操作性/互聯互通的關鍵，也被麥肯錫在 2015 年視爲釋放物聯網 40%~60%潛在價值的關鍵。

7. 物聯網的發展仍然受到寬頻連通性與頻寬的制約

ICT 基礎設施是物聯網所需連通性與數據處理能力的基本保障。目前，雖然衛星寬頻和移動寬頻網路使得無線雙向網路的覆蓋率接近 100%，但是，充分釋放物聯網價值潛力所需的 ICT 連通性卻是一項更爲艱巨的任務。部分物聯網應用依靠低速率、低容量的連通性運行，而其他物聯網應用的正常運行則可能需要具備高容量的寬頻網路連接。另外，對於僅需低容量連通的物聯網應用，由於是大量設備同時使用，高容量的回程網路及骨幹網路就成爲必須。此外，“一定的頻寬”是處理物聯網感測器所生成大數據的必要條件一在 IT 基礎設施有限的地區，相關需求尤爲明顯(這是因爲，數據存儲和分析功能將在雲端進行，需要進行大容量的傳輸)。

12.5 小結

本章主要介紹 IoT 的基本概念以及某些科技大廠對於物聯網的不同定義、看法，也介紹了物聯網技術架構以及 Charith Perera et. al. 在 2014 年提出物聯網相關的智慧應用，利用該作者所提出的應用方向，讓使用者對於物聯網可以有更進一步的了解。此外亦藉由 IBM 以及 ITU 所提看法了解在物聯網發展時，將面臨的挑戰有哪些。

本章重點如下：

1. 物聯網的特色及架構。
2. 物聯網的應用。
3. 物聯網的挑戰。
4. 自我學習：參考 YouTube 以及本中心網頁上關於物聯網的教學影片。

參考資源

1. http://www.cisco.com/web/IN/about/leadership/connections_that_matter.html
2. http://www.cisco.com/c/dam/en_us/about/ac79/docs/innov/IoT_IBSG_0411FINAL.pdf (Cisco IBSG, April 2011.)
3. http://www.slideshare.net/CiscoPublicSector/sylvester-ciscolivertp-april2014
4. https://smartsscience.files.wordpress.com/2015/09/iot-architecture.jpg
5. https://www.microsoft.com/zh-tw/server-cloud/internet-of-things/
6. https://www.cisco.com/c/dam/en_us/solutions/trends/iot/docs/computing-overview.pdf
7. Charith Perera et. al., "Sensing as a Service Model for Smart Cities Supported by Internet of Things", IEEE Transactions on Emerging Telecommunications Technology, 2014.
8. http://www.bnext.com.tw/article/view/id/40870

9. IBM 攜手企業共創物聯網的未來- Inside 網摘，
http://www.inside.com.tw/2015/01/22/ibm-want-to-use-lora-technology-to-help-iot
10. ITU：物聯網發展面臨的挑戰及相關建議，
http://www.libnet.sh.cn:82/gate/big5/www.istis.sh.cn/list/list.aspx?id=9902
11. Ala Al-Fuqaha, Mohsen Guizani, Mehdi Mohammadi, Mohammed Aledhari, and Moussa Ayyash, "Internet of Things: A Survey on Enabling Technologies, Protocols, and Applications," IEEE COMMUNICATION SURVEYS & TUTORIALS, VOL. 17, NO. 4, 2015, pp. 2347- 2376.
12. YouTube video，傑瑞米・里夫金：零邊際成本社會與物聯網革命(第三次工業革命、時代精神運動相關) Jeremy Rifkin：The Zero Marginal Cost Society, https://www.youtube.com/watch?v=CtZu6XspuVA

CHAPTER 13

MQTT: Message Queuing Telemetry Transport

本章節主要介紹物聯網中物與物之間進行溝通的連線標準協定 MQTT (Message Queuing Telemetry Transport) protocol，讓物聯網智慧物件之間彼此可以溝通，例如車子快到家的時候，可以告訴車庫打開車門，並且告訴咖啡機開始煮咖啡；車子出車禍的時候，車子可以向 110 報案，請求警察處理或是通知最近的醫院派遣救護車來拯救傷患。MQTT 技術亦可讓多個雲端物件與多個雲端物件溝通。此外，也利用 NodeMCU 進行實際範例的操作，讓讀者可以更加瞭解 MQTT 技術與應用。

本章主要的單元簡介以及學習目標如下：

- **單元簡介**
  - 傳授 MQTT 物聯網技術之相關知識以及其應用
  - 傳授 NodeMCU MQTT APIs 之相關知識以及其應用
  - 學習使用 NodeMCU 平台利用 Eclipse foundation 的 Broker 實作 MQTT 程式設計
  - 學習使用 MQTT 實作智慧 LED 燈應用
- **單元學習目標**
  - 了解 MQTT 物聯網技術的特色及原理
  - 培養使用 MQTT APIs 程式設計的能力
  - 培養使用移動感測器與智慧 LED 燈實作 MQTT 程式設計的能力
  - 養成撰寫程式易讀性的習慣

13.1 MQTT 基本介紹

物聯網中物與物之間要如何進行溝通呢？我們可能某個智慧物件要與某個智慧物件溝通，或是與某一群智慧物件溝通，MQTT 就是一個物與物溝通的技術。MQTT 全名是 Message Queuing Telemetry Transport，MQTT 是一種以發佈-訂閱(publish-subscribe)為基礎的"輕量級"訊息協議(message protocol)，以輕巧、開放、簡易為主軸。當程式容量有限，或是網路頻寬受限的時候，MQTT 都可以發揮優勢。MQTT 協議屬於 TCP/IP 協議的應用層，底層使用 TCP/IP 協議，也是 ISO/OSI 第 5 到第 7 層，底層使用第 4 層會議層(session layer)和第 3 層網路層(network layer)，如圖 13-1。

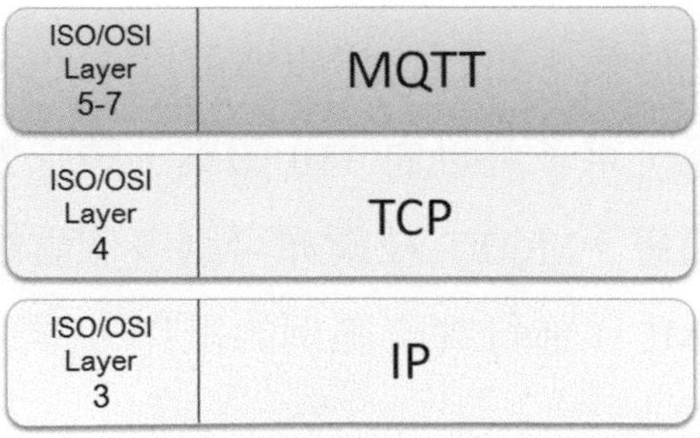

圖 13-1　MQTT Layer

MQTT 是由 IBM 和 Eurotech 在西元 1999 年所制定的標準，並且在 2008 年為了 Wireless Sensor Network 製作了 MQTT-S 版本。一開始的 MQTT 是要收費的，但在 2010 年時就改為免費版本。並在 2011 年將 MQTT 原始碼捐贈給 Eclipse foundation 的 M2M (Machine to Machine)工作團隊，因此我們可以免費使用 Eclipse foundation 所提供的客戶端(client)與仲介端(Broker)等 MQTT 程式功能。2013 以及 2014 年也陸續更新版本到 MQTT v3.1.1，目前亦成為 OASIS (Organization for the Advancement of Structured Information Standards)標準之一。

MQTT 是一種輕量級(lightweight)訊息佇列(message queue)的傳送協定，其實作的程式碼非常簡單、傳送的封包也非常精簡。而所謂的訊息佇列是當傳送的訊息很多時，會將訊息先到先送。MQTT 特別適用於以下應用：

1. M2M (Mobile to Mobile)通訊軟體：例如通訊軟體 Google/Facebook message、LINE、WeChat、WhatsApp 等應用。
2. 無線感測網路(Wireless Sensor Networks)：例如土石流無線感測系統偵測到土石流時，即可及時發出警報，提醒附近的村民注意警戒。
3. 物聯網(Internet of Things)：例如咖啡機煮好之後或是洗衣機洗好衣服的時候，便利用訊息推播到你的手機。亞馬遜物聯網雲端平台 Amazon Web Services 也是使用 MQTT 技術。

13.1.1 MQTT 應用案例

我們以兩個應用來說明 MQTT M2M(Machine to Machine)應用：

1. 智慧電表

電廠產生的電，目前沒有有效方法加以儲存，如果沒有用掉，電資源就浪費掉了。如果可以依照需量-反應(Demand-Response)的架構，需要多少電就產生多少電，這樣就可以不浪費電資源。如何讓發電廠知道要產生多少電提供給某個社區某個家庭呢？可以利用 MQTT 協定，將每家(社區)的電錶用電情形送到電廠，這樣電廠就可以預測以及及時產生足夠的電即可，避免浪費電資源。。

2. **智慧型健康監視**

居家病人的健康照護設備可以透過 MQTT 傳送身體資訊給醫院，透過醫院的專家系統判斷是否需要通知醫生進行進一步的治療。

13.1.2 MQTT 架構

假設有 n 個物件彼此要點對點互相溝通，就需要 C_2^n 個(即 $\frac{1}{2}(n^2+n)$)溝通管道，如果當物件一多所需要的溝通管道量就很可觀。此外，當物件發生事情時可能要通知多個其他物件，這樣的溝通管道量也是需要計算的，再者，追蹤物件是不是正確的收到訊息也是一件非常複雜的事情。MQTT 協定在物與物的溝通主要使用一個仲介端(Broker)的角色，仲介端是一種伺服器，具有儲存空間可以暫時儲存很多的訊息，並負責訊息正確而可靠的傳送。MQTT 的整體架構，如圖 13-2，有分為客戶端 MQTT(Client)和仲介端/仲介者/伺服器 MQTT(Broker/Server)。客戶端又可分為發佈者(publisher)和訂閱者(subscriber)，發佈者可以透過 MQTT 對話期間(Session) 傳送訊息(Message) 到仲介者的主題(Topic)；訂閱者可以訂閱仲介者的主題，透過 MQTT Session 接收訊息。MQTT 是利用 TCP/IP 方式傳送資料。每一個主題(Topic) 對應一個訊息佇列(queue)，提供一群發佈者和一群訂閱者透過訊息的傳遞的溝通管道。在物聯

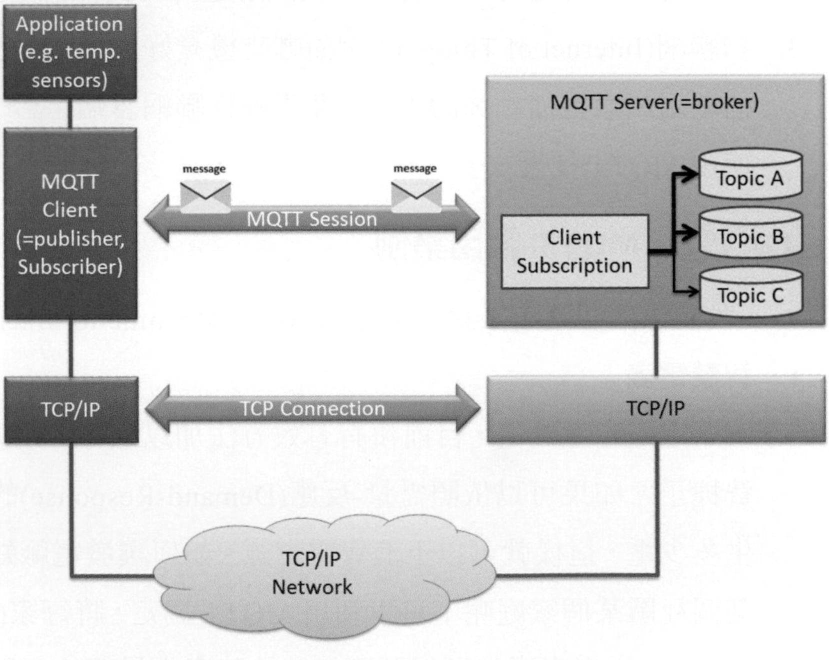

圖 13-2 MQTT 架構

網應用中，客戶端(MQTT Client) 可以只爲發佈者(publisher)和訂閱者(subscriber)，也可以既是發佈者又是訂閱者。

13.1.3 MQTT 仲介端 (broker)

MQTT 仲介者除了可以自己實作外，也有很多廠商提供免費或需要付費的MQTT 仲介端軟體，如圖 13-3。免費 MQTT 仲介端軟體有 Eclipse foundation 的Mosquitto (https://mosquitto.org/)、Apache software foundation 的 ActiveMQ (http://activemq.apache.org/)。其中 iot.eclipse.org MQTT 仲介端伺服器可全年無休免費提供使用。IBM MessageSight[7] 是一個 MQTT 硬體加速器可以容許百萬個客戶端同時連線，每秒鐘可以處理超過 10,000,000 的 MQTT 訊息。

圖 13-3　MQTT Server (Broker)

13.1.4 發佈-訂閱模式(publish-subscribe model)

MQTT 使用一種發佈-訂閱 Pub-Sub model 的模式來做物與物(M2M)之間的訊息傳遞，主要有兩種角色，一種是發佈者(publisher)，另一種是訂閱者(subscriber)。發佈者或是訂閱者會向仲介端伺服器(Broker)註冊一個或多個訊息佇列(message queue)，稱爲“主題”(Topic)。將主題註冊在仲介端伺服器上之後，發佈者就會可以將訊息(message)發佈(publish)到該主題(即訊息佇列)。另一方面，訂閱者對某個主題的訊息有興趣，就可以向仲介端伺服器訂閱(subscribe)該主題中。因此只要該主題上有訊息，仲介端伺服器就會將訊息傳送給每一位訂閱者，如圖 13-4。每一位 MQTT 客戶端也可以發佈訊息到多個主題，也可以訂閱多個主題。一個物聯網設備可以同時具有發佈者和訂閱者兩種身分。

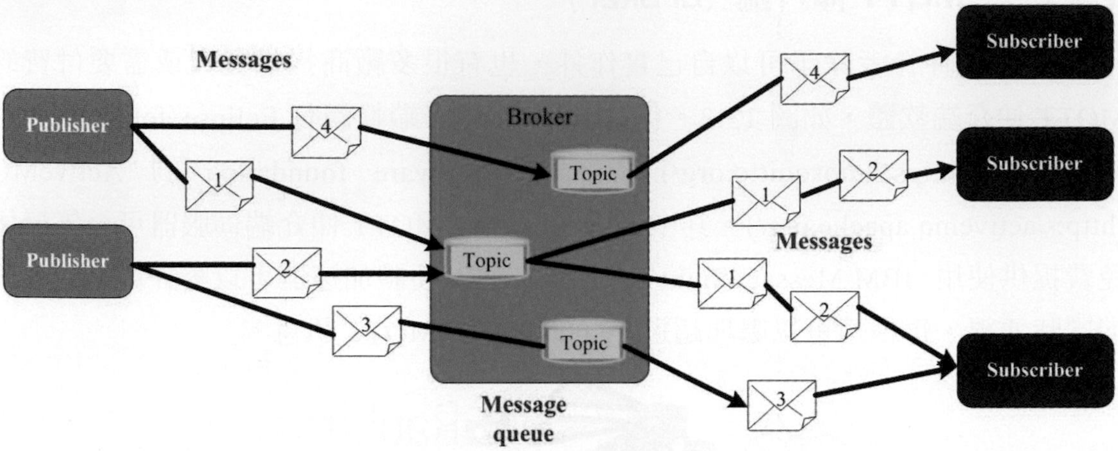

圖 13-4　MQTT 發佈-訂閱模式

MQTT 訊息傳送的模式是屬於非同步(Asynchronous)的通訊方式，意思是說發佈者發佈訊息到仲介端的主題後，就儲存在主題的訊息佇列中，等到訂閱者有登入時，仲介端再將訊息送給它。

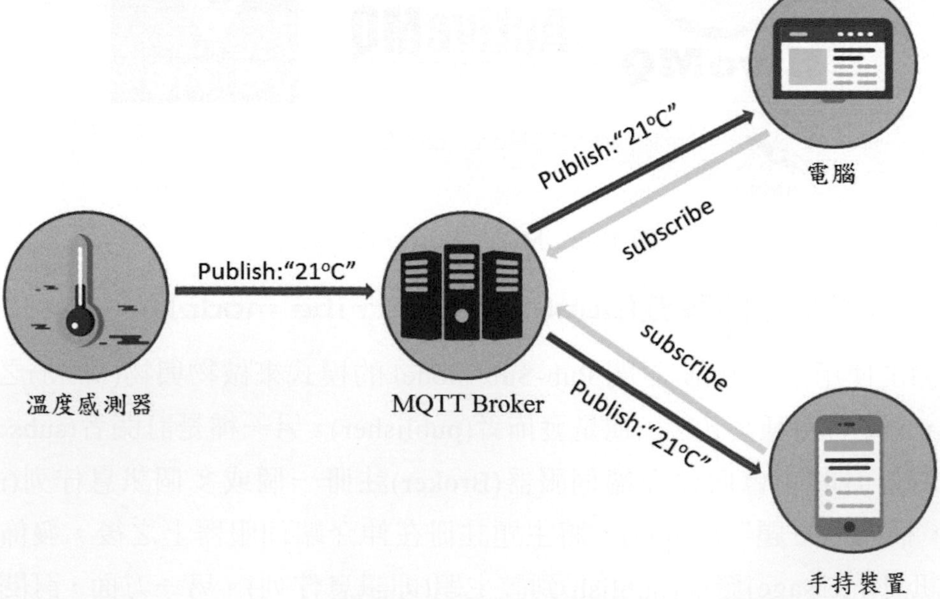

圖 13-5　MQTT 流程範例

以圖 13-5 爲例，假設現在有一個具有溫度感測器的茶壺，它是發佈者的角色，它向仲介端註冊一個“溫度”的主題，溫度感測器就會將它現在的溫度傳送到“溫度”主題中。而對茶壺溫度有興趣的物件(即訂閱者)，就可以向仲介端訂閱“溫度”主題。假設電腦和手持裝置兩者都是訂閱者的角色，皆向仲介端訂閱了“溫度”主題，當仲介端收到茶壺“溫度”訊息時，便會傳送給電腦訂閱者和手持裝置訂閱者。在物聯網應用上，這些訊息就等同於事件(event)，當訂閱者收到訊息可能表示某個事件發生了，例如水滾了，接著訂閱者就針對該事件去作出相對應的反應。

13.1.5 MQTT 主題(topic)命名

MQTT 主題是一種階層式的訊息佇列，可以利用類似檔案路徑來命名，舉例來說，當發佈者想要表達住家一樓客廳的溫度感測器，其主題可以設定成『我家／一樓／客廳／溫度』，如圖 13-6。

圖 13-6　MQTT 註冊主題

如此，主題便可以一個接一個的註冊到仲介端伺服器上。而訂閱者也可以利用檔案路徑方式訂閱某一個主題，也可以使用萬用字元"+"與"#"來訂閱多個主題，例如：

1. 單層的萬用字元"+"：表示訂閱住家一樓所有房間的溫度感測器(『我家／一樓／+／溫度』)，如圖 13-7。

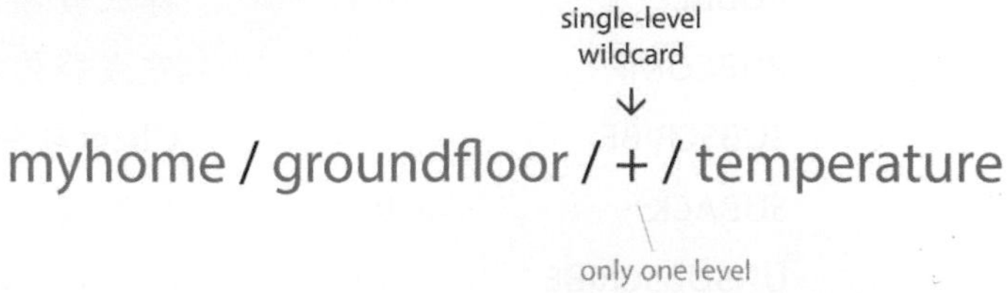

圖 13-7　MQTT Topic 單層的萬用字元訂閱範例

2. 多層的萬用字元"#"：表示訂閱住家一樓的所有感測器(『我家／一樓／#』)，如圖 13-8。

圖 13-8　MQTT Topic 多層的萬用字元訂閱範例

13.1.6 MQTT 命令

MQTT 定義了 14 種命令(command)或是 14 種訊息，用 4-bit 來編碼，如圖 13-9。在實際撰寫 MQTT 程式中，我們通常只會用到其中五種，包括 CONNECT (1)、PUBLISH (3)、SUBSCRIBE (8)、UNSUBSCRIBE (10)、DISCONNECT (14)，剩下的命令是 MQTT 系統會自動處理。

在**發佈訊息**時我們通常會用到以下列流程：1. 利用 CONNECT 命令來指定連結上某一個 MQTT 仲介端；2. 利用 PUBLISH 命令來傳送訊息到仲介端的主題；3. 利用 DISCONNECT 命令來與 MQTT 仲介端斷線。

在**訂閱訊息**時我們通常會用到以下列流程：1. 利用 CONNECT 命令來指定連結上某一個 MQTT 仲介端；2. 利用 SUBSCRIBE 命令來訂閱仲介端的主題；3. 利用 UNSUBSCRIBE 命令來停止訂閱；4. 利用 DISCONNECT 命令來與 MQTT 仲介端斷線。其他的命令將會在介紹各種 MQTT 特性時說明。

MQTT Message	4-bit code	描述
CONNECT	1	Client對Server送出連線要求
CONNACK	2	連線確認
PUBLISH	3	發佈訊息
PUBACK	4	發佈訊息確認
PUBREC	5	接收發佈訊息
PUBREL	6	釋放發佈訊息
PUBCOMP	7	完成發佈訊息
SUBSCRIBE	8	Client訂閱要求
SUBACK	9	訂閱確認
UNSUBSCRIBE	10	Client取消訂閱要求
UNSUBACK	11	取消訂閱確認
PINGREQ	12	要求封包
PINGRESP	13	回應封包
DISCONNECT	14	Client斷線

圖 13-9 MQTT 14 種命令(commands)或是 14 種訊息

13.1.7 MQTT 特性

了解了發佈-訂閱的機制、MQTT 命令與主題命名之後，我們進一步探討 MQTT 五大特性：

1. 三種 MQTT 服務品質(Quality of service，QoS)

MQTT 提供三種不同服務品質：“最多一次”服務品質(at most once)、“最少一次”服務品質(at least once)、“正好一次”服務品質(exactly once)，如圖 13-10 所示。也就是說，傳送端將一個訊息傳送給接收端，如果使用的是 QoS level 0 (最多一次)服務品質時，則接收端最多會收到一次訊息，也有可能沒收到；如果使用的是 QoS level 1(最少一次)服務品質時，則接收端最少會收到一次訊息，也有可能收到兩個以上的訊息；如果使用的是 QoS level 2(正好一次)服務品質，則接收端正好會收到一次訊息。

最多一次服務品質，用於比較不重要的資料傳送情況，像是冷氣機的溫度傳送訊息，因爲沒收到並不會有影響。至少一次服務品質，適用情況像是傳送關門的訊息，因爲收到多次沒有關係，反正門已經關上。正好一次服務品質，適用情況像是火災，如果收到第二次有可能會認爲是第二次火災發生，或是金融轉帳也希望正好一次。最多一次服務品質其實和 TCP 的“送出訊息後就忘記”(fire and forget)服務品質是一樣的。

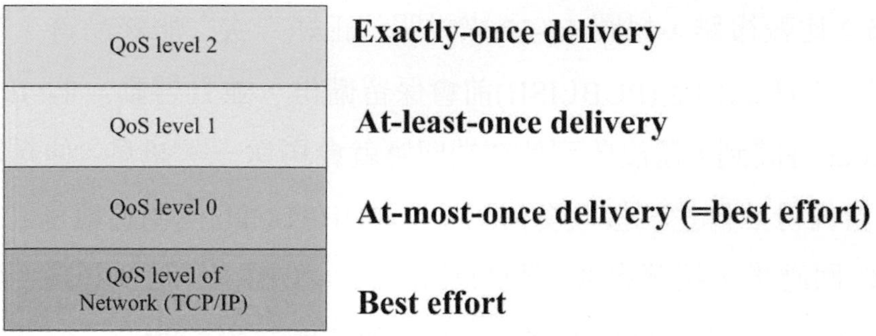

圖 13-10　MQTT 三種服務品質等級

以圖 13-11 來說明三種服務品質，當發佈者“發佈訊息”(PUBLISH)給仲介端時，在 QoS 爲 0 狀況下，訊息送完就刪除掉，並不會留備份，所以訊息有可能沒有確實發佈到仲介端或是仲介端沒有實際傳送給訂閱者，或是訂閱者因爲尚未連到網際網路，所以仲介端無法傳送給訂閱者。因此訂閱者最多會收到訊息一次，但也有可能都沒收到。

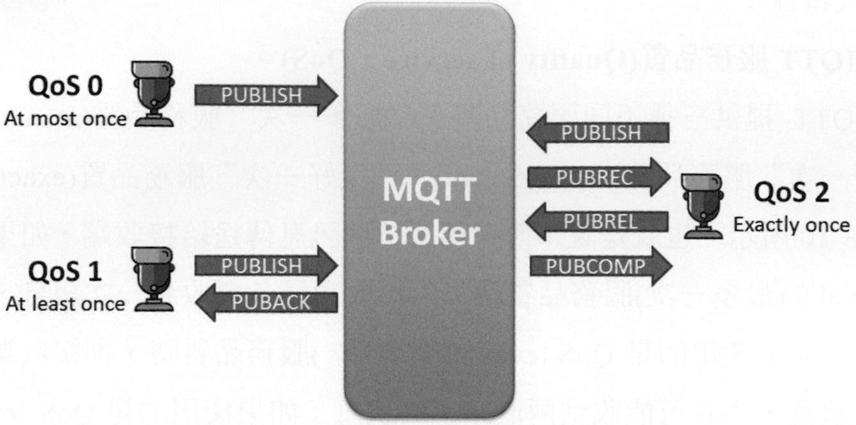

圖 13-11　MQTT QoS 說明

在 QoS 爲 1 狀況下，發佈者在訊息傳送前會保留備份，並且啓動一個 timeout 的時間，當 timeout 時間到，還沒收到仲介端回應(PUBACK)，就會再送一次訊息，直到收到仲介端傳送“發佈訊息確認”(PUBACK)的回應後，發佈者才會將訊息刪除掉。同理，仲介端接收到訊息後會保留備份，並且嘗試送到每一個訂閱者，只要訂閱者還沒有收到訊息，仲介端就會再送一次訊息，直到每一個訂閱者傳送“發佈訊息確認”(PUBACK)的回應後，仲介者才會將訊息刪除掉。

QoS 爲 2 比較複雜，以圖 13-12 來說明“正好一次”服務品質。在 QoS 爲 2 狀況下，發佈者訊息傳送(PUBLISH)前會保留備份，並且啓動一個 timeout 的時間，當 timeout 時間到，還沒收到仲介端回應就會再送一次訊息。仲介端接收到訊息後，會保留備份並傳送“接收發佈訊息”(PUBREC)的回應給發佈者，發佈者收到 PUBREC 回應後，接著會傳"釋放發佈訊息"(PUBREL)給仲介端。如此一來，仲介端便正好保存一份訊息而準備將此訊息傳給所有的訂閱者。接著，仲介端會傳送“完成發佈訊息”(PUBCOMP)的回應給發佈者，發佈者收到“完成發佈訊息”(PUBCOMP)封包，即可確定“正好一次”地把訊息送到仲介端後，便會刪除保存的訊息。同時，仲介端接下來便可以使用相同的正好一次訊息傳遞方法傳遞給每一個訂閱者，直到所有的訂閱者傳送“完成發佈訊息”(PUBCOMP)的回應後，仲介端才會將訊息刪除掉。

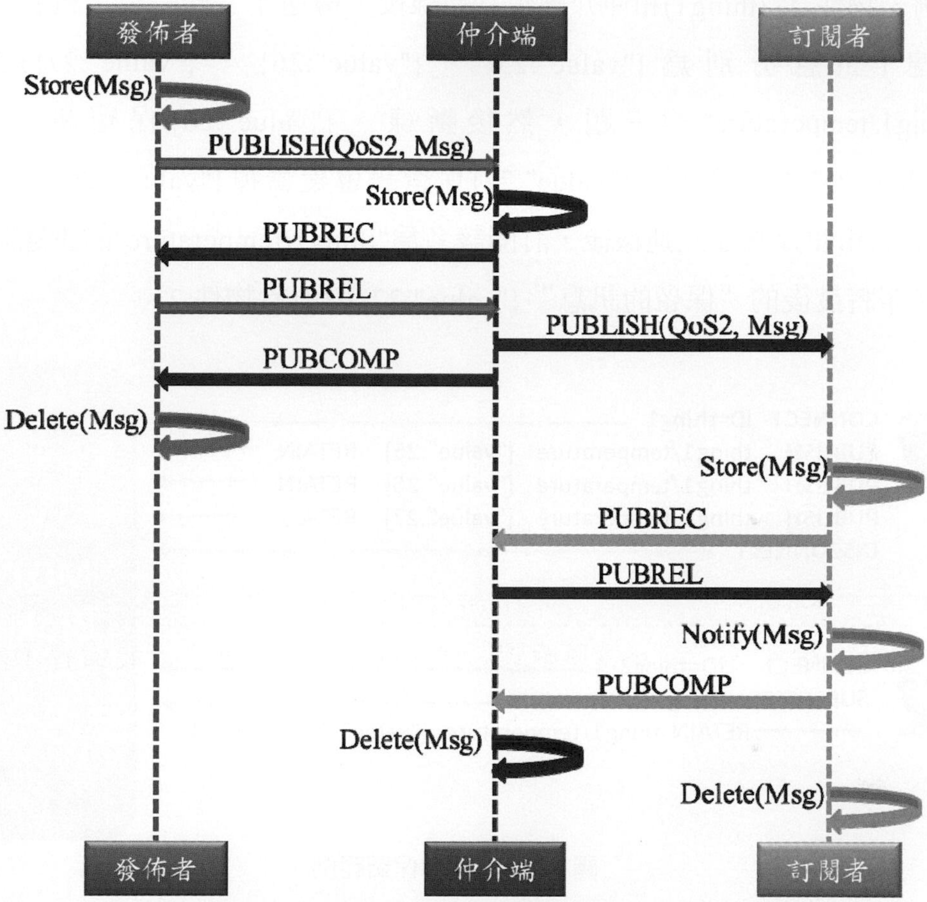

圖 13-12　MQTT 正好一次服務品質說明

2. **訊息保留(Retained Messages)**

MQTT 爲 QoS level 1 與 QoS level 2 服務品質，提供訊息保留功能。也就是當發佈者發佈訊息到某個主題時，如果訂閱此主題的訂閱者不在線上時，因爲無法傳遞此訊息，會將此訊息保留在仲介端，等訂閱者上線時再傳送給他們，這種訊息稱爲“保留的訊息”(Retained Messages)。

QoS level 1 與 QoS level 2 的服務品質下，發佈者可以透過設定“訊息保留旗標”(retained flag)的值來指定要啓動「訊息保留」功能，來暫時儲存「保留的訊息」。如果有多筆的資料傳送到「訊息保留」的主題，仲介端只會保留住最後(新)的訊息，並且在訂閱者上線時，將最新訊息發佈給訂閱者。以圖 13-13 爲例，物件 1 (thing1)和仲介端建立連線後，傳送了三條需要「訊息保留」的訊息(訊息分別爲{"value":25}、{"value":26}、{"value":27})到名爲"thing1/temperature"的主題，然後斷線。{"value":26}保留訊會覆蓋掉{"value":25}；而隨後的{"value":27}保留訊會覆蓋掉{"value":26}。當物件 2 (thing2)和仲介端建立連線後，訂閱該名爲"thing1/temperature"的主題時，仲介端立即將最後的“保留的訊息”{"value":27}發佈給物件 2。

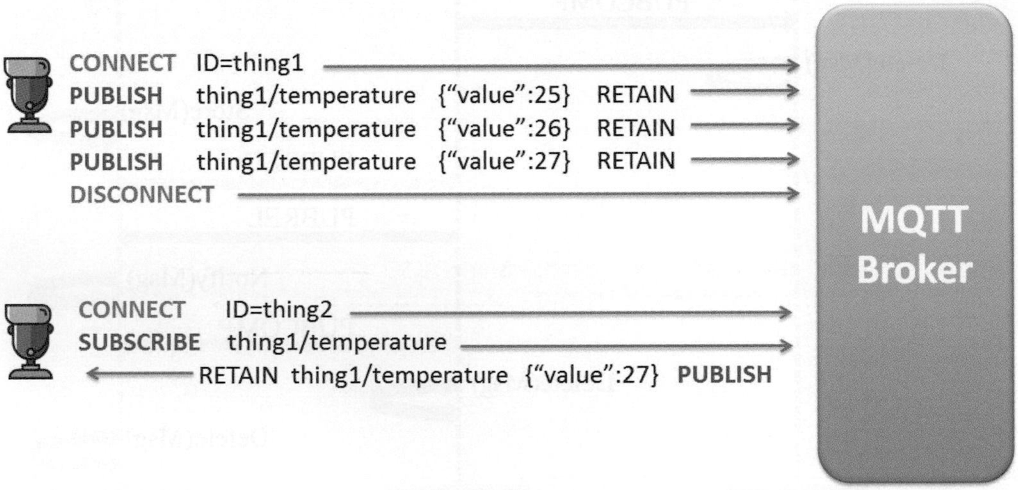

圖 13-13　訊息保留範例

3. 持續連線(Persistent Session)

在 C 語言裡，程式執行完時，所有物件的生命週期就結束了。而在 Java 裡有一種持續物件(persistent object)，物件可以存活在檔案裡面，程式不執行時這種物件還是活著。當系統重新啓動時，只要載入這被儲存的持續物件，物件的全部資料便可復原，Java 持續物件機制常用在設計 24 小時不間斷的服務器軟體。相同的概念也可以用在 MQTT「持續連線」(Persistent Session)中。在 MQTT 的應用下，連線到仲介端的訂閱者，可能因爲網路不通或是爲了省電而暫時斷線。當訂閱者在連線的時候，設定“清除連線旗標”(cleanSession)爲 FALSE 時，即可以請求仲介端進行持續連線(Persistent Session)，無論是因何種情況斷線，只要重新連線到仲介端後，在剛剛沒有連線時的所有訊息還是會原封不動地收到。

以圖 13-14 爲例，物件 1 (thing1)和仲介端建立連線時，除了告知 ID 外，還將 cleanSession 旗標設爲 FALSE，請求仲介端進行「持續連線」功能，接著訂閱"chat/friend"主題，並且指定使用“正好一次”(QoS = 2)服務品質，然後斷線。物件 2 (thing2)和仲介端建立連線後，發佈了兩個訊息到"chat/friend"主題，其中訊息"Hello Thing1!"的 QoS 爲 1，另一則訊息"Are you there?"的 QoS 爲 2。雖然物件 1 已斷線，但因爲有設定「持續連線」功能，所以仲介端會將保留這兩則訊息。接著當物件 1 重新和仲介端建立連線時，仲介端就會將剛剛保留住的兩則訊息發佈給物件 1，然後物件 1 回應了一條 QoS 爲 1 的訊息"I am now!"到"chat/friend"主題給仲介端。和訊息保留功能(Retained Messages)不同的是，持續連線功能(Persistent Session)是全部的訊息都保留住。

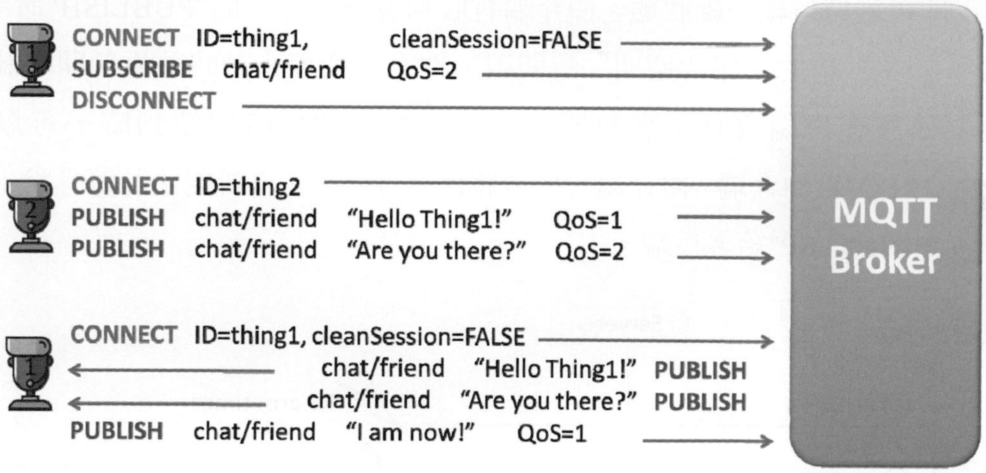

圖 13-14 持續連線(Persistent Session)範例

4. 心跳功能(Heartbeat)

MQTT 的「心跳功能」(Heartbeat)是客戶端(即發佈者與訂閱者)用來主動告知伺服器端(即仲介端)，客戶端是否依然還活著。在網路環境下，要測試是否有連線成功，可以利用"Ping"命令，然後經由收到的 ACK 得知是否有連線成功。在 MQTT 裡則是利用“要求封包”(PINGREQ)與“回應封包”(PINGRESP)的概念來完成心跳功能。

客戶端和仲介端建立連線("CONNECT")時，可以通過「保活」參數(KeepAlive)設定“保活週期”(keep-alive-time)。客戶端必須時常向仲介端發出心跳訊號，用以確認客戶端與仲介端(伺服器端)仍然保持連線。當仲介端在 1.5 倍保活週期內收到心跳訊號，則表示客戶端仍然連上仲介端；若是超過 1.5 倍保活週期時間，仍然未收到任何心跳訊號，仲介端則會將客戶端斷線。保活週期既定值通常是設定在 120 秒。

除了“要求封包”(PINGREQ)之外，客戶端送出的“發佈訊息”(PUBLISH)封包時，也主動告知仲介端心跳訊號。以圖 13-15 來說明，當客戶端(Client)送出"PUBLISH"命令給仲介端(Server)時，仲介端會重新計算時間(Re-arm timer)，也就是下一個訊息封包只要在 1.5 倍的“保活週期”時間內送達，即可維持持續連線狀態。仲介端有收到客戶端送出的"PUBLISH"命令時，因爲在 1.5 倍的“保活週期”時間內，仲介端會停止計時並重新開始計算時間。如果客戶端沒有訊息想要發佈，在保活週期時間快到時，可以送出"PINGREQ"給仲介端，仲介端一樣會將停止計時，並重新開始計算且送出回應封包"PINGRESP"給客戶端。

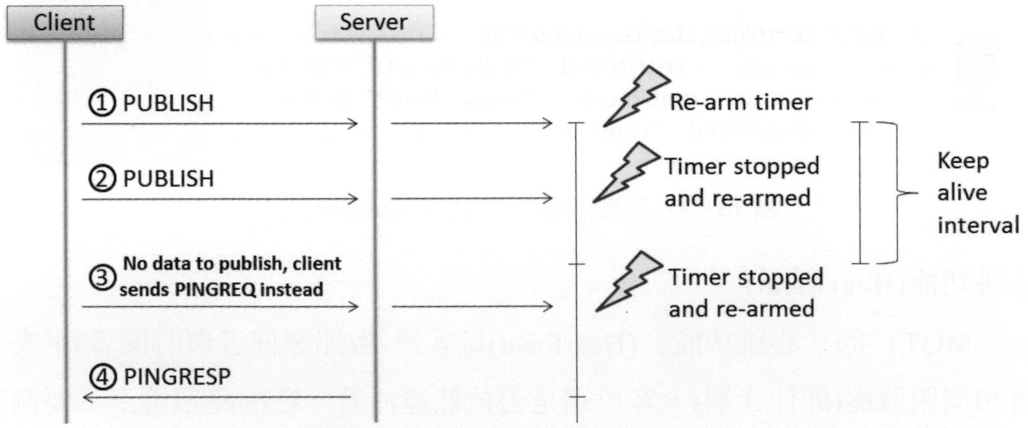

圖 13-15　心跳功能(Heartbeat)說明

整個流程下，只要“保活週期”時間到，而客戶端沒有要發佈訊息給仲介端時，MQTT 系統就會自動幫客戶端送出“要求封包”(PINGREQ)給仲介端，而且客戶端會收到來自仲介端的“回應封包”(PINGRESP)。

5. **遺願功能(Last will and testament)**

網路世界是一個不穩定的環境，客戶端可能會因爲各種不同的網路因素而斷線，因此當一個訊息發佈者已經斷線了，訂閱此發佈者主題的所有訂閱者，不可能再收到任何訊息。因此 MQTT 的遺願功能(Last will and testament)主要提供一種通知的作用，讓訂閱者可以知道訊息發佈者突然斷線了。

遺願功能的設定是發佈者和仲介端建立連線時，可以通過遺願訊息(will message)、遺願服務品質(will QoS)、遺願訊息保留旗標(will retain flag)等參數的設定來通知相關訂閱者。

以圖 13-16 爲例，物件 2 (thing2)訂閱"thing1/status"主題；接著物件 1(thing1)在和仲介端連線時，針對"thing1/status"主題，設定了遺願功能(Last will and testament)，其中遺願訊息爲"Bye!"。期間物件 1 和仲介端之間會持續傳送“要求封包”(PINGREQ)和“回應封包”(PINGRESP)，確保物件 1 持續和仲介端保持連線。當物件 1 因爲網路發生問題而與仲介端斷線時，仲介端會送出遺願訊息("Bye!")給所有訂閱"thing1/status"的訂閱者，因此物件 2 收到物件 1"Bye!"的遺願訊息。

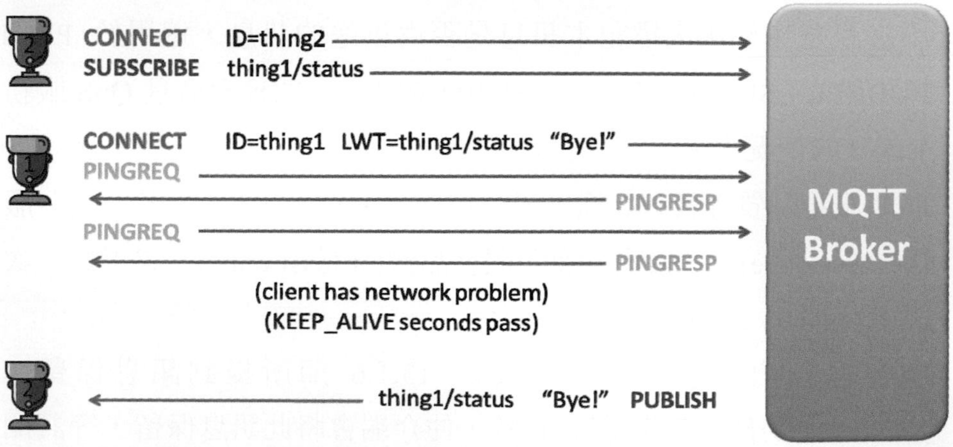

圖 13-16 遺願功能(Last will and testament)範例

上述範例只適用於還在連線的訂閱者，對於斷線(off-line)的訂閱者則無法收到遺願訊息的通知，解決的方法是將“遺願訊息保留旗標”設爲 TRUE 來啓動“訊息保留”功能，而又因只有 QoS level 1 與 QoS level 2 服務品質，才提供“訊息保留”功能，因此遺願服務品質(will QoS)也要設爲 QoS level 1 或 2。如此一來連線上(on-line)和斷線(off-line)的訂閱者，都能夠知道發佈者已經斷線了。

13.1.8 MQTT 訊息封包格式

MQTT 訊息封包格式可以分爲三個部分，分別爲**固定表頭(Fix Header)**、**變動表頭(Variable Header)**以及**訊息內容(Payload)**。固定表頭存在於所有的 MQTT 訊息中，至少爲 2 位元組(byte)；變動表頭會根據訊息類型而有所不同，某些訊息沒有變動表頭；訊息內容(Payload)和變動表頭一樣，也會根據訊息類型不同而有所不同，某些訊息類型沒有變動表頭。

1. **固定表頭(Fix Header)**

固定表頭格式如圖 3-17 所示，Byte1 主要存放 4 位元(bit)的訊息類型(Message Type)、1 位元的重送訊息旗標(DUP flag)、2 位元的服務品質等級(QoS Level)以及 1 位元的訊息保留旗標(RETAIN flag)。

- 4 位元(bit)的訊息類型用來表示傳送的命令/訊息是哪種，亦即 13.1.5 小節所提到圖 13-9 中 MQTT 的 14 種命令/訊息。
- 重送訊息旗標用來標記本訊息是否爲重送的訊息，適用於 PUBLISH、PUBREL、SUBSCRIBE、UNSUBSCRIBE 這四種命令且 QoS 服務品質爲 1 或 2 的情況下。
- QoS 服務品質等級有 3 種，所以用 2 個 bit 來表示“最多一次”服務品質(at most once)、“最少一次”服務品質(at least once)、“正好一次”服務品質(exactly once)。
- 訊息保留旗標也就是用來設定 13.1.6 節所提到訊息保留(Retained Messages)功能，當設定爲 1 時，仲介端會將此訊息保留，等訂閱者上線時再傳送給他們，僅用於 PUBLISH 命令。

- 「剩餘信息長度」(Remaining Length)主要用來記錄目前訊息的變動表頭(Variable Header)和訊息內容(Payload)總共的長度爲何，最多爲 4 個位元組(byte)，最高剩餘信息長度可到 256MB。「剩餘信息長度」會依特殊編碼來存放值，也就是每一個位元組的最高位元如果是 1 則表示有更高的位元組，例如 0 到 127 位元組的變動表頭和訊息內容(Payload)只要一個位元組(0x00~0x7F)即可，如果長度 129 位元組則「剩餘信息長度」需要兩個位元組(0x81, 0x01)即(129-128+1*128)。兩個位元組可以 128 (0x80, 0x01)到 16383 (0xFF, 0x7F)位元組，三個位元組可以 16384 (0x80, 0x80, 0x01)到 2,097,151 (0xFF, 0xFF, 0x7F)位元組，四個位元組可以 2,097,152 (0x80, 0x80, 0x80, 0x01)到 268,435,455 (0xFF, 0xFF, 0xFF, 0x7F))位元組。

Bit	7	6	5	4	3	2	1	0
Byte1	Message Type				DUP flag	QoS Level		RETAIN
Byte2~Byte5	Remaining Length							

圖 13-17　MQTT 固定表頭

2. 變動表頭(Variable Header)

MQTT 變動表頭會根據訊息類型而有所不同，有些甚至沒有變動表頭。這裡以 CONNECT(1)命令與 CONNACK(2)命令來解釋。CONNECT(1)命令其變動表頭格式內容，如圖 3-18。Byte1 設定協定名稱長度的 MSB(most significant byte)，Byte2 設定協定名稱長度的 LSB(least significant byte) ；以此例子爲例，MSB 爲 0、LSB 爲 6，Byte3 到 Byte8 依序存放協定名稱"MQIsdp"每個字元的 ASCII 碼。Byte9 則存放 MQTT 版本號碼，這裡的例子是 3。Byte10 則依序存放設定連線的 flag 值：

- 1 位元的帳號旗標(User name)，如果設爲 1 則在訊息內容(payload)內包含有使用者帳號的內容。
- 1 位元的密碼旗標(Password)，如果設爲 1 則在訊息內容(payload)內包含有使用者密碼的內容。帳號和密碼一起傳給仲介端服務器可以用來登入仲介端服務器。

- 1 位元的遺願訊息保留旗標(Will RETAIN)，如果設為 1 則啓動遺願訊息保留功能。
- 2 位元的遺願服務品質(Will QoS)，可以直接設定遺願服務品質。
- 1 位元的遺願旗標(Will flag)，如果設定為 1 則啓用遺願功能，則需要在訊息內容(Payload)內把遺願主題和遺願訊息一起傳給仲介端服務器。
- 1 位元的清除連線旗標(Clean Session)，如果設定為 0 則啓用持續連線(Persistent Session)功能。詳見 3.1.6MQTT 特性一節。

Byte11 和 Byte12 分別設定"保活"參數的 MSB 以及 LSB，共 16 位元，單位為秒，故保活參數最大值為 65535 (2^{16}-1)秒。

	描述	7	6	5	4	3	2	1	0
Byte1-Byte8	協定名稱(MQIsdp)								
Byte9	版本號碼(3)								
Byte10	設定連線flags	User name	Password	Will RETAIN	Will QoS		Will	Clean Session	X
Byte11	Keep Alive MSB								
Byte12	Keep Alive LSB								

圖 13-18　MQTT 連線命令(CONNECT)的變動表頭

當仲介端服務器收到 CONNECT(1)命令時即會回應 CONNACK(2)命令其變動表頭格式為二個位元組，Byte1 保留給未來使用，Byte2 內容如果為 0x00 表示連線成功，如果為 0x01~0x05 表示因為各種不同原因而拒絕連線，例如 0x01 表示因為 MQTT 版本問題而拒絕連線，0x02 表示因為客戶端識別碼(Client Identifier)問題而拒絕連線，0x03 表示因為 MQTT 服務無法使用而拒絕連線，0x04 表示因為 MQTT 登入的使用者名稱與密碼有錯無法使用而拒絕連線，0x05 表示因為沒有權限而拒絕連線。0x06~0xFF 保留給未來使用。

3. 訊息內容(Payload)

訊息內容和變動表頭一樣會根據訊息類型而有所不同，有些甚至沒有訊息內容(Payload)，例如 CONNACK(2)命令的回應封包只有兩個位元組的固定表頭和兩個位元組的變動表頭，沒有訊息內容(Payload)。

在 CONNECT 命令中，訊息內容(Payload)包含的內容和變動表頭(Variable Header)中的設定 flag 有關。訊息內容(Payload)包含的內容會有：

- 客戶端識別碼(Client Identifier)：表示客戶端的唯一識別碼，主要用於處理 QoS 服務品質爲 1 或 2 的情況下。長度限制爲 1 至 23 個字元，如果超過 23 個字元，伺服器端會回應 CONNACK 碼爲 2，亦即表示 Identifier Rejected。
- 遺願主題(Will Topic)和遺願訊息(Will Message)：當變動表頭中的遺願旗標(Will flag)設定爲 1 時，訊息內容(Payload)就會包含遺願主題以及要送到遺願主題的遺願訊息。
- 使用者名稱(User name)和使用者密碼(Password)：當變動表頭中的帳號旗標(User name flag)設定爲 1 時，表示此連線需要設定使用者帳號；同理使用者密碼也是。其中使用者名稱和使用者密碼的長度限制在 12 個字元以下。

更多詳細的封包格式可以參考 MQTT V3.1.1 Protocol Specification，網址如下：http://docs.oasis-open.org/mqtt/mqtt/v3.1.1/csprd01/mqtt-v3.1.1-csprd01.pdf。

13.2 使用 Node MCU MQTT APIs

NodeMCU 有支援 MQTT 客戶端模組，並未支援 MQTT 仲介端模組，圖 13-19 列出客戶端模組 APIs：

mqtt.Client()	Create a MQTT client.
mqtt.client:close()	Closes connection to the broker.
mqtt.client:connect()	Connects to the broker specified by the given host, port, and secure options.
mqtt.client:lwt()	Setup Last Will and Testament(optional).
mqtt.client:on()	Registers a callback function for an event.
mqtt.client:publish()	Publishes a message.
mqtt.client:subscribe()	Subscribes to one or several topics.
mqtt.client:unsubscribe()	Unsubscribes from one or several topics.

圖 13-19　NodeMCU 的 MQTT API

其中發佈者需要使用到的 APIs 有：

1. mqtt.Client()：建立一個客戶端物件，也就是建立發佈者自己。
2. mqtt.client:connect()：建立和仲介端之間的連線。
3. mqtt.client:publish()：發佈訊息。
4. mqtt.client:close()：切斷和仲介端之間的連線。
5. mqtt.client:lwt()：設定遺願功能。

而訂閱者需要使用到的 APIs 有：

1. mqtt.Client()：建立一個客戶端物件，也就是建立訂閱者自己。
2. mqtt.client:connect()：建立和仲介端之間的連線。
3. mqtt.client:subscribe()：訂閱訊息。
4. mqtt.client:on ()：定義收到資料後要怎麼處理。
5. mqtt.client:close()：切斷和仲介端之間的連線。
6. mqtt.client:unsubscribe()：取消已訂閱的訊息。

13.2.1 NodeMCU MQTT API 模組詳細介紹

以下詳細介紹幾個 MQTT 的 API 模組：

1. mqtt.Client()：建立一個 MQTT 客戶端。
   (1) 語法：mqtt.Client(clientid, keepalive, username, password[, cleansession])
   (2) 參數說明：
      - clientid：Client ID，唯一的識別碼，客戶端的識別碼都要不一樣。
      - keepalive：就是心跳功能(Heartbeat)的“保活週期”，設定在“保活週期”時間內，如果客戶端沒有送訊息，就會傳送“要求封包”(PINGREQ)給仲介端，告訴仲介端此客戶端還在。“保活週期”是以秒為單位，預設是 120 秒。
      - username：使用者名稱，當仲介端有安全機制時，就需要輸入使用者名稱與密碼登入仲介端伺服器。

- password：密碼，當仲介端有安全機制時，就需要輸入使用者名稱與密碼登入仲介端伺服器。
- cleansession：設定是否具有“持續連線”功能，cleansession=0 是具有“持續連線”功能，cleansession=1 是不具有“持續連線”功能。預設是不具有“持續連線”功能。

(3) 返回值：返回 MQTT 客戶端物件。

(4) 範例：建立一個 MQTT 客戶端，其中用戶名是"clientid"，“保活週期”是 120 秒，輸入使用者名稱與密碼分別是"user"和"password"。

```
-- init mqtt client with keepalive timer 120sec
m = mqtt.Client("clientid", 120, "user",
"password")
```

2. mqtt:connect()：客戶端建立和仲介端之間的連線。

(1) 語法：mqtt:connect(host[, port[, secure[, autoreconnect]]][, function1(client)[, function2(client, reason)]])

(2) 參數說明：

- host：用戶名要連接上仲介端的 IP address 或 domain name，一定要給的。
- port：仲介端的 TCP port number，如果不是安全的連線預設是 1883，安全的連線預設是 8883。
- secure：要不要使用 TLS (Transport Layer Security)安全連結，0/1 for false/true，預設是 0。
- autoreconnect：當斷線後要不要再自動連結，0/1 分別表示 false/true，預設是 0。
- function1(client)：當連線建立時會呼叫的 function。
- function2(client, reason)：當連線無法建立時會呼叫的 function。

(3) 返回值：連線成功為 true，其他為 false。

(4) 範例：客戶端建立和 IP 為 192.168.11.118 的仲介端之間的連線

```
m:connect("192.168.11.118")
```

3. mqtt:publish()：客戶端發佈訊息。

(1) 語法：mqtt:publish (topic, payload, qos, retain[,function(client)])

(2) 參數說明：

- topic：要傳送訊息的主題名稱。
- payload：要傳送的訊息內容。
- qos：設定 MQTT QoS 的層級，總共有 3 個等級(0/1/2)。
- retain：設定訊息保留旗標。當發佈者發佈訊息時，訂閱者可能不在線上時，此時可以設定"訊息保留旗標"，讓訊息保留在仲介端，等訂閱者上線時再接收。
- function(client)：當傳送成功時會呼叫的 function。

(3) 返回值：訊息發佈成功爲 true，其他爲 false。

(4) 範例：發佈訊息到"/topic"主題，其中訊息內容是"hello"，QoS 的層級是 0 且訊息保留旗標是 0(表示不啓用"訊息保留"功能)。

```
m:publish("/topic","hello",0,0)
```

4. mqtt:subscribe()：客戶端訂閱一個或多個主題。

(1) 語法：mqtt:subscribe (topic, qos[,function(client)])

mqtt:subscribe (table [,function(client)])

(2) 參數說明：

- topic：要訂閱的訊息主題名稱。
- qos：設定 MQTT QoS 的層級，總共有 3 個等級(0/1/2)，預設是 0。
- table：建一個表格，存放多個想要訂閱的主題，存放格式是 □topic, qos□。
- function(client)：當訂閱成功時會呼叫的 function。

(3) 返回值：訂閱成功爲 true，其他爲 false。

(4) 範例：訂閱 QoS 的層級是 0 的"/topic"主題

```
m:subscribe("/topic",0)
```

5. mqtt:on ()：註冊處理事件的回調函數(callback function)。事件處理有三種："connect"事件，可以註冊“處理客戶端成功連上仲介端”的回調函數；"message"事件，可以註冊“處理仲介端傳送訊息給訂閱者”的回調函數；"offline"事件，可以註冊“處理發佈者斷線”的回調函數。
   (1) 語法：mqtt:on (event, function(client[, topic[, message]]))
   (2) 參數說明：
      - event：事件有三種，"connect"、"message"、"offline"。
      - function(client[, topic[, message]])：當事件是 message 時，function 的第二和第三個參數收到的就是 Topic name 和 message。
   (3) 返回值：nil。
   (4) 範例：註冊“處理仲介端傳送訊息給訂閱者”的回調函數，其中 client 為傳送信息的發佈者，topic 為訊息的主題，data 為訊息的內容。

```
-- on message receive event
m:on("message", function(client, topic, data)
        print(topic .. ":" )
        if data ~= nil then
                print(data)
        end
end)
```

6. mqtt:close ()：當客戶端決定不再使用 MQTT 時，關閉連線，將所有的資源和訊息都釋放。
   (1) 語法：mqtt:close ()
   (2) 參數說明：不需要輸入參數。
   (3) 返回值：關閉連線成功為 true，其他為 false。
7. mqtt:lwt ()：設定遺願功能。當發佈者斷線時，仲介端送出遺願功能所設定的訊息告知訂閱者，該發佈者斷線了。
   (1) 語法：mqtt:lwt(topic, message[, qos[, retain]])
   (2) 參數說明：
      - topic：遺願主題名稱。
      - message：遺願訊息。

- qos：遺願 QoS 的層級。
- retain：遺願訊息保留旗標。

(3) 返回值：nil。

(4) 範例：設定遺願功能，遺願主題名稱爲"/lwt"，遺願訊息爲"offline"，遺願 QoS 的層級爲 0，遺願訊息保留旗標爲 0。

m:lwt("/lwt", "offline", 0, 0)

8. mqtt:unsubscribe()：訂閱者停止訂閱一個或多個主題。

(1) 語法：mqtt:unsubscribe (topic[,function(client)])

mqtt:unsubscribe (table[,function(client)])

(2) 參數說明：

- topic：存放想要取消訂閱的主題。
- table：建一個 table，存放多個想要取消訂閱的主題，存放格式是 □topic, anything□。
- function(client)：當取消訂閱成功時會呼叫的 function。

(3) 返回值：停止訂閱成功爲 true，其他爲 false。

(4) 範例：1. 停止訂閱"/topic"主題；2.停止訂閱"topic/0"、"topic/1"、"topic2"等主題。

```
m:unsubscribe("/topic", function(conn)
          print("unsubscribe success") end)
m:unsubscribe({["topic/0"]=0,["topic/1"]=0,topic2="anything"},
          function(conn) print("unsubscribe success") end)
```

13.2.2 NodeMCU MQTT 實際範例

在實際操作 MQTT 之前，我們必須先讓 NodeMCU 連上網路，可以利用 NodeMCU 所提供的 Wi-Fi API 以及第一章的圖 1-55 Wi-Fi 程式範例。以下介紹 NodeMCU MQTT 發佈者和訂閱者實際範例：

1. MQTT 發佈者：

```lua
-- init mqtt client with keepalive timer 120sec
m = mqtt.Client("clientid-pub-02", 120, un, pw)

-- for secure: m:connect("192.168.11.118", 1880, 1)
m:connect("iot.eclipse.org", 1883, 0, function(m)
    print("connected-2")
    -- publish a message with data = hello, QoS = 0, retain = 0
    m:publish("lightTopic","lightness=100",0,0, function(m)
        print("sent")
    end)
    -- publish a message with data = hello, QoS = 0, retain = 0
    m:publish("lightTopic","lightness=200",0,0, function(m)
        print("sent")
    end)
end)
```

圖 13-20(a)　MQTT 發佈者 Lua 程式範例

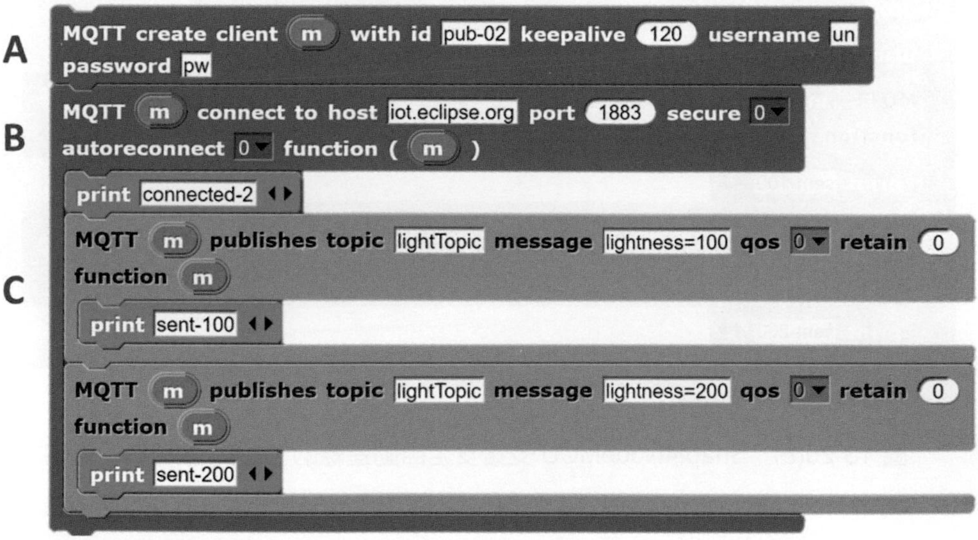

圖 13-20(b)　Snap!4NodeMCU 的 MQTT 發佈者範例

以圖 13-20(a)和(b)範例說明：

A. 建立發佈者的 MQTT 客戶端，發佈者的 ID 是"clientid-pub-02"，保活週期(keepalive)時間設爲 120 秒。

B. 和"iot.eclipse.org"(Eclipse foundation 之開放的 MQTT 仲介端)建立一個不安全的連線，連線成功時會印出"connected-2"的訊息。

C. 在連線成功時，讓發佈者在主題"lightTopic"發佈訊息，這個範例會發佈"lightness=100"和"lightness=200"，送出成功後，會印出"sent"的訊息。

註：因爲 Lua 不是眞正的物件導向，所以接受成功時要把眞正成功的物件 m 放到 function 裡。

如果有支援安全自動連線的智慧閘道器，可以使用 MQTT 自動連線積木，讓 NodeMCU 自動連線到智慧閘道器，如圖 13-20(c)。

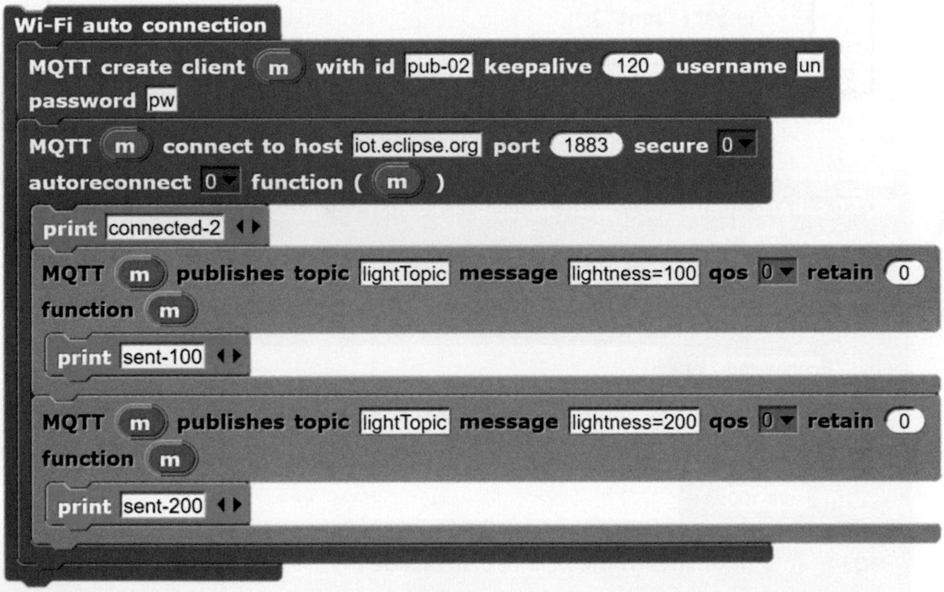

圖 13-20(c)　Snap!4NodeMCU 支援安全自動連線的 MQTT 發佈者範例

2. MQTT 訂閱者：

```
A
-- init mqtt client with keepalive timer 120sec
m = mqtt.Client("clientid-sub-01", 120, un, pw)

-- on publish message receive event
D
m:on("message", function(m, topic, data)
  print(topic .. ":" )
  if data ~= nil then
    print(data)
  end
end)

-- for secure: m:connect("192.168.11.118", 1880, 1)
B
m:connect("iot.eclipse.org", 1883, 0, function(m)
    print("connected-2")
    -- subscribe topic with qos = 0
C
    m:subscribe("lightTopic",0, function(m)
        print("subscribe success")
    end)
end)
```

圖 13-21(a)　MQTT 訂閱者 Lua 程式範例

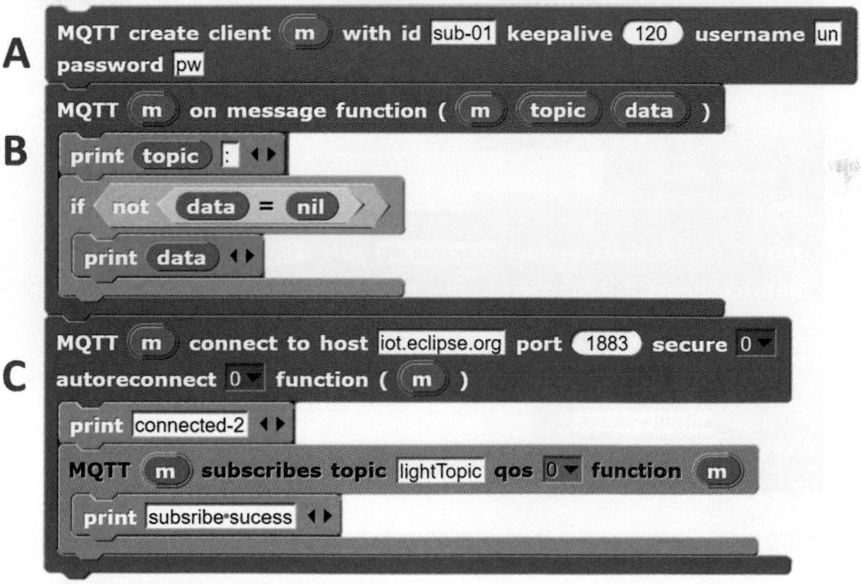

圖 13-21(b)　Snap!4NodeMCU 的 MQTT 訂閱者範例

以圖 13-21(a)和(b)範例說明：

A. 建立訂閱者的 MQTT 客戶端，訂閱者的 ID 是"clientid-sub-01"，保活週期(keepalive)時間設爲 120 秒。

B. 和 "iot.eclipse.org" 建立一個不安全的連線，連線成功時會印出"connected-2"的訊息。

C. 在連線成功時，訂閱者設定訂閱的主題"lightTopic"，訂閱成功後並且印出"subscribe success"的訊息。

D. 當訂閱者接收到訊息後，會先印出"lightTopic:"，接著判斷 data 是否爲空，如果 data 不爲空則印出 data 內容。

如果有支援安全自動連線的智慧閘道器，可以使用 MQTT 自動連線積木，讓 NodeMCU 自動連線到智慧閘道器，如圖 13-21(c)。

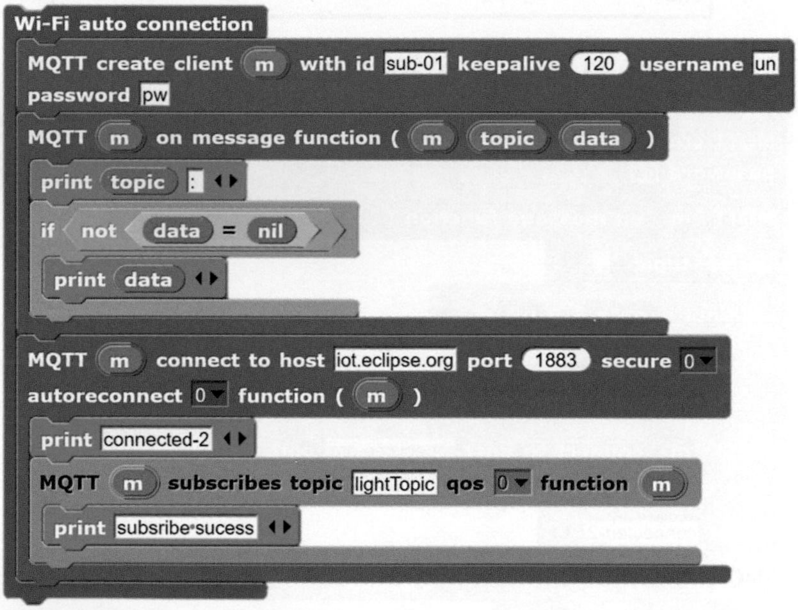

圖 13-21(c)　Snap!4NodeMCU 支援安全自動連線的 MQTT 訂閱者範例

本章有三個實驗：

1. 兩人一組，組員 A 在 iot.eclipse.org 的仲介端中註冊並訂閱一個"topicA"的主題；組員 B 則是針對該主題發佈一個"Hello, I am B"的訊息。接著換組員 B 在

iot.eclipse.org 的仲介端中註冊並訂閱一個"topicB"的主題；組員 A 則是針對該主題發佈一個"Hello B"的訊息。

答：範例程式和終端機結果如圖 13-22 和圖 13-23。詳細步驟可以參考實驗手冊單元十一主題 A。

```lua
--clientid cannot be the same with publisher
m = mqtt.Client("clientid_A", 120, nil, nil)
m:connect("iot.eclipse.org", 1883, 0, function(m)
  print("connect to MQTT Broker success")
  m:subscribe("topicA",0, function(m)
    print("subscribe success")
    end)
end)

m:on("message", function(m, topic, data)
  print("Topic [".. topic .. "]:" )
  if data ~= nil then
    print(data)
  end
end)
```

```lua
m = mqtt.Client("clientid_B", 120, nil, nil)
m:connect("iot.eclipse.org", 1883, 0, function(m)
  print("Publisher connect...")
end)

m:on("connect", function(m)
  print ("connect")
  msg="Hello, I am B"
  m:publish("topicA",msg,0,0, function(m)
    print("\n clientid_B sent \""..msg.."\" success")
  end)
end)
```

圖 13-22　MQTT Sub/Pub 程式範例

```
file.remove("Subscribe.lua");
> file.open("Subscribe.lua","w+");
> w = file.writeline
> w([[--clientid cannot be the same with publisher]]);
> w([[m = mqtt.Client("clientid_A", 120, nil, nil)]]);
> w([[m:connect("iot.eclipse.org", 1883, 0, function(m) ]]);
> w([[  print("connect to MQTT Broker success")]]);
> w([[  m:subscribe("topicA",0, function(m) ]]);
> w([[    print("subscribe success") ]]);
> w([[    end) ]]);
> w([[end)]]);
> w([[]]);
> w([[m:on("message", function(m, topic, data) ]]);
> w([[  print("Topic [".. topic .. "]:" ) ]]);
> w([[  if data ~= nil then]]);
> w([[    print(data)]]);
> w([[  end]]);
> w([[end)]]);
> file.close();
> dofile("Subscribe.lua");
> connect to MQTT Broker success
subscribe success
Topic [topicA]:
mood test
```

A的終端機畫面

```
file.remove("Publish.lua");
> file.open("Publish.lua","w+");
> w = file.writeline
> w([[m = mqtt.Client("clientid_B", 120, nil, nil)]]);
> w([[m:connect("iot.eclipse.org", 1883, 0, function(m) ]]);
> w([[  print("Publisher connect...")]]);
> w([[end)]]);
> w([[]]);
> w([[m:on("connect", function(m) ]]);
> w([[  print ("connect") ]]);
> w([[  msg="Hello, I am B"]]);
> w([[  m:publish("topicA",msg,0,0, function(m) ]]);
> w([[    print("\n clientid_B sent \""..msg.."\" success") ]]);
> w([[  end)]]);
> w([[end)]]);
> file.close();
> dofile("Publish.lua");
> connect

 clientid_B sent "Hello, I am B" success
```

B的終端機畫面

```
> dofile("Subscribe.lua");
> connect to MQTT Broker success
subscribe success
Topic [topicA]:
mood test
Topic [topicA]:
Hello, I am B
```

B發佈訊息時A的終端機畫面

圖 13-23　MQTT Sub/Pub_終端機顯示結果

2. 兩人一組，組員 A 在 iot.eclipse.org 的仲介端中偵測到組員 B 送的訊息到主題 "topicA"，組員 A 依據訊息內容開啓或關閉他的 LED 燈。接著換組員 B 在 iot.eclipse.org 的仲介端中偵測到組員 A 送了訊息到主題"topicB"，組員 B 依據訊息內容開啓或關閉他的 LED 燈。

   答：詳細步驟可以參考實驗手冊單元十一主題 B。

3. 加入壓力感測器、超音波感測器或是移動感測器，接法可參考圖 13-24，利用 MQTT 機制，當一個物聯網設備偵測到有人的時候，另一個物聯網設備自動點亮燈光。

   答：詳細步驟參考實驗手冊單元十一主題 C。

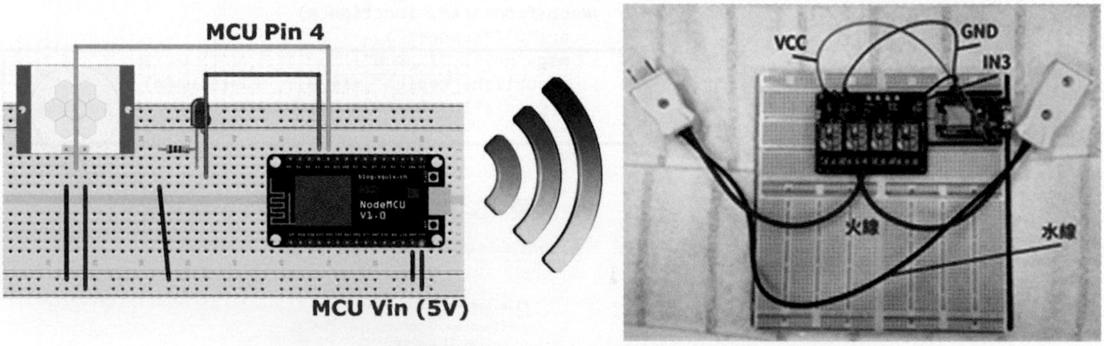

圖 13-24　繼電器之 MQTT 實作

13.3 小結

本章介紹了 MQTT 的基本概念以及操作流程，並介紹如何使用 NodeMCU 的軟體、硬體平台撰寫簡單 MQTT 的程式，讓兩個使用者間可以互相傳送訊息。也利用 MQTT 實作出智慧燈光，當一個物聯網設備偵測到有人的時候，另一個物聯網設備自動點亮燈光。

本章重點如下：

1. MQTT 原理與應用：
   (1) Brokers。
   (2) Clients: publishers and subscribers。
   (3) Topics。
   (4) Messages。
2. M2M 的 PubSub Model。
3. 利用 MQTT 實作出智慧燈光。
4. 自我學習：參考 YouTube 以及本中心網頁上關於 MQTT 的教學影片。

參考資源

1. http://iot.eclipse.org/
2. http://mqtt.org/
3. https://en.wikipedia.org/wiki/MQTT
4. https://mosquitto.org/
5. http://public.dhe.ibm.com/software/dw/webservices/ws-mqtt/mqtt-v3r1.html#intro
6. http://docs.oasis-open.org/mqtt/mqtt/v3.1.1/csprd01/mqtt-v3.1.1-csprd01.pdf
7. IBM IoT MessageSight, http://www-03.ibm.com/software/products/en/iot-messagesight

CHAPTER 14

CoAP: Constrained Application Protocol

MQTT 與 CoAP 是物聯網應用十分重要的技術，許多物聯網應用都是由 MQTT 與 CoAP 所形成的，網路通訊底層再由 ZigBee、Wi-Fi、Bluetooth 等無線通訊技術短距離或是其他長距離的無線通訊技術，例如 NB-IoT、CAT-M1、LTE-M、LoRa、SigFox，來完成物聯網的網路通訊架構。前一章介紹的 MQTT 技術可以讓聯網的兩個設備彼此溝通，而本章要介紹的 CoAP 技術可以讓物聯網終端設備變成一個提供服務的 CoAP 伺服器(CoAP server)。當物聯網終端設備(即 CoAP 伺服器)連線到物聯網閘道器(Gateway)時，CoAP 伺服器自動加載 CoAP 服務與資源(相對應的功能)到物聯網閘道器，如此一來，物跟物就真的可以互聯，實現機器對機器(machine to machine, M2M)的控制。此外，下載本研究中心的手機智慧控制 App 軟體，就可以直接控制所有加到物聯網閘道器上的所有物聯網終端設備的功能或服務。CoAP 伺服器可以看成是比 WWW 伺服器功能更強的服務器。是不是覺得這個 CoAP 功能很神奇呢?讓我們一起來學習這個奇妙的技術吧！

本章主要的單元簡介以及學習目標如下：

- **單元簡介**
  - 傳授 CoAP 物聯網技術之相關知識以及其應用
  - 傳授 NodeMCU CoAP APIs 之相關知識以及其應用
  - 學習使用 NodeMCU 平台以溫濕度感應器實做 CoAP sensor server 程式設計
  - 學習使用以 LED 燈實做 CoAP actuator server 應用
- **單元學習目標**
  - 了解 CoAP 物聯網技術的特色及原理
  - 培養使用 CoAP APIs 程式設計的能力
  - 培養溫濕度感應器與 LED 燈實做 CoAP server 程式設計的能力
  - 養成撰寫程式易讀性的習慣

14.1 Web Service 與 CoAP 基本介紹

CoAP 的全名是 Constrained Application Protocol，一種為受限制的設備所設計出的應用協定，其中 Constrained (受限制的)的意思是，比起一般電腦或是手機來說，物聯網終端設備的 CPU 很弱、執行的記憶體或者是儲存的記憶體(Memory)很小、甚至於沒有輸出畫面(Display)、沒有鍵盤(Keyboard)等等。但佈署在物聯網中的設備非常多，可達數百億個，所以 CPU 要便宜、成本要低、用電量要很省，因此如果要在受限的環境底下，利用物聯網終端設備(IoT devices)將的資料(如溫度)送到物聯網閘道器上，那麼 CoAP 就是一種很重要的技術。

CoAP 技術提供一種「終端設備即服務」(End devices as services)的概念，也就是說，物聯網終端設備所提供的服務，像是溫度、濕度、控制開關等，開機後直接註冊服務在物聯網閘道器上，透過手機直接可以看到並所有使用物聯網終端設備所提供的服務。

CoAP 協定是基於 REST(REpresentational State Transfer)架構風格的網路服務(Web services)，以下小節我們將先簡略的介紹網路服務(Web Service)架構以及 CoAP 使用的 REST 架構風格，最後再對 CoAP 技術做詳細的介紹。

14.1.1 Web Service 架構

根據 Wiki 的定義：「Web Service 是一種服務導向架構的技術，透過標準的 Web 協議提供服務，目的是保證不同平台的應用服務可以相互操作」。目前實現 Web Service 有 REST 模式、SOAP (Simple Object Access Protocol)和 XML-RPC (Remote Procedure Call) 等三種主流的 WebServicve 實現方案。由於用 XML-RPC 撰寫 Web Service 程式過於複雜，因而提出 REST 和 SOAP Web Service 來簡化 Web Service 應用程式的撰寫。

圖 14-1 顯示 SOAP 和 REST 兩種架構，SOAP 透過 SOAP+XML 的格式來存取網路服務，而 REST 採用 JSON 或是 XML 的格式來存取網路服務。SOAP 是交換資料的一種協議規範，主要是用 WSDL(Web Service Description Language)語言將 Client 的請求(request)封包，封裝在 SOAP 的物件中，底層透過 HTTP 將請求封包送到 Server 中，Server 再將 SOAP 的封包解開，做完處理後，再將資料回傳給 Client。這裡的 Client 需要是比較強大的像是電腦、筆記型電腦甚至是伺服器等級的設備。更多的資料詳見 https://en.wikipedia.org/wiki/SOAP。

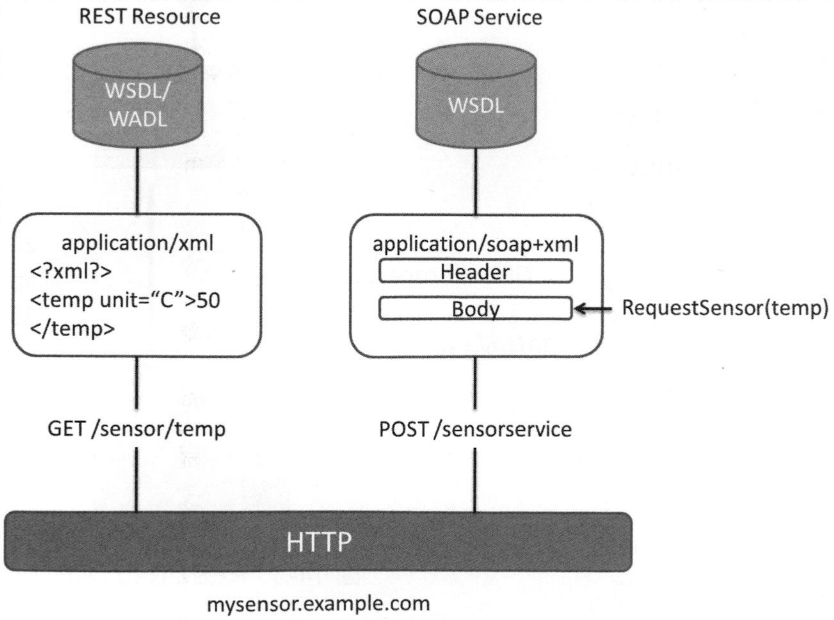

圖 14-1　Web Service 架構

在 2000 年時，Roy Thomas Fielding 博士為了讓 Web 開發越來越簡單而提出了 REST 軟體架構風格。在 HTTP 中大約會有 20 個指令，如 Head、Body、GET、POST、PUT、DELETE 等，而 REST 軟體架構風格將指令簡約至四種命令：GET、POST、PUT、DELETE，例如，利用 GET 命令可以讀取某個感測器的溫度，PUT 命令來啓動某個設備。下一小節會有更多關於 REST 的詳細。

14.1.2 REST

在 REST 軟體架構風格下，每一個物件都有一個唯一識別(Uniform Resource Identifiers，URIs)，因此可以透過指令對特定的物件進行操作。主要的指令有以下四種：

(1) GET：抓取物件資訊，就像資料庫系統的 Read 指令。

(2) POST：新增物件資訊，就像資料庫系統的 Create 指令。

(3) PUT：更新物件資訊，就像資料庫系統的 Update 指令。

(4) DELETE：刪除物件資訊，就像資料庫系統的 Delete 指令。

圖 14-2 是 REST Request 的一個 Web Service 例子，Client 可以指定特定物件(即 Server)的 IP/host name 加上 TCP Port，對該 Server 下一個"GET/ temperature"的指令，Server 取得 Client 想要的資訊後，透過 HTTP 的封包將訊息送回給 Client，例如"200 OK"表示正常，"application/text"表示是文字格式，"25.6C"則是回傳的溫度訊息。REST Web Service 在存取網路資源上，顯得十分簡潔而容易明瞭。

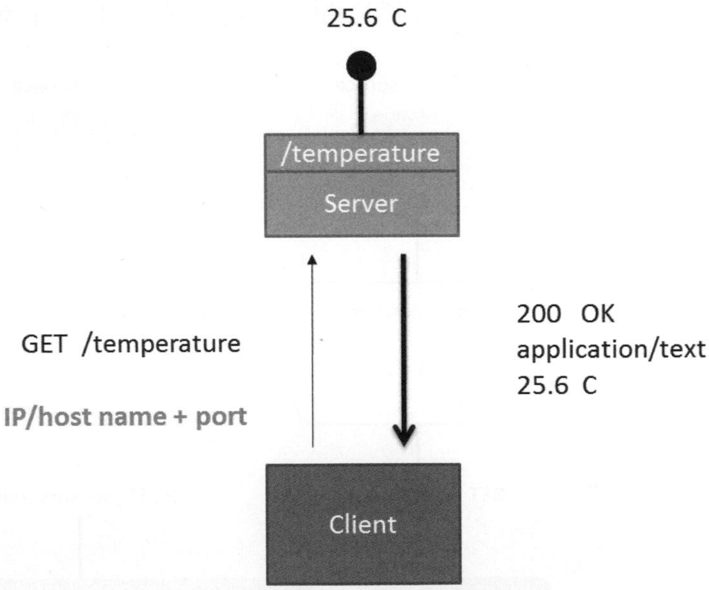

圖 14-2 REST Request

以 REST Web Service 來建構物聯網是沒有效率的，因爲 REST Web Service 是基於 HTTP，而 HTTP 是基於 TCP/IP，因爲 TCP 協定是一種可靠而且安全(reliable transmission)的連線模式。在使用 REST Web Service 時，Client 要向 Server 索取資料前，需先利用三方交握連線(TCP 3-way handshake[8])互相傳送訊息確認 Server 存在與否，如圖 14-3 所標示的 TCP 三方交握連線；建立連線後便可以存取網路資源，即 REST Client 確認 Server 存在才繼續送"GET/light"封包給 Server，接著 Server 再送出回應封包給 Client，如圖 14-3 HTTP GET /light(讀取光量資料)所示；斷線時也必須優雅的執行 TCP 斷線，即圖 14-3 所標示的 TCP 雙方斷線(TCP 2-way termination)即以"2-way termination"互相傳送訊息確認連線終止。

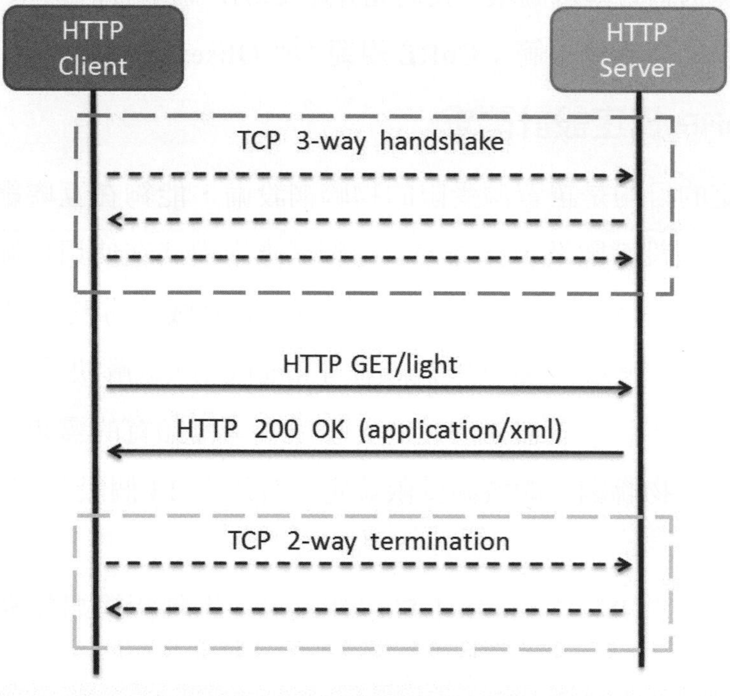

圖 14-3　TCP 三方交握連線與 TCP 雙方斷線

以上述例子而言，只是要讀取幾個位元組(例如 2 bytes)的大小的光度或溫度資訊，透過架構於 HTTP 上的 REST Web Service，我們來回必須傳送七個封包，而且每個封包都是需要數百個位元組，顯而易見的這樣的傳送方法是十分沒有效率的。況且在物聯網的環境底下，數百億甚至數千億個的物聯網設備，可能同時要傳送資料，用這樣 TCP 協定的傳送方法會把無線網路頻寬全部佔滿，可能的結果是沒有物聯網設備可以傳送出資料。因此，我們必須要有一個更有效的方法，將封包輕量化，來解決存取 TCP 無線網路資料時「封包太多」以及「封包太大」的問題，CoAP 協定的誕生也就是來解決這兩大問題。

14.2 CoAP 協定

CoAP 協定由 IETF(The Internet Engineering Task Force)組織，爲了適合於物聯網(IoT, Internet of Things)和物對物的溝通(M2M, Machine to Machine)應用所制定的標準。是一種讓非常簡單的電子設備(即資源受限的互聯網設備)能夠互聯上網，相互地交換訊息的傳送協議。我們先介紹 CoAP 協定設計需求，再介紹 CoAP 協定目前最重要的有兩個規範：**CoRE 規範**[4]**與 Observe 規範**[5]。

14.2.1 CoAP 協定設計需求

CoAP 協定的目的是讓資源受限的物聯網設備，能夠在互聯網上相互地交換訊息。由於物聯網設備數量十分龐大，物聯網應用程式在使用物聯網設備的服務與資源時，不應該需要如 REST Web Service 事前做三方交握連線(TCP 3-way handshakes)，事後做雙方斷線(TCP 2-way termination)，以解決「封包太多」問題。此外，訊息封包內容也應該盡量的精簡，以減少傳輸頻寬的需求，解決「封包太大」問題。應用在物聯網上的資源受限協定，有以下 14 個設計需求(如圖 14-4)，說明如下：

(1) 第一個設計需求(REQ1-Limited Flash/RAM)：物聯網終端設備的 Flash/RAM 通常是有限的，所以只有比較小的即時作業系統(例如 FreeRTOS)容許安裝在終端設備裡，而無法安裝需要幾十 MB 的 Linux 作業系統。CoAP 協定必須要能夠在沒有作業系統或是小的即時作業系統的環境下運作。

(2) 第二個設計需求(REQ2-Constrained networks)：CoAP 終端設備的網路功能在有些時候可能是比較弱的、不安全的、不穩定的，所以 CoAP 必須設計成能在受限的網路環境下，依然能夠順暢的傳送封包。

(3) 第三個設計需求(REQ3-Sleeping nodes)：在物聯網下運作的設備，省電的機制是非常重要的，間隔越久回報一次就越省電。設備容許進入睡眠模式，並提供喚醒技術達到省電的目的。

(4) 第四個設計需求(REQ4-Caching)：當設備感應器值的變動不大時，CoAP Proxy 會直接將剛剛暫存的資料直接傳送給 CoAP Client，暫存多久可以利用 CoAP 資料的新鮮度(Freshness option)來設定。

(5) 第五個設計需求(REQ5-Resource manipulation)：當終端設備接上電源會通知閘道器，設備的服務與資源(Resources)有哪些可以被使用。服務與資源可以使用 REST 指令(GET、PUT)來讀取或啓動。

(6) 第六個設計需求(REQ6-Subscribe/Notify)：提供通知功能，客戶端(CoAP Client)可以跟設備(CoAP Server)註冊說，當溫度超過多少時需要告訴客戶端。CoAP 通知功能類似 MQTT 的訂閱(subscribe)功能，但 MQTT 並無法設定說多少時才通知而是有訂閱就會通知，而 CoAP 可以透過這個通知機制達到。

(7) 第七個設計需求(REQ7-HTTP Mapping)：當 Web Server 透過 Internet 傳送封包到 CoAP Proxy，CoAP Proxy 會透過 Binary Encoding 技術將 HTTP RESTful 封包轉換成 CoAP RESTful 封包，再傳給 CoAP Server，反之亦然。

(8) 第八個設計需求(REQ8-Resource discovery)：當設備(CoAP Server)一接上電源，CoAP 設備上的資源就可以被閘道器(CoAP Client)搜尋到。

(9) 第九個設計需求(REQ9-Multicast)：支援群播(Multicast)，表示可以將一個訊息送給一整個群組的人。

(10) 第十個設計需求(REQ10-UDP Transport)：在物聯網中直接利用 UDP 協定傳送需要的封包就好，不需要像 TCP 協定事先建立連線或結束時確定斷線完成(即 TCP 三方交握連線與 TCP 雙方斷線)。

(11) 第十一個設計需求(REQ11-Reliability)：重要的訊息提供可靠的傳送機制來傳送網路封包。

(12) 第十二個設計需求(REQ12-Low latency)：傳送網路封包的延遲(latency)越小越好，所以相同的 REST 請求功能，CoAP 封包比 HTTP 封包可以小到十數倍，因爲傳送的封包小，所以延遲就低。

(13) 第十三個設計需求(REQ13-MIME Type)：利用 HTTP MIME 格式告知傳送所屬的資料型別。

(14) 第十四個設計需求(REQ14-Manageability)：設備的資源可以很方便的被管理。

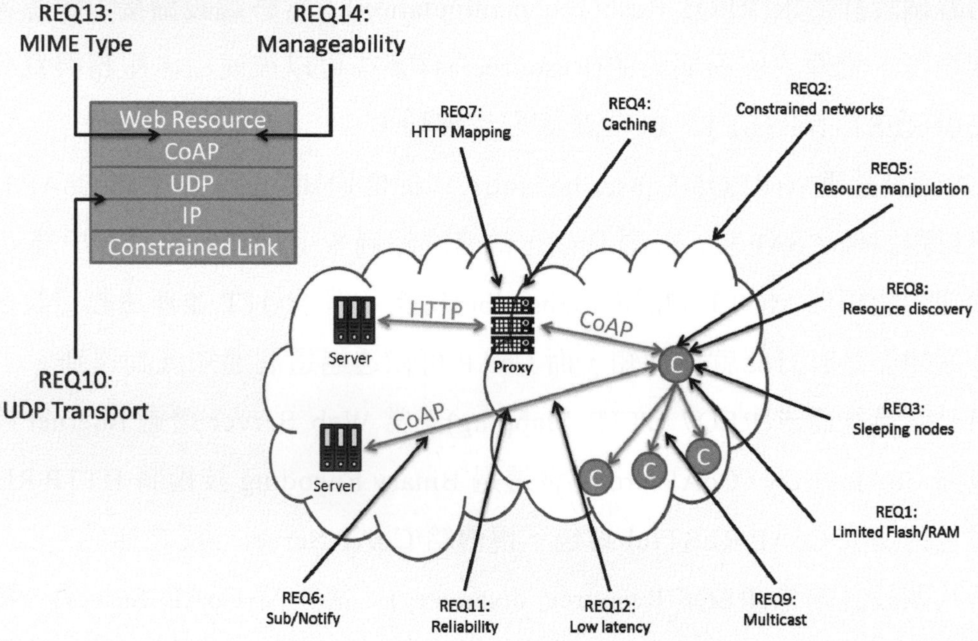

圖 14-4　CoAP 協定設計需求

在 CoAP 架構下(如圖 14-5)既有網路(Internet)和受限制的環境(constrained environment)下都可以使用。在受限制的環境下，每個物件不是 CoAP Client 就是 CoAP Server。通常小的物聯網設備是提供服務的 CoAP Server，而 CoAP Client 通常是物聯網閘道器，負責收集多個 CoAP Server 的服務。此外，在 Internet 下也可以直接下 CoAP 命令來使用 CoAP Server 服務。

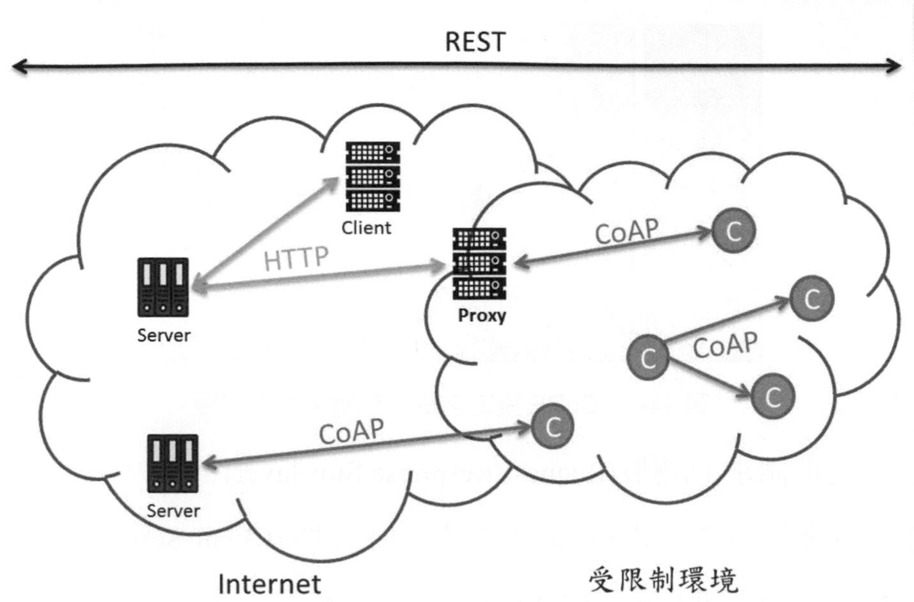

圖 14-5　CoAP 應用架構

14.2.2　CoRE 規範

CoAP 協定的 CoRE (Constrained RESTful Environments)規範提供具有 REST 風格的"請求/回應"互動模型(request/response interaction model)，類似於將 HTTP 的客戶端/伺服器(client/server)模型應用於資源受限的物聯網終端裝置(constrained devices)，客戶端和伺服器能用精簡的 Web Service 彼此溝通。

CoAP 協定中，終端裝置的服務和資源，可以被另一個設備如閘道器或手機發現(即 service discovery)，服務和資源的存取可透過「統一資源識別元」(Uniform Resource Identifier，URI)。此外 CoAP 協定的設計能夠輕鬆地與 HTTP 接口，連結於網際網路，同時滿足特殊網際網路要求，如群播的支持(multicast support)，以非常低的開銷(very low overhead)，運用於受限的環境(Constrained Environments)中。

CoRE 協定主要分為上下兩層(如圖 14-6)，上層協定是請求/回應層(Request/Response Sub-layer)，用來支援 RESTful 客戶端/伺服器的請求/回應(Request/Response)互動；下層協定是訊息層(Message Sub-layer)，提供精簡的訊息封包格式及可靠的資料傳輸功能。請求/回應層與訊息層則架構在 UDP (User Datagram Protocol[10])傳送機制與 DTLS (Datagram Transport Layer Security[11])的安全機制。

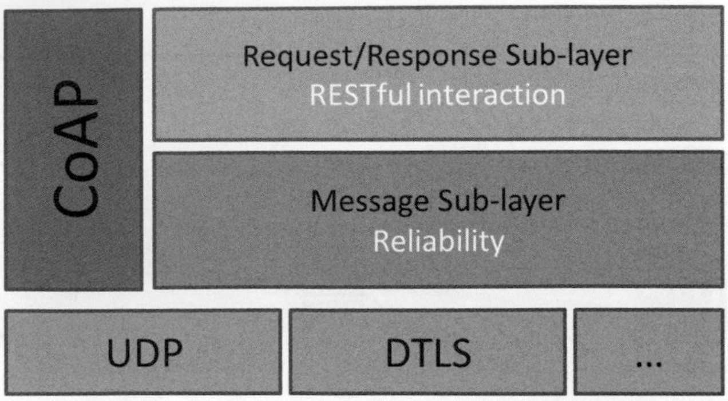

圖 14-6　CoRE 協定之請求/回應層和訊息層

1. CoAP 協定的請求/回應層(Request/Response Sub-layer)

請求/回應層支援 RESTful 客戶端-伺服器(Client-Server)的請求/回應(Request/Response)互動，請求/回應互動所使用的指令，就是 REST 所提到的四個指令：POST、GET、PUT 和 DELETE。此外，當要對設備資源進行這四種指令時，必須明確地指出設備資源的 URIs(統一資源識別元)和資源的型態。CoAP 網路的資源是以 URI 方式**標識**某一**網際網路資源**。URI(如圖 14-7)通常包含：

- **協定名(scheme)**：如 http、https、ftp、file、ftps 等，而 CoAP 的協定名 coap 與 coaps，後方會加上一個冒號(:)以及兩個斜線字元(//)。coap 協定是無加密的傳送機制，而 coaps 協定是利用 DTLS (Datagram Transport Layer Security)的安全機制來傳送加密資料。
- **user:password**：登錄某一主機的使用者名稱以及密碼，後方會加上一個@。
- **host**：主機名或者是 IP 位址。
- **port**：一個 TCP/UDP 連接埠，http 連接埠通常是 80 或者是 8080，coap 協定連接埠而為 5683，安全加密傳輸協定 coaps 的連接埠而為 5684，前面加上一個**冒號**(:)。
- **path**：指到某一資源的路徑，若有路徑需指定前面加上一個斜線字元(/)。
- **query**：查詢字串，前面會加上一個問號(?)。
- **fragment**：用一個片段指到第二層資源，前面加上一個井字號(#)。

scheme:[//[user:password@]host[:port]][/]path[?query][#fragment]

圖 14-7　Wiki URI 語法範例

下圖 14-8 爲一個從 Wiki 抓下的 URI 例子：

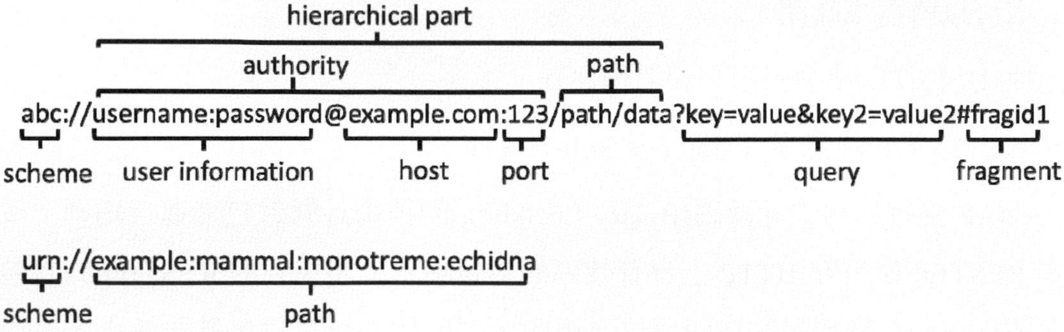

圖 14-8　Wiki URI 範例

更多 URI 內容詳見 Wiki[3]。

舉例來說，當 CoAP Server 端設備接上電源、啓動服務後，CoAP Server 就可以利用"POST"指令告訴物聯網閘道器(CoAP Client)，說明有哪些資源可以使用；CoAP Client 端(例如：物聯網閘道器)也可以下"/.well-known/core"命令來獲取 CoAP Server 端有哪些資源。有了資源資訊之後，CoAP Client(例如手機或是物聯網閘道器的控制程式)，便可對以利用"GET"指令 CoAP Server(假設網址爲 iot.ttu.edu.tw)提出讀取溫度(假設資源路徑爲/temperature)的請求，這樣的 CoAP 協定請求爲

GET coap://iot.ttu.edu.tw:5683/temperature

網址爲 iot.ttu.edu.tw 的 CoAP Server 就會將溫度的資訊回應給 CoAP Client。

想要開啓檯燈(假設資源路徑爲/lamp/switch)，CoAP Client 可以利用"PUT"指令對 CoAP Server 提出將檯燈開啓的請求，假如檯燈開關設爲 1/0 表示讓檯燈亮/暗。CoAP 協定請求如果爲

PUT coap://iot.ttu.edu.tw:5683/lamp/switch 1

則網址爲 iot.ttu.edu.tw 的 CoAP Server 就會將檯燈開啓點亮檯燈。相同地，如果 CoAP 協定請求爲

PUT coap://iot.ttu.edu.tw:5683/lamp/switch 0

則可以將檯燈關閉。

而"DELETE"指令是用來將設備刪除。

2. CoAP 協定的訊息層 (Message Sub-layer)

CoAP 協定利用二元編碼(Binary Encoding)的技術針對封包來進行編碼，改善原本 RESTful 使用在 HTTP 上沒有效率的封包格式。將主要的 RESTful 的封包控制表頭(header) 精簡封裝在四個位元組內，讓所佔的訊息封包量非常小，形成一種精簡的 CoAP 訊息封包格式。例如，HTTP 的回應碼也經過二元編碼，例如 200 在 HTTP 需要 3 個位元組表示，但在 CoAP 封包裡可以用 5 bits 來表示。CoAP 除了架構在 UDP 上，另外也提供 DTLS(Datagram Transport Layer Security)的安全機制。

由 CoAP 的二元編碼設計出的訊息格式，具有封包解析複雜度低以及訊息封包小之兩種好處。CoAP 訊息格式(如圖 14-9)主要分成固定 4 位元組長度的表頭(header)、0 到 8 位元組的 Token、有特別應用時需要用選項(Options)來指明、然後用 0xFF 的 Marker 表示前面的訊息表頭定義結束，接著是訊息內容(Payload)。

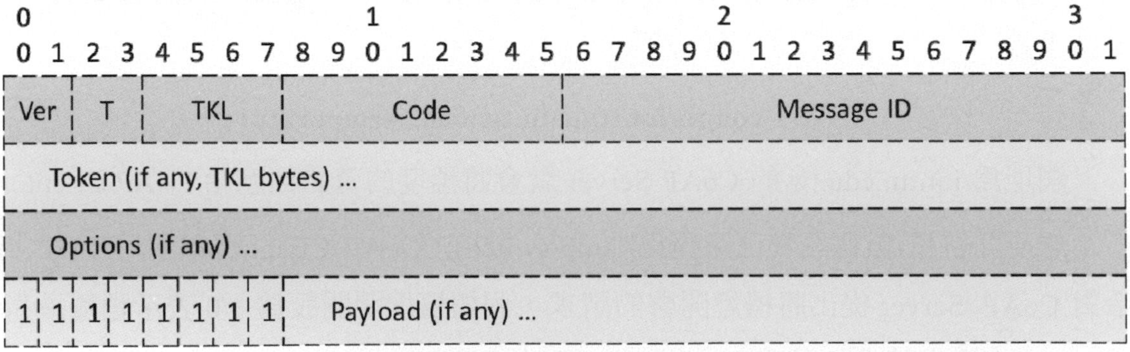

圖 14-9　CoAP 訊息格式

接著用**錯誤！找不到參照來源**。的 CoAP 訊息格式來詳細說明，首先 4 位元組長度的表頭，有以下幾種欄位：

(1) CoAP 版本(Ver, version)：用 2 位元表示 CoAP 版本，目前只有第 1 版，所以固定為 1。CoAP 版本欄位不是 1 的網路封包，會被 CoAP Server 丟棄。

(2) CoAP 訊息種類(T, type)：用 2 位元表示四種的訊息種類，

0：Confirmable　　1：Non-Confirmable

2：Acknowledgement　　3：Reset

訊息種類欄位值為 0(Confirmable)的 CoAP 封包為需要回應的請求或回應封包；訊息種類欄位值為 1(Non-Confirmable)的封包，為不需要回應的請求或回應封包；訊息種類欄位值為 2(Acknowledgement)的封包為成功收到請求或請求失敗的回應封包；訊息種類欄位值為 3(Reset)的封包為要求重置(Reset)的請求封包。

(3) TKL(Token Length)：用 4 位元表示 0 到 8 位元組的可變長度的 Token field。

(4) Code：總共有 8 位元，其中 3 位元(高位元)用來表示請求或回應的類別(class)和 5 位元的細節(detail)，可以用 c.dd 表示。

其中類別(class)為

0：表示請求封包

2：表示成功回應封包

4：Client 端請求時有錯誤之失敗回應封包

5：Server 端回應時有錯誤之失敗回應封包

(a) 當類別(class)為 0 時，此封包為請求封包，其中細節(detail)值為四種 REST 命令

1：GET　(0.01)　　2：POST (0.02)

3：PUT　(0.03)　　4：DELETE　(0.04)

(b) 當類別(class)為 2~5 時，此封包為回應封包，回應代碼及其意義如表 14-1。

表 14-1 CoAP Response Codes (ref. rfc 7252 session 12.1.1)

Code(回應代碼, c.dd)	Description(回應含義)
2.01	Created (新增成功)
2.02	Deleted (刪除成功)
2.03	Valid
2.04	Changed (修改成功)
2.05	Content (讀取成功)
4.00	Bad Request(錯誤請求)
4.01	Unauthorized(未授權)
4.02	Bad Option(錯誤選項)
4.03	Forbidden (禁止使用)
4.04	Not Found (找不到資源)
4.05	Method Not Allowed (方法不被允許)
4.06	Not Acceptable (無法接受)
4.12	Precondition Failed (先決條件失敗)
4.13	Request Entity Too Large (請求實體太大)
4.15	Unsupported Content-Format (不支援內容格式)
5.00	Internal Server Error (內部伺服器錯誤)
5.01	Not Implemented (未實現請求)
5.02	Bad Gateway (閘道錯誤)
5.03	Service Unavailable (服務不可使用)
5.04	Gateway Timeout (閘道逾時)
5.05	Proxying Not Supported (代理伺服器不支援)

(5) 訊息唯一識別碼(Message ID)：用 16 位元來表示這個訊息的唯一識別碼。唯一識別碼可用來偵測請求封包是否有重複，也可用來回應請求封包。

(6) Token：當 CoAP Client 送出一個請求給 CoAP Server 時已經有給定 Token，當 Server 回應時只要指定 Token 值，Client 就會知道 Server 是要回應哪一個請求的訊息。Token 可用在 CoAP server "無法及時回應的請求訊息" 的案例，詳見 14.2.4 小節 CoRE 訊息範例的圖 14-15。

(7) 選項(Options)：CoAP 封包可包含 0 到多個選項，當需要特別應用時就可以在此設定，例如可以設定 caching 的時間(max-age)，詳見 14.2.3 小節的 CoAP 選項。

(8) Payload Marker (0xFF)：結束前面的 CoAP 表頭(Header)。

(9) 訊息內容(Payload data)：要傳送的訊息內容。

14.2.3 CoAP 選項(Options)

CoAP 支援多種選項，CoAP 的選項的表示方法比較特殊，如圖 14-10，包含選項增量(Option Delta)、選項長度(Option Length)和選項內容(Option Value)三部分。每個選項都會有一個選項編號，而選項增量(Option Delta)表示目前選項編號和上一個選項編號的差值，換句話說，目前選項編號等於上一個選項編號加上目前的選項增量(Option Delta)。選項長度(Option Length)用來表示選項內容(Option Value)的具體長度。選項內容(Option Value)表示選項的具體內容。

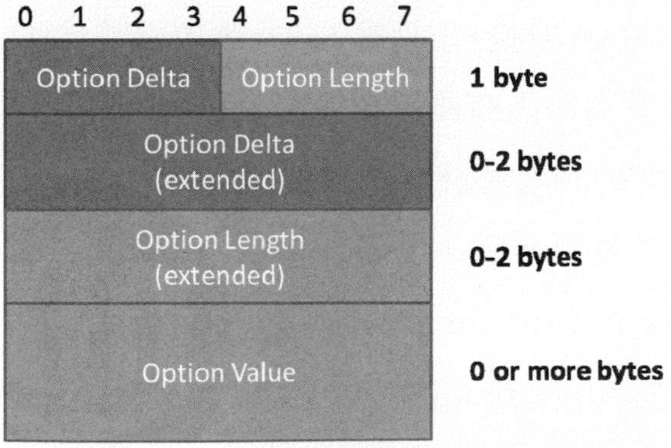

圖 14-10 CoAP 選項(Option)格式

CoAP 中所有的選項都採用編號的方式，這些選項及編號的定義，如圖 14-11 所示。

No.	C	U	N	R	Name	Format	Length	Default
1	X			X	If-Match	opaque	0-8	(none)
3	X	X	-		Uri-Host	string	1-255	
4				X	ETag	opaque	1-8	(none)
5	X				If-None-Match	empty	0	(none)
7	X	X	-		Uri-Port	uint	0-2	
8				X	Location-Path	string	0-255	(none)
11	X	X	-	X	Uri-Path	string	0-255	(none)
12					Content-Format	uint	0-2	(none)
14		X	-		Max-Age	uint	0-4	60
15	X	X	-	X	Uri-Query	string	0-255	(none)
17	X				Accept	uint	0-2	(none)
20				X	Location-Query	string	0-255	(none)
35	X	X	-		Proxy-Uri	string	1-1034	(none)
39	X	X	-		Proxy-Scheme	string	1-255	(none)
60			X		Size1	uint	0-4	(none)

C=Critical, U=Unsafe, N=NoCacheKey, R=Repeatable

圖 14-11　選項編號內容

在這些選項中，選項編號爲 3 的 Uri-Host option (No. 3)表示選項內容(Option Value)是 CoAP 主機名稱，例如 iot.eclipse.org。選項編號爲 7 的 Uri-Port option (No. 7)表示選項內容是 CoAP 埠號，預設爲 5683。選項編號爲 11 的 Uri-Path option (No. 11)表示選項內容是資源路由或路徑，例如\temperature，其中資源路徑採用 UTF8 字串形式，第一個"\"的長度不計算。選項編號爲 15 的 Uri-Query option (No. 15)表示選項內容是訪問資源參數，例如?value1=1&value2=2，參數與參數之間使用"&"分隔，Uri-Query 和 Uri-Path 之間採用"?"分隔。

在這些 CoAP 選項中，選項編號爲 12 的 Content-Format (No. 12)和選項編號爲 17 的 Accept (No. 17)用於表示 CoAP 的訊息內容(Payload)媒體格式。CoAP 協定中關於媒體類型的定義比較簡單，如圖 14-12 所示。Content-Format option 表示選項內容是指定 CoAP 複雜媒體類型，媒體類型採用整數(ID)來描述，例如 application/json 對應的整數 ID 爲 50，application/octet-stream 對應的整數 ID 爲 40。Accept option 表示選項內容是指定 CoAP 回應複雜中的媒體類型，媒體類型的定義和 Content-Format 相同。

Media type	Encoding	ID	Reference
text/plain;charset=utf-8	-	0	[RFC2046] [RFC3676] [RFC5147]
application/link-format	-	40	[RFC6690]
application/xml	-	41	[RFC3023]
application/octet-stream	-	42	[RFC2045] [RFC2046]
application/exi	-	47	[RFC-exi-20140211]
application/json		50	[RFC7159]

圖 14-12　Content-Format 編號內容

Content-Format 編號爲 0 (text/plain)，表示訊息內容(Payload)爲字串形式，預設的編碼方式是 UTF-8。編號爲 40(application/link-format)，表示 CoAP 資源發現協定(resource discovery)中追加的定義，此媒體類型不存在 HTTP 協定。編號爲 41 (application/xml)，表示訊息內容(Payload)類型爲 XML 格式。編號爲 42(application/octet-stream)，表示訊息內容(Payload)類型爲二進位格式。編號爲 47 (application/exi)，表示訊息內容(Payload)類型爲"精簡 XML" (Efficient XML Interchange)格式。編號爲 50 (application/json)，表示訊息內容(Payload)類型爲 "json" (JavaScript Object Notation)格式。編號爲 60(application/cbor)，表示訊息內容(Payload)類型爲 CBOR(Concise Binary Object Representation)格式，該格式可理解爲二進位 JSON 格式。

14.2.4　CoRE 訊息範例

CoAP 訊息在物件之間以同步和非同步(asynchronously)的訊息方式傳送，當 CoAP Client 傳送請求封包給 CoAP Server 時，Server 的回應封包只需要將資訊直接寫到請求封包上即可，不需要重新再造一個封包，這就是所謂的 Piggy-backed message。主要會改寫的訊息欄位為訊息類別(type)及請求或回應碼(code)。以下就使用訊息傳送範例來說明：

(1) 可靠的訊息傳送(Reliable Message Transmission)

可靠的訊息傳送可透過 CoAP 的 Confirmable 封包請求。如圖 14-13 是當 CoAP Client 提出一個 Confirmable 的請求 "CON [0xaf5] GET/light" 給 CoAP Server，其中 CON 表示 Confirmable，訊息格式的欄位 T 設為 00、[0xaf5]為 16 位元的 Message ID、GET 表示 Code 設為 00000001(即 0.01)、/light 就是訊息內容(Payload)。而因為是 Piggy-backed 的訊息，所以 Server 不需要修改訊息唯一識別碼(Message ID)，只需要將 CON 改為 ACK(將訊息格式 T 由 00 改為 10)以及將回應碼(code)由 00000001(0.01)改為 01000101(2.05)和回應訊息(Content)"<light> ..."放入訊息內容(Payload)，即可回應給 Client。

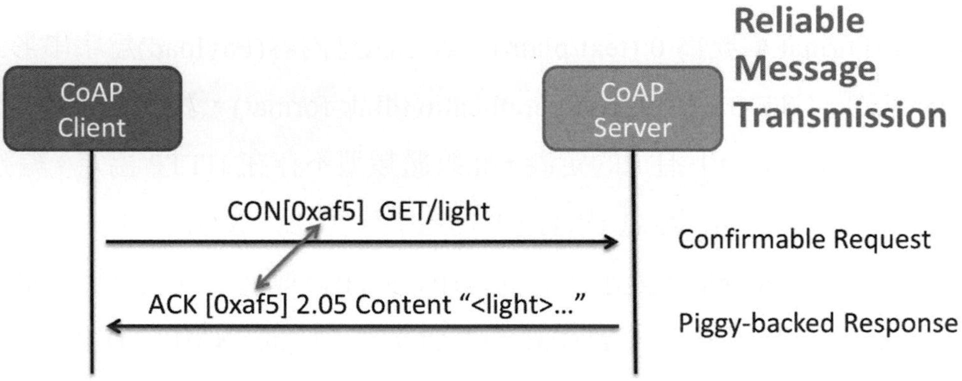

圖 14-13　可靠的訊息傳送

(2) 不可靠的訊息傳送(Unreliable Message Transmission)

如圖 14-14 是當 CoAP Client 提出一個 Non-confirmable 的請求"NON [0xaf5] POST/reading" 給 CoAP Server，其中 NON 表示 Non-confirmable，訊息格式 T 設為 01、[0xaf5]表示為 16 位元的 Message ID、POST 表示 Code 設為 00000010(0.02)、/reading 就是 Payload。因為是 Non-confirmable 的訊息，所以 CoAP Client 將訊息送出即可，CoAP Server 可以回應也可以不回應。

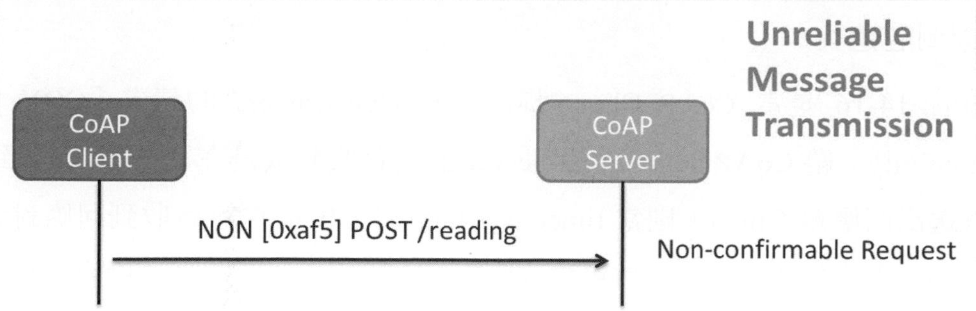

圖 14-14　不可靠的訊息傳送

(3) 無法及時回應的訊息傳送

如圖 14-15 是當 CoAP Client 提出一個 Confirmable 的請求「CON [0x1b] GET/light Token: 0x31」給 CoAP Server，CoAP Server 發現短時間內沒辦法回應給 CoAP Client，因此先送回一個回應封包「ACK [0x1b]」給 Client，讓 Client 知道 Server 有收到訊息唯一識別碼(Message ID)為[0x1b]的封包，但暫時沒辦法回應，所以訊息內容(Payload)是空的。之後當 Server 準備好 Client 需要的資料後，就送出一個 Confirmable 的回應請求「CON [0x823] 2.05 Content /light Token: 0x31 "<light>..."」給 Client，其中因為 Message 是新的，所以訊息唯一識別碼(Message ID)會不一樣，但 Token 是一樣的，用來表示 Server 是要回應的是先前「Token: 0x31」的請求。

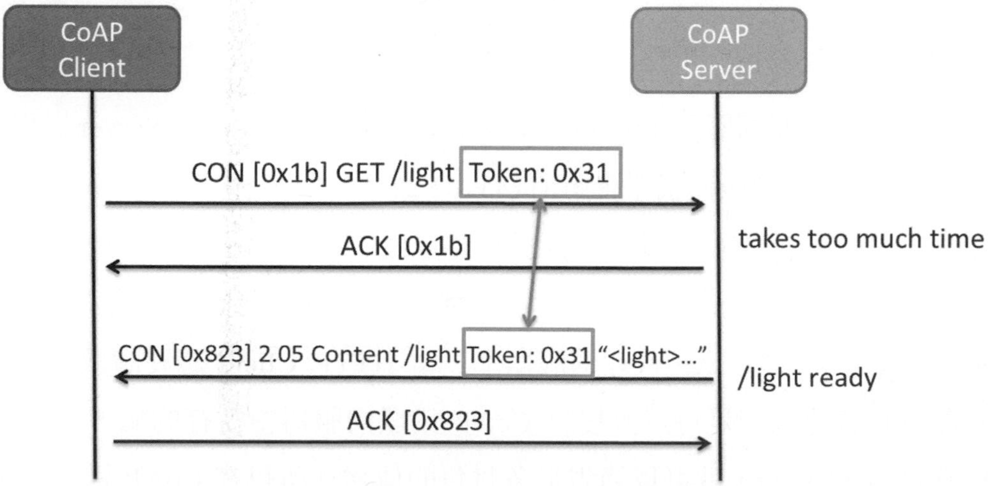

圖 14-15　沒有及時回應的訊息傳送

(4) 訊息封包遺失

如圖 14-16 是當 CoAP Client 提出一個 Confirmable 的請求「CON [0x1a] GET/humidity」給 CoAP Server，但 Server 並沒有收到或是在 timeout 時間到之前還沒有送出回應給 Client，則當 timeout 時間到且 Client 還沒有收到回應封包時，Client 會再送一次原本的請求封包給 Server。這次 Server 有收到了就會回應「ACK [0x1a] 2.05 Content "<humidity>..."」給 Client，至於是回應的是這次或上一次來不及回應的訊息或是這次新的請求則不重要，因爲是回應同一個訊息唯一識別碼 (Message ID)。

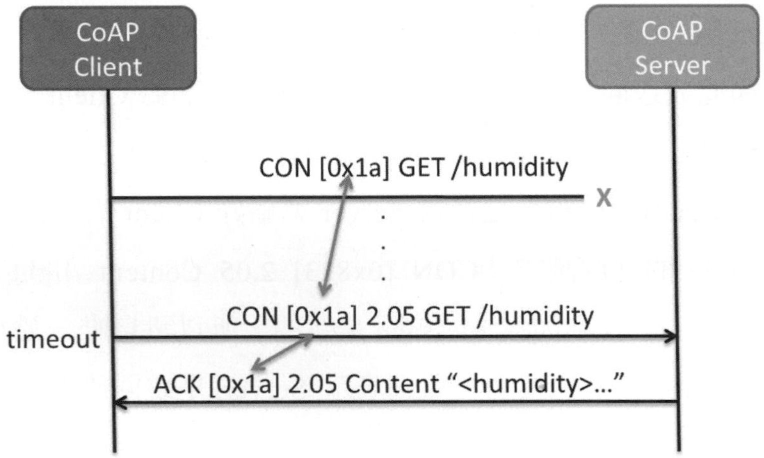

圖 14-16　封包遺失

(5) 代理與暫存(Proxying 和 Caching)

透過 CoAP 代理伺服器(Proxy)，HTTP Client 亦可以對 CoAP Server 提出 HTTP REST 請求，CoAP 代理伺服器會將 HTTP REST 網路封包轉換成 CoAP 格式的封包，如此網際網路任何的 HTTP Client 就可以直接存取 CoAP Server 的資源。此外，CoAP Server 的某一些資源(例如 sensors)可能短時間沒有變化或者變化不大時，可以事先暫存(Cache)在 CoAP 代理伺服器上，當 HTTP Client 想要讀取這些 CoAP Server 資源的值時，若是可以直接將 CoAP 代理伺服器中暫存的值，直接回傳給 HTTP 或 CoAP Client，就可以節省很多封包的傳送。所以在 CoAP 訊息封包格式中的 Option，就可以藉由設定"Max-age"的值來指定資料維持多久時間不須更新，此外也可以利用 Option 中的"Etag"來判斷資料是不是有效。

以圖 14-17 為例，中間多了一個 CoAP 代理伺服器(Proxy)的角色，當 HTTP Client 提出一個 HTTP 請求 "GET /light" 給 CoAP 代理伺服器，因為一開始代理伺服器(Proxy)中並沒有值，所以 CoAP 代理伺服器(Proxy)轉換 HTTP 請求成 CoAP 請求後，就直接向 CoAP Server 提出 "CON GET /light" 請求，因此 CoAP Server 回應「ACK max-age=30s 2.05 Content "<light>…"」給 CoAP 代理伺服器(Proxy)，指出 Server 在 30 秒內 light 的變化不大，所以 CoAP 代理伺服器就會將 light 的值 cache 住。接著 CoAP 代理伺服器再轉傳回應訊息給 HTTP Client。若是在 30 秒內 HTTP Client 又提出一個請求 "GET /light" 給 CoAP 代理伺服器(Proxy)時，CoAP 代理伺服器(Proxy)直接將 cache 的值回傳給 HTTP Client。

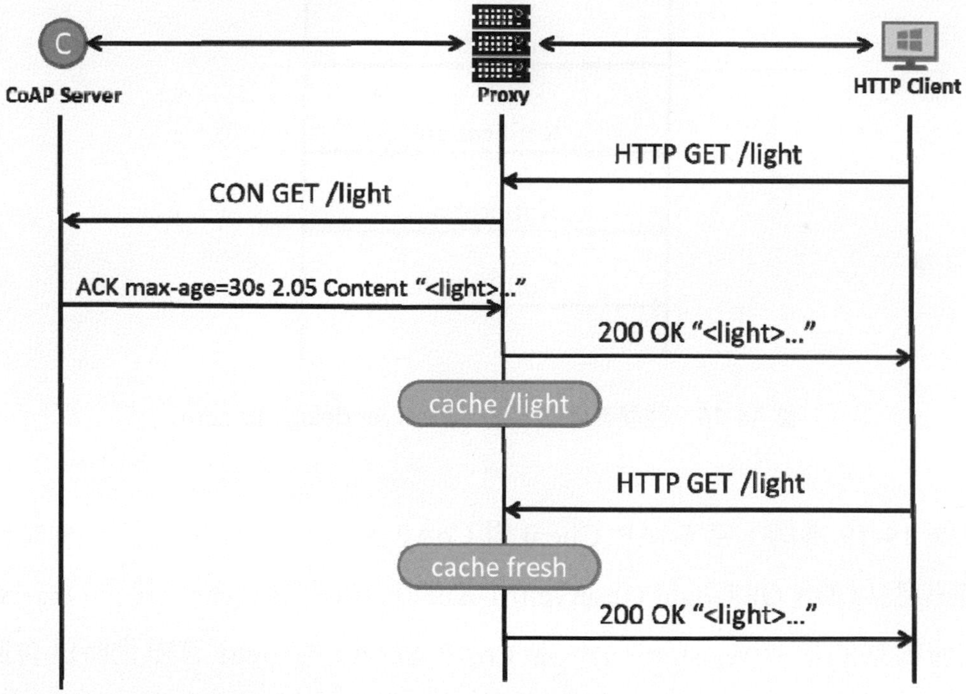

圖 14-17　代理與暫存

14.2.5 CoAP 協定的 Observe 規範

Observe 規範定義在 IETF rfc7641，全名爲 Observing Resources in CoAP，簡稱"Observe 規範"。Observe 規範提供一種 HTTP 網路服務所沒有的功能，也就是提供軟體工程中設計模式(design pattern)中的觀察者設計模式(observer design pattern)。在觀察者設計模式中，一個目標物件(即 CoAP Server)記錄並管理所有相依於它的觀察者物件(即 CoAP Client)，並且在它本身的狀態改變時主動發出通知。簡單來說，如圖 14-18 所示，觀察者(observer)透過註冊(Registration)觀察的指令，來關注被觀察者(Subject)的狀態，當被觀察者的狀態改變時，被觀察者主動發出事件(event)來通知(Notification)觀察者(observer)。

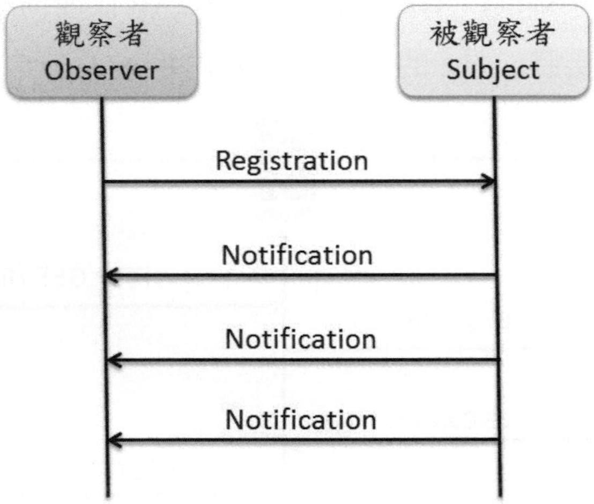

圖 14-18 觀察者設計模式 (observer design pattern)

以圖 14-19 爲例，當 CoAP Client 對 CoAP Server 的 light 資訊感興趣時，就會送出訊息「CON GET/light Observe:0 Token:0x3f」給 Server，其中 Observe 爲 0 表示註冊觀察的指令(registration)。當 CoAP Server 的 light 有變化時就會回報給 CoAP Client。當第一次回應給 Client 時也會遵循回應封包的格式「ACK 2.05 Observe:27 Token: 0x3f "<light>..."」。之後當只要 light 的值有變動時，CoAP Server 就會送 CON 的請求封包給 CoAP Client，而 CoAP Client 也會送回應封包給 CoAP Server。

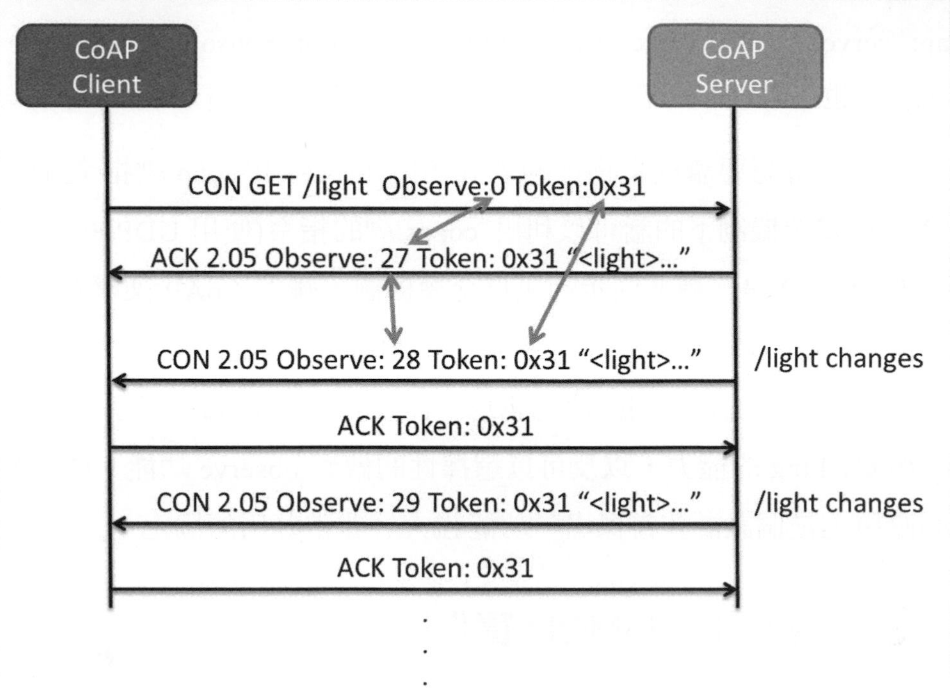

圖 14-19　CoAP Observe

目前如何下 Observe 命令(例如變動觀察或者是週期觀察)並沒有完整的規範，下面是對溫度感測器下 Observe 命令可能的範例:

1. <coap://server/temperature>：每幾秒鐘回傳一次溫度或是有變動的時候回傳溫度。
2. <coap://server/temperature/felt>：定義二個門檻值(V_{hot} 和 V_{cold}) 當溫度超過 V_{hot} 這個門檻值時，可以說是太熱；當溫度低於 V_{cold} 這個門檻值時，可以說是太冷；介於中間可以說是舒適的溫度。
3. <coap://server/temperature/critical?above=42>：超過四十二度時就回報溫度訊息。

4. <coap://server/?query=select+avg(temperature)+from+Sensor.window:time (30sec)>：也可以執行任意 SQL 類似的命令，即回傳三十秒鐘內的平均溫度。

總結來說，當想要讀取某物件的資源值時可以利用"coap://"指令(使用 UDP Port 5683)，在安全機制下的話可以利用"coaps://"的指令(使用 UDP Port 5684)。和 HTTP 不同，CoAP 是一種非同步的訊息交換機制，雖然 CoAP 架構在 UDP 上，但可以藉由 CON 的(Confirmable)訊息類別來確保訊息傳送的可靠性。可以點對點的傳送訊息也可以一個對多個的傳送訊息。而且訊息的 header 很小，並且也提供 Proxying 和 Caching 的能力，以及可以選擇性的做到 observe 功能。CoAP 協定在物聯網的應用上是個設計非常傑出、功能強大、非常好用的協定。

14.3 使用 NodeMCU 實作 CoAP

目前網路上 NodeMCU 的韌體(Firmware)關於 CoAP 主要提供基本的功能，在應用上過與陽春，本中心針對 CoAP 部分的即時作業系統增加更多的 Observe 功能。

14.3.1 燒錄支援 CoAP 之 NodeMCU Firmware

在使用 CoAP 協定前，必須先燒錄支援 CoAP 的韌體(Firmware)。其所需要步驟如下：

1. 第一步驟需要先下載本中心的 NodeMCU-CoAP-Firmware.zip，解壓縮後會有兩個 bin 檔，其中 0x00000.bin 是 NodeMCU 的 bootloader，0x10000.bin 則是即時作業系統(RTOS)。因此第一個需要先將 bootloader 程式燒進 NodeMCU，接著再將 RTOS 程式燒進 NodeMCU。執行步驟如下：

步驟 1： 在 Advanced 中的 Baudrate 選擇 115200，如圖 14-20。

圖 14-20　燒錄支援 CoAP 的韌體--步驟 1

步驟 2： 選擇 bin 檔時後面的位址要對應，如圖 14-21。

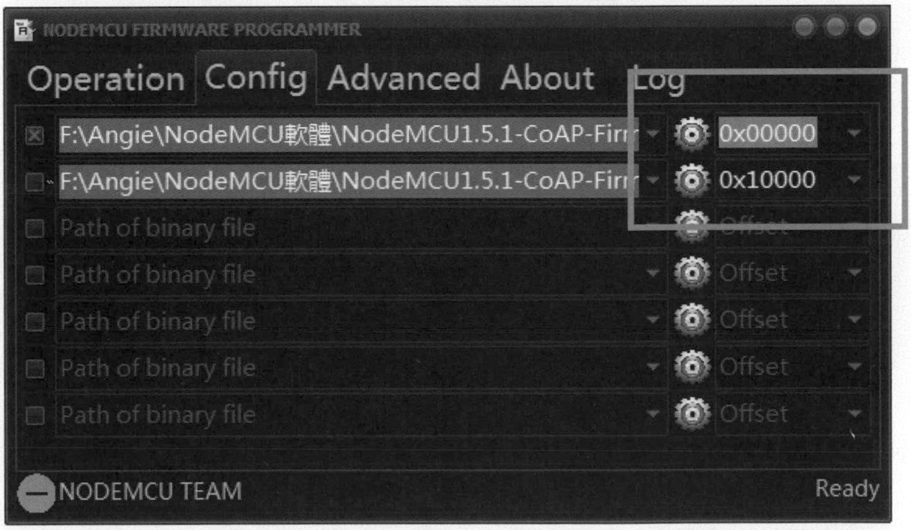

圖 14-21　燒錄支援 CoAP 的韌體--步驟 2

步驟 3： 先燒 bootloader，所以前方的方塊要選取"0x00000"，此時第二個方塊沒有選取，如圖 14-22。

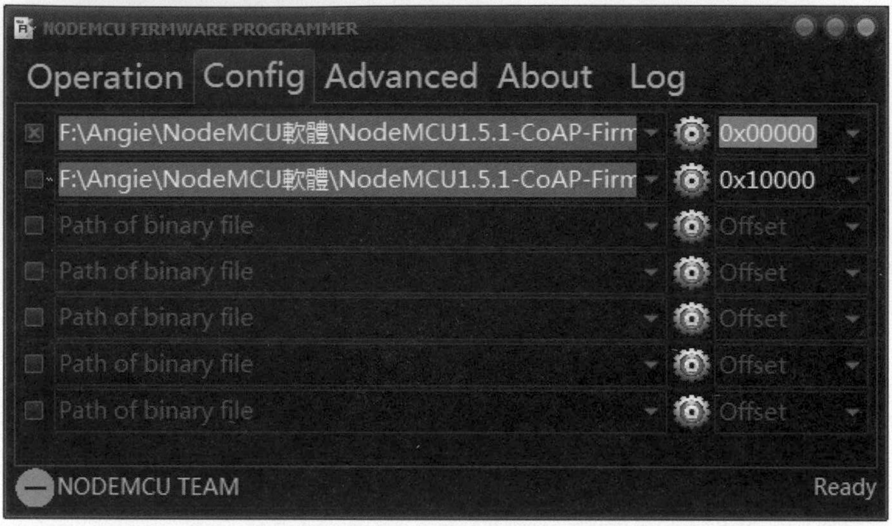

圖 14-22　燒錄支援 CoAP 的韌體--步驟 3

步驟 4： 再燒 RTOS，此時第二個方塊要選取"0x10000"，如圖 14-23。

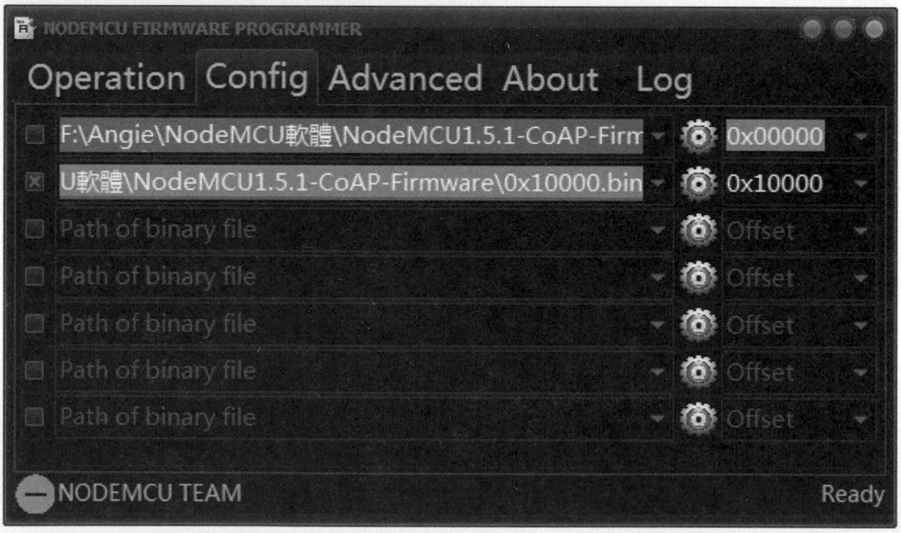

圖 14-23　燒錄燒錄支援 CoAP 的韌體--步驟 4

步驟 5： 燒好後，開啓 ESPlorer 執行環境，可以看到 Firmware 版本爲 1.5.1(目前最新版已經更新到 2.1.1)，這樣表示 NodeMCU 已經將 Firmware 更新至中心版本，如圖 14-24。

```
NodeMCU 1.5.1 build unspecified powered by Lua 5.1.4 on SDK 1.
lua: cannot open init.lua
> print(uart.setup(0, 115200, 8, 0, 1, 1 ))
115200
>
Communication with MCU...
Got answer! AutoDetect firmware...

NodeMCU firmware detected.
=node.heap()
45344
>
```

圖 14-24　檢查 CoAP 的韌體燒錄是否成功

2. 成功燒錄 NodeMCU 的 Firmware 後，接著下載本中心的自動連線程式，AutoConnect-CoAP-lc.zip，解壓縮後有三個程式檔，其中
   - C4lab_AutoConnect.lc 是用來當提供電源給設備後，設備可以安全且自動連線到 Gateway，而不需設定帳號、密碼。
   - C4lab_CoAP-ob.lc 是 CoAP 的主程式，主要支援 CoRE 的規範。
   - C4lab_Observer.lc 是支援 observe 規範的 CoAP 程式。.lc 檔表示是 compile 過的檔案，程式檔大小變化不大，但執行速度比較快。
3. 將剛剛的三個.lc 檔使用"Upload"按鈕載入到 NodeMCU 中，如圖 14-25。載入順序依序爲 C4lab_Observer.lc、C4lab_CoAP-ob.lc、C4lab_AutoConnect，較不會有錯誤訊息。完成後按下"Reload"按鈕，可以看到三隻程式已經在 NodeMCU 中了，如圖 14-26。

圖 14-25　載入 CoAP 程式

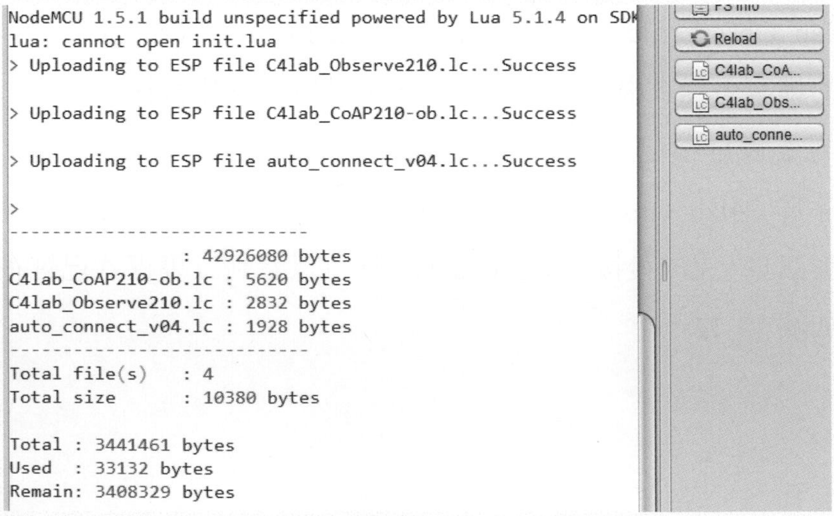

圖 14-26　完成載入 CoAP 程式

14.3.2 溫濕度感測器模組複習

利用溫濕度感測器實做 CoAP 之前，我們先複習溫濕度感測器模組的應用，詳細內容可以參考"第七章溫濕度感測器原理與應用"。

1. NodeMCU 和溫濕度感測器模組接線

實際接線部分可以參考如圖 14-27。

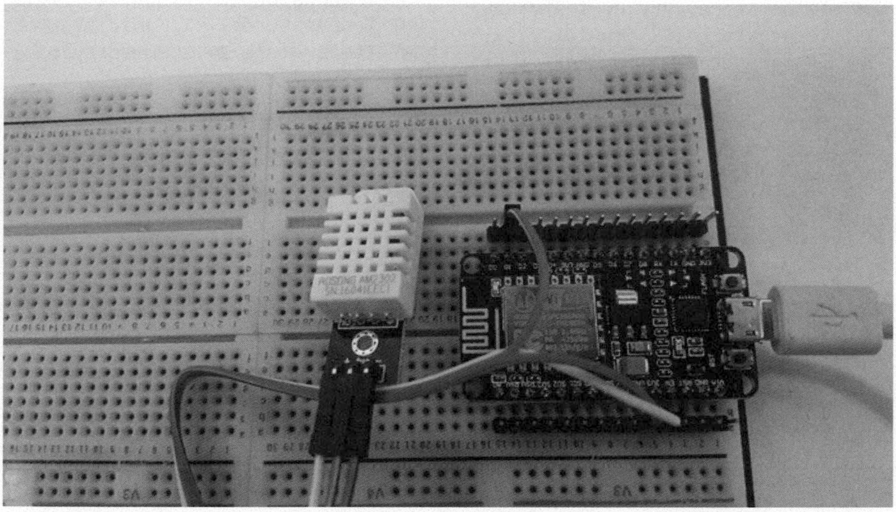

圖 14-27　DHT_麵包板接線

2. Lua 程式以及終端機顯示的變化

當對著溫濕度感測模組吹氣時，會發現值越高則相對溫濕度越高。溫濕度感測 Lua 程式和終端機顯示結果如圖 14-28 和圖 14-29。

```lua
pin = 12
gpio.mode(pin, gpio.INPUT)
tmr.alarm(0,2000,1,function()
    status, temp, humi, temp_dec, humi_dec = dht.read(pin)
    if status == dht.OK then
        -- Float firmware using this example
        print("DHT Temperature:"..temp..";".."Humidity:"..humi)
    elseif status == dht.ERROR_CHECKSUM then
        print( "DHT Checksum error." )
    elseif status == dht.ERROR_TIMEOUT then
        print( "DHT timed out." )
    end
end)
```

圖 14-28　DHT 溫濕度感測模組 Lua 程式

```
DHT Temperature:27.1;Humidity:53
DHT Temperature:27.2;Humidity:52.9
DHT Temperature:27.1;Humidity:52.8
DHT Temperature:27.1;Humidity:52.8
DHT Temperature:27.1;Humidity:52.7
DHT Temperature:27.2;Humidity:52.6
DHT Temperature:27.9;Humidity:64.6
DHT Temperature:28.3;Humidity:75.4
DHT Temperature:28.3;Humidity:82.4
DHT Temperature:28.1;Humidity:87.3
DHT Temperature:27.9;Humidity:90.2
DHT Temperature:27.7;Humidity:92.7
DHT Temperature:27.5;Humidity:94.5
DHT Temperature:27.3;Humidity:95.5
```

```
DHT Temperature:27.3;Humidity:95.5
DHT Temperature:27.2;Humidity:95.7
DHT Temperature:27.2;Humidity:95.4
DHT Temperature:27.2;Humidity:94.5
DHT Temperature:27.2;Humidity:92.2
DHT Temperature:27.2;Humidity:88.9
DHT Temperature:27.2;Humidity:84.7
DHT Temperature:27.2;Humidity:81
DHT Temperature:27.2;Humidity:77.2
DHT Temperature:27.2;Humidity:73.5
DHT Temperature:27.2;Humidity:70.3
DHT Temperature:27.2;Humidity:67.5
DHT Temperature:27.2;Humidity:65.2
```

圖 14-29　溫濕度感測模組終端機顯示結果

14.3.3 CoAP 程式說明

如何將啓動器(Actuator)或感測器(Sensor)變成是 CoAP Server，然後讓 CoAP Client 可以去讀取或控制 CoAP Server 的值。例如利用手機或電腦的 App 透過 Gateway 讀取溫濕度感測器的溫度及濕度值。因此本中心將步驟大約分成三到四個步驟，

(1) 加入使用啓動器功能(Actuator Resources)Lua 程式。

(2) 加入使用感測器功能(Sensor Resources)Lua 程式。

(3) (選擇性)加入設備資訊(device info)。

(4) 註冊感測器與啓動器功能。

1. 加入使用啓動器功能(Actuator Resources)Lua 程式

　　加入啓動器時需要註冊控制啓動器的回調函式(callback function)，例如使用 LED 當輸出讓使用者可以控制它開或關，當輸入為 0 時關燈，輸出為 1 時開燈。如圖 14-30，setLed(p)就是所謂的回調函式，其中 p=="0"或 p=="1"是由手機 App 來控制的。當手機輸入是 0，就會利用"gpio.write(ledPin, gpio.LOW)"將燈關掉；反之，輸入是 1 就將燈打開。詳細的程式碼，如圖 14-31。

```
-- step 1. add actuators' functions
ledPin = 2
gpio.mode(ledPin,gpio.OUTPUT)
gpio.write(ledPin, gpio.LOW)
led = 0

-- step 1a. put actuator functionality in a callback function
function setLed(p)
  -- handle restful put
  if p=="0" then
      led = 0
      gpio.write(ledPin, gpio.LOW)
  elseif p=="1" then
      led = 1
      gpio.write(ledPin, gpio.HIGH)
  end
  -- handle restful get (note that: in this case p=nil)
  return led
end
```

圖 14-30　加入使用 LED 啓動器功能的 Lua 程式

2. 加入使用感測器功能(Sensor Resources)Lua 程式

加入感測器(Sensors)時則需要註冊要觀察的資源變數，例如想要讀取溫濕度感測器和光感測器中的溫度(temperature)、濕度(humidity)、光的亮度(illuminance)，使用者就必須先設定這些變數。詳細的程式碼如圖 14-31。

```
-- step 2. Add sensors' functions
dhtPin = 1

-- step 2a. Create sensor resources to be regustered in CoAP server
temperature = -127
humidity = -1
illuminance = 0

tmr.alarm(0,1000,1,function()
  -- read temperature humidity
  status,temp,humi,temp_decimial,humi_decimial = dht.read(dhtPin)
  if( status == dht.OK ) then
    temperature = temp
    humidity = humi
  elseif( status == dht.ERROR_CHECKSUM ) then
    print("Status ERROR_CHECKSUM")
  elseif( status == dht.ERROR_TIMEOUT ) then
    print("Status ERROR_TIMEOUT")
  end
  -- read illuminance
  illuminance = adc.read(0)
end)
```

圖 4-31　加入溫度、濕度、光度感測器 Lua 程式

3. 加入設備資訊(device info)

藉由輸入設備資訊讓手機 App 知道要控制的設備是什麼，**這個功能是選擇性的，可以加也可以不加**。如圖 14-32，deviceID=120 定義爲可以是具有感測器與啓動器的設備，因此當手機收到 deviceID 是 120 時就知道要怎麼控制或使用它。flags 當設定爲 0 時表示不能將設備關機，舉例來說，像安全監控設備或是冰箱就不能被關機。classID 爲 0 表示是智慧家電，但未來還會繼續擴充其他設備應用。函式 typeID()表示修改 deviceID，而函式 flags()可以用來修改 flags 的值。詳細的程式碼，如圖 14-32。

```
-- step 3. (optional) Add device info
deviceInfo = {
    flags = 0x00000001, -- bit 0: 0 secure devices(refrig, secure cam)
    classID = 0,        -- 0 for home appliance
    deviceID = 120      -- a devices with sensors and actuators
}
function typeID(p)
  if p~=nil then
    deviceInfo.deviceID = p
  end
  return deviceInfo.deviceID
end

function flags(p)
  if p~=nil then
    deviceInfo.flags = p
  end
  return deviceInfo.flags
end
```

圖 14-32　加入設備資訊 Lua 程式

4. 註冊資源

將啓動器的控制功能(Actuator Resources)以及感測器的感測資源(Sensor Resources)註冊到 CoAP Server，讓這些資源註冊在 CoAP 伺服器上，可以被 Gateway 或者是手機控制。以下的編碼是本中心所定義的，如果遵循以下編碼方式就可以直接透過本中心所開發的手機 App 使用。主要可以細分成幾個步驟，而詳細程式碼如圖 14-33：

(1) 首先就要藉由 cv = require "C4lab_CoAP210-ob" 將 CoAP library 匯入，將 Server 的 port 設定為 5683 並且啓動 Server。

(2) 註冊啓動器資源：其中 122 是 deviceID，用來表示單純啓動器設備，200 表示 resourceID 目前定義為檯燈，而"setLed"則是 call back function。

(3) 註冊感測器資源：其中 121 是 deviceID，用來表示單純感測器設備，1/2/3 表示 resourceID，目前定義 1 為溫度、2 為濕度、3 為光度，而後面則是變數。

(4) 將所有可以使用的啓動器或感測器資源註冊到 Gateway，讓使用者可以透過 Gateway 去控制這些資源。

```
-- step 4. register resources to CoAP server
cv = require "C4lab_CoAP210-ob"
cv:startCoapServer(5683)
-- optional acturator resources
cv:addActuator("/typeID","typeID")
cv:addActuator("/flags","flags")

-- register acturator resources
cv:addActuator("/122/200","setLed")

-- register sensor resources
cv:addSensor("/121/1","temperature")
cv:addSensor("/121/2","humidity")
cv:addSensor("/121/3","illuminance")

-- register all the resources in Gateway
cv:postResource()
```

圖 14-33　註冊資源

14.3.4 NodeMCU CoAP 實際範例

以下利用 LED、溫濕度感測器以及光感測器實際運用 CoAP 程式，讓手機或電腦可以透過 Gateway 讀取和控制。在開始前需要先利用 Android 手機下載本中心開發的“智慧控制”App，如圖 14-34。

圖 14-34　智慧控制 App

本章有三個實驗：

1. 撰寫 CoAP Server 的 Lua 程式讀取溫濕度感測器的溫度和濕度值，並觀察以及實驗下述兩點：

(1) 手輕輕按住感測模組，觀察“智慧控制”App 的變化。

(2) 對著感測模組吹氣，觀察“智慧控制”App 的變化。

答：更詳細步驟參考實驗手冊單元十二主題 B。

一開始“智慧控制”App 加入溫濕度感測器的初始畫面，如圖 14-35。

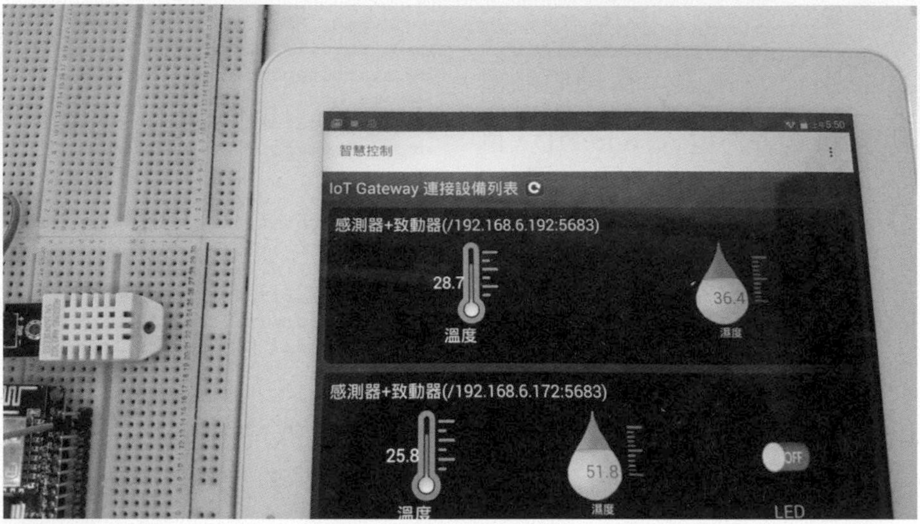

圖 14-35 “智慧控制”App 加入溫濕度感測器的初始畫面

(1) 當手指壓住感測器時，體溫使得感測器溫度上升，App 畫面如圖 14-36。

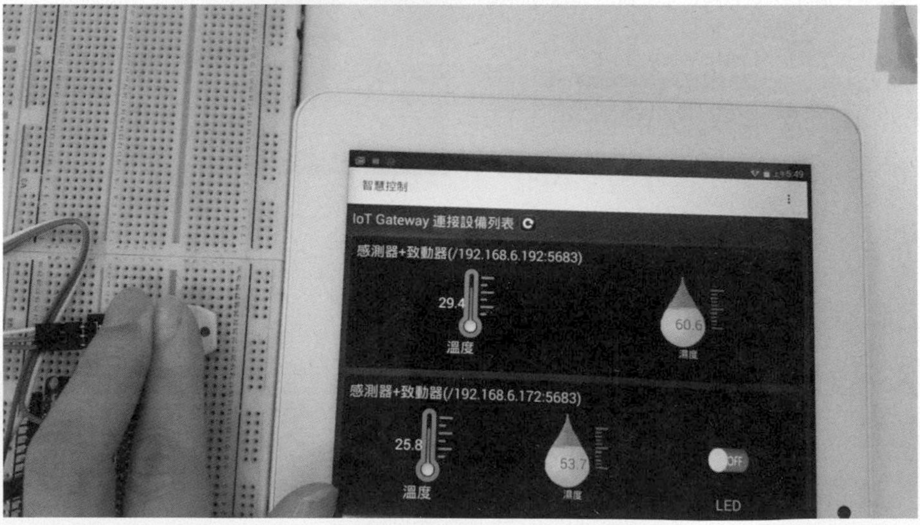

圖 14-36 “智慧控制”App_手指壓住感測器

(2) 以口對感測器吹氣時，感測器偵測到濕度上升，App 畫面如圖 14-37。

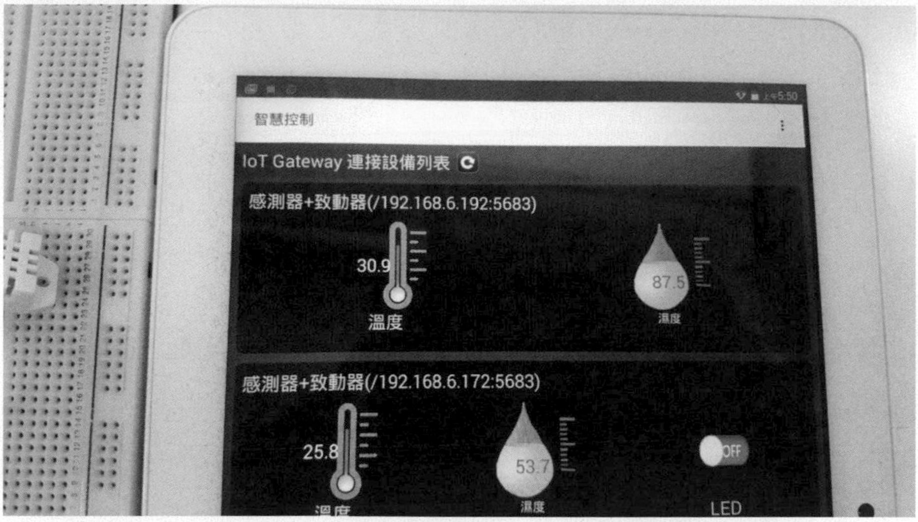

圖 14-37　“智慧控制” App_對感測器吹氣

2. 加入 LEDs 模組，撰寫 CoAP Server 的 Lua 程式去開啓或關閉 LED，並觀察"智慧控制"App 是否自動出現 LEDs 控制介面。

答：更詳細步驟參考實驗手冊單元十二主題 C。承上題，程式內增加 LED 之 CoAP 設定，如下紅框標示。

```lua
print("Running DHT CoAP server...")
dhtPin = 1
temperature = -127
humidity = -1

ledPin = 2                          -- define LED control pin
gpio.mode(ledPin,gpio.OUTPUT)       -- Set LED GPIO
gpio.write(ledPin, gpio.LOW)
led = 0

tmr.alarm(0,1000,1,function()
  status,temp,humi,temp_decimial,humi_decimial = dht.read(dhtPin)
  if( status == dht.OK ) then
    temperature = temp
    humidity = humi
  elseif( status == dht.ERROR_CHECKSUM ) then
    print("Status ERROR_CHECKSUM")
  elseif( status == dht.ERROR_TIMEOUT ) then
    print("Status ERROR_TIMEOUT")
  end
end)

function setLed(p)                          --LED IOT control function
  if p=="0" then                            -- if command "0", LED off
      led = 0
      gpio.write(ledPin, gpio.LOW)
  elseif p=="1" then                        --if command "1", LED on
      led = 1
      gpio.write(ledPin, gpio.HIGH)
  end
  return led                                -- return LED status
end

function typeID(p)
  if p~=nil then
     deviceInfo.deviceID = p
  end
  return deviceInfo.deviceID
end
```

```
cv = require "C4lab_CoAP210-ob"              --Load CoAP observer
cv:startCoapServer(5683)                     --define CoAP port
cv:addActuator("/typeID","typeID")
cv:addActuator("/flags","flags")

cv:addSensor("/121/1","temperature")         --Add temperature sensor
cv:addSensor("/121/2","humidity")            --Add humidity sensor
cv:addActuator("/122/200","setLed")          --Add LED Actuator
cv:postResource()

deviceInfo = {                               --CoAP device information
    flags = 0x00000001,                      -- IoT device can be power of
    classID = 0,                             -- 0 for home appliance
    deviceID = 120                           -- devices with sensors and a
}
```

“智慧控制” App 會自動出現 LEDs 控制介面，如圖 14-38。利用控制介面將 LED 打開時，實際畫面如圖 14-39。

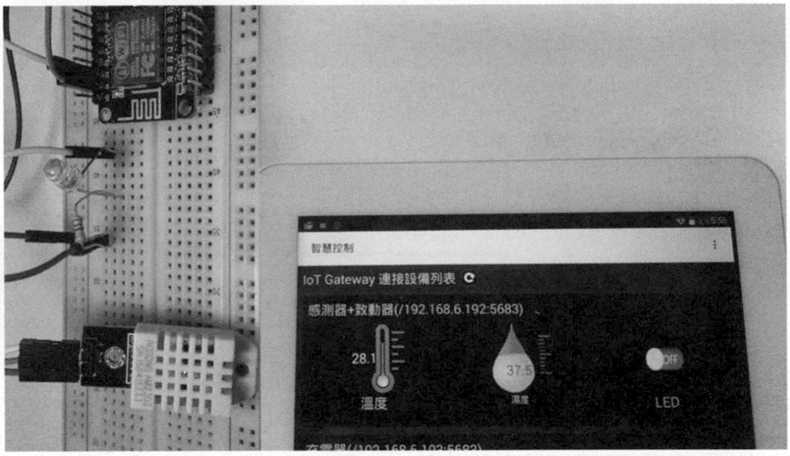

圖 14-38　“智慧控制” App_自動出現 LED 控制介面

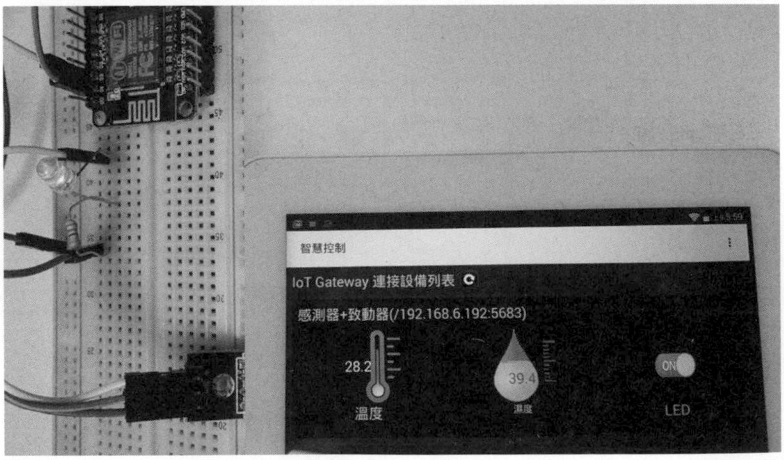

圖 14-39　“智慧控制” App_開啓 LED

3. 加入光感測器元件，撰寫 CoAP Server 的 Lua 程式去讀取光感測器元件明亮度，並觀察以及實驗下述兩點：

(1) 當手不蓋/半蓋/蓋住光感測器，觀察“智慧控制”App 的變化。

(2) 使用手機“手電筒”App 照射感測器，觀察“智慧控制”App 的變化。

答：更詳細步驟參考實驗手冊單元十二主題 D。

在上題程式內繼續增加光敏之 CoAP 設定，如下紅框標示。

```
tmr.alarm(0,1000,1,function()
  status,temp,humi,temp_decimial,humi_decimial = dht.read(dhtPin)
   illuminance = adc.read(0)                    --Read light sensor
  if( status == dht.OK ) then
    temperature = temp
    humidity = humi
    print ("Temperture= ".. temp,"Humidity= "..humi,"Illuminance= "
  elseif( status == dht.ERROR_CHECKSUM ) then
    print("Status ERROR_CHECKSUM")
  elseif( status == dht.ERROR_TIMEOUT ) then

cv:addSensor("/121/1","temperature")     --Add temperature sensor
cv:addSensor("/121/2","humidity")        --Add humidity sensor
cv:addSensor("/121/3","illuminance")    --Add light sensor
cv:addActuator("/122/200","setLcd")     --Add LED Actuator
cv:postResource()
```

(1) 在“智慧控制”App 加入光敏電阻後且手不蓋的畫面如圖 14-40。

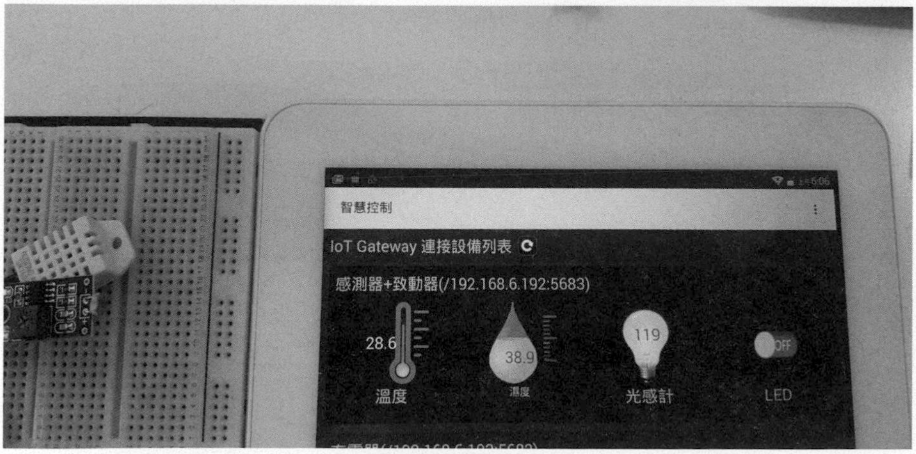

圖 14-40 “智慧控制”App 加入光敏電阻

手半蓋後 App 畫面如圖 14-41，可以發現亮度值由 119 升到 274。

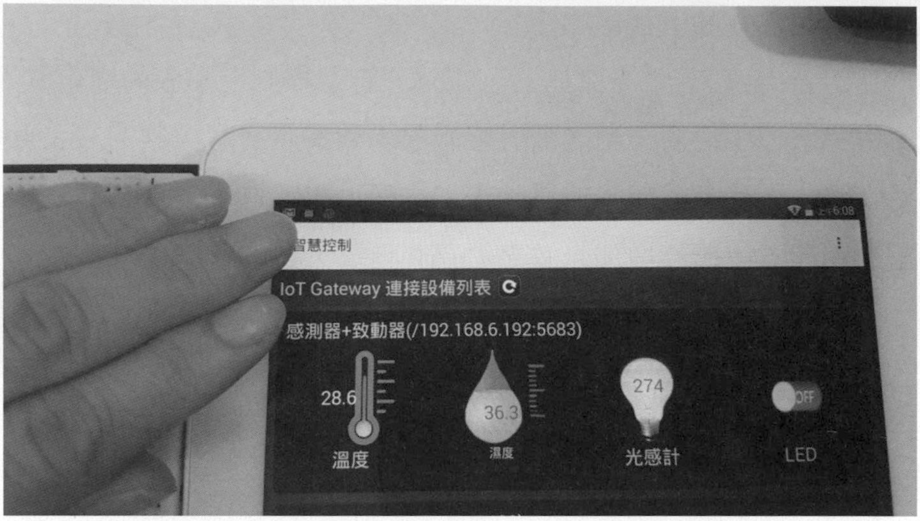

圖 14-41 "智慧控制" App-手半蓋來觀察光敏電阻值

手全蓋後 App 畫面如圖 14-42，可以發現亮度值已經升到 661。

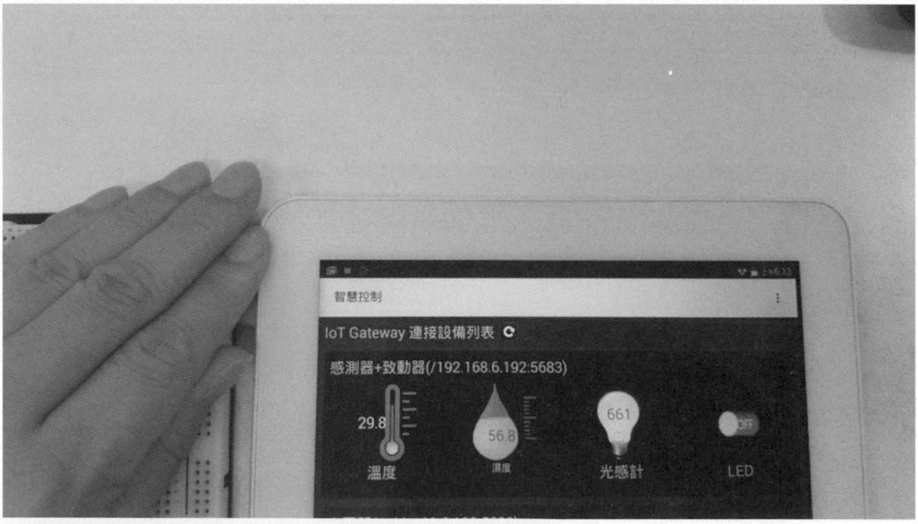

圖 14-42 "智慧控制" App-手全蓋來觀察光敏電阻值

(2) 利用“手電筒”照射感測器，App 畫面如圖 14-43，可以發現亮度值已經下降到 71。

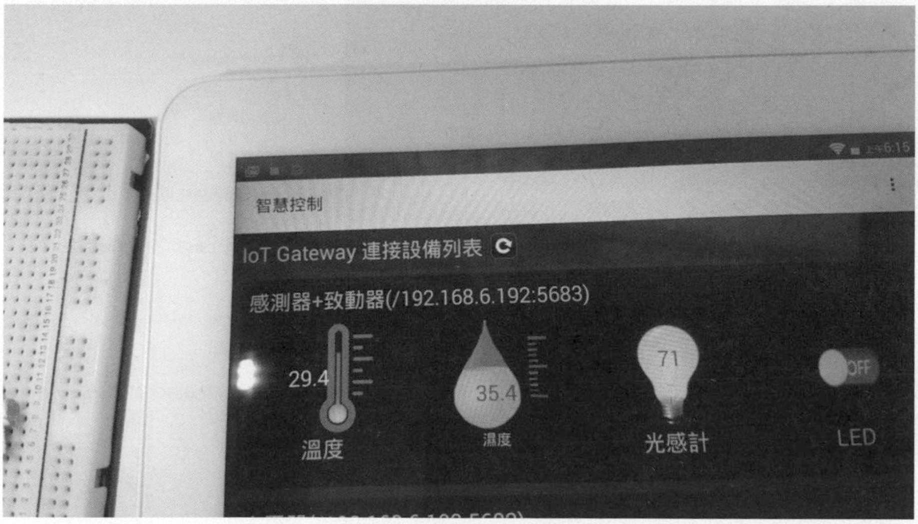

圖 14-43 “智慧控制”App-“手電筒”照射感測器來觀察光敏電阻值

如同“第 3 章光敏電阻以及類比數位轉換器原理與應用”中所提，光敏電阻透過分壓原理得知亮度，因此當亮度越亮讀到的值越小，當亮度越暗時讀到的值越大。

14.4 利用 Snap!4NodeMCU 實做 CoAP Server

Snap!4NodeMCU IDE 工具提供了 CoAP 程式積木，如圖 14-44，大大地簡化開發物聯網 CoAP Server 軟體的複雜性。CoAP 程式積木區包含以下功能：1. Wi-Fi auto connection 積木提供 CoAP 自動連線功能；2. 啓動定時器(用來撰寫感測器 CoAP server)；3. 設定啓動器函式(用來撰寫啓動器 CoAP server)；4. 啓動 CoAP server；5. 加入感測器資源；6. 加入啓動器資源(特殊描述的資源、最大值最小值描述的資源)；7. 啓動以 MQTT 實做的 CoAP server。

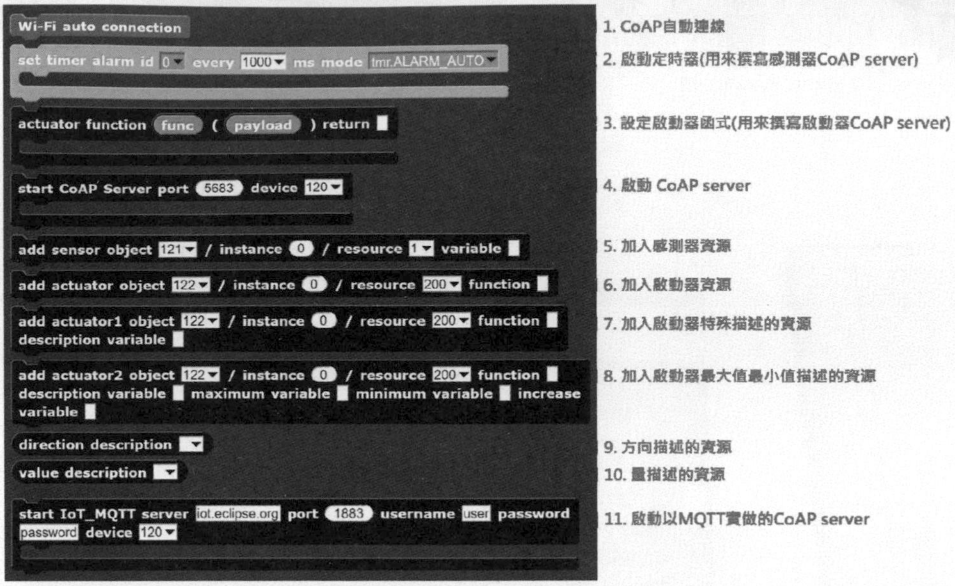

圖 14-44　CoAP 程式積木

14.4.1　感測器 CoAP Server 實作

感測器 CoAP Server 實作步驟如下：

(1) 啓動自動連線機制。

(2) 加入使用感測器功能，本步驟與實作感測器嵌入式系統一模一樣。

(3) 啓動 CoAP server。

(4) 註冊感測器資源到 CoAP server。

例如溫濕度感測器的 CoAP Server 實作，如圖 14-45。

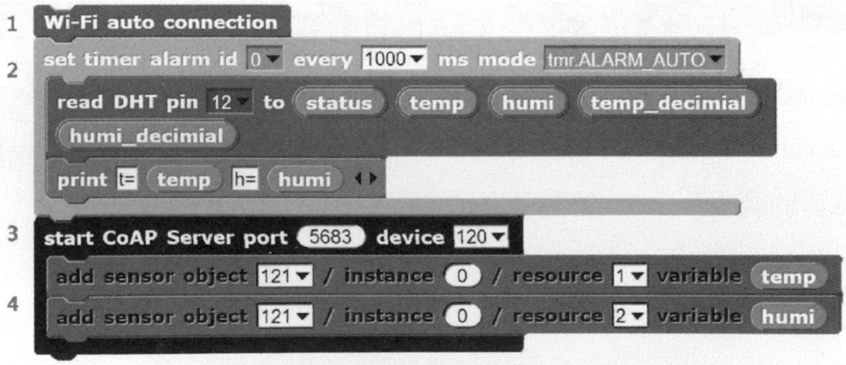

圖 14-45　溫濕度感測器的 CoAP Server 實作

14.4.2 啟動器 CoAP Server 實作

啓動器 CoAP Server 實作步驟如下：

(1) 啓動自動連線機制。

(2) 利用**設定啓動器函式**積木，加入啓動器功能。

(3) 啓動 CoAP server。

(4) 註冊啓動器功能到 CoAP server。

例如啓動 NodeMCU D4 腳位的 Led 燈之 CoAP Server 實作，如圖 14-46。

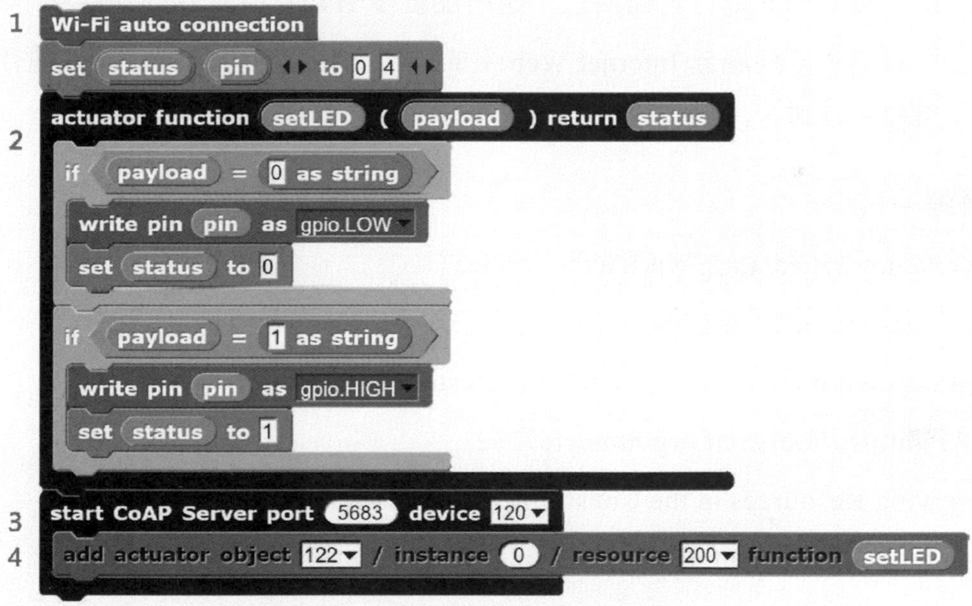

圖 14-46　Led 燈啓動器的 CoAP Server 實作

14.5 小結

本章介紹了 CoAP 的基本概念以及操作流程，並介紹本中心對於 CoAP 所新增 observe 功能的 Firmware 以及相關編碼方式，透過手機下載本中心所開發的“智慧控制”App，可以實際體驗如何透過手機去控制設備。

本章重點如下：

1. CoAP 是
   (1) 一種 RESTful 協定。
   (2) 同時支援同步和非同步的訊息傳送。
   (3) 主要應用在受限制的設備和網路。
   (4) 是一種特別的 M2M 實際應用。
2. CoAP 不是
   (1) 用來取代 HTTP。
   (2) 將一般 HTTP 進行壓縮而已，還增加很多 HTTP 所沒有的功能。
   (3) 和 HTTP 一樣屬於 Internet Web 上的應用，而是一種 Local 端的應用。
3. 自我學習：參考 YouTube 以及本中心網頁上 CoAP 相關的教學影片。

參考資源：

1. https://en.wikipedia.org/wiki/Web_service
2. https://zh.wikipedia.org/zh-tw/REST
3. https://en.wikipedia.org/wiki/Uniform_Resource_Identifier
4. CoAP, https://tools.ietf.org/html/rfc7252
5. Observing Resources in the Constrained Application Protocol (CoAP), https://tools.ietf.org/html/rfc7641
6. http://embedded-computing.com/articles/internet-things-requirements-protocols/#
7. ARM CoAP Tutorial: http://www.slideshare.net/zdshelby/coap-tutorial
8. TCP three-way handshake，https://en.wikipedia.org/wiki/Transmission_Control_Protocol#Connection_establishment
9. IETF https://www.ietf.org/
10. UDP, https://en.wikipedia.org/wiki/User_Datagram_Protocol
11. DTLS, https://en.wikipedia.org/wiki/Datagram_Transport_Layer_Security

CHAPTER 15

物聯網實際應用案例

在第一部分介紹了物聯網嵌入式系統設計基礎，學習如何實際應用 NodeMCU 對感測器和啓動器做讀取和寫入而設計出物聯網終端設備。對於如何設計出物聯網終端設備有基本的了解後，便可以將這些終端設備利用第二部分所介紹的物聯網技術理論與實作，進行物和物之間互相通訊，例如使用 MQTT 與 CoAP 技術，達到物聯網的精神。

本章節主要利用本中心發展的自動連線技術以及智慧控制 App，結合第一部分及第二部分所傳授的知識，實際應用在家庭、機房以及無線充電上。接下來第一節的部分會介紹物聯網智慧家庭，第二節介紹物聯網智慧機房，最後再介紹物聯網無線充電的案例。

15.1 物聯網智慧家庭應用

智慧家庭是將各種家庭設備，透過網路讓彼此之間做連結，來提高整體的服務品質。除了可以確保居家之安全性、居住環境及生活之便利性，也可以提供舒適之生活品質，創造更爲人性化之居住環境。

隨著不同年代、使用者需求、研究主題或是產業產品特性的不同，智慧住宅的定義也都不一樣。近年來隨著物聯網時代的來臨，電子、資通訊產業與生活空間整合的智慧化居住空間平台，逐漸受到資通訊產業以及建築產業的重視。加上雲端運算產業的投入，更加速了住宅智慧化服務技術的發展。智慧住宅、智慧辦公空間以及智慧城市等議題，成爲產業與學術研究的重點發展方向。

1. 國內外廠商在智慧家庭的應用案例

目前國內外廠商在智慧家庭的應用案例有很多，我們主要介紹華碩(ASUS)以及亞馬遜(Amazon)兩家公司對於智慧家庭的應用：

(1) 華碩(ASUS)

華碩智慧家居系列產品將六個不同產品(如圖 15-1)，「智慧電子門鎖」、「智慧插座」、「門窗開關感測器」、「動作感測器」、「智慧警報器」與「溫溼度感測器」，透過中央控制器 (Home Gateway) 與網路進行連接，使用者可以透過手機即時取得家中的各項監控資料和所發出的警報，也可以從遠端控制家中的門鎖、開關等元件。

圖 15-1 華碩智慧家居系列產品和 Zenbo 機器人

在 Computex 2016 開展前的華碩主場 Zenvolution 發表會中，他們首次推出了瞄準娛樂、居家陪伴的機器人產品 Asus Zenbo。它可以控制智慧家居產品，像是電燈、電視、空調、監視器與門鎖等，此外根據華碩的說法，這部聰明的機器人甚至也能在廚房幫上一些忙，像是提供幫智慧廚具的定時或者是說出食譜等的應用。Zenbo 機器人有提供開發的 SDK，可以做二次開發。

(2) 亞馬遜(Amazon)

Amazon 所推出的 Amazon Echo(如圖 15-2)，能夠透過聲音控制進行音樂的撥放(限於 Prime Music、Spotify、Pandora、iHeartRadio、TuneIn 平台上的音樂)，並可以回答你各種的問題就如同 iPhone 的 Siri。此外，也可以透過第三方的智慧家庭控制系統來控制家中燈光、開關和溫度控制等。自從上市以來功能不斷擴充新增，已經新增超過 900 種的功能。Amazon Echo 可以說是目前最受歡迎的智慧家庭管家。

圖 15-2　Amazon Echo

2. 實際應用案例系統架構以及運作方式

利用本書的物聯網技術，透過溫濕度感測器、PIR 與土壤濕度等設備，以及利用 NodeMCU 進行改裝的一般家電設備，就可以達到簡易的智慧家庭系統。主要的架構如圖 15-3，在物聯網閘道器啓動後，物聯網設備只要啓動電源後就會自動與物聯網閘道器進行連線；連線成功後，每個物聯網設備都會註冊其功能在物聯網閘道器上；啓動手機/平板 App 也可以自動連線到物聯網閘道器，物聯網設備接著就可以利用手機/平板所控制；雲端介面也可以透過 MQTT 與閘道器互連，進而控制這些物聯網設備。此外，物聯網閘道器內的專家系統可以讓物聯網設備智慧的連結、智慧的互動，簡單建立一個智慧家庭系統。

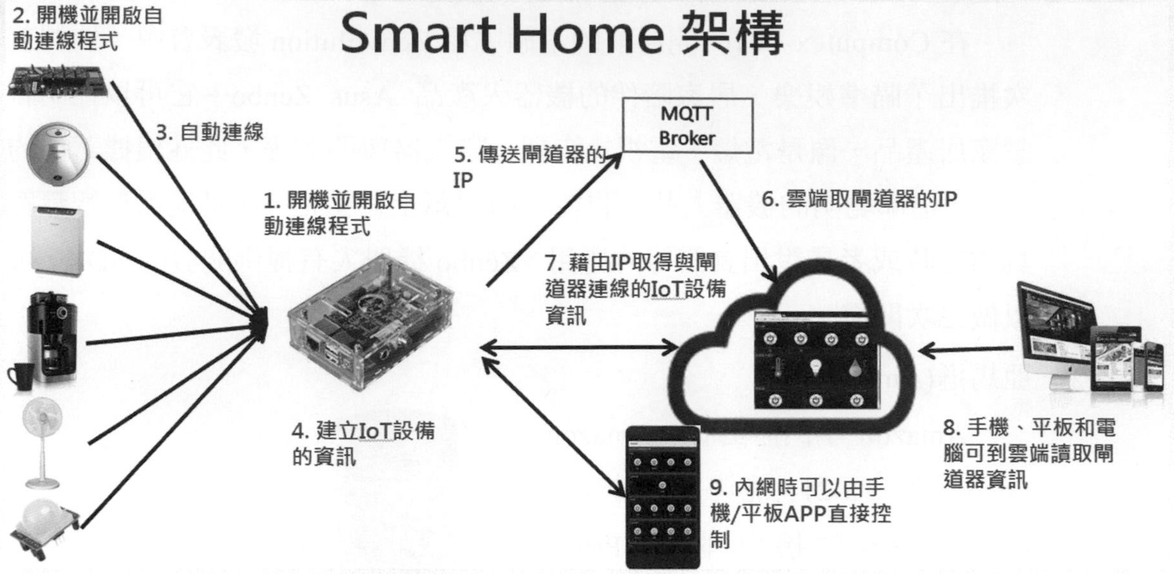

圖 15-3　智慧家庭架構

目前在智慧家庭實際應用的方面有：

(1) 環境溫度舒適感

當家中的溫度感測器溫度較高時，就會透過閘道器上的專家系統告知電風扇(較省電)或冷氣機(較涼爽舒服)需要啓動；相反的當溫度較低時，就會通知暖氣機啓動，以此來調整家中溫度的舒適度。

(2) 電燈節能

透過光感測器來確認家中的自然光是否充足，再結合紅外線偵測感應器(PIR)確認該房間是否有人，來控制電燈開關達到節電的功效，也可以實作出智慧書桌，防止小孩子因爲讀書姿勢不正確或者沒有注意到光線太過微弱傷害眼睛形成近視。

(3) 植物缺水警報

將土壤濕度感測器與蜂鳴器結合，將裝置放在盆栽裡，只要土壤的溼度不夠時，就可以利用蜂鳴器發出聲音來通知盆栽需要澆水。利用電磁閥自動加入適當的水量。

(4) 智慧咖啡機應用

當家裡有訪客來時，可以與他們在客廳聊天時就利用手機 App 來控制廚房的智慧咖啡機進行烹煮，當烹煮完畢再到廚房把煮好的咖啡端出來與客人一起享用，不需一開始就在廚房操控咖啡機。

(5) 智慧掃地機器人應用

由於目前市面上掃地機器人在運作時的聲響蠻大的，除了可以透過 App 直接控制外，也可以設定某個時間到的時候，掃地機器人就會自動開始清掃。當然也可以在跟家人出遊時透過雲端直接控制家中的掃地機械人讓它自動打掃。或者是利用智慧管家偵測到家裡沒人而且今天還未打掃，那麼就啓動掃地機器人始清掃。

上述除了一般的物與物之間的互動外，我們也可以透過智慧手機 App 或是雲端的控制介面來控制家中設備，如圖 15-4。此外，除了智慧手機的 App 的開關按鈕外，本實作案例也可以透過語音辨識的方式如圖 15-5(a)，以及手勢辨識的方式如圖 15-5(b)去操控家中的電器設備。

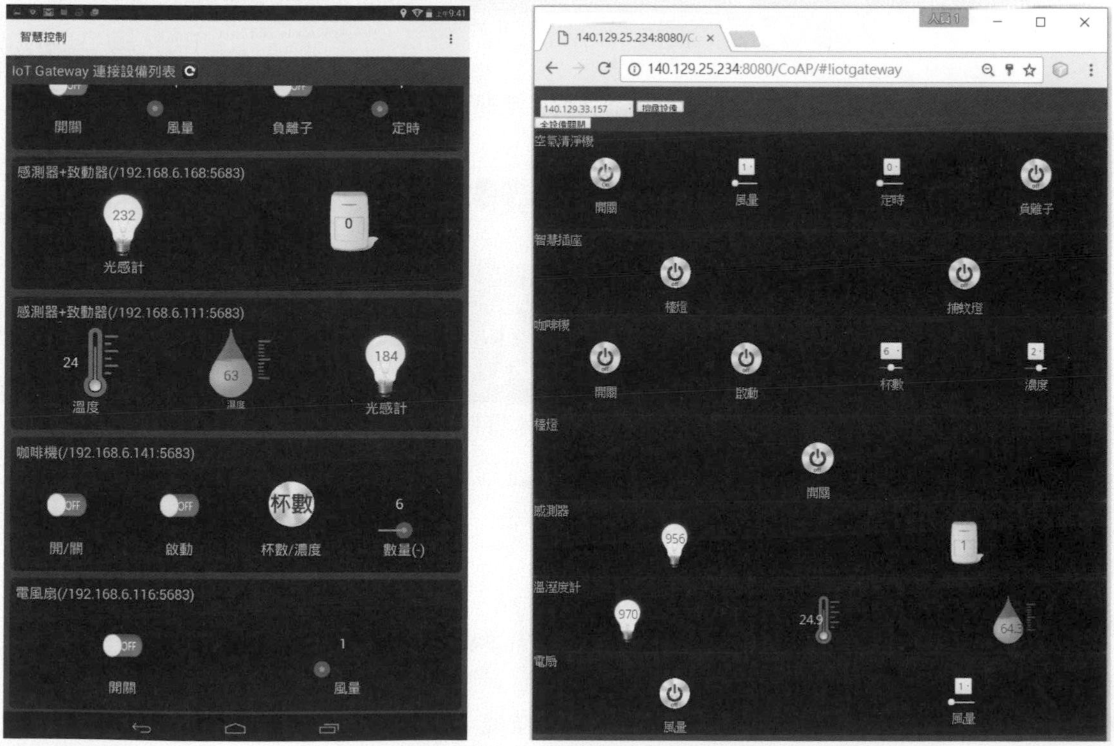

圖 15-4　智慧手機與控制智慧雲端控制

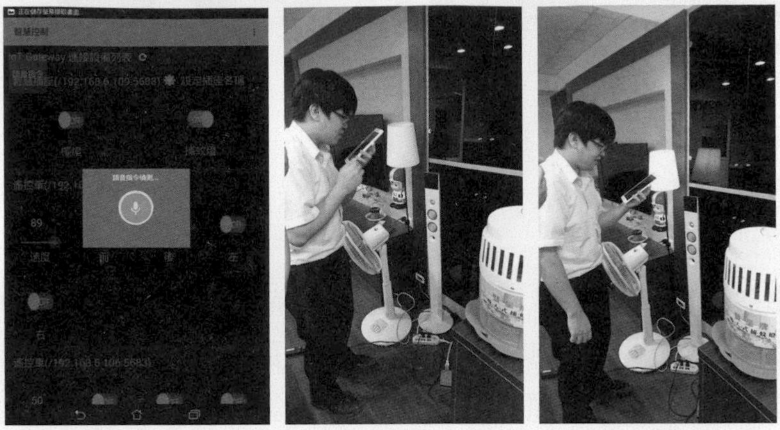

圖 15-5(a)　智慧手機語音辨識控制(控制介面、語音準備開燈、正確辨識後開燈畫面)

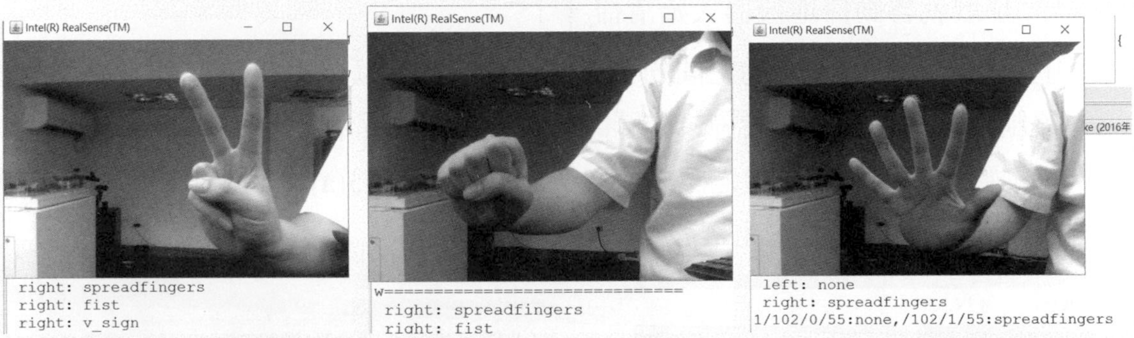

圖 15-5(b)　智慧家庭結合 Intel RealSense 手勢辨識控制(剪刀、石頭、布手勢辨識)

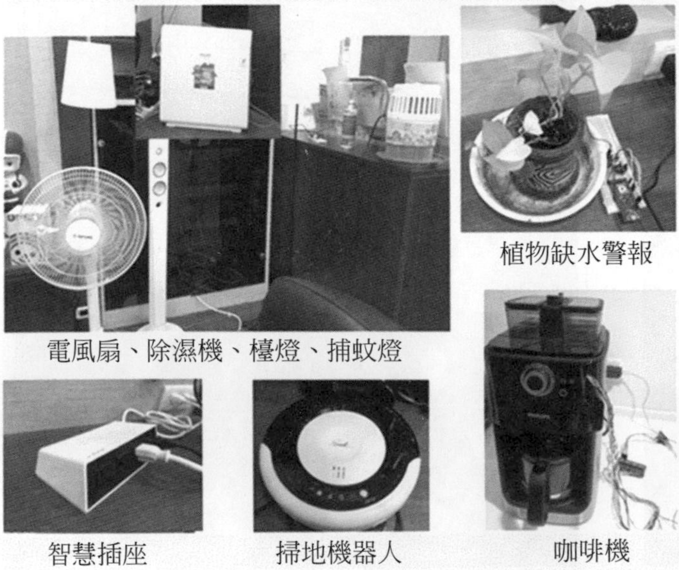

圖 15-6　實際智慧家庭應用

目前智慧家庭建置實際所放置感測器和觸動器，智慧咖啡機、智慧空氣清淨機、智慧電風扇、智慧掃地機器人如圖 15-6。其中檯燈和捕蚊燈是透過智慧插座來進行開關動作。

15.2 物聯網智慧機房應用

機房放置了許多伺服器和網路設備，當機房環境異常(例如：溫度太高或電流不穩)時會對 IT 設備有不良影響，造成公司資訊系統運作不正常，因此機房環境的控管就格外重要。在本實際應用案例主要使用物聯網技術於機房監控，建置一套伺服器機房預警系統，可以即時監控機房的溫度、濕度、冷氣風速、用電量、漏水偵測，當異常發生時能自動警示相關人員。

1. 實際應用案例所需感測器

所建置物聯網伺服器機房預警系統所需具備的設備有：

(1) 雨水感測器：在感測器金屬部分偵測到水時會改變輸出的電壓值，運作方式和第 6 章所介紹的土壤濕度感測器原理相同，差別在於雨水感測器可以平放。

(2) 風速感測器：當風吹在風速感測器上時，會造成它旋轉並產生電壓，風速越快電壓愈高。藉由量測電壓即可得知目前的風速。

(3) 勾表感測器：使用電流互感器(Current Transformer)去量測大電流，輸出方式依型號不同有電流、電壓二種。以 30A/1V 的電流互感器爲例，表示偵測電流爲 30A 時，電流互感器的輸出電壓爲 1V。藉由量測電流互感器輸出的電壓，即可得知量測電流的大小。

(4) 智慧插座：主要利用繼電器的原理實作出智慧插座，詳細介紹可以參考第 8 章：繼電器原理與應用。

(5) 溫溼度感測器：主要使用 DHT22，詳細介紹可以參考第 7 章：溫濕度感測器原理與應用。

2. 實際應用案例系統架構以及運作方式

實際運作方式爲各個感測器偵測機房內其所需的資訊：

(1) 雨水感測器：冷氣在某個時刻可能會有滴水的情形，造成電路短路而發生危險。我們可以在適當的位置擺放雨水感測器，當偵測到水滴時可以即時處理。

(2) 風速感測器：放置於冷氣出風口前，可以偵測冷氣的風速和溫濕度。透過溫濕度值可以知道是處於冷氣或送風模式。當冷氣故障時，也可以立刻通知相關人員處理。

(3) 勾表感測器：將電流勾表安裝在 UPS 輸入端，量測進入機房電源的電流，當電力公司停電時，可以立即偵測出來並通知管理人員，讓管理人員有充足時間可以關閉伺服器，避免突然斷電對伺服器的傷害。

(4) 智慧插座：具遠端遙控功能，可以量測連接設備的電流、電壓，並將數據傳至物聯網閘道器，當數據異常時可以遠端關閉電源，確保用電安全。

(5) 溫溼度感測器：放置於機房內隨時偵測機房溫度，並將數據傳至物聯網閘道器。

當上述感測器在設計規則下收集到資訊後，會傳送給物聯網閘道器，物聯網閘道器會將所收集到的資訊儲存於資料庫中。此外，閘道器會根據收集到的數據進行智慧判斷，接著透過 E-mail、手機 App 或是警報器通知管理人員，使管理人員能即時處理所發生狀況。除此之外，可以透過智慧手機 App，亦即在第 14 章中所介紹的由本中心開發的"智慧控制" App，即時看到每個感測器的數值，也可以接收由物聯網閘道器所發出的警告訊息。整體系統架構如圖 15-7 所示。

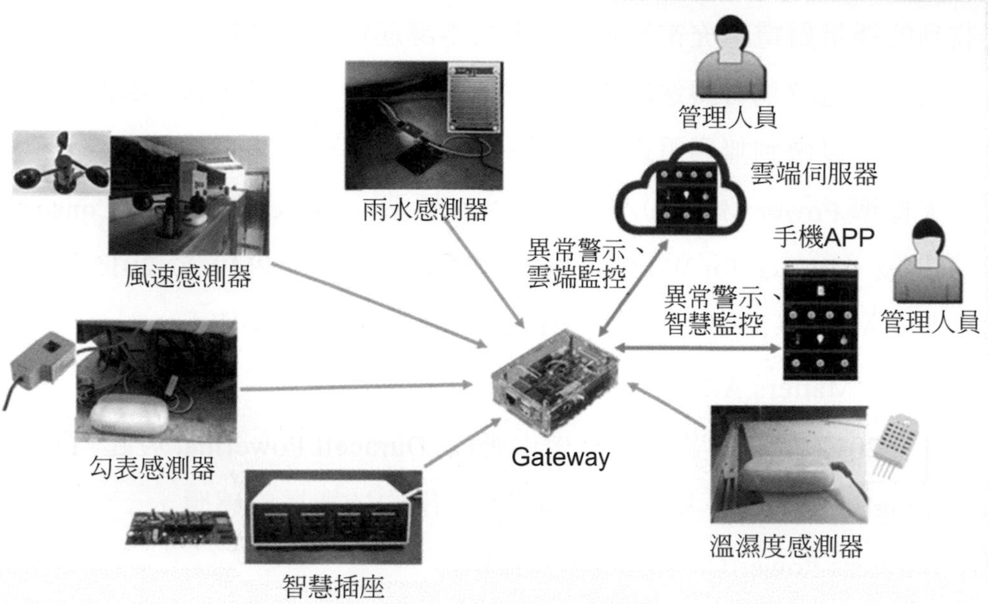

圖 15-7　機房監控架構圖

建置伺服器機房預警系統不只在問題發生時可以立即處理，平日收集到的數據亦可上傳到雲端，當建置預警系統的機房夠多時，就有足夠的資料做大數據分析，將資料做更佳的應用。

15.3 物聯網無線充電系統應用

根據資策會產業情報研究所(Market Intelligence & Consulting Institute,MIC)預估，2016 年全球智慧型手機出貨量達 15.6 億台，智慧穿戴裝置也將達 1.3 億支。從這些數字可以看出，如果行動設備的電池不足以支撐一天的使用，那麼充電的需求就會非常可觀。根據統計，台灣目前有兩百萬人有行動電源，這就表示有很多的人有公共場所充電的需求。目前在公共場所充電的方式只有兩種，行動電源及有線插座。但未來一切終將走向無線，無線充電終究會變成公共場所充電最好的解決方案。

1. 無線充電標準

無線充電又稱作感應充電、非接觸式感應充電，是利用近場感應，也就是電感耦合，由供電設備(發送端)將能量傳送至用電設備(接收端)，該設備使用接收到的能量對電池充電，並同時供其本身運作之用。基本上由於發送端與接收端之間以電感耦合傳送能量，兩者之間不需使用電線連接，因此充電器及用電設備都可以做到無導電接點外露，比使用有線充電更為方便。目前無線充電有三大標準 Power Matters Alliance(PMA 標準)、Wireless Power Consortium(Qi 標準)以及 Alliance for Wireless Power(A4WP 標準)，PMA 於 2015 年與無線電力聯盟（A4WP）合併，組成 AirFuel Alliance。其介紹如下：

(1) Power Matters Alliance(PMA 標準)：

2012 年由無線充電技術供應商 Duracell Powermat 發起，目前得到了 Google、AT&T、星巴克的加盟。使用的技術是磁感應。

(2) Wireless Power Consortium(Qi 標準)：

2008 年 12 月成立，最早期的會員有飛利浦、德州儀器、Olympus、三洋電機、羅技、美國國家半導體等業者，在手機相關應用公司包括諾基亞、HTC、LG、Sony、三星、高通還有新加入的蘋果，目前有超過 200 家成員。以制定所有電子裝置都能相容的無線低功率充電國際標準為使命。其 Qi 由 WPC 所制定的短距離、低功率無線感應式電力傳輸的標準，主要目的是提供行動電話與其他攜帶型電子裝置便利與通用的無線充電規格。Qi 需要電子裝置對好位置並緊貼無線充電板才能充電，有 1.0、1.1 和 1.2.1 三種版本，現在實際產品上市實作的是以 1.2.1 版為主。2017 年推出了 Qi 1.2.2 和 1.2.3 版本，2018 年推出了 Qi 1.2.4 版本。

(3) Alliance for Wireless Power(A4WP 標準)：

在 2012 年 5 月由三星、高通、Duracell Powermat 所發起成立，會員尚包括 Broadcom、Intel、LG、SanDisk、TDK、TI、NXP、IDT、SanDisk、韓國 SK 電訊等，後有英特爾、戴爾公司共 80 多家企業會員加入。A4WP 標準以磁共振方式傳遞能量，提供一個無方向性且大面積的充電方式，同時支援一對多無線充電，也不需要像 WPC 無線充電般需要精準對位才能充電，使用上更加的便利，可以隨放隨充。

2. 實際應用案例系統架構以及運作方式

目前無線充電的應用只限於單機運作，若能搭配物聯網技術，讓無線充電板能夠連網、能被遠端控制，再配上其它的加值服務即可形成一個新的商業模式。加值服務由手機應用程式來提供，因此，使用者在使用無線充電之前，必須要先下載一個應用程式，執行這個應用程式連線到雲端後，經過監控中心的認證才能開啓無線充電器。在充電的過程中透過使用加值服務，例如：觀看廣告、Facebook 打卡等獲取點數，之後即可使用點數免費充電。

圖 15-8 爲整個無線充電網路的架構，伺服器端包含雲端監控中心(閘道器與充電設備的管理)和雲端營運中心(會員管理和加值服務中心)。使用者端則有無線充電板、物聯網閘道器和智慧型手機。以下將分別說明：

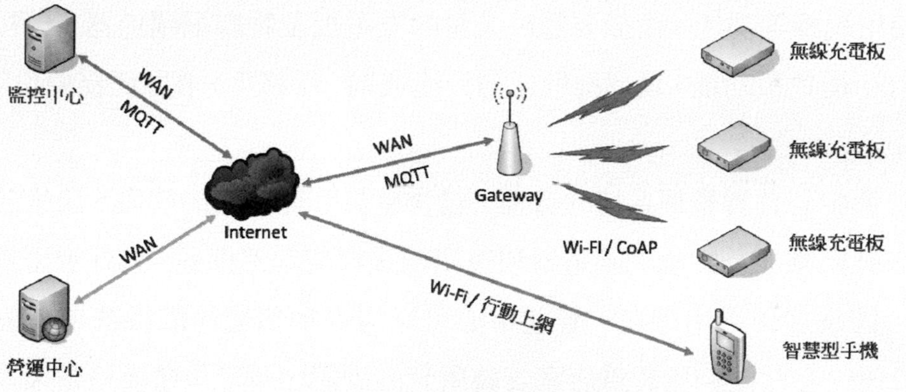

圖 15-8　無線充電網路架構圖

1. 無線充電板

無線充電板指的是支援 WPC 或 A4WP 無線充電標準的充電設備，同時須包含 Wi-Fi 通訊模組，Wi-Fi 通訊模組主要選擇 NodeMCU。NodeMCU 負責以 Wi-Fi 自動連接上物聯網閘道器，其間的通訊則採用物聯網標準_CoAP 協定。NodeMCU 接收到物聯網閘道器傳來的指令後再透過 UART 與充電板溝通，讀取資訊或控制完成後再回傳給物聯網閘道器。

2. 物聯網閘道器(Gateway)

所有的充電板都會由雲端管理，當充電板數量太多時，雲端將沒辦法同時處理如此多的連線，負載會過大，因此需要分層處理。物聯網閘道器可以先將底層與充電板的溝通部份先行處理掉，處理過的資訊再回傳到雲端。雲端只需要處理如充電板註冊、維修、監控之類的功能，負載將大幅降低。除此之外，物聯網閘道器也可以提供店家充電板的管理，店家不需要連線至雲端，即可監控本地端的無線充電板，當對外網路斷線時是非常有用的功能。

3. 雲端監控中心

所有的資料最終會上傳到雲端的中央的管理系統，即雲端的監控中心。監控中心負責管理下層的物聯網閘道器和充電板，提供設備的註冊維修、即時狀態、使用紀錄等功能。由於要管理大量的充電板及物聯網閘道器，監控中心必須具有平衡負載功能，以及提供任務分流機制、任務重分配、任務備份等機制。

4. 營運中心

營運中心負責整個系統的營運，包含會員管理系統的建置、店家該如何設計與安裝充電板及物聯網閘道器和後續維護經營等等問題。另外也需提供加值服務，因爲加值應用存在，營運中心可以透過加值應用取得營運所需要的經費，營運中心就能夠免費爲店家安裝所有的硬體，同時承擔後續營運及維護的成本，因此營運中心可以提供免費的充電服務給消費者。加值應用可能有：App 廣告、遊戲集點、在店家的 Facebook 粉絲團上按讚等。

通訊協定則定義充電板與監控中心所交換的訊息內容與訊息格式，這些訊息內容必須能夠達成所要求的系統功能與服務技術。網路實體層可以使用成熟的 Wi-Fi 與 Ethernet 技術，上層爲了減輕流量將會使用物聯網標準協定 CoAP 與 MQTT。

圖 15-9 展覽無線充電板的實際現場圖，而本應用案例實際無線充電板的店面運作如圖 15-10。

圖 15-9　無線充電板實際店面運作圖

圖 15-10　無線充電板展覽

本應用案例中提供許多對店家極爲友善的措施，對店家來說，所有的硬體和軟體的建置和維護費用都由營運中心提供，使用者在充電時可以增加商店的來客率，同時也可以順便消費，提升店家的營運效益。對使用者來說則只需使用加值服務獲取點數，就可以免費充電，解決了公眾場合無線充電的問題。營運中心則藉由加值服務取得營運費用，可謂三贏。可以預期的是，一旦本案例成功，將來只要擴大規模，將成爲全世界第一個全免費營運的大型無線充電網路，短時間內便可爲國家創造一個全新的產業鏈。

15.4 小結

本章介紹了利用 CoAP 和 MQTT 物聯網技術實現出的三種智慧物聯網應用：**物聯網智慧家庭系統、物聯網智慧機房和物聯網全台無線充電系統，希望讀者對於物聯網應用設計與實作有進一步的了解。**

物聯網夢想已經起飛是無庸置疑的，但是萬物互聯互通仍然有一段路要走，我們需要有一種開放性、全球互用的資料模型讓萬物眞的可以互相了解互相連結，而國際標準組織 IPSO Alliance[8]，所制定的 IPSO Smart Object Guideline 就是這樣的一種標準。

本書所介紹的物聯網技術與案例是以 Wi-Fi 和 TCP/IP 爲基礎，並未包含基於 Zigbee 的物聯網應用及其標準(例如 6LoWPAN[9]、RPL10)。事實上，很難或是根本不可能用一本書可以描述所有物聯網的相關理論和技術，因爲物聯網的應用範圍相當廣泛與牽涉到的軟體與硬體之間整合的技術層面過於龐大。本書以淺顯易懂的方式來介紹物聯網的理論與實作，期望能激發讀者對物聯網的興趣，透過中心所開發出來的物聯網開發工具(Snap4NodeMCU[11])，可以輕易的以拖拉程式塊完成物聯網的應用，實現人人都是物聯網創客(IoT maker)的理想境界。

參考資源：

1. https://mic.iii.org.tw/micnew/IndustryObservations_PressRelease02.aspx?sqno=410
2. https://mic.iii.org.tw/micnew/IndustryObservations_PressRelease02.aspx?sqno=409
3. http://cdnet.stpi.narl.org.tw/techroom/pclass/2014/pclass_14_A071.htm
4. https://zh.wikipedia.org/wiki/%E7%84%A1%E7%B7%9A%E5%85%85%E9%9B%BB
5. https://zh.wikipedia.org/wiki/Qi_(%E7%84%A1%E7%B7%9A%E5%85%85%E9%9B%BB%E6%A8%99%E6%BA%96)
6. http://technews.tw/2016/06/16/asus-smart-home-launch/
7. http://store.asus.com/tw/category/A45305
8. IPSO Alliance, http://www.ipso-alliance.org/
9. 6LoWPAN, https://en.wikipedia.org/wiki/6LoWPAN
10. RPL, https://tools.ietf.org/html/rfc6550
11. Snap4NodeMCU, http://iot.ttu.edu.tw/Snap4NodeMCU
12. Wireless power consortium, https://www.wirelesspowerconsortium.com/

附錄 A

Lua 程式語言介紹

Lua 是一種簡潔、輕量、可延伸的腳本程式語言(scripting language)，不同於一般傳統的程式語言，如 C 和 Java，通常要經過「編寫、編譯、連結、執行」(edit-compile-link-run)四個階段才能運行，Lua 程式編寫完即可在解譯器(Lua interpreter)上執行。Lua 也跟 Java 一樣是 write once run anywhere，但 Java 程式需要 64MB 以上的 RAM 才能跑，但 Lua 只需要 10KB 的 RAM 就可以跑。因此由於體積小、啓動速度快，所以使用在物聯網環境是很有用的。此外，許多有名的遊戲，如魔獸世界、憤怒鳥等都是由 Lua 程式語言撰寫而成。

A.1 Lua 簡介

Lua 主要是在 1993 年，巴西的一家石油公司提供一個專案給<u>里約熱內盧天主教大學</u>(Pontifical Catholic University of Rio de Janeiro)所設計出的語言，因爲語法簡單、語意沒有模擬兩可的情況等設計特點，所以就算不是資訊工程背景的人也可以輕鬆利用 Lua 撰寫應用程式。目前(2018/09)版本爲 5.3.5 版(www.lua.org)，而本中心應用在 NodeMCU 上的版本則爲 5.1.4。版本演進如圖 A-1：

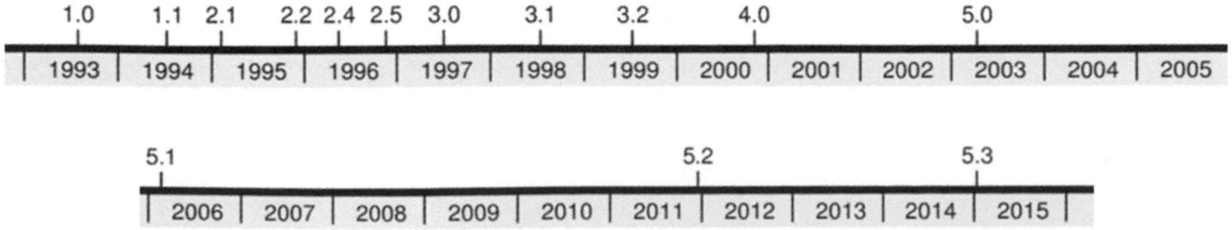

圖 A-1　Lua 版本演進

Lua 的特性有以下幾點：

1. 快速的直譯式語言

   Lua 並不需要將程式碼編譯程 Binary Code，而是直接一行一行的被執行。主要的特點有三個：

   (1) 動態的類別：當一個變數沒有宣告型別時，預設是 nil；當給定字串給該變數時，該變數的型別就轉換成字串、當給定數值時，則轉換成數值型別。所以可以"要用就用，隨時可以改變"。

   (2) 支援同時執行：藉由宣告 co-routines 即可達成同時執行，例如可以設定五個 timer，每個 timer 時間到時都會執行其執行緒。

   (3) 支援物件導向設計。

2. 體積小：所以可以嵌入到小型的 CPU 上進行運作。在裝置硬體有限的物聯網設備上沒有使用 Python 的原因，是因爲 Python 的程式碼大小需要幾 MB，但 Lua virtual machine 只需要約 200KB 就可以執行。

3. 語法簡單但非常有用：只有定義少量的關鍵字、資料型別。

A.2 Lua 變數

1. 變數的資料型態

   如同前一節所介紹，Lua 的變數型態可以動態的被改變，如

   x = 4 **(4 是數值，因此變數*x*為數值型態)**
   x = "hello" **("*hello*" 是字串，因此變數*x*為字串型態)**

Lua 的八個基本資料型態，如圖 A-2 所示：

資料型態	描述
nil	尚未給予變數值時，變數的預設型態
boolean	真(true)或假(false)
number	實數、浮點數或長整數
string	由字元所組成的陣列
function	在Lua或C語言中可以指定變數當function使用
userdata	在Lua可以用userdata來指到C的資料結構
thread	一種正在執行的程式
table	製作關聯性陣列

圖 A-2　Lua 的八種資料型態

以下舉幾個例子說明，左邊表示要印的內容，右邊爲內容所代表的資料型態：

```
(1) print(type("Hello world"))  --> string
(2) print(type(10.4*3))         --> number
(3) print(type(print))          --> function
(4) print(type(type))           --> function
(5) print(type(true))           --> boolean
(6) print(type(nil))            --> nil
(7) print(type(type(X)))        --> string
```

其中由於(7)中的變數 X 沒有宣告過，所以 type(X)回傳的是 nil 字串，因此當呼叫 print(type(type(X)))時，回傳的結果爲字串。

在 Lua 中 table 可以用來實作 List 或 Record，舉例來說：

(1) List：$colors = \{"red","green","blue"\}$，利用 index 的方式來讀取，如果要讀取 red 的話，要利用語法 print(colors[1])。註：Lua 的 index 從 1 開始。

(2) Record：$time = \{hour = 13, min = 45, sec = 34\}$，其中內容存放爲 key-value 的方式。Record 是一種物件導向概念的語法，例如用 print(time.hour)可以得到 13。

2. 變數的宣告

(1) 單一變數指定，直接給變數一個值，例如：

a = 10

b = 14

(2) 同時宣告多個變數，如：

a, b = 10, 14

以下舉個例子說明多個變數的應用：

a, b = 10, 14

a, b = b, a

print(c)

程式目的是將 a 和 b 的值互相對調，print(c)在此會印出"nil"，因為 c 沒有宣告過。

3. 變數的範圍(scope)

在 Lua 中一樣有全域變數(global variables)和區域變數(local variables)兩種，只要宣告變數時沒有指定"local"，就會視為全域變數。此外 Lua 有提供資源回收的機制，當變數為全域變數時，不會進行空間歸還，但如果是區域變數的話，當變數沒有使用時就會將使用空間歸還。以下舉例說明全域變數和區域變數的應用：

```
x = 10  <--------------------- Global
local i = 1

while i <= x do  <------------ Local instance
  local x = i*2
  print(x)
  i = i + 1
end
```

程式說明：在 while 迴圈的條件判斷時的 x 指的是全域變數，while 迴圈內的 x 指的是區域變數，因此 while 的條件是當 i 小於等於全域變數 x=10，會執行 while 程式區塊 10 次。程式執行結果會印出區域變數 x=i*2，即 2, 4, 6, 8, 10, …, 20。

A.3 Lua 的運算子

Lua 所提供的運算子有算術、關係、邏輯以及其他四類，其介紹如下圖 A-3 至圖 A-6：

類別	運算子	說明	範例
算術	+	加法	7+2=9
	-	減法	7-2=5
	*	乘法	7*2=14
	/	除法	7/2=3
	%	餘數	7%2=1
	^	指數	7^2=49

圖 A-3　算術運算子

類別	運算子	說明	範例	結果
關係	==	等於	7==2	false
	~=	不等於	7~=2	true
	>	大於	7>2	true
	<	小於	7<2	false
	>=	大於等於	7>=2	true
	<=	小於等於	7<=2	false

圖 A-4　關係運算子

類別	運算子	說明
邏輯	**and**	當兩邊運算元(式)成立都為true時，結果才為true
	or	當兩邊運算元(式)成立有一個為true時，結果才為true
	not	傳回和運算元(式)相反的值，true為false、false為true

圖 A-5　邏輯運算子

類別	運算子	說明	範例	結果
其他	..	Contact，字串連結	"Hello ".. "World"	"Hello World"
	#	lengthOf，計算 array、字串大小	#"Hello"	5

圖 A-6　其他運算子

A.4 Lua 的流程控制

流程控制主要分爲條件控制(if-then-end、if-then-else-end)和迴圈(for-do-end、while-do-end、repeat-until)控制兩種，其介紹如下：

1. **條件控制**：if，當條件成立則執行程式區塊。

(1) 簡單的 if 敘述：如果 a 小於或等於 0，則 a 累加一。

```
if a <= 0 then
  a = a + 1
end
```

(2) 巢狀式的 if-else 敘述：如果 a 小於 0，則 a 累加一；如果 a 大於 0，則 a 累減一，否則 a 設爲 0。

```
if a < 0 then
  a = a + 1
elseif a > 0 then
  a = a - 1
else
  a = 0
end
```

註：在 Lua 中等於用"=="代表，不等於用"~="代表。如：

```
if a == 1 then
  print(" a=1")
else
  print(" a~=1")
end
```

2. 迴圈控制

(1) while 迴圈：一開始先測試 while 條件是否成立，如果成立則進入迴圈執行程式區塊，如以下範例：

```
a = {1,2,3,4,5} - array index start at 1
i = 1
while a[i] do
  print(a[i])
  i = i + 1
end
```

迴圈執行結果爲印出 array 中的每一個值，迴圈的結束條件爲當 array 的值不爲 true，因 a[6]=nil 所以結束迴圈的執行。其流程圖如圖 A-7。

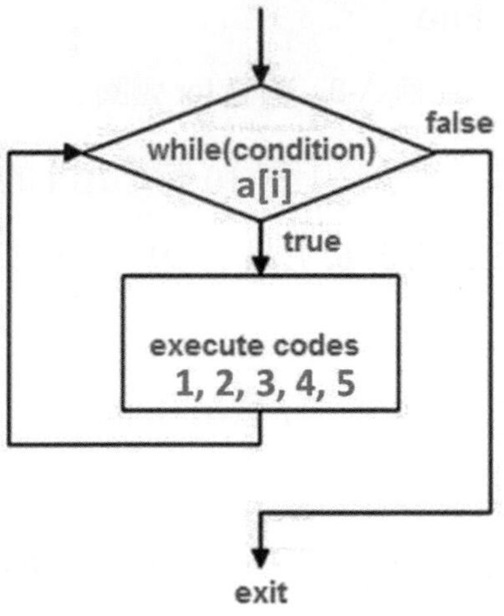

圖 A-7　while loop

(2) repeat 迴圈：Repeat-until 敘述，當 until 的條件成立，就會一直重複 repeat 的程式區塊。和 while 迴圈類似，差別在於 repeat 的程式區塊至少會執行一次。如以下範例：

```
a = 0
repeat
  a = a + 1
  print(a)
until a > 10
```

迴圈執行目的爲將 a 加 1 後印出 a 的值，直到 a 的值大於 10 才跳出迴圈，因此執行結果爲 1, 2, 3, 4, 5, 6, 7, 8, 9, 10, 11。

(3) for 迴圈：當迴圈條件成立時，就會執行 for 迴圈內的程式區塊。可分爲一般迴圈與 for each 迴圈。

(a) 數值 for 迴圈：例子如圖 A-8，

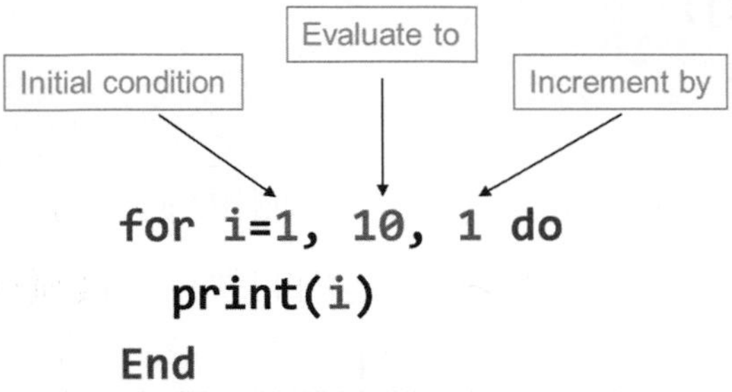

圖 A-8　數值 for 迴圈

迴圈執行目的爲在 i 等於 1 到 10 時印出 i 的值，且每次 i 累加 1，因此執行結果爲 1, 2, 3, 4, 5, 6, 7, 8, 9, 10。其中如果 Increment(增量)是 1 的話則可以省略。

(b) for each 迴圈：主要用來依序取出在 table 中符合條件的每一筆資料。如圖 A-9：

```
colors={"red", "green", "blue"}

for i,v in ipairs(colors) do
  print(i,v)
end
```

圖 A-9　for each 迴圈

迴圈目的爲找出在 colors 中 i 和 v 的值，其中 i 是 index，v 是放在該 index 內的內容。因此執行結果爲 1, red、2, green、3, blue。

(4) break 敘述(statement)：一般程式語言中(如 C、Java)，break 敘述是用來跳出迴圈；continue 則是跳出本次迴圈直接執行下一個迴圈。但在 Lua 語言中，只有支持 break 敘述，並沒有 continue 敘述。break 敘述用來跳出迴圈的流程圖，如圖 A-10：

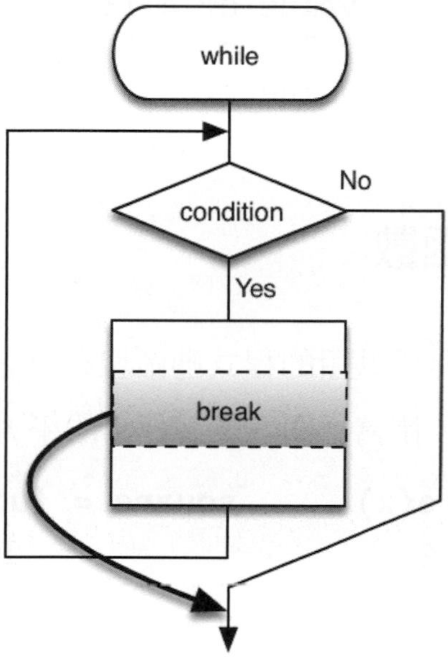

圖 A-10　break 流程圖

break 敘述用來跳出迴圈的程式範例如下：

```
a = 10
--[ while loop execution --]
while( a < 20 ) do
   print("value of a:", a)
   a=a+1

   if (a > 15) then
      break
   end
end
```

圖 A-11　break 敘述

在 while 迴圈條件判斷 a 小於 20 時會印出 a 的值，但多了一條 if 判斷當 a 大於 15 時就跳出 while 迴圈；因此執行結果為

```
value of a:10
value of a:11
value of a:12
value of a:13
value of a:14
value of a:15
```

A.5 Lua 的函數

函數(function)指的就是將共用的程式碼區塊獨立在一起，需要使用時再呼叫函數名稱即可。舉例來說，撰寫一個取得某數字的平方函數，其程式碼如下：

```
function square(x)          square = function (x)
  local sqr = 0                        local sqr = 0
  sqr = x * x                          sqr = x * x
  return sqr                            return sqr
end                                   end
```

左右兩邊的函數是等義的，左邊是一般使用者撰寫方式，而右邊表示的是匿名(anonymous)函數，相當於是一種 function type 可以指定給變數 square。當函數的變數只有一個時，除了可以用一般常見的方式呼叫外，如圖 A-12 左；也可以將要帶入的值用字串方式傳進函數，如圖 A-12 右。

```
result2 = square(3)            result1 = square "2"
print(result2)) --> 9          print(result1) --> 4
```

圖 A-12　函數呼叫方式

另一種特別的函數是 closure，其回傳的也是一個函數。最簡單的例子就是當要計算網頁被瀏覽的次數，用這樣的方式就很容易實作。如圖 A-13：

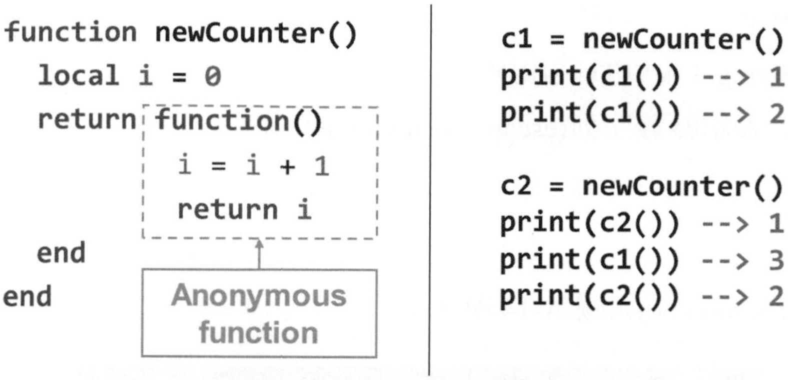
function newCounter()
local i = 0
return function()
i = i + 1
return i
end
end
Anonymous function
c1 = newCounter()
print(c1()) --> 1
print(c1()) --> 2
c2 = newCounter()
print(c2()) --> 1
print(c1()) --> 3
print(c2()) --> 2

圖 A-13　Closure

其中雖然 i 是宣告在 newCounter()函數中的區域變數，但 anonymous 函數一樣可以對其存取。其呼叫和產生結果如圖 A-13 右。

A.6 Lua 的物件

在這裡主要介紹三種 Lua 物件，字串(String)、陣列(Array)和表格(Table)。

1. 字串：

(1) 字串表示方式：

字串由一連串的字元所組成，字串可以用雙引號("")、單引號(′)以及中括號([[ ]])三種方式來表示。例如：

```
string1 = "TTU"
print("\"String1 is\"", string1)
string2 = ‘SIRD’
print("String 2 is", string2)
string3 = [["TTU SIRD"]]
print(("String 3 is", string3)
```

印出結果爲：

"String1 is" TTU

String 2 is SIRD

String 3 is "TTU SIRD"

其中 \ 表示轉義序列(escape sequence)，用來把表示字串的"當作一般字元，因此第一個列印結果會將 String1 is 用(")括起來。而[[ ]]本來就是用來表示字串，所以 "TTU SIRD" 整個會是爲一個字串。更多的轉義序列(escape sequence)如圖 A-14 所示：

轉義序列	說明
\a	發出響聲 (Bell)
\b	倒退一個字元(Backspace)
\f	換頁(Form feed)
\n	換行(New line)
\r	換行並移到最前面(Carriage return)
\t	水平方向的Tab (Tab)
\v	垂直方向的Tab (Vertical tab)
\\	反斜線(Backslash)
\"	雙引號(Double quotes)
\'	單引號(Single quotes)
\[	左邊中括號(Left square bracket)
\]	右邊中括號(Right square bracket)

圖 A-14　轉義序列

(2) 字串的方法：

(a) 字串大小寫轉換：

方法	說明
string.upper(argument)	將argument的英文字母轉換成大寫
string.lower(argument)	將argument的英文字母轉換成小寫

舉例來說：

```
string1 = "Lua";
print(string.upper(string1))
print(string.lower(string1))
```

第一個印出結果爲 LUA，第二個印出結果爲 lua。

(b) 字串取代：

方法	說明
string.gsub(mainString, findString, replaceString)	將mainString中findString的字串用replaceString取代

舉例來說：

```
string = "Lua Tutorial"
newstring = string.gsub(string,"Tutorial","Language")
print("The new string is",newstring)
```

印出結果爲 The new string isLuaLanguage。

(c) 字串搜尋和反轉：

方法	說明
string.find(mainString, findString, startIndex, endIn)	在mainString中找findString的字串，傳回findString字串在mainString中的起始和終止位置。其中startIndex和endIn分別表示指定開始搜尋和結束搜尋的位置，可以不指定。
string.reverse(arg)	將字串反轉

舉例來說：

```
string = "Lua Tutorial"
print(string.find(string,"Tutorial"))
print(string.reverse(string))
```

印出結果第一個爲 5　12，第二個爲 lairotuTauL。

(d) 格式化字串：

方法	說明
string.format(...)	將string依照制定的格式放置

舉例來說：

```
date = 2; month = 1; year = 2014
print(string.format("Date: %02d/%02d/%03d", date, month, year))
```

印出結果為 Date: 02/01/2014。其中 d 表示一個數字，"%02d"表示有兩個數字，如果不足的補 0；最後年的部分有 4 位數字，雖然給定"%03d"但依然會印出四個數字。

(e) 字串的字元和位元轉換：

方法	說明
string.char(arg)	給定數值後轉換得到其相對應字元
string.byte(arg)	給定字元後轉換得到其相對應數值

舉例來說：

```
print(string.byte("Lua"))
print(string.byte("Lua",3))
print(string.byte("Lua",-1))
print(string.char(97))
```

第一個因為沒有指定要轉換哪一個字元，所以預設是第一個，而"L"的 ASCII 碼為 76，所以印出結果為 76；第二個有指定要印第 3 個字元(即 a)，所以印出結果為 97；第三個指定為-1，在此種情況下負數表示從右邊算起，因此會印出右邊第一個字元"a"的 ASCII 碼，所以印出結果為 97；第四個則是將數值"97"轉為字元，所以印出結果為 a。

(f) 字串的長度、連結字串、重複字串：

方法	說明
string.len(arg)	計算出string的長度
string1 .. string2	將string1和string2連結成一個字串
string.rep(string, n))	將string重複n次

舉例來說：

```
string1="Lua"
string2="Tutorial"
print("Concat:",string1..string2)
print("Len:",string.len(string1))
rString = string.rep(string1,3)
print(rString)
```

第一個爲字串的連結，印出結果爲 Concat:LuaTutorial。第二個爲計算 string1 的長度，所以印出結果爲 Len:3；第三個則是將 string1 重複三次，所以印出結果爲 LuaLuaLua。

2. 陣列：

在 Lua 中並沒有陣列的型別，陣列只是一種表格(table)的變形，當表格的索引(index)用數值來表示，就可以實作出陣列。在 C 語言中同一個陣列中的每個元素必須是相同型別的，但在 Lua 中可以是不同型別。

(1) 一維陣列：

範例一：

```
array = {"Lua", "Tutorial"}
for i= 0, 2 do
   print(array[i])
end
```

程式目的爲印出 array 中的值，但由於 Lua 的 index 由 1 開始，所以 array[0] 爲 nil，因此印出結果爲 nil Lua Tutorial。

範例二：

```
array = {}
for i= -2, 2 do
   array[i] = i *2
end
for i = -2,2 do
   print(array[i])
end
```

初始 array 中並沒有值，藉由第一個 for 迴圈將值{-4, -2, 0, 2, 4}放入，再利用第二個 for 迴圈將值印出。印出結果為-4 -2 0 2 4。

(2) 多維陣列：在 Lua 中是利用多個一維陣列組成多維陣列，因此所組成的陣列中每一列的元素個數可以不同，如

a = {{1, 2, 3}, {4, 5}, {6, 7, 8, 9}}，但在 C 語言中就不行。

範例：

```
-- Initializing the array
array = {}
for i=1,3 do
   array[i] = {}
   for j=1,3 do
      array[i][j] = i*j
   end
end
-- Accessing the array
for i=1,3 do
   for j=1,3 do
      print(array[i][j])
   end
end
```

程式目的是製作出一個 3×3 的陣列{{1, 2, 3}, {2, 4, 6}, {3, 6, 9}}，印出結果為 1 2 3 2 4 6 3 6 9。若是再指定 array[3][4] = 10，則陣列變成{{1, 2, 3}, {2, 4, 6}, {3, 6, 9, 10}}。

3. 表格(table)：

表格是 Lua 中唯一的資料結構，可以用關聯性陣列(associate array)來實現。如果利用索引(index)是數字來存取的話，就是剛剛介紹的陣列；若是字串形式(除了 nil)當索引的話，則可以用來實作字典或(key, value)對應等，運用的方式就像是(key, value)，指定 key 的值就傳回對應的 value。例如 D_look_up["map"]則傳回 map(key)所對應的值(value)。

初始化表格可以利用"mytable = {}"指令，而單純的指定表格值可以利用指令"mytable[1]" = "Lua"，清空表格則可以利用指令"mytable = nil"。表格的程式範例如下：

```
-- Simple empty table
mytable = {}
print("Type of mytable is ",type(mytable))
mytable[1]= "Lua"
mytable["wow"] = "Tutorial"
print("mytable Element at index 1 is ", mytable[1])
print("mytable Element at index wow is ", mytable["wow"])
-- alternatetable and mytable refers to same table
alternatetable = mytable
print("alternatetable Element at index 1 is ", alternatetable[1])
print("alternatetable Element at index wow is ", alternatetable["wow"])
alternatetable["wow"] = "I changed it"
print("mytable Element at index wow is ", mytable["wow"])
-- only variable released and and not table
alternatetable = nil
print("alternatetable is ", alternatetable)
-- mytable is still accessible
print("mytable Element at index wow is ", mytable["wow"])
mytable = nil
print("mytable is ", mytable)
```

程式碼解析：

第 2 行：初始化一個 mytable 表格。

第 3 行：印出 mytable 的型態，table。

第 4 行：將 Lua 字串放入 mytable[1]中。

第 5 行：將 Tutorial 字串放入 mytable["wow"]中。

第 6 行：印出 mytable[1]的值，Lua。

第 7 行：印出 mytable["wow"]的值，Tutorial。

第 9 行：新增一個 alternatetable 表格，並將 mytable 指定給 alternatetable。有點像指標的概念，所以 mytable 和 alternatetable 指到相同的內容。

第 10 行：印出 alternatetable [1]的值，Lua。

第 11 行：印出 alternatetable ["wow"]的值，Tutorial。

第 12 行：將 I changed it 字串放入 alternatetable ["wow"]中。

第 13 行：印出 mytable["wow"]的值，雖然第 12 行只改變 alternatetable ["wow"]的值，但由於 mytable 和 alternatetable 指到相同的空間，所以 mytable["wow"]的值也會跟著變動，印出 I changed it。

第 15 行：將 alternatetable 清空。

第 16 行：印出 alternatetable。

第 18 行：印出 mytable["wow"]的值，仍然印出 I changed it。雖然第 15 行清空了 alternatetable，但並沒有清除 mytable 和 alternatetable 指到的相同空間，所以 mytable["wow"]的值並不會被清空。

第 19 行：將 mytable 清空。

第 20 行：印出 mytable，印出 nil。

程式印出結果依序為：

Type of mytable is table

mytable Element at index 1 is Lua

mytable Element at index wow is Tutorial

alternatetable Element at index 1 isLua

alternatetable Element at index wow isTutorial

mytable Element at index wow is I changed it

alternatetable is nil

mytable Element at index wow is I changed it

mytable is nil

以下則介紹表格的方法：

(1) 表格內容連結：

方法	說明
table.concat (table [, sep [, i [, j]]])	將表格內的字串連結， sep (separator)：表示串接時中間要擺放字元， i：表示讀取表格內容的起始位置， j：表示讀取表格內容的終止位置。

舉例來說：

```
fruits = {"banana","orange","apple"}
-- returns concatenated string of table
print("Concat string ",table.concat(fruits))
--concatenate with a character
print("Concat string ",table.concat(fruits,", "))
--concatenate fruits based on index
print("Concat string ",table.concat(fruits,", ", 2,3))
```

首先指定表格 fruits 的內容爲{"banana","orange","apple"}；接著第一個print 命令印出 fruits 表格中所有的內容；第二個 print 命令出 fruits 表格中所有的內容，並指定表格字串連結時中間要有字元","和" "(空格)；第三個print 命令則指定印出 fruits 表格的第 2 到第 3 個內容；因此印出結果爲：

```
Concat string bananaorangeapple
Concat string banana, orange, apple
Concat string orange, apple
```

(2) 插入和移除表格內容以及計算表格內容個數：

方法	說明
table.insert (table, [pos,] value)	增加表格內的字串， pos：增加至表格內的位置，沒有指定表示增加至最後一個， value：增加至表格的內容。
table.remove (table [, pos])	移除表格內的字串， pos：移除表格內pos位置的內容，沒有指定表示移除最後一個的內容。
table.maxn (table)	table內容個數。

舉例來說：

```
fruits = {"banana","orange","apple"}
-- insert a fruit at the end
table.insert(fruits,"mango")
print("Fruit at index 4 is ",fruits[4])
--insert fruit at index 2
table.insert(fruits,2,"grapes")
print("Fruit at index 2 is ",fruits[2])
print("The max elements in table is ", table.maxn(fruits))
print("The last element is ", fruits[5])
table.remove(fruits)
print("The previous last element is ",fruits[5])
```

首先指定表格 fruits 的內容爲{"banana","orange","apple"}；接著插入"mango"字串至 fruits；再印出 fruits 表格中第四個位置的內容(即"mango")；指定將"grapes"字串插入至 fruits 第二個位置再印出；接著印出表格內容個數以及印出第五個位置表格內容(即"mango")；接著移除表格內容，因爲沒有指定位置所以是移除最後一個；因此印出結果如下：

```
Fruit at index 4 is mango
Fruit at index 2 is grapes
The max elements in table is 5
The last element is mango
The previous last element is nil
```

(3) 表格內容排序：

方法	說明
table.sort (table [, comp])	將表格內的字串進行排序， comp：一種外部函數，可用該函數來定義排序的標準，省略時表示進行升序排序。

舉例來說：

```
fruits = {"banana","orange","apple","grapes"}

for k,v in ipairs(fruits) do
   print(k,v)
end

table.sort(fruits)
print("sorted table")

for k,v in ipairs(fruits) do
   print(k,v)
end
```

首先指定表格 fruits 的內容為{"banana","orange","apple","grapes"}；接著印出 fruits 表格 key-value 的值；接著將表格進行排序再印出表格內容；因此印出結果如下：

```
1      banana
2      orange
3      apple
4      grapes
sorted table
1      apple
2      banana
3      grapes
4      orange
```

A.7 小結

Lua 的語法簡單而且屬於腳本語言的一種，因此應用在物聯網的環境中，對於有限制的終端設備是很有用的。使用者們可以利用本附錄對於 Lua 語言的介紹，針對本書所提供的實驗進行實際演練。如此一來，可以對 Lua 語言的撰寫更加熟悉。使用者也可以自行參考網路上關於 Lua 的更多介紹。

參考資源

1. http://www.lua.org/
2. http://www.tutorialspoint.com/lua/
3. http://nodemcu.readthedocs.org/en/dev/
4. LuaRocks, http://www.luarocks.org/

附錄 B

物聯網嵌入式圖形化程式語言－Snap!4NodeMCU

物聯網或嵌入式系統通常是由 C 程式語言來開發，如果直接撰寫 C 程式或 Lua 腳本程式，對於一些非資工本科系的人來說，有一定的難度存在。因此希望可以透過像是 Snap![1] 這種圖形化程式語言，以拖拉式的介面，將想要達到的事情利用拖拉積木的方式就可以做到。但為什麼不是選擇 MIT 的 Scratch 呢？主要原因是因為 Scratch 不支援「一級函式」(first class function/procedure)、「一級串列」(first class lists)和「一級物件導向精靈」（first class truly object oriented sprites with prototyping inheritance)，Scratch 也沒辦法看到程式碼，無法用來教導程式語言。而 Snap!在拖拉完後，除了可以看到執行結果也可以看到程式碼。

Snap!可以轉成 C、JavaScript、Python 等程式語言，但並沒有支援非常適合開發物聯網或嵌入式系統的 Lua 腳本程式語言。因此，本中心將 Snap!增加了轉換 Lua 語言以及新增很多物聯網應用所需要用到的功能，如 CoAP、MQTT、機器車 Zumo。本中心做開發處的 Snap!4NodeMCU 可以用來教導四大程式風格 (Programming paradigm)：指令式編程(imperative programming)、函數式編程 (functional programming)、物件導向編程(object-oriented programming)與聲明式編程(declarative programming)，利用這四大程式風格快速實作出物聯網或嵌入式系統。

本章主要的單元簡介以及學習目標如下：

- **單元簡介**
  - 介紹 Snap!開發工具
  - 介紹程式語言基礎抽象化(Abstraction)相關知識以及其應用
  - 介紹程式語言基礎高階函式相關知識以及其應用
  - 介紹程式風格
  - 學習使用 Snap! 的建構方塊(Blocks)來設計程式
- **單元學習目標**
  - 培養使用 Snap! 的建構方塊(Blocks)來設計程式能力
  - 培養使用 Snap! 來設計物聯網嵌入式程式設計能力
  - 利用 Snap!、物聯網設計平臺 ESPlorer 與 NodeMCU 來"看見"嵌入式軟體的執行

B.1 加州柏克萊大學 Snap!開發工具介紹

美國在 2013 年的職缺調查中發現美國的軟體工程師等相關職缺居於榜首，有 70,000 多個職缺，且數量幾乎是第二名的會計審計 37,000 的兩倍。因此，歐巴馬的全民寫程式運動，將資訊教育的重視程度，提高到總統的層級，歐巴馬認爲從小開始培養對寫程式的「興趣」，是相當重要的。2014 年歐巴馬對美國年輕人說：

「學習如何寫程式不僅對你來說很重要，也對國家很重要，如果我們希望美國走在科技前端，我們需要像你這樣的年輕人投入，程式編寫將改變我們做事情的方式。沒有人天生就是電腦科學家，透過一點努力，數學技巧和科學基礎，幾乎任何人都可以成爲電腦科學家。」

歐巴馬更在 2016 年 1 月底作出政策宣示：

「電腦科學不是選修能力，而是基本能力。」

因爲各行各業都離不開使用電腦，因此加州柏克萊大學響應「全民寫程式」，特別爲美國高中老師開資訊教育課(課名爲 The Beauty and Joy of Computing)，課程網址爲 http://bjc.berkeley.edu/，利用 Snap!開發工具先教導高中資訊教育老師，老師再去教導美國高中生，利用電腦來改善美國各行各業國際競爭力。

Snap!是一款用 JavaScript 編寫的，拖拉式圖形化程式語言，旨在賦予學生創作交互式故事，動畫，遊戲等作品，學習數學和計算概念。Snap!支援指令式編程(imperative programming)、函數式編程(functional programming)、物件導向編程(object-oriented programming)與聲明式編程(declarative programming)等四種編程典範。使用者在拖拉完 Snap!程式後，除了可以看到執行結果，也可以看到程式碼(如 C、JavaScript、Python)等程式語言。Snap!官方網址爲：http://snap.berkeley.edu/，使用者直接在瀏覽器裡開發與執行專屬的 Snap!程式。整個開發介面如圖 B-1 所示。分爲 1.工具列區、2.控制面板工具區、3.工作區域、4.結果畫面區、5.精靈區。

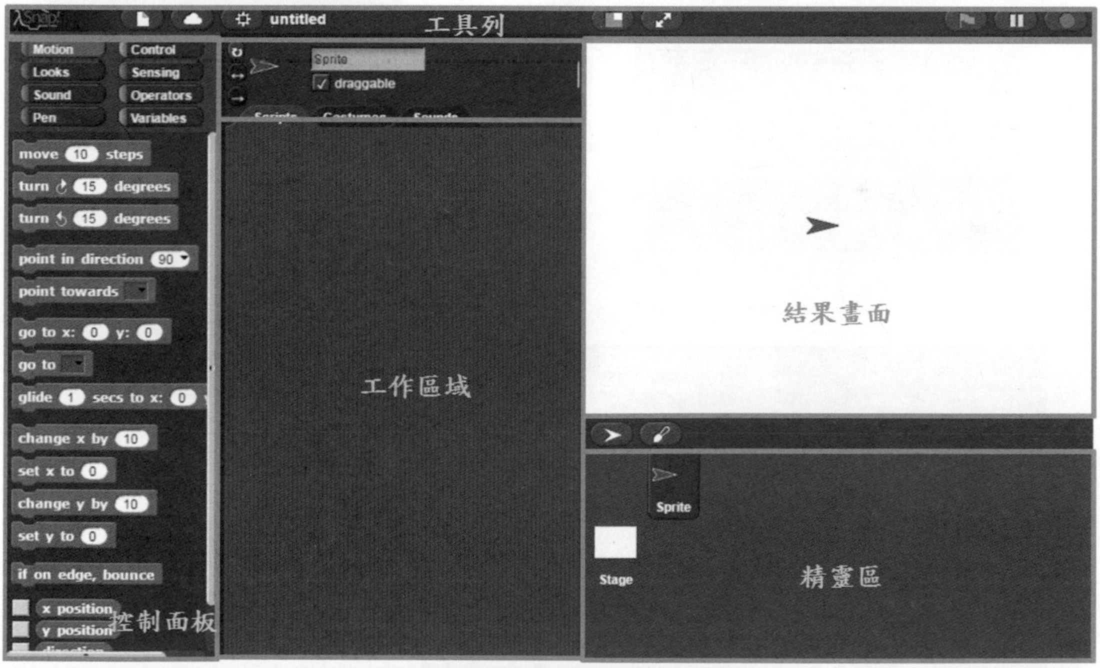

圖 B-1　Snap! 開發介面

以下介紹一些相關的基本運作，更多的內容使用者可以自行至 Snap!課程網站上學習。

1. 新增精靈：精靈(Sprite)區可以放置多個精靈，可以實現動畫的功能。方式如下：
   (1) 點選工作區域上方的"Customs"或是由工具列中下拉選擇"Customs"，如圖 B-2 中步驟 1 或步驟 1-1 和 1-2。
   (2) 加入想要的精靈，如圖 B-2 中步驟 2。
   (3) 選擇 Looks，將變換精靈指令放到工作區域中，如圖 B-2 的步驟 3 和 4。
   (4) 接著選擇變換的精靈，接著在結果畫面就會將精靈換為變更的精靈了，如圖 B-2 的步驟 5。

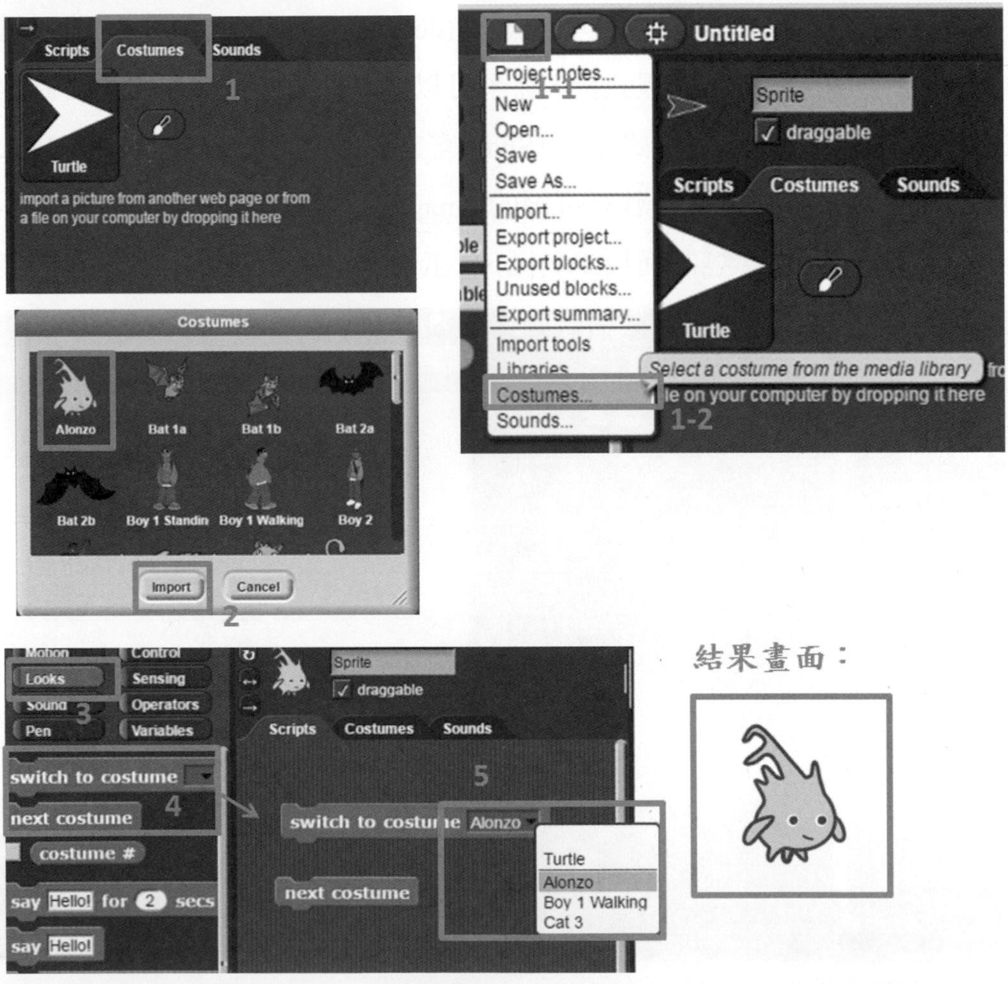

圖 B-2　新增精靈

2. 存檔方式：如果選擇"Save"的話式儲存至雲端上，如果想要將檔案儲存到本機端的話，就要選擇"Export project"方式，如圖 B-3。

圖 B-3　存檔方式

3. 控制面板工具總共有八大類：
   (1) Motion：用來移動或控制方向，例如移動多少像素、順時針或逆時針轉多少度等等。
   (2) Looks：和精靈相關的類別，可以更換精靈、讓精靈秀出字串等。
   (3) Sound：跟聲音相關的類別。
   (4) Pen：跟筆相關的類別，例如更換筆的顏色、筆的放下和提起等。
   (5) Control：主要用來控制物件像是滑鼠，或是一些迴圈控制等。
   (6) Sensing：寫遊戲時比較會用到的部分，像是某個物件碰到什麼要做那些反應、滑鼠的 x 和 y 座標等等。
   (7) Operators：和運算子有關的都是放在這個類別中，例如大於、等於、字串合併(join)等等。
   (8) Variables：和變數相關，例如新增變數、設定變數值、新增 Block 等。

4. 新增控制面板工具：一開始在"Control"下並沒有 for 迴圈，新增方式為"Import tools"，如圖 B-4。同時也新增一些物件導向會用到的工具，例如 catch、throw 等。

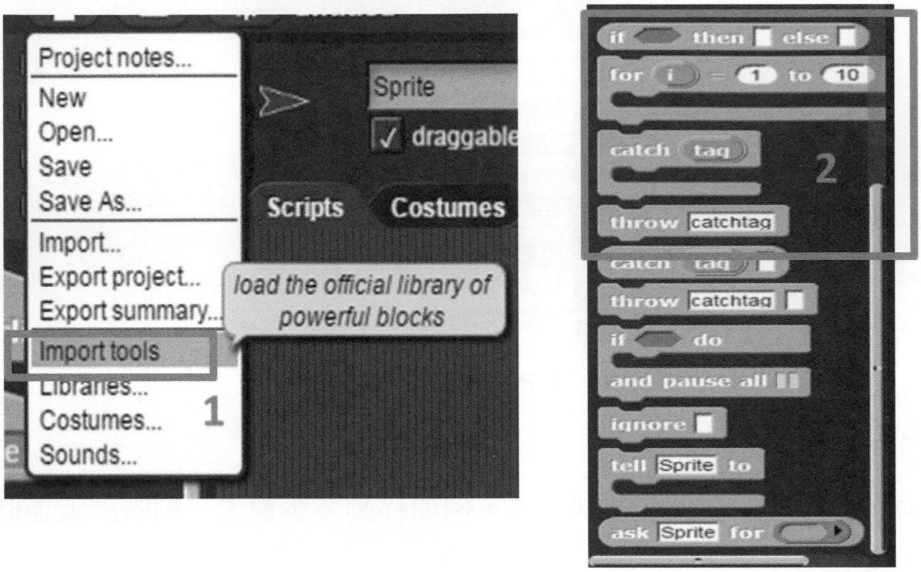

圖 B-4　新增控制面板工具

5. 新增區域變數：

(1) 點選 Variables，將"script variables"拖拉至工作區，如圖 B-5 的步驟 1 和 2。

(2) 點選"向右箭頭"即可新增變數，如圖 B-5 的步驟 3。

(3) 點選變數也可以變更變數名稱，如圖 B-5 的步驟 4 和 5。

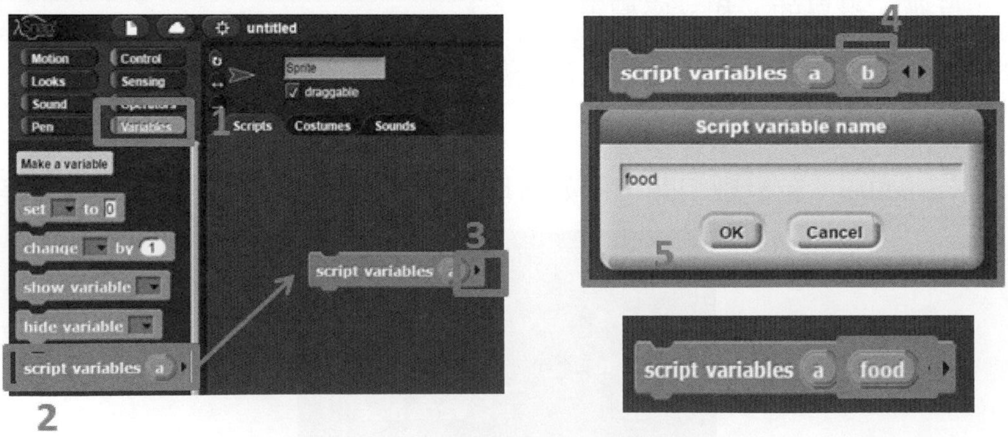

圖 B-5　新增全域變數

B.2 程式語言基礎

接下來介紹程式語言基礎，並且利用 Snap!講解其中每個部份。

B.2.1 抽象化(Abstraction)概念

抽象化(Abstraction)在資訊工程領域方面是非常重要的概念，簡單的來說抽象化的工作是要把現實世界中的物件轉到電腦世界的物件，抽象化有兩個重點：移除細節(Detail removal)以及一般化(Generalization)。所謂移除細節就是將不重要的移除掉，只要保留相關的、重要的。舉例來說，對於開車這件事，我們可能知道右轉就把方向盤轉向右邊，但實際車子裡的運作細節是甚麼，一般人並不會去研究，這就是抽象化移除細節的概念。移除細節在資訊工程的例子像是 Function(如 y=sin(x))以及 Application Programming Interfaces(APIs)等，我們並不知道 sin function 如何被實作出來，但是我們可以輕易地使用 sin 函數。一般化是說當有重複性的事件，就可以合併起來。舉例來說，我們可以撰寫程式來畫出邊長爲 25cm 的正方形，也可以撰寫程式來畫出邊長爲 100cm 的正方形，一般化的結果就是畫出任意邊長的正方形，更進一步一般化的結果可以是「畫出任意邊長的正多邊形(及正三角形、正方形、正五邊形…)」。因此撰寫程式時，抽象化就很重要。在 B.2.5 一節，我們就會用 Snap!的建構方塊，使用抽象化的技巧來解決問題。

B.2.2 Snap!建構方塊

所謂程式這件事在 Snap!裡稱爲**建構方塊(Blocks)**，一件工作可以分成很多程序(Procedure)段，先做某個程序再做哪個程序、或是當甚麼事件發生時就做某個程序，而每個程序其實就是由很多建構方塊所形成的，一個建構完成的程序就相當於一個新的建構方塊，可再重複地使用在程式建構中。在 Snap!中有三種基本建構方塊形式：命令建構方塊("Command")、回報建構方塊("Reporter")和判斷建構方塊("Predicate")。

1. **"Command"** 命令建構方塊：命令建構方塊等同於沒有回傳(return)結果的程序，會有副作用(side-effects)(例如：執行後可能會影響到區域或全域變數)。在Snap!中命令建構方塊用 Command 拼圖形狀來表示，如圖 B-6 所示的命令建構方塊分別是移動 10 步(即 10pixels)、印出"Hello!"字串且維持 2 秒鐘、設定音樂節奏為 60 bpm、放下畫筆、重設計時器、直到某件事情為眞、增加"thing"字串到串列(list)。

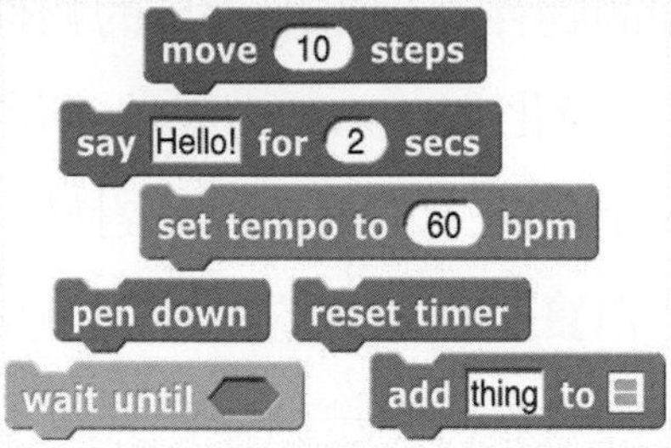

圖 B-6　Snap!命令建構方塊範例

2. **"Reporter"**回報建構方塊：回報建構方塊是有回傳值的程序，也可以說是沒有副作用的函數，其回傳值可以是除了布林型別之外的任意型態。在 Snap!中回報建構方塊用 Reporter 圓邊長方形來表示。如圖 B-7 所示的回報建構方塊，分別是調用函數、回傳 URL、回傳二元加法(算數)運算結果、回傳一個串列。

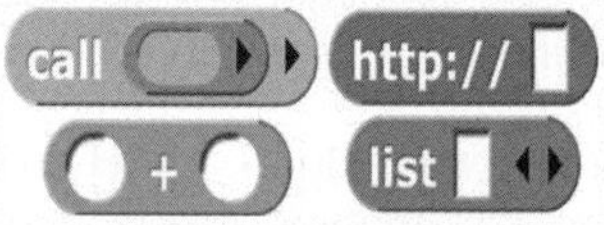

圖 B-7　Snap!回報建構方塊範例

3. **"Predicate"**判斷建構方塊：判斷建構方塊(Predicate)和回報建構方塊(Reporter)一樣是沒有副作用、有回傳值的程序，但判斷建構方塊回傳值只為布林值。當需要條件判斷(Conditional)時(例如程式語言中的 if-else、while 敘述的條件判斷)，就是判斷建構方塊可以運用的地方。在 Snap!中判斷建構方塊用 Predicate 六角形來表示，如圖 B-8 所示的判斷建構方塊依序為是否碰觸到某物件、小於比較、串列是否包含"thing"字串。

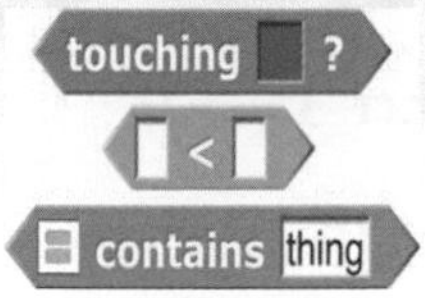
touching ?
<
contains thing

圖 B-8　Snap!判斷建構方塊範例

如圖 B-9 是讓一個 LED 燈不停閃爍的 Snap!程式，判斷建構方塊"led=0"(led 變數值是否爲 0)會被 if 命令建構方塊所使用。第一個建構方塊 set led to 0 設定 led 爲 0，第二個建構方塊 set timer alarm id 0 every 1000 ms mode tmr.ALARM_AUTO 設定一個計時器，每一秒會執行一次計時器內部的 if-命令建構方塊 if led = 0，而這個 if-命令建構方塊判斷現在的 led 變數數值只是否爲 0。如果是的話，就把 led 設定爲 1 set led to 1，同時把 pin 0 腳位設定在高電位來點亮 LED 燈 write pin 0 as gpio.HIGH；如果不是的話，就把 led 設定爲 0，同時把 pin 0 腳位設定在低電位來關閉 LED 燈。如此循環每秒鐘點亮一次 LED 燈，另一秒鐘關閉一次 LED 燈，形成 LED 燈不停閃爍現象。

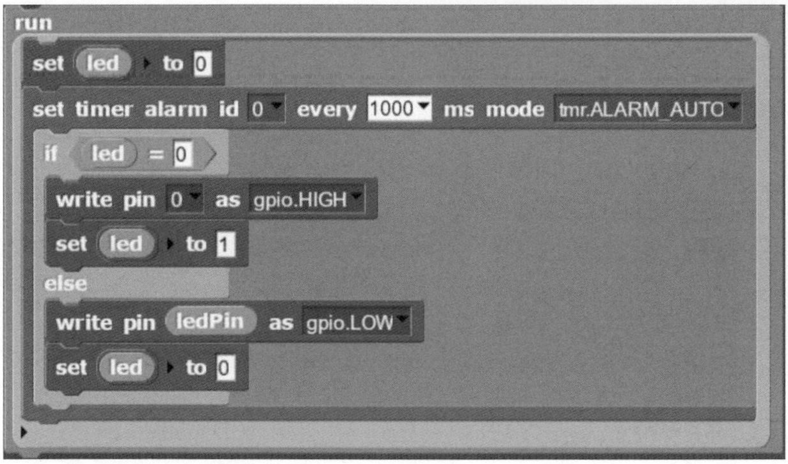
run
set led to 0
set timer alarm id 0 every 1000 ms mode tmr.ALARM_AUTO
if led = 0
write pin 0 as gpio.HIGH
set led to 1
else
write pin ledPin as gpio.LOW
set led to 0

圖 B-9　LED-blinking Snap!程式

回報建構方塊和判斷建構方塊是不能單獨存在的，必須依附在命令建構方塊中，例如 led = 0 判斷 led 變數數值只是否爲 0 的判斷建構方塊依附在 if-命令建構方塊 if led = 0 上。利用這三種基本的建構方塊可以快速的建立有用的、更複雜的建構方塊或程序。使用者所建立的程序可以看成是一個新的建構方塊，可應用在未來的程式設計上，建構更大的系統。

B.2.3 Snap!資料型別(Data Type)

每種程式語言都會有資料型別(Data Type)，指的是運算子的型別。在現實世界中的資料型別有以下幾種：(1)實數(Real numbers)：如-5.0, 3.7, 987.129；(2)自然數(Natural numbers)：如 1, 2, 3, 4, 987129；(3)字元(Letters)：如 a, b, c, d, e, f；(4)單詞(Words)：如 ketchup, fish, leg；(5)句子(Sentences)：如 I am a student.；(6)布林值(Boolean)：如 true 或 false。

而在 Snap!圖形化程式語言中主要爲以下四種：Number、Text、List 以及 Any type。每種不同的型別用不同的形狀來表示：

(1) 數字(Number)：可表示實數與整數，用橢圓形表示，如圖 B-10 的 1。

(2) 文字(Text)：可表示字元、單詞與句子，用寬矩形表示，如圖 B-10 的 2。

(3) 列表(List)：可表示一系列的數字或是字串，用像漢堡的圖形表示，如圖 B-10 的 3。

(4) 任意型別(Any type)：任意型別可放入布林值、數字、文字或者是列表，用窄矩形表示，如圖 B-10 的 4。

圖 B-10　Snap! 資料型別

B.2.4 Snap!函式(function)

數學的函式包含三大部分：輸入、計算和輸出，輸入經由函式計算後會有輸出。例如 $f(x)=x^3$， $f(3)=27$。函式接受的輸入值的集合爲定義域(Domain)，函式回傳的輸出值的集合爲值域(Range)。例如 $y=x^2$ 是一種映成(onto)函式，定義域若爲$\{1,-1\}$，則值域爲$\{1\}$；$y=2x+3$爲一對一(one-to-one)函數，隨著 x 值的不同，y 值也會跟著變動。

電腦的函式定義為可以接受 0 個或多個輸入，經由計算之後，產生輸出。函式沒有副作用(side-effects)，也就是不會影響任何函式外界的變數。以下舉四個例子：

(1) 平方根函式 sqrt of ：定義域為{非負的數字}，值域為{非負的數字}。
(2) 長度函式 length of ：定義域為{文字、數字}，值域為{非負的整數}。
(3) 小於函式 < ：定義域為{文字、數字}，值域為{布林值(true 或 false)}。
(4) 且函式 and ：定義域為{布林值(true 或 false)}，值域為{布林值(true 或 false)}。

平方根函式和長度函式為 Snap!內建的回報建構方塊，小於函式和且函式為 Snap!內建的判斷建構方塊。

除了使用 Snap!內建建構方塊外，使用者也可以自行建立使用者方塊。下列說明如何使用 Snap!工具建立**計算立方值**的回報建構方塊：

(1) 建立 Block，並選擇"Reporter"，如圖 B-11 的步驟 1 和 3。其中我們還可以選擇所建立的 Block 屬於哪種類別，例如是"Operators"，如圖 B-11 的步驟 2。
(2) 將運算規則拉進 Block 中，如圖 B-11 的步驟 4。
(3) 接著只要設定 x 的值，點選 cube 後，就會計算出 x 的立方值為多少。

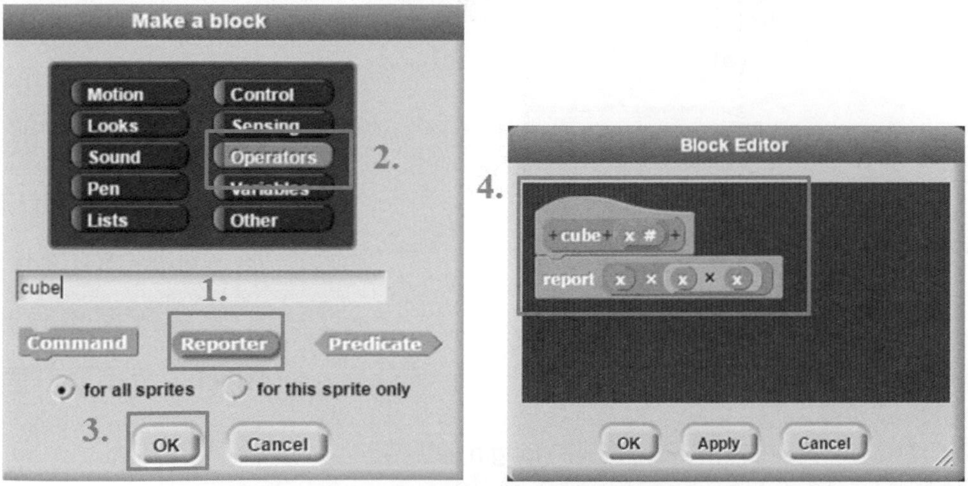

圖 B-11　Snap! **計算立方值**回報建構方塊

執行結果：

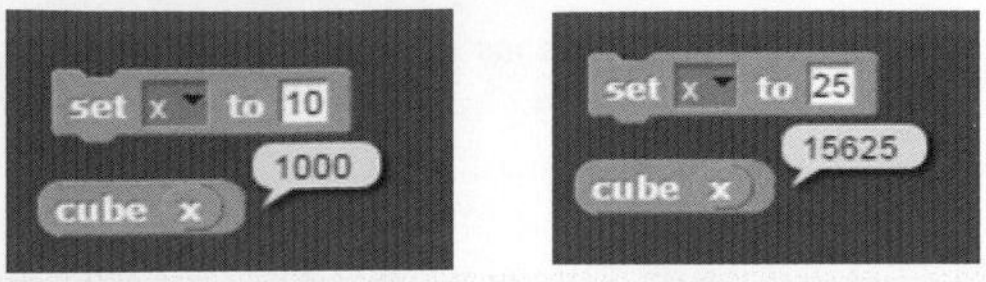

圖 B-11　Snap! 計算立方值回報建構方塊(續)

思考點：下列哪一個不是 function？

(a) 

(b) 

(c) 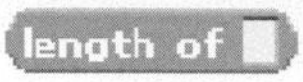

(d) 

(e) 

B.2.5　Snap!建構方塊實現抽象化(Abstraction)概念

為什麼要使用建構方塊呢？以拖拉建構方塊來設計程式，是最簡單的方式。如圖 B-12 是用 Snap!拉出的積木範例，其中圖 B-12(a)表示將筆放下，重複四次的移動 25 步後轉 90 度，最後再將筆拿起來，其實圖 B-12(a)畫出來就是每個邊長 25 像素的正方形；同理如圖 B-12(b)表示每個邊長 100 像素的正方形，如圖 B-12(c)表示每個邊長 396 像素的正方形。我們可以發現其實只有移動的步數有更改，因此可以將如圖 B-12(a)~(c)一般化為藉由輸入的 length 變數，去畫出邊長為 length 的正方形，如圖 B-12(d)。這樣一來並不需要拉出三個 Block，只需要一個 Block 就可以解決。

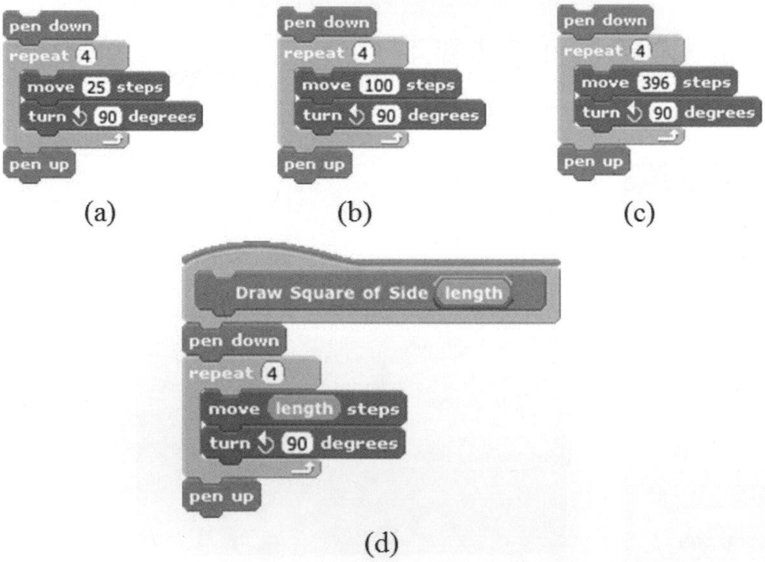

圖 B-12　建構方塊實現抽象化-畫出邊長為 length 的正方形

利用 Snap!來畫出邊長爲 length 的正方形步驟如下：

(1) 畫出正方形，亦即如圖 B-12(b)建構方塊的建置：

(a) 把筆放下：畫正方形時要先將筆放在畫布上，如圖 B-13(a)中的步驟 1 和 2。

(b) 要重複的次數：如圖 B-13(b)中的步驟 3 和 4，因爲是正方形所以要改爲 4。

(c) 每邊邊長以及轉角的度數：如圖 B-13(c)中的步驟 5，假設邊長是 100，因爲是正方形所以角度爲 90。

(d) 把筆提起：如圖 B-13(d)中的步驟 6，當畫好正方形後要把筆離開畫布。

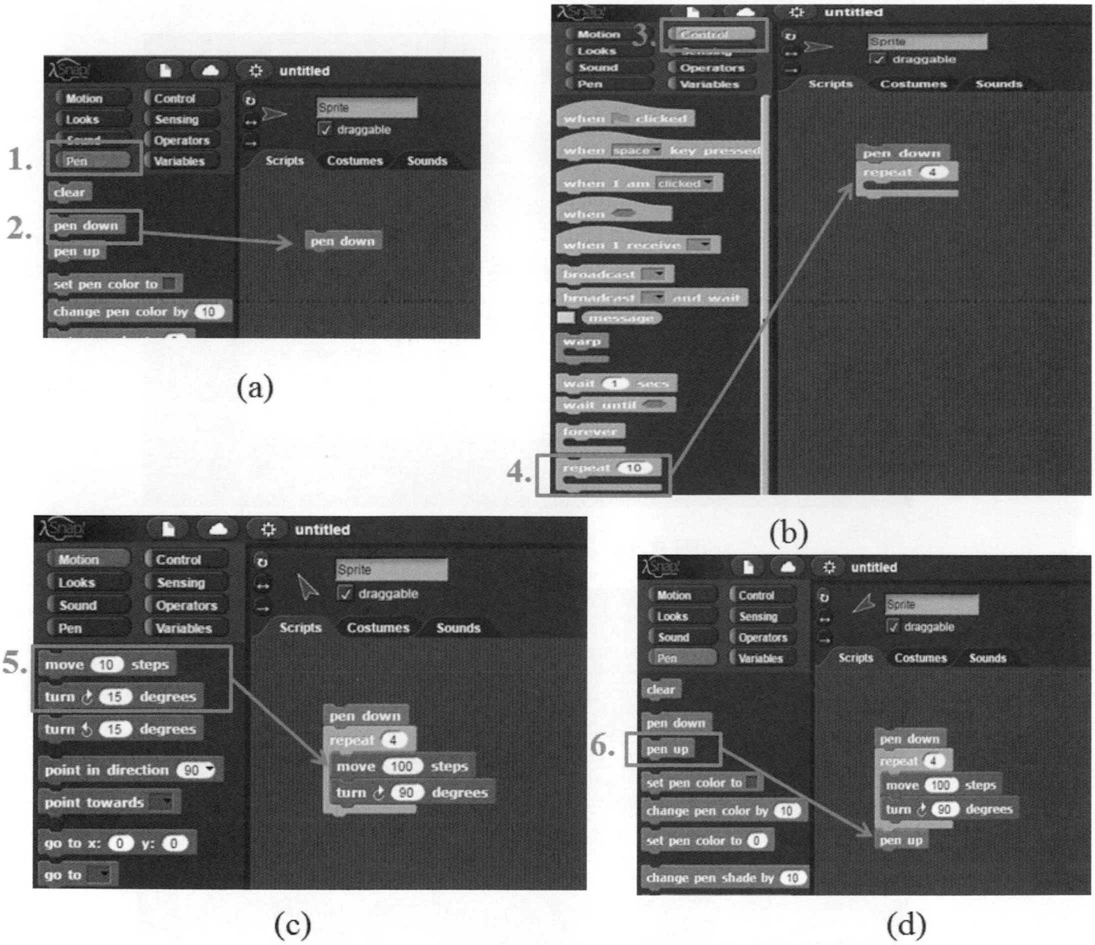

圖 B-13　用 Snap! 建構方塊畫出正方形

(2) 建立變數(Variables)：如圖 B-13 的步驟，我們可以畫出圖 B-12(a)~(c)的 Blocks，接下來我們可以利用抽象化中的一般化技巧"畫出邊長爲 length 的正方形"。因此需要建立一個變數來存放會變動的邊長值。作法如圖 B-14 的步驟 1 至 4，先點選上方"Variables"，選擇"Make a variable"，接著給要設置的變數一個名稱，如 length，接著按下"OK"。其中"for all sprites"表示全域變數，即所有的精靈都可以用；而"for this sprite only"表示區域變數，表示只有目前這個精靈可以使用。建立好變數後，可以利用如圖 B-15 的步驟 5 至 7 來設定變數；先將設定的規則拉到工作區中，選擇要設定的變數名稱，接著就可以對變數的值進行變更。

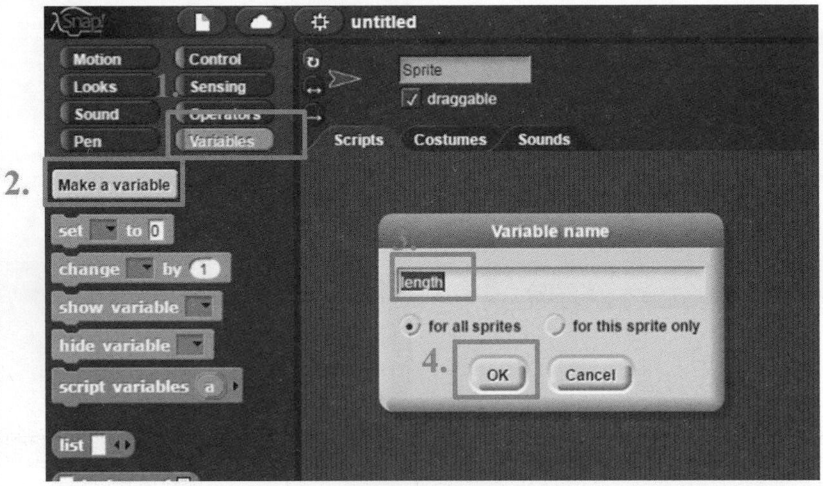

圖 B-14　Snap! 新增變數

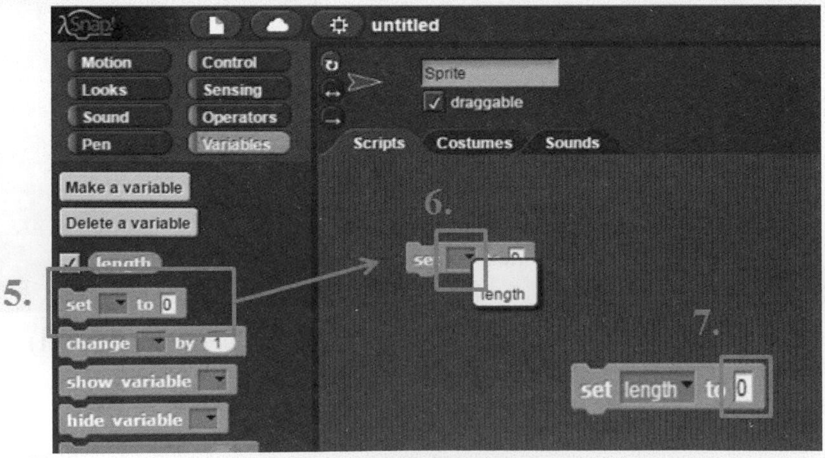

圖 B-15　Snap! 變數設定

(3) 建立"畫出邊長爲 length 的正方形"建構方塊(Make a block)：接續如圖 B-13 畫出正方形用一段程序，來建立"畫出邊長爲 length 的正方形"，步驟如圖 B-16 和圖 B-17 所示。

(a) 建立一個建構方塊：如圖 B-16 的步驟 1 至 6，在這個範例中使用命令(Command)建構方塊。

(b) 將如圖 B-13 的程序拉進 Block 中，並將固定邊長的設定，改爲由變數 length 來設定，如圖 B-17 的步驟 7 至 11。

(c) 完成後，即可以透過更改 length 的值，畫出不同邊長的正方形，如圖 B-18 左方爲 length 設定爲 50 所畫出的正方形，如圖 B-18 右方爲 length 設定爲 200 所畫出的正方形。

(d) 所以 Draw square with side 就可以畫出邊長爲 length 的正方形，也就是"Abstraction Barriers"(也可稱爲 Interface 或 API)。

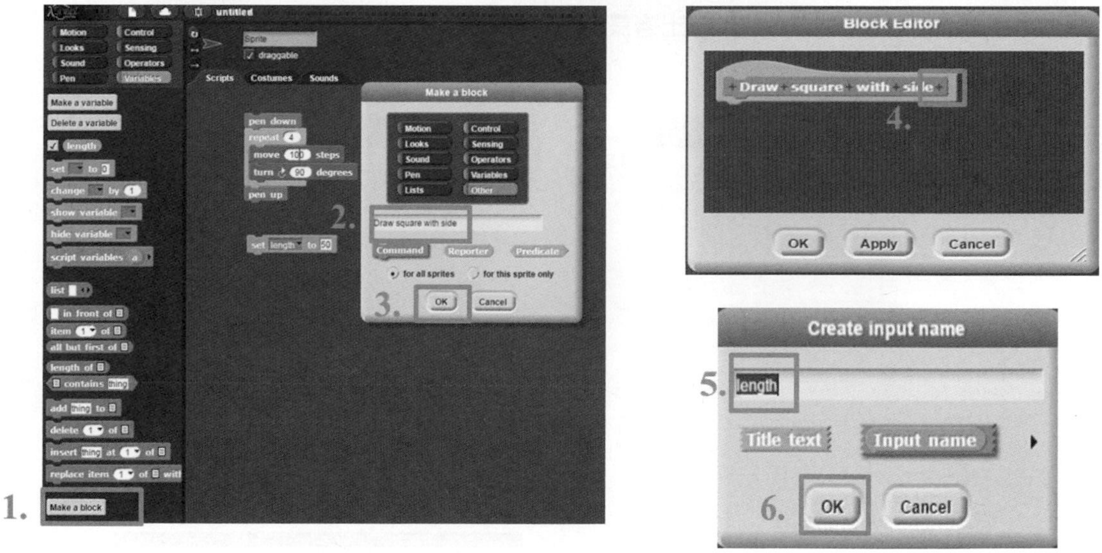

圖 B-16　Snap! "畫出邊長為 length 的正方形" 建構方塊-步驟 1

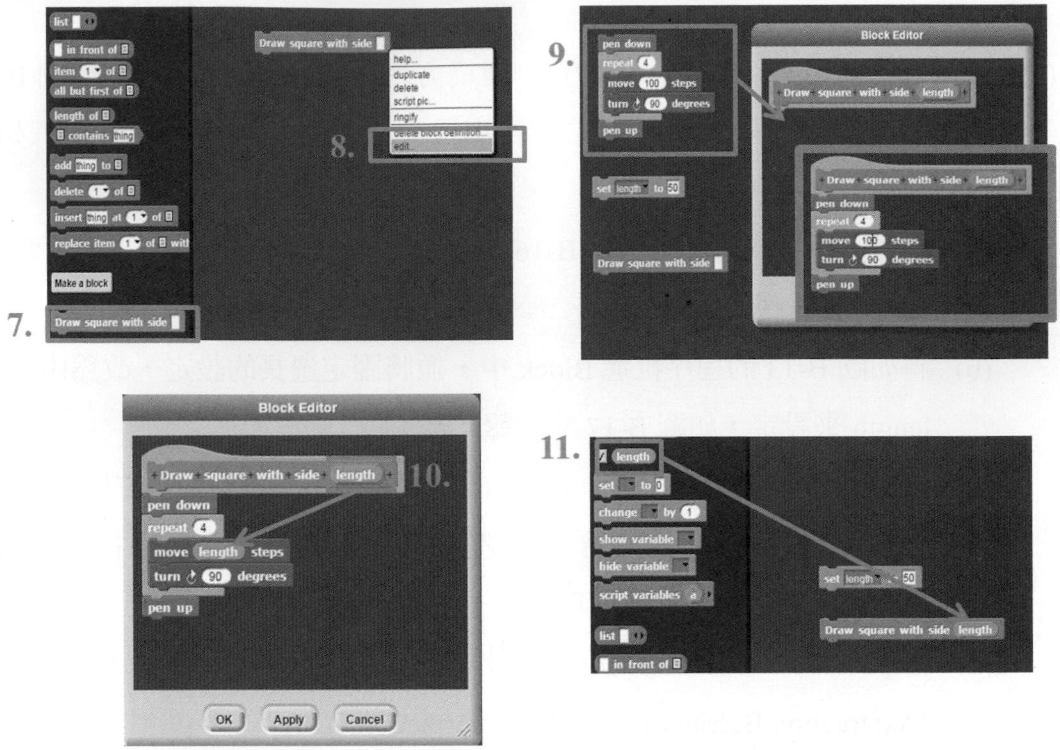

圖 B-17　Snap! " 畫出邊長為 length 的正方形" 建構方塊-步驟 2

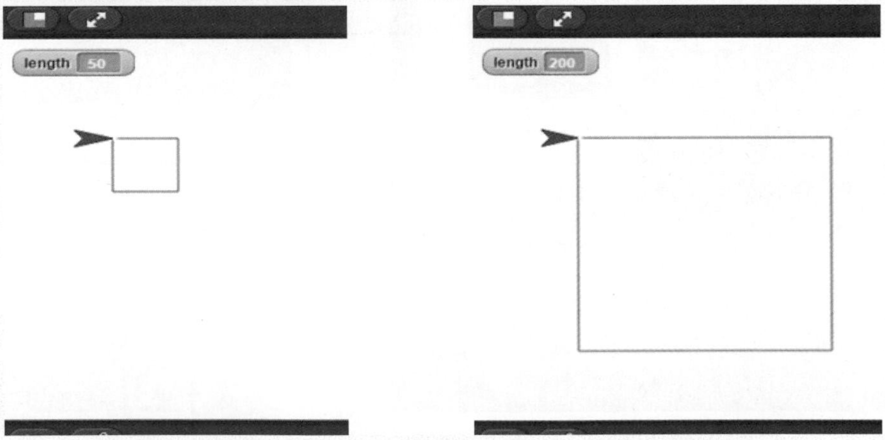

圖 B-18　Snap! 執行" 畫出邊長為 length 的正方形" 建構方塊

我們可以進一步練習如何"畫出任意長度的**正多邊形**"：

(1) 建立任意長度正多邊形的程序，如圖 B-19。

(2) 延續四邊形範例多增加一個 dim 變數，用來設定幾邊形，如圖 B-20。

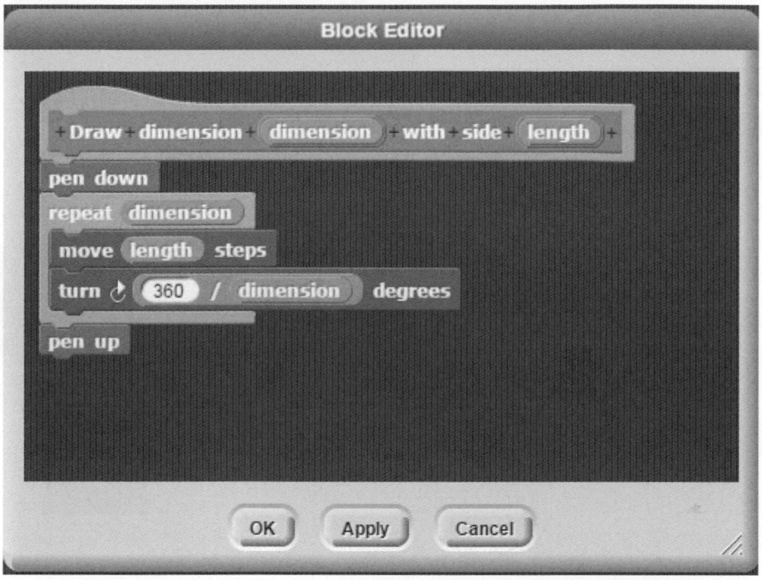

圖 B-19　Snap!"畫出任意長度的正多邊形"範例

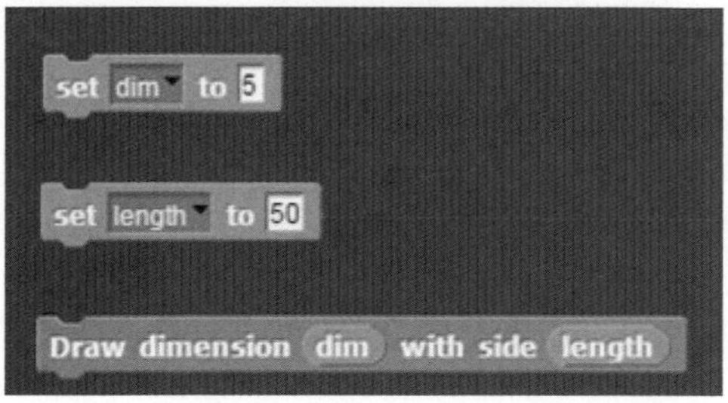

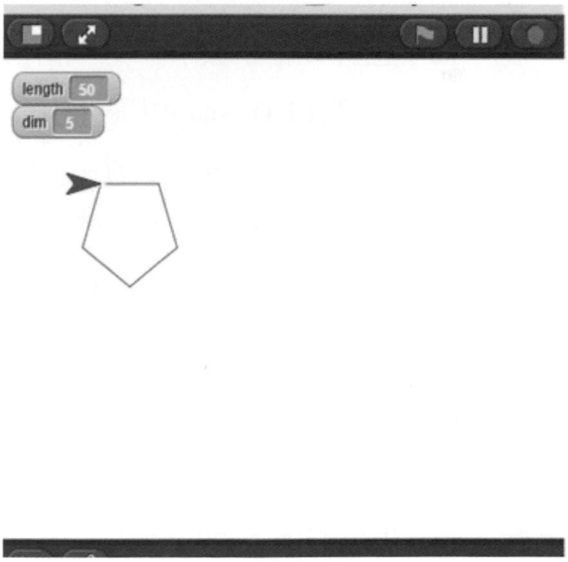

圖 B-20　Snap! 測試與執行"畫出任意長度的正多邊形"範例

在設定建構方塊(block)新增輸入變數時，如果沒有設定輸入型別，則預設為任意型別，如圖 B-21 左圖(b1 窄矩形)。如圖 B-21 右圖則是有進入設定型別為 Number 的情況(b2 橢圓形)。

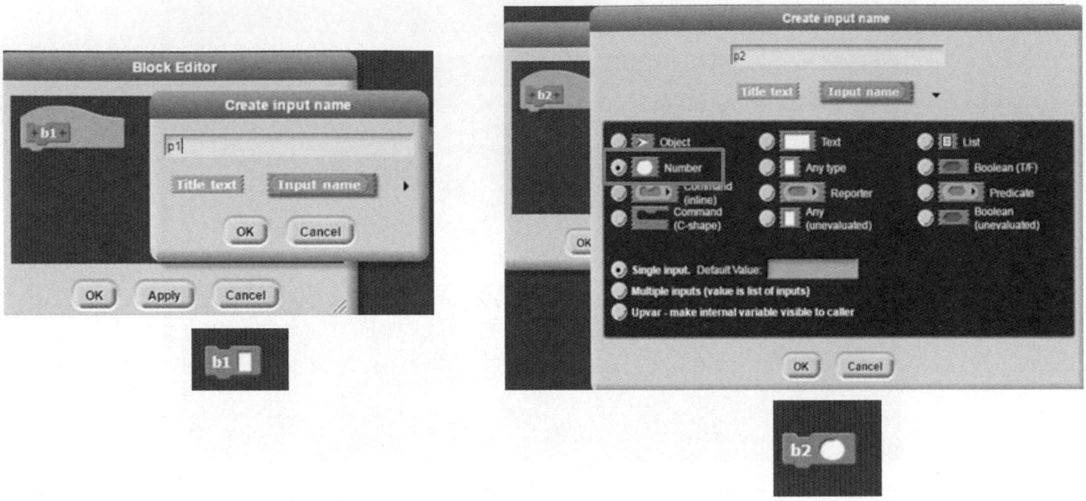

圖 B-21　Snap!設定輸入參數的資料型別

B.2.6　串列(List)

上一節中已經介紹了數字、字串和任意型別，這裡就來介紹 Snap!的另一種重要的資料型別**串列(List)**。Snap!中的 List 以▤表示，如圖 B-22 的"all but first of ▤"意思為傳回把第一個去掉後的串列。

圖 B-22　串列

串列可以應用在像走迷宮時，用來把一系列路的座標記起來的方式。所以串列就像是一種陣列(array)，可以存放 0 個或多個以上有順序的序列(order sequence)。串列中所存放的內容可以用索引(index)來取得，Snap!中串列的索引從 1 開始。而且串列的內容可以隨時改變(mutable)的。以圖 B-23 為例：

(1) 首先串列 x 中並沒有放入任何值，當執行"say x for 2 secs"的命令時，則秀出如圖 B-23 箭頭 1(即空串列)的結果 2 秒。

(2) 串列 y 中放了三個值，當執行"say y for 2 secs"的命令時，則秀出如圖 B-23 箭頭 2(即串列(John, Kevin, Eric))的結果 2 秒。

(3) 顯示串列 y 中的第一個值(John)，如結果 3。

(4) 增加一個值"Vivi"到串列 y 中，因此串列 y 中值多了一筆，如結果 4。

(5) 刪除串列 y 中的第 2 筆，因此串列 y 的第 2 筆紀錄"Kevin"被刪除掉，如結果 5。

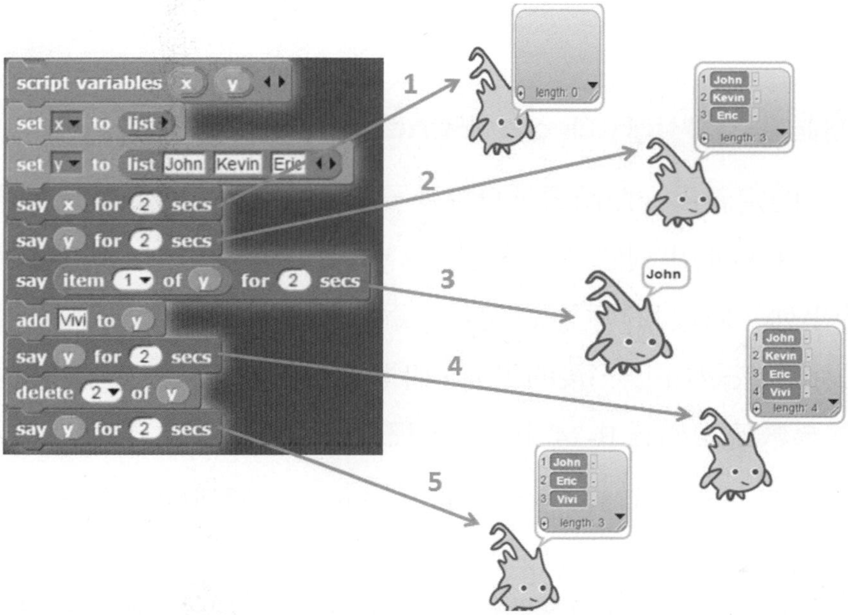

圖 B-23　串列範例

如圖 B-24 列出串列的平方值範例，輸入爲數值串列，輸出爲將每一個數值平方後的串列，如 $f([1,2,3,4]) = [1,4,9,16]$ 或是 $f([-5,0,5]) = [25,0,25]$。說明如下：

(a) 爲了不會有副作用(side-effects)，因此在內部會產生一個新的串列 

。

(b) 將輸入串列中每個項目，輸入到設定的函式後所得到的值，依序丟到新建立的串列中 

。

(c) 輸出新的串列 

。

此外，串列也可以應用在像結帳時將商品一一掃描到發票串列中、ATM 所記錄一整天存提款交易紀錄等。串列可用來實現多維陣列，例如二維串列可用來實現表格。

圖 B-24　串列的平方值範例

B.2.7　高階函式(High-Order Functions，HOFs)

高階函式的定義為一個函式可以接受一個或多個函式作為輸入參數或回傳一個函式。如圖 B-24 的串列的平方值範例中，輸入為數值串列，輸出為將每一個數值平方後的串列。同理我們可以設定輸入為數值串列，輸出為將每一個數值立方(或是取絕對值、或是加上一)後的串列，如果可以將函式(平方、立方、取絕對值、加上一)當成參數傳入如圖 B-24 中程序，程式就可以不必重寫。

Snap!有三個高階函式(Map、Combine、Keep 三個建構方塊)，函式可以當作輸入參數引入回報建構方塊。以下說明這三個高階函式的應用：

(1) 對應(Map)建構方塊：接受一個函式參數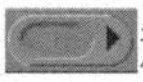和一個串列，並將此函式作用在此串列中。舉例來說，串列的平方值範例若以高階函式實作，用一個對應回報建構方塊就解決了，如圖 B-25。

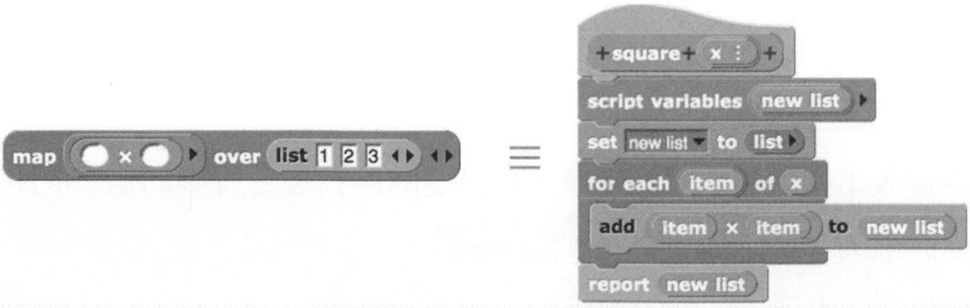

圖 B-25　Snap!對應建構方塊實作串列的平方值範例

如圖 B-25 左半邊的高階函式以函式編程的方式實作串列的平方值，功能等同於如圖 B-25 右半邊的程序，以指令式編程方式實作串列的平方值。此外，Map 高階函式也可以帶入立方、取絕對值、加上一等函式，功能十分強大，這也是抽象化的一般化技巧十分有用的另一案例。

檢驗一下是否了解對應回報建構方塊概念，練習：

(a) 

(b) 

(c) 

(d) 

(e) 

(f) 若是想要計算 List 的和，

可以作用嗎？

解：

(a)

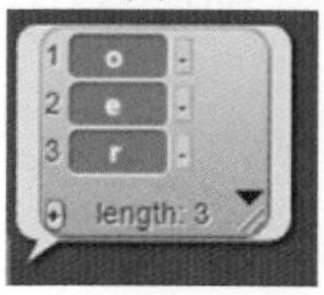

(b)

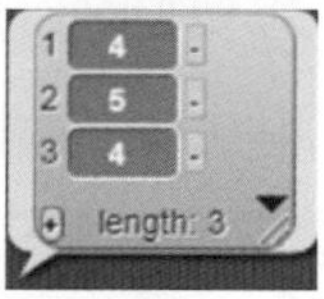

(c)

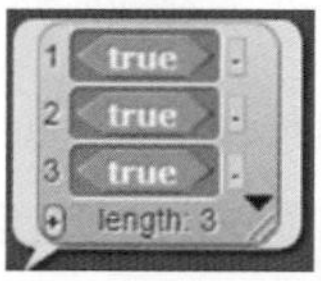

(d)

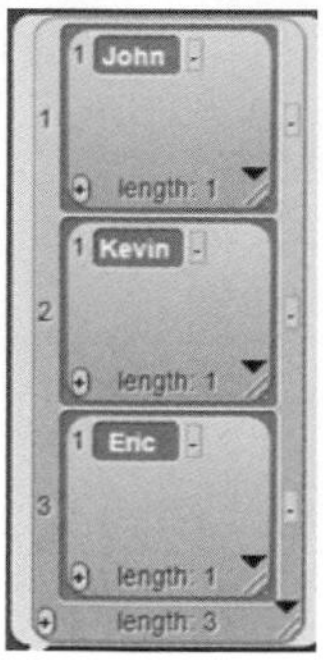

(e)

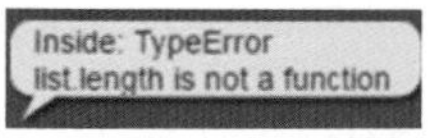

(f) 不行，因爲利用 map 算出的是每個 item 自己加自己的值，回傳的是 List，應使用另一種高階函式-合併(Combine)建構方塊。

(2) 合併(Combine)建構方塊

：接受一個函式參數和一個串列，並將此函式作用在此串列的每一個項目中，回傳單一結果。舉例來說，如圖 B-26 利用合併建構方塊計算串列的每一個項目的加總，達成 1+2+3+4=10 的運算。

圖 B-26　Snap! Combine Function

合併建構方塊的實作，輸入是串列，輸出最後計算出來的值：

(a) 將輸入串列中的項目，依序輸入函式計算，所得到的值先暫存起來。

(b) 再輸入下一批的項目到函式中，一樣將得到的值先暫存起來，直到串列中的項目都運算完畢。

(c) 輸出最後計算出來的值。

實際上接受合併建構方塊的函式參數並不多，可用的函式參數如圖 B-27。

圖 B-27　Snap! 合併建構方塊的函式參數

(3) 保留(Keep)建構方塊

：接受一個函式參數和一個串列，並將此函式作用在此串列的每一個項目中，保留通過測試項目儲存一個串列裡，回傳此串列。舉例來說，想要知道一個串列中大於 2 的項目有幾個，就可以用保留(Keep)建構方塊解決，如圖 B-28。

圖 B-28　Snap! 保留建構方塊-串列中大於 2 的項目

保留建構方塊的實作，輸入是串列，輸出也是串列：

(a) 將輸入串列中的項目，剔除掉沒通過函式參數測試的項目。

(b) 輸出最後剩下的串列。

B.3 程式風格(Programming paradigm)

所謂的**風格(paradigm)**指的是要完成或想要完成一件事情時，所具有的理論或想法，舉例來說，就像是人們會依照不同場合穿著不一樣的衣服，例如參加宴會會穿著西裝、運動時會穿著運動服。而**程式風格(Programming paradigm)**指的是完成一個程式有哪幾種理論或想法。程式語言可以用兩個字來表示，一種是 How(如何做)，另一種是 What(做什麼)。How 的意思是將完成一個程式的每一步規劃清楚，What 是只知道程式要完成什麼，但沒有告訴怎麼做。所以最好的程式語言寫法就是越接近 What 越好。

目前程式風格主要有四種：指令式編程(imperative programming)、函式編程(functional programming)、物件導向編程(object-oriented programming)與聲明式編程(declarative programming)。詳細說明如下：

(1) 指令式編程：將每一步規劃清楚並且利用建構方塊按部就班的進行程式編寫，也就是所謂的 How 的編程方式，清楚規劃每一步來完成一個程式。例如圖 B-24 串列的平方值範例。

(2) 函式編程：有告訴要做什麼事情，但只有部分程式有規劃清楚，所以介於 How 和 What 的編程方式之間。也就是說知道輸入和輸出，但中間怎麼處理的部分並不管。例如 B.2.7 章節所描述的高階函式範例，將要做的事情功能化形成像 API 一樣，之後要利用時就直接使用，但其實也是利用指令式編程的方式將程式先寫好形成 API。如圖 B-29 在 Snap!的 Map Function 按右鍵選擇"edit"，就可以看到 Snap!的 Map API 實際的程式運作流程。

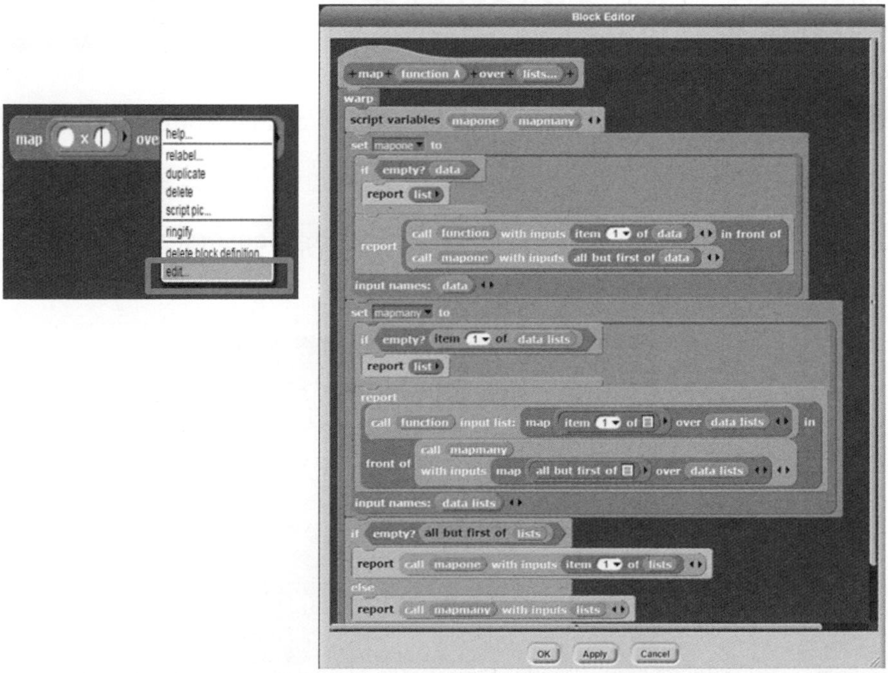

圖 B-29　Snap! 指令式編程 vs 函式編程

(3) 物件導向編程：是目前解決大型程式最有效的工具寫法，也最貼近人與生俱來的想法，因爲現實世界中每樣東西都是一個物件。每個物件都有資料結構(local state)和方法。眞正在處理程式的時候，也是利用指令式編程或是函式編程的方式撰寫。

(4) 聲明式編程：聲明式編程告訴電腦需要計算「什麼(what)」而不是「如何(how)」去計算，讓電腦明白目標，而非流程。聲明式編程用於資料庫的結構化查詢語言(SQL)[6]、人工智慧 Prolog 語言 [7] 以及專家系統 CLIPS 的規則(rule)語言 [8]，這些所用的語言就屬於聲明式編程。沒有副作用的函式編程也可算聲明式編程。

一般來說，每種語言可能可以支援多種程式風格。例如 C 語言可以支援指令式編程和函式編程風格、Java 語言則可以支援指令式編程、函式編程風格和物件導向編程風格。而 Snap!可以支援這四種風格。

B.4 Snap!4NodeMCU 製作嵌入式系統

透過網址：http://iot.ttu.edu.tw/Snap4NodeMCU/Snap4NodeMCU.html 使用本中心所製作的"Snap!4NodeMCU"，利用 Snap!工具進行嵌入式系統與互聯網應用的開發，如圖 B-30 有新增多種不同控制面板工具，像是 Sensors(感知器)、Actuators(啓動器)、NodeMCU、CoAP/MQTT 物聯網技術等。

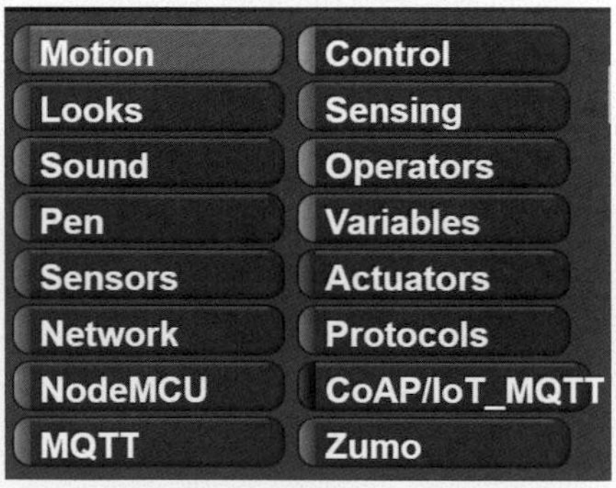

圖 B-30 Snap!4NodeMCU

B.4.1 NodeMCU 嵌入式系統的應用-LED 閃爍

Step 1： 開啓一個新的專案(project)，如圖 B-31，所要編輯的程式方塊可以拉到 run 建構方塊中。

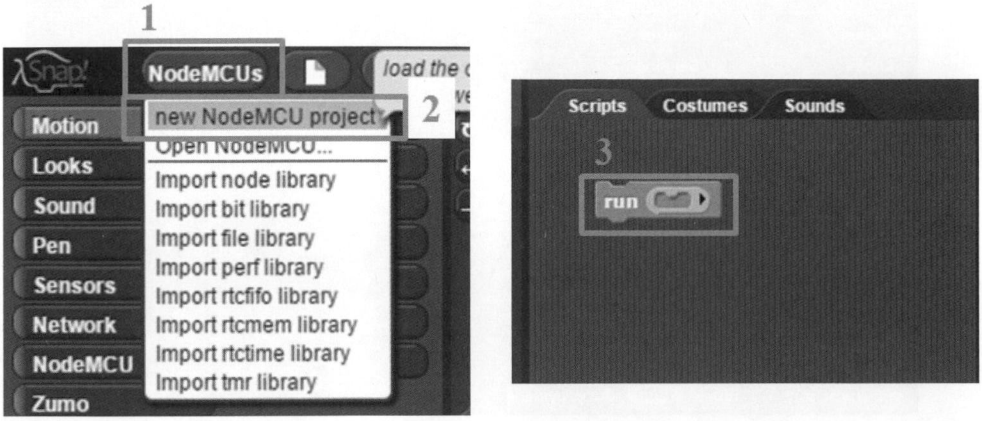

圖 B-31　Snap!4NodeMCU 開啓空的 NodeMCU 範例

Step 2： 先新增一個 led 變數，用來記錄 led 目前的狀態，接著將 led 初始化爲 0，如圖 B-32。

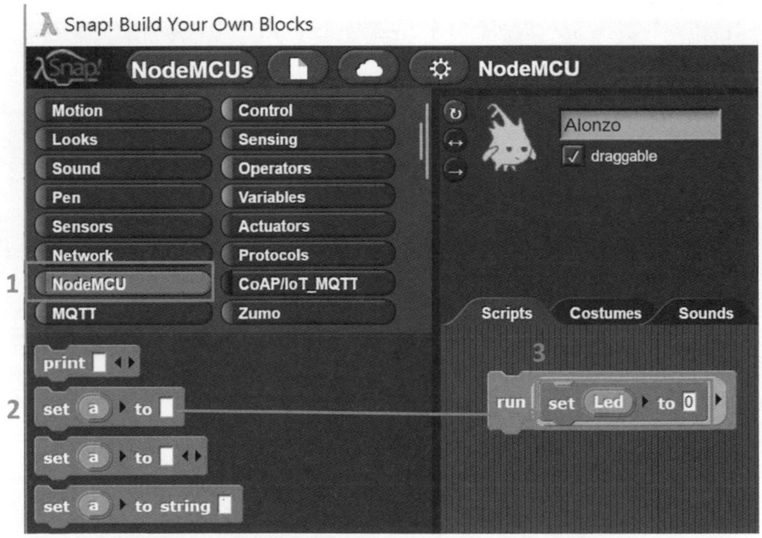

圖 B-32　Snap!4NodeMCU LED 閃爍-新增 led 變數

Step 3： 點選"Actuator"，將設定接腳爲輸入或輸出的指令拖拉進 run，並設定 LED 接腳爲 0，如圖 B-33。

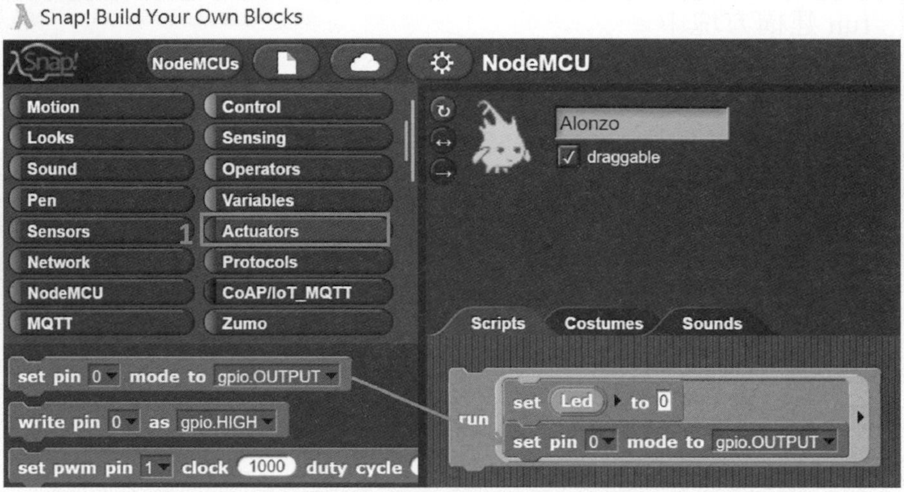

圖 B-33 Snap!4NodeMCU LED 閃爍-設定接腳為輸入或輸出

Step 4： 因爲要讓 LED 閃爍，所以需要設定一個計時器，在這一秒時讓 LED 燈亮，下一秒時讓 LED 燈暗，如圖 B-34。

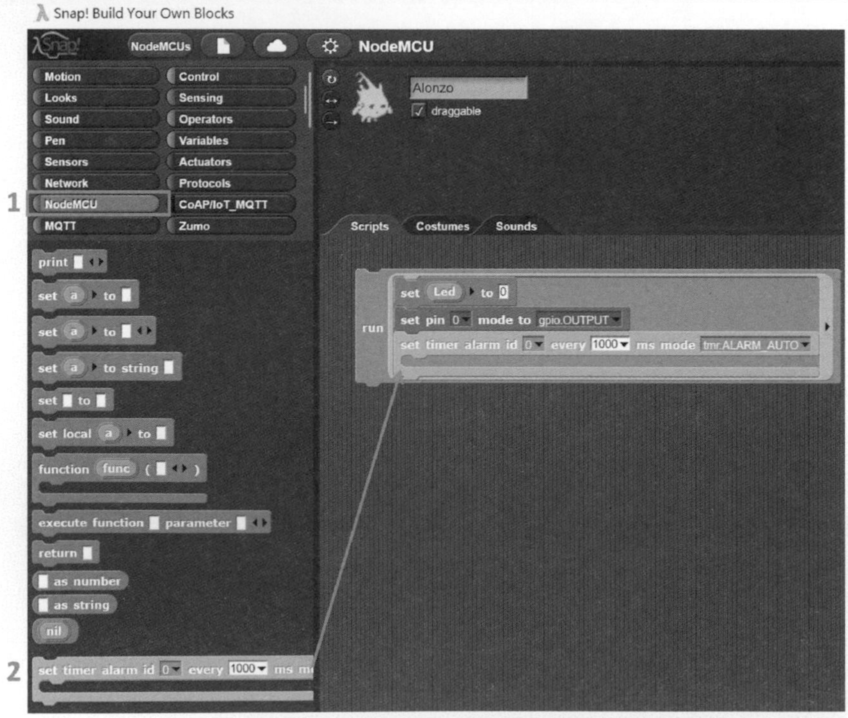

圖 B-34 Snap!4NodeMCU LED 閃爍-設定計時器

Step 5： 接著加入判斷式(if-else 積木在 control 積木區)，當目前 Led 值為 0(Led==0 在 operators 積木區)) 時，將 LED 燈接的接腳的值設為 HIGH(gpio.write(gpio.HIGH))積木在 Actuactors 積木區)，並將 Led 值改為 1(Led=1 積木在 NodeMCU 積木區)；否則相反。如圖 B-35，其中更改接腳為 HIGH 或 LOW 的程式指令是在控制面板"Actuator"工具中。

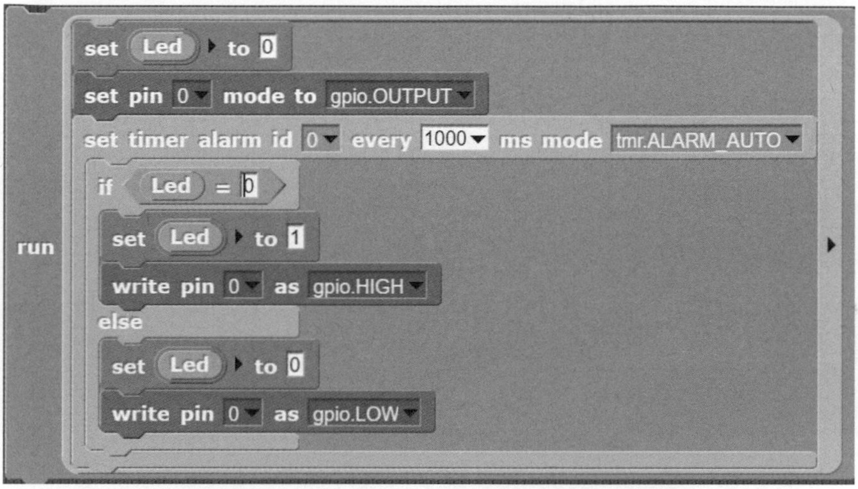

圖 B-35　Snap!4NodeMCU LED 閃爍程式方塊

Step 6： 編輯好 Snap!後，可以點擊 run 建構方塊，Snap!4NodeMCU 就會自動轉換成 Lua 語言在結果畫面區，如圖 B-36。

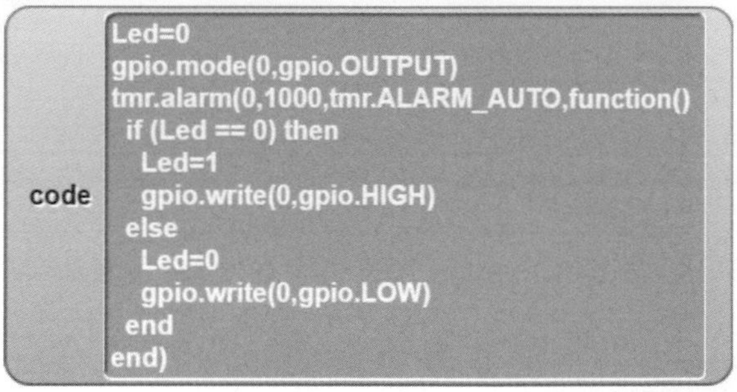

code
Led=0
gpio.mode(0,gpio.OUTPUT)
tmr.alarm(0,1000,tmr.ALARM_AUTO,function()
if (Led == 0) then
Led=1
gpio.write(0,gpio.HIGH)
else
Led=0
gpio.write(0,gpio.LOW)
end
end)

圖 B-36　Snap!4NodeMCU LED 閃爍程式

Step 7： 接著可以將撰寫好的 Snap!4NodeMCU--LED 閃爍程式轉到 ESPlorer 開發環境中，首先要在 code 的部分點擊右鍵選擇 export，就會直接送到 ESPlorer IDE 介面，如圖 B-37。

註：ESPlorer 需要先下載本中心的 Esplorer.jar 檔。

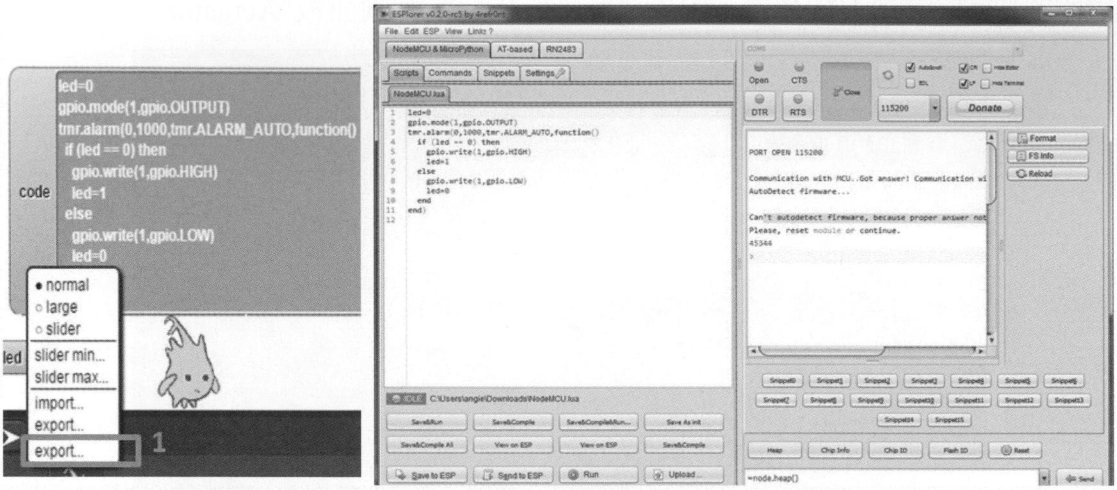

圖 B-37　Snap!4NodeMCU LED 閃爍程式轉送到 ESPlorer IDE

Step 8： 點選左下角的"Save to ESP"(如圖 B-38)，將 Lua 程式寫入到 NodeMCU 中並執行，所以就可以看到接好麵包板上的 LED 燈閃爍。

圖 B-38　點選"Save to ESP" (寫 Lua 程式入 NodeMCU)

B.4.2 讀取光感測器

Step 1： 開啓一個新的 project，因爲光感測器是類比的訊號，所以要設定一個變數儲存讀入的類比訊號值。再利用 print 將讀取到的類比值印出，如圖 B-39。

run
set timer alarm id 0 every 1000 ms mode tmr.ALARM_AUTO
read analog pin to aValue
print a= aValue

圖 B-39　Snap!4NodeMCU 讀取類比訊號值

Step 2： 點擊 run 區塊，轉換的 Lua 語言如圖 B-40。

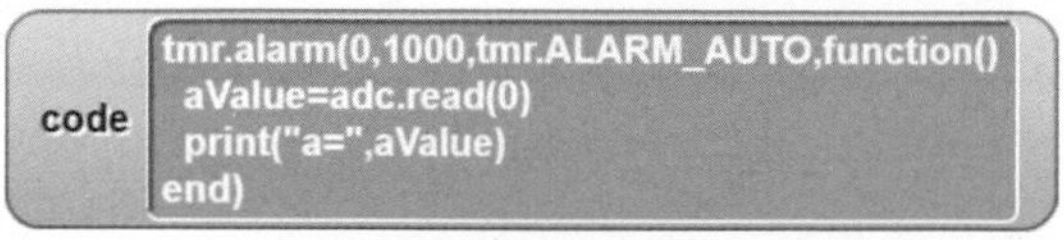
code
tmr.alarm(0,1000,tmr.ALARM_AUTO,function()
aValue=adc.read(0)
print("a=",aValue)
end)

圖 B-40　Snap!4NodeMCU 讀取光感測器程式

Step 3： 接著在 code 的部分點擊右鍵選擇 export 轉到 ESPlorer 開發環境中，利用 Save to ESP，就可以按下按鍵觀看結果，如圖 B-41。

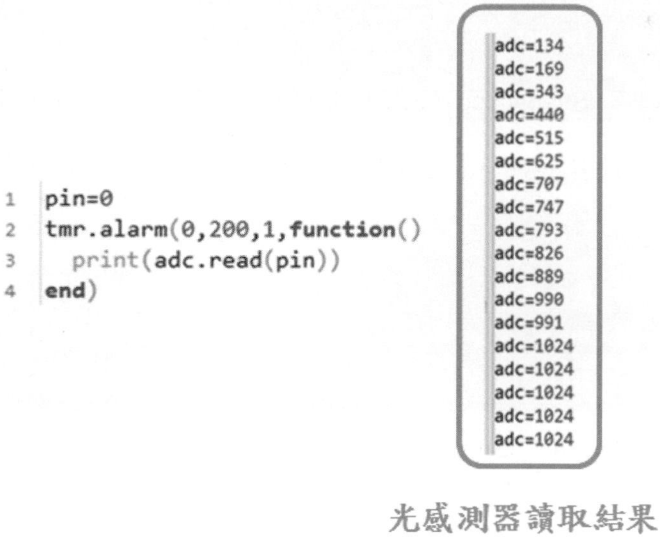
pin=0
tmr.alarm(0,200,1,function()
print(adc.read(pin))
end)
adc=134
adc=169
adc=343
adc=440
adc=515
adc=625
adc=707
adc=747
adc=793
adc=826
adc=889
adc=990
adc=991
adc=1024
adc=1024
adc=1024
adc=1024
adc=1024
光感測器讀取結果

圖 B-41　Snap!4NodeMCU 讀取光感測器程式轉送到 ESPlorer IDE

B.4.3 讀取矩陣鍵盤按鍵

Step 1： 開啓一個新的 project，用串列(List)建出 4×4 鍵盤的內容，如圖 B-42。

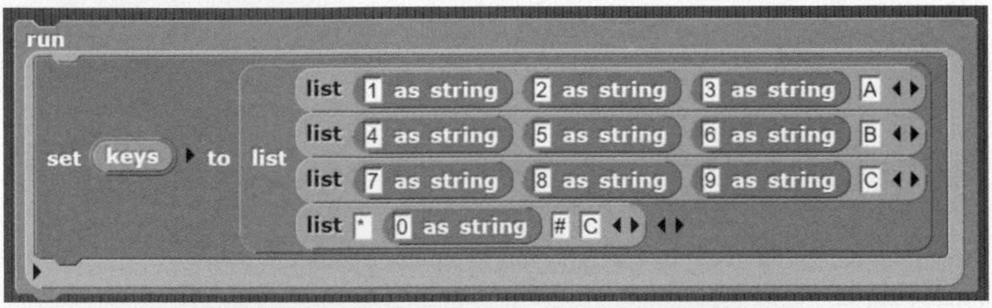

圖 B-42 Snap!4NodeMCU 建立矩陣鍵盤串列

Step 2： 先將 1~8 接腳設爲 OUTPUT，接著將 1~8 接腳設爲低電位，再將每 5~8 接腳改爲輸入來接收每一列的值，如圖 B-43。

圖 B-43 Snap!4NodeMCU 矩陣鍵盤_初始化接腳

Step 3： 接著對每一列依序設為高電位，再依序偵測每一行是否有被按壓，最後要記得再將每一列設回低電位，如圖 B-44。

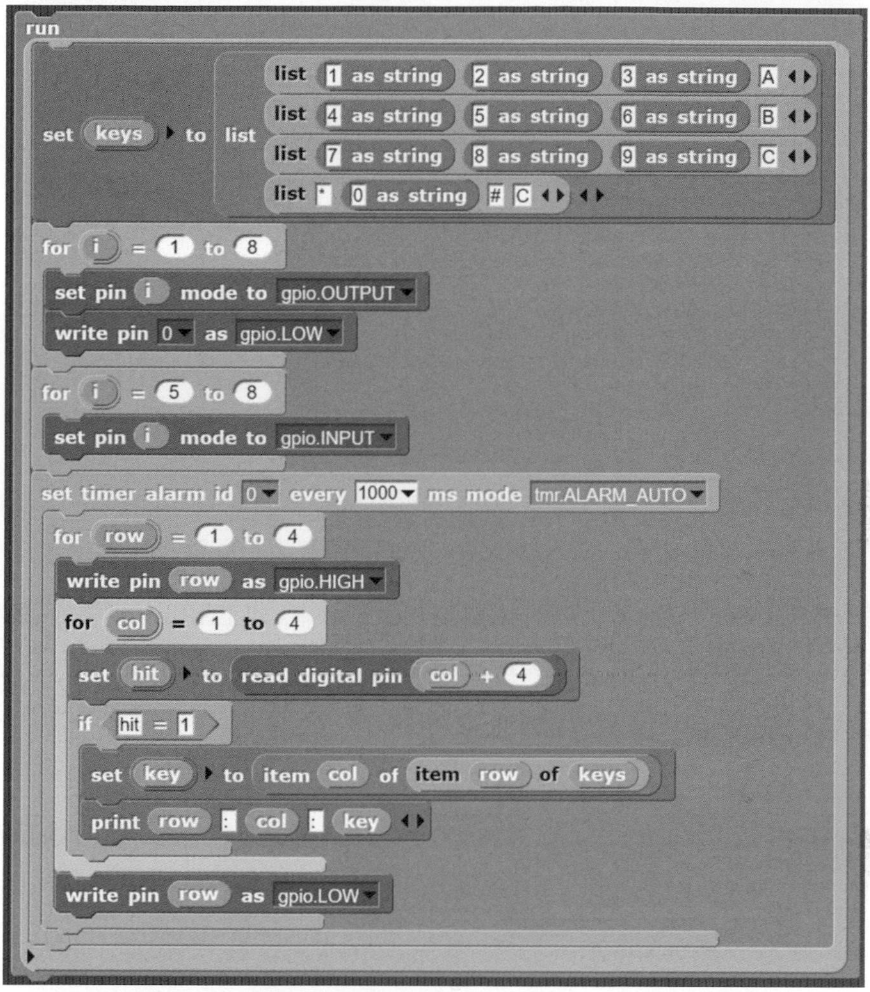

圖 B-44　Snap!4NodeMCU 矩陣鍵盤_偵測鍵盤按壓

Step 4： 點擊 run 區塊，轉換的 Lua 語言，如圖 B-45。

code

```
keys={{"1","2","3","A"},{"4","5","6","B"},{"7","8","9","C"},{"*","0","#","D"}}
for i=1,4 do
 gpio.mode(i,gpio.OUTPUT)
end
for i=5,8 do
 gpio.mode(i,gpio.OUTPUT)
 gpio.write(i,gpio.LOW)
 gpio.mode(i,gpio.INPUT)
end
tmr.alarm(0,1000,tmr.ALARM_AUTO,function()
 for w=1,4 do
  gpio.write(w,gpio.HIGH)
  for r=1,4 do
   hit=gpio.read((r + 4))
   if (hit == 1) then
    key=keys[w][r]
    print(w,r,key)
   end
  end
  gpio.write(w,gpio.LOW)
 end
end)
```

圖 B-45　Snap!4NodeMCU 矩陣鍵盤 Lua 程式

Step 5： 接著在 code 的部分點擊右鍵選擇 export 轉到 ESPlorer 開發環境中，利用 Save to ESP，就可以按下按鍵觀看結果，如圖 B-46。

NodeMCU.lua | NodeMCU-illumin.lua | keypad_buzzer.lua | NodeMCU-keypad.lua

```
keys={{"1","2","3","A"},{"4","5","6","B"},{"7","8"
for i=1,4 do
  gpio.mode(i,gpio.OUTPUT)
end
for i=5,8 do
  gpio.mode(i,gpio.OUTPUT)
  gpio.write(i,gpio.LOW)
  gpio.mode(i,gpio.INPUT)
end
tmr.alarm(0,200,tmr.ALARM_AUTO,function()
  for w=1,4 do
    gpio.write(w,gpio.HIGH)
    for r=1,4 do
      hit=gpio.read(r + 4)
      if hit == 1 then
        key=keys[w][r]
        print(w,r,key)
      end
    end
    gpio.write(w,gpio.LOW)
  end
end)
```

```
> w([==[  gpio.mode(i,gpio.OUTPUT)]==]);
> w([==[end]==]);
> w([==[for i=5,8 do]==]);
> w([==[  gpio.mode(i,gpio.OUTPUT)]==]);
> w([==[  gpio.write(i,gpio.LOW)]==]);
> w([==[  gpio.mode(i,gpio.INPUT)]==]);
> w([==[end]==]);
> w([==[tmr.alarm(0,200,tmr.ALARM_AUTO,function()]==]);
> w([==[  for w=1,4 do]==]);
> w([==[    gpio.write(w,gpio.HIGH)]==]);
> w([==[    for r=1,4 do]==]);
> w([==[      hit=gpio.read(r + 4)]==]);
> w([==[      if hit == 1 then]==]);
> w([==[        key=keys[w][r]]==]);
> w([==[        print(w,r,key)]==]);
> w([==[      end]==]);
> w([==[    end]==]);
> w([==[    gpio.write(w,gpio.LOW)]==]);
> w([==[  end ]==]);
> w([==[end)]==]);
> file.close();
> dofile("NodeMCU-keypad.lua");
> 1 1 1
214
317
41*
41*
420
44D
```

按下鍵盤顯示結果

圖 B-46　Snap!4NodeMCU 矩陣鍵盤程式轉送到 ESPlorer IDE

B.4.4 矩陣鍵盤加入蜂鳴器

Step 1： 將蜂鳴器接在 NodeMCU 的 D12 接腳，接著利用上一主題的矩陣鍵盤程式，增加蜂鳴器相關指令如圖 B-47。

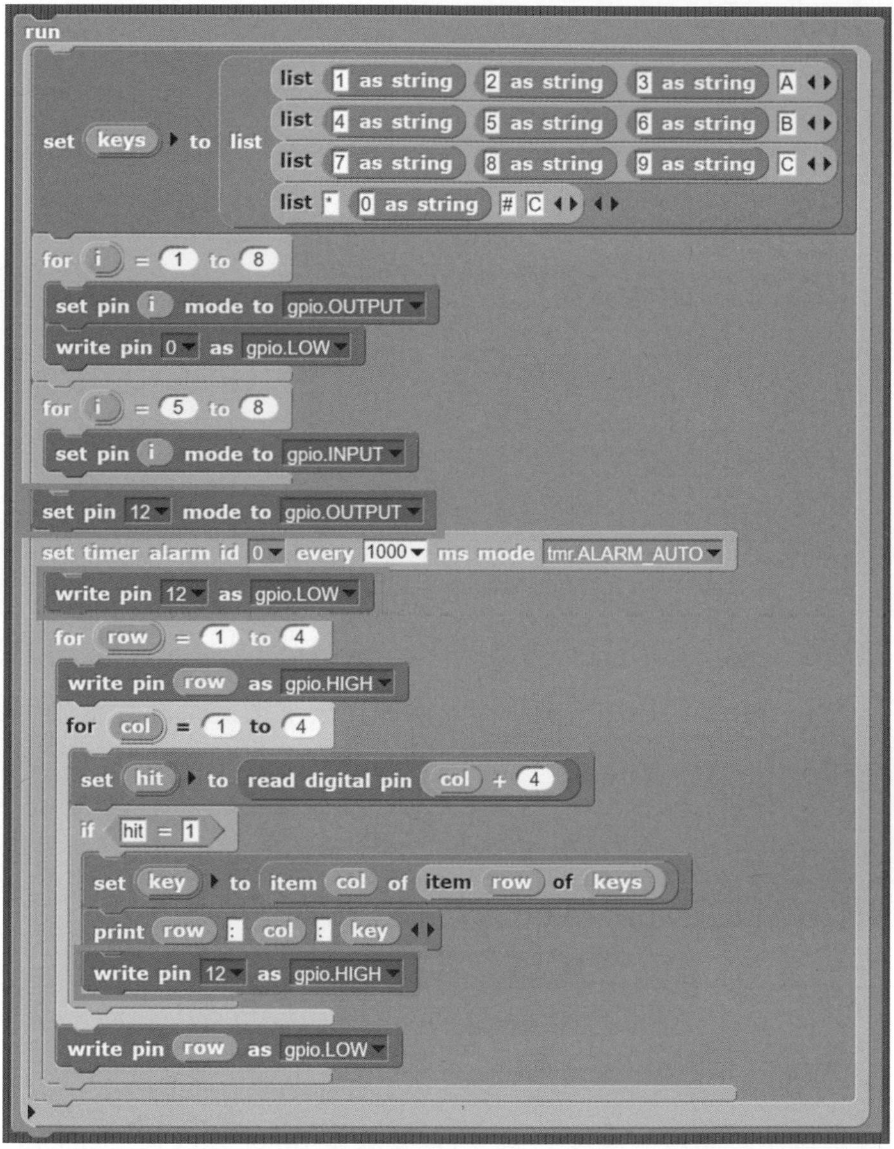

圖 B-47 Snap!4NodeMCU 矩陣鍵盤加蜂鳴器

Step 2： 點擊 run 區塊，轉換的 Lua 語言如圖 B-48。

```
code
keys={{"1","2","3","A"},{"4","5","6","B"},{"7","8","9","C"},{"*","0","#","C"}}
for i=1,8 do
  gpio.mode(i,gpio.OUTPUT)
  gpio.write(0,gpio.LOW)
end
for i=5,8 do
  gpio.mode(i,gpio.INPUT)
end
gpio.mode(12,gpio.OUTPUT)
tmr.alarm(0,1000,tmr.ALARM_AUTO,function()
  gpio.write(12,gpio.LOW)
  for row=1,4 do
    gpio.write(row,gpio.HIGH)
    for col=1,4 do
      hit=gpio.read((col + 4))
      if ("hit" == 1) then
        key=keys[row][col]
        print(row,":",col,":",key)
        gpio.write(12,gpio.HIGH)
      end
    end
    gpio.write(row,gpio.LOW)
  end
end)
```

圖 B-48　Snap!4NodeMCU 矩陣鍵盤加蜂鳴器 Lua 程式

Step 3： 接著在 code 的部分點擊右鍵選擇 export 轉到 ESPlorer 開發環境中，利用 Save to ESP，因爲加入蜂鳴器，因此在按下按鍵時同時會發出聲響。

B.4.5 讀取溫濕度

Step 1： 開啓一個新的 project，因爲要讀溫溼度感測器的值，所以要設爲 INPUT，假設接腳接在 D12，如圖 B-49。

圖 B-49　Snap!4NodeMCU 設定溫濕度輸入接腳

Step 2： 設定每兩秒讀取溫濕度的值，所以要設定 timer 以及從"Sensors"拉讀取溫濕度的值，如圖 B-50。

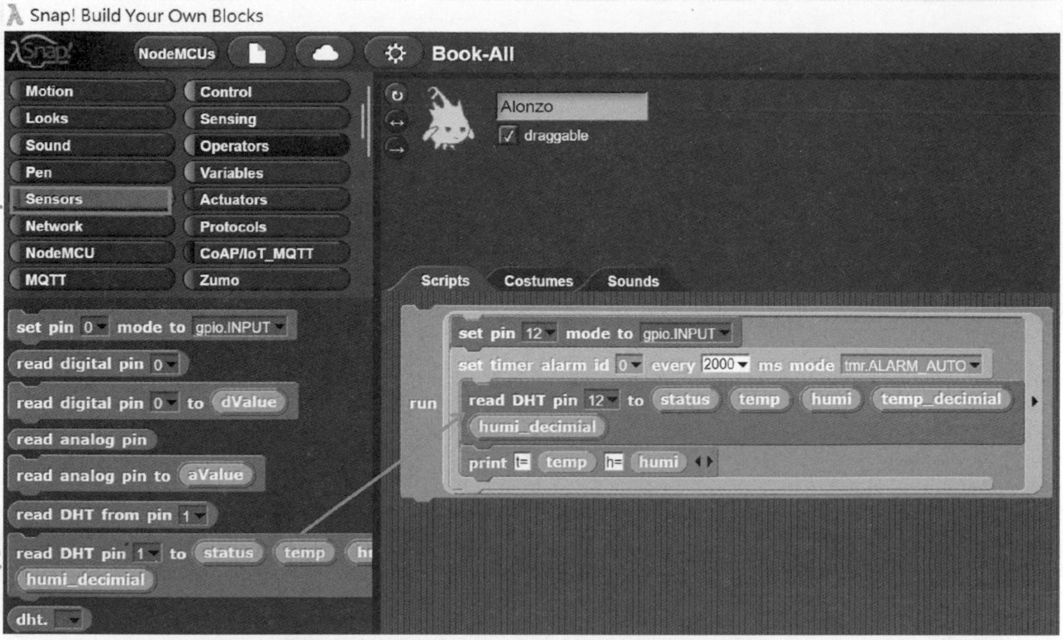

圖 B-50　Snap!4NodeMCU 讀取溫濕度值

Step 3：點擊 run 區塊，轉換的 Lua 語言如圖 B-51。

code
```
gpio.mode(12,gpio.INPUT)
tmr.alarm(0,2000,tmr.ALARM_AUTO,function()
 status,temp,humi,temp_decimial,humi_decimial=dht.read(12)
 print("t=",temp,"h=",humi)
end)
```

圖 B-51　Snap!4NodeMCU 讀取溫濕度 Lua 程式

Step 4：接著在 code 的部分點擊右鍵選擇 export 轉到 ESPlorer 開發環境中，利用 Save to ESP，就可以按下按鍵觀看結果，如圖 B-52。

```
> dofile("NodeMCU-dht.lua");
> t= 25.9 h= 51.4
t= 26.3 h= 46.6
t= 26.3 h= 46.5
t= 26.3 h= 46.9
t= 26.3 h= 46.8
t= 26.3 h= 46.9
t= 26.3 h= 46.9
t= 26.4 h= 58.2
t= 27.7 h= 75.1
t= 28 h= 85.3
t= 28 h= 91.5
t= 27.8 h= 94.9
t= 27.4 h= 97.4
t= 27.2 h= 99.2
```

圖 B-52　溫濕度程式之 ESPlorer 介面

B.5 Snap!實現物聯網

本節主要使用物聯網應用的組成技術_CoAP 來實作，詳細內容可以參考第十四章 CoAP。

B.5.1 Sensor 的應用_溫濕度

Step 1： 開啓 B.4.5 節中讀取溫濕度感測器值的 project，點選"CoAP"積木區，將"啟動 CoAP Server 以及設備類型的指令"加入，如圖 B-53。

圖 B-53 Snap!4NodeMCU 啓動 CoAP Server

Step 2： 因爲要讀取溫濕度的值，所以增加兩個 Sensor 的 Resource，其中一個設爲"1"表示溫度，另一個設爲"2"表示濕度，如圖 B-54。

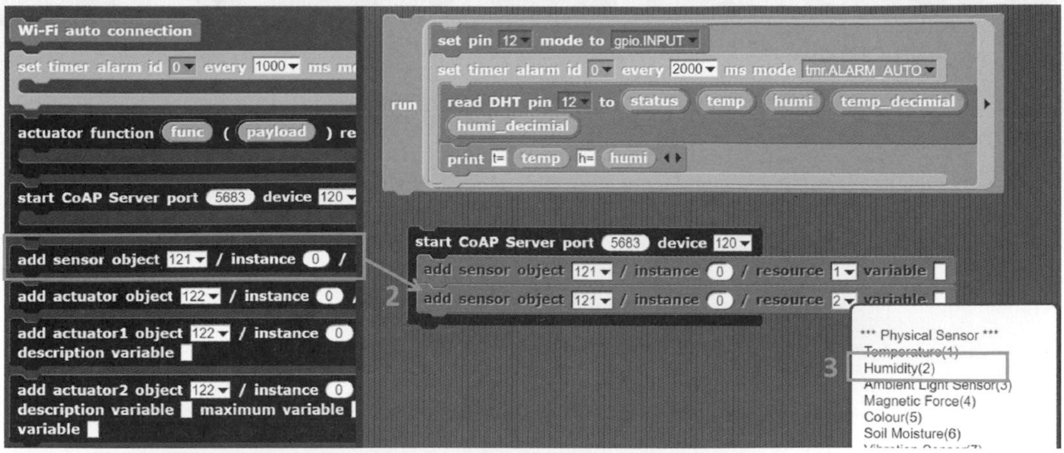

圖 B-54 Snap!4NodeMCU 增加 Sensor 的 Resources

Step 3： 輸入設定的溫濕度變數，如圖 B-55。

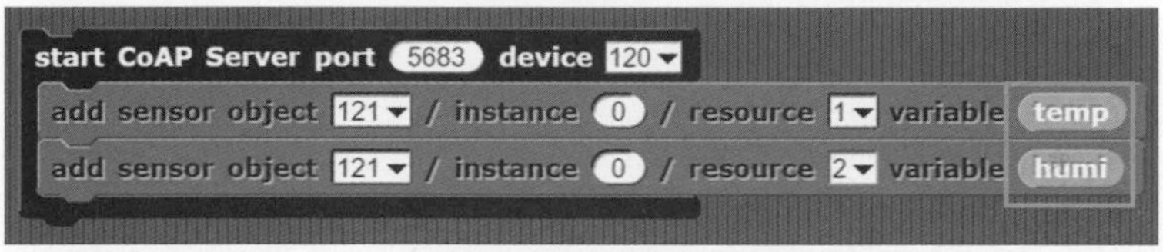

圖 B-55 Snap!4NodeMCU 設定 Sensor 的 Resource 變數

Step 4： 加入"Wi-Fi auto connection"以及將剛剛拉的積木拉進 run，如圖 B-56。

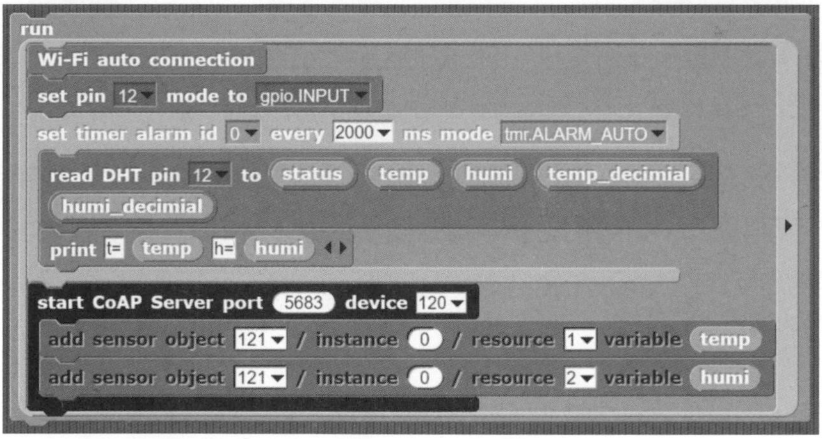

圖 B-56 Snap!4NodeMCUCoAP 溫濕度程式方塊

Step 5： Snap!4NodeMCU 轉換成 Lua 語言的結果畫面區，如圖 B-57。

code

```
require("C4lab_AutoConnect")
gpio.mode(12,gpio.INPUT)
tmr.alarm(0,2000,tmr.ALARM_AUTO,function()
  status,temp,humi,temp_decimial,humi_decimial=dht.read(12)
  print("t=",temp,"h=",humi)
end)
deviceInfo = {
  flags = 0x00000001,
  classID = 0,
  deviceID = 120
}

function typeID(p)
  if p~=nil then
    deviceInfo.deviceID = p
  end
  return deviceInfo.deviceID
end

function flags(p)
  if p~=nil then
    deviceInfo.flags = p
  end
  return deviceInfo.flags
end

__cv = require "C4lab_CoAP210-ob"
__cv:startCoapServer(5683)
__cv:addActuator("/typeID","typeID")
__cv:addActuator("/flags","flags")
__cv:addSensor("/121/0/1","temp")
__cv:addSensor("/121/0/2","humi")
__cv:postResource()
```

圖 B-57　Snap!4NodeMCUCoAP 溫濕度程式

Step 6： 接著可以將撰寫好的 Snap!4NodeMCU CoAP 溫濕度程式轉到 ESPlorer 開發環境中，如圖 B-58。紅框部分爲原本讀取溫濕度的程式碼，其餘的是爲了進行 CoAP 所產生的程式碼。

```lua
require("C4lab_AutoConnect")
gpio.mode(12,gpio.INPUT)
tmr.alarm(0,2000,tmr.ALARM_AUTO,function()
  status,temp,humi,temp_decimial,humi_decimial=dht.read(12)
  print("t=",temp,"h=",humi)
end)
deviceInfo = {
  flags = 0x00000001,
  classID = 0,
  deviceID = 120
}

function typeID(p)
  if p~=nil then
    deviceInfo.deviceID = p
  end
  return deviceInfo.deviceID
end

function flags(p)
  if p~=nil then
    deviceInfo.flags = p
  end
  return deviceInfo.flags
end

__cv = require "C4lab_CoAP210-ob"
__cv:startCoapServer(5683)
__cv:addActuator("/typeID","typeID")
__cv:addActuator("/flags","flags")
__cv:addSensor("/121/1","temp")
__cv:addSensor("/121/2","humi")
__cv:postResource()
```

圖 B-58　Snap!4NodeMCU 溫濕度 CoAP 伺服器的 Lua 程式

B.5.2　Actuator 的應用：LED CoAP 伺服器

Step 1：　開啓 4.1 節中讀取溫濕度感測器値的 CoAP project，設定 LED 燈接腳爲 4，並設定一個變數"led"預設値爲 0，如圖 B-59。

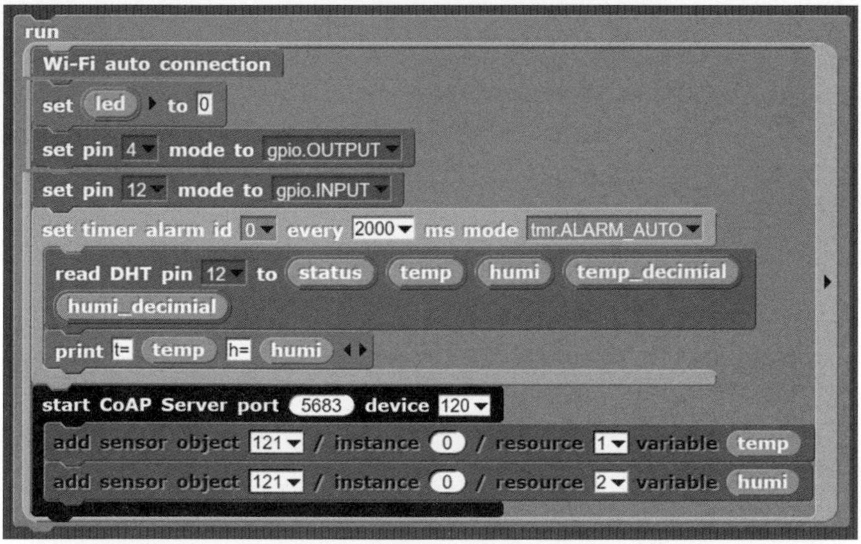

圖 B-59　Snap!4NodeMCU 增加 CoAP Actuator LED

Step 2： 因爲要寫入(變更)LED 的值，所以增加 Actuator 的函數，根據"payload"的值爲 1 或 0 設定開燈或關燈，如果都不是則直接回傳"led"的值，如圖 B-60。

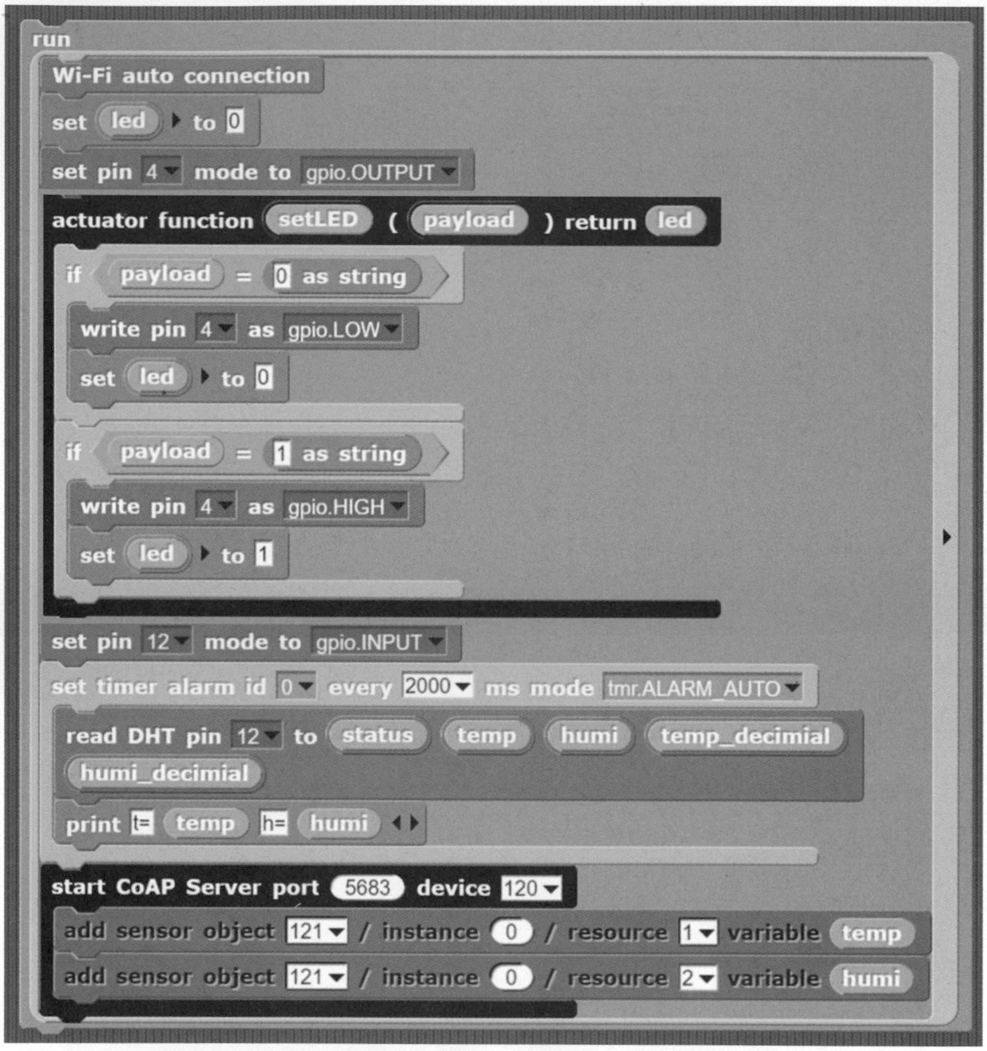

圖 B-60　Snap!4NodeMCU 增加 Actuator 的函數

Step 3： 增加 Actuator 的 Resource，並修改 Resource ID 爲"LED(201)"，如圖 B-61。

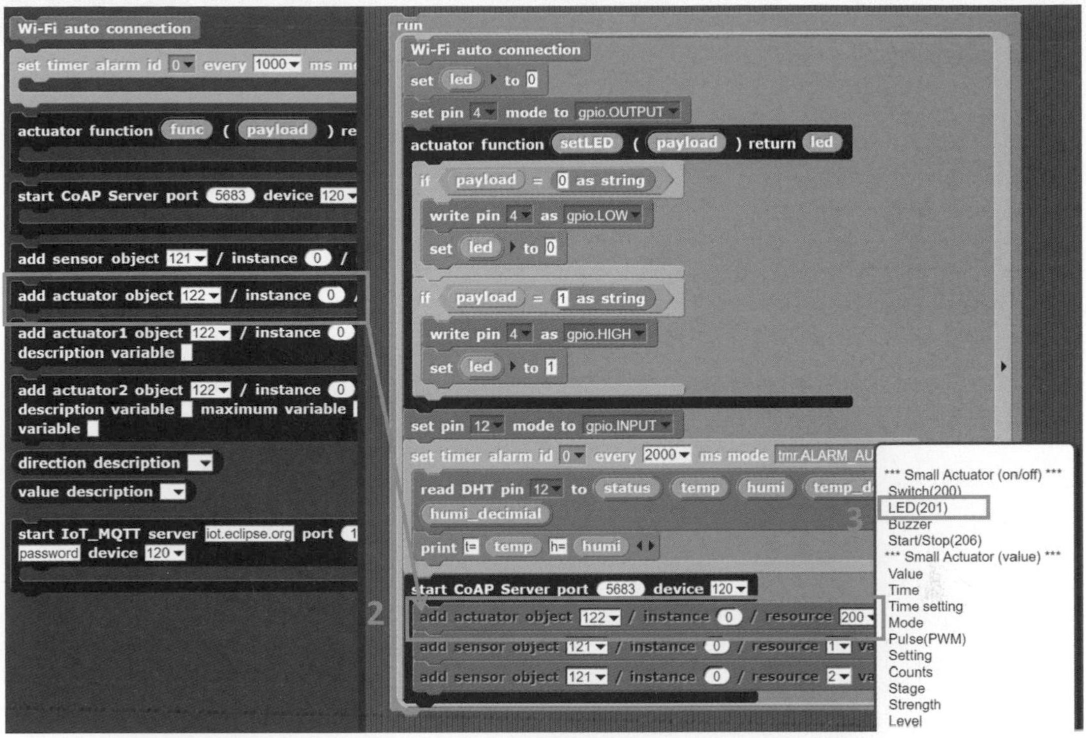

圖 B-61　Snap!4NodeMCU 設定 Actuator 的 Resource 變數

Step 4： 設定 Actuator 的 callback function，如圖 B-62。

圖 B-62　Snap!4NodeMCU 設定 Actuator 的 callback function

Step 5： Snap!4NodeMCU 轉換成 Lua 語言的結果畫面區，如圖 B-63。

code

```
require("C4lab_AutoConnect")
led=0
gpio.mode(4,gpio.OUTPUT)
function setLED(payload)
  if (payload == "0") then
    gpio.write(4,gpio.LOW)
    led=0
  end
  if (payload == "1") then
    gpio.write(4,gpio.HIGH)
    led=1
  end
  return led
end
gpio.mode(12,gpio.INPUT)
tmr.alarm(0,2000,tmr.ALARM_AUTO,function()
  status,temp,humi,temp_decimial,humi_decimial=dht.read(12)
  print("t=",temp,"h=",humi)
end)
deviceInfo = {
  flags = 0x00000001,
  classID = 0,
  deviceID = 120
}

function typeID(p)
  if p~=nil then
    deviceInfo.deviceID = p
  end
  return deviceInfo.deviceID
end

function flags(p)
  if p~=nil then
    deviceInfo.flags = p
  end
  return deviceInfo.flags
end

__cv = require "C4lab_CoAP210-ob"
__cv:startCoapServer(5683)
__cv:addActuator("/typeID","typeID")
__cv:addActuator("/flags","flags")
__cv:addActuator("/122/0/201","setLED")
__cv:addSensor("/121/0/1","temp")
__cv:addSensor("/121/0/2","humi")
__cv:postResource()
```

圖 B-63　Snap!4NodeMCU LED + DHT CoAP 伺服器

Step 6： 接著可以將撰寫好的 Snap!4NodeMCU LED CoAP 伺服器程式轉到 ESPlorer 開發環境中，如圖 B-64。紅框部分為新增 LED Actuator 所產生的程式碼。

```
require("C4lab_AutoConnect")
gpio.mode(0,gpio.OUTPUT)
gpio.write(0,gpio.LOW)
led=0
function func(payload)
  if (payload == "0") then
    led=0
    gpio.write(0,gpio.LOW)
  end
  if (payload == "1") then
    led=1
    gpio.write(0,gpio.HIGH)
  end
  return led
end
gpio.mode(12,gpio.INPUT)
tmr.alarm(0,2000,tmr.ALARM_AUTO,function()
  status,temp,humi,temp_decimial,humi_decimial=dht.read(12)
  print("t=",temp,"h=",humi)
end)
deviceInfo = {
  flags = 0x00000001,
  classID = 0,
  deviceID = 120
}

function typeID(p)
  if p~=nil then
    deviceInfo.deviceID = p
  end
  return deviceInfo.deviceID
end

function flags(p)
  if p~=nil then
    deviceInfo.flags = p
  end
  return deviceInfo.flags
end

__cv = require "C4lab_CoAP210-ob"
__cv:startCoapServer(5683)
__cv:addActuator("/typeID","typeID")
__cv:addActuator("/flags","flags")
__cv:addActuator("/122/200","func")
__cv:addSensor("/121/1","temp")
```

圖 B-64 Snap!4NodeMCU LED CoAP 伺服器的 Lua 程式

B.6 小結

由一開始介紹的 Snap!圖形化程式語言，建立程式編程基本的概念，再利用本中心對物聯網應用所增加的 Snap!功能，使用者可以不需要利用 Lua 語言一行一行的編輯程式內容，而是直接使用拖拉式建構方塊的方式，更快速的開發出物聯網系統。

本章重點如下：

1. Snap! 開發工具的特色及架構。
2. 如何使用 Snap!4NodeMCU 開發工具實現嵌入式系統與物聯網的應用。
3. 自我學習：參考 YouTube 以及本中心網頁上關於物聯網的教學影片。

參考資源

1. http://cs10.org/su16/
2. https://snap.berkeley.edu/snapsource/snap.html
3. https://en.wikipedia.org/wiki/First-class_function
4. http://bjc.berkeley.edu/
5. Snap! Examples, http://snap.berkeley.edu/SnapExamples.pdf
6. 結構化查詢語言(SQL), https://zh.wikipedia.org/wiki/SQL
7. Prolog, https://zh.wikipedia.org/wiki/Prolog
8. CLIPS, http://clipsrules.sourceforge.net/

附錄 C

物聯網與嵌入式系統實習套件

俗語說「光說不練假把式，又說又練眞把式」，如果只有學習物聯網系統與應用，沒有實際動手做，沒有從做中學來理解物聯網的奧秘，那麼所獲取的物聯網知識可能是一知半解，甚至於是錯誤的理解。因此，爲了實現物聯網設計與實作的理想，除了本書的物聯網知識內容與配合的實作手冊之外，我們也開發了一系列物聯網的開發工具(Snap4NodeMCU、Snap4ESP32、ESPlorer for Snap)和物聯網實習套件(物聯網入門款實習套件(IoT starter kit)、物聯網進階款實習套件(IoT advanced kit) 、物聯網全方位解決方案(IoT total solution kit) 、Zumo 物聯網開發板(Zumo IoT dev board)、Zumo 機器車(Zumo robot car)，適合各種不同科系的同學來練習物聯網的實作。

針對資工、電機、電子相關科系，建議可以使用多套(每位同學一套)物聯網入門款實習套件或物聯網進階款實習套件和一套(大家共用)物聯網全方位解決方案。資工、電機、電子相關科系學生必須理解物聯網微處理器 Pin 腳的功能(例如 digital I/O、analog I/O, UART I/O, SPI I/O, I^2C I/O, One-wire I/O)，也需要了解如何使用杜邦線與麵包板，將感測器與觸動器連結成一個嵌入式系統或是物聯網的子系統，例如智慧插座、智慧電風扇。針對機械工程相關科系，建議可以使用多套(每位同學一套) Zumo 物聯網機器車(Zumo 物聯網開發板嫁接到 Zumo 機器車)和一套(大家共用)物聯網全方位解決方案。機械工程相關科系學生必須理解微處理器和嵌入式系統設計以及物聯網機器車。對於其他科系(非資工、機械工程相關科系)，建議可以使用多套(每位同學一套)物聯網開發板或 Zumo 機器車和一套(大家共用)物聯網全方位解決方案，重點在於運算思維的介紹，但透過物聯網與嵌入式系統設計與實作更能激發學生的學習興致。對於個人玩家(maker)，建議使用物聯網全方位解決方案，重點在於動手做，發揮創意，利用物聯網系統讓生活更便利，實現智慧生活。學校單位建議跟全華軟體部購買，個人可以到 PChome 商店街(http://www.pcstore.com.tw/aiot/)選購。

C.1 物聯網入門款實習套件(IoT starter kit)

物聯網入門款實習套件包含**物聯網入門款實習元件套組**和**物聯網雲端開發程式**(Snap4NodeMCU、ESPlorer for Snap4NodeMCU) 如圖 C-1：

1. 物聯網入門款實習元件套組：元件套組包含一個 32 bit NodeMCU 微處理器、一條 micro USB 線、一個光感測模組、一個矩陣鍵盤感測器、一個蜂鳴器、一個高精準度的溫濕度感測器(DHT22)、一個土壤濕度感測模組、一個繼電器、一個麵包板、5 LEDs (red, green, blue, white, yellow) 、十條杜邦線。
2. 物聯網雲端開發程式(Snap4NodeMCU、ESPlorer IDE)和雲端帳號。

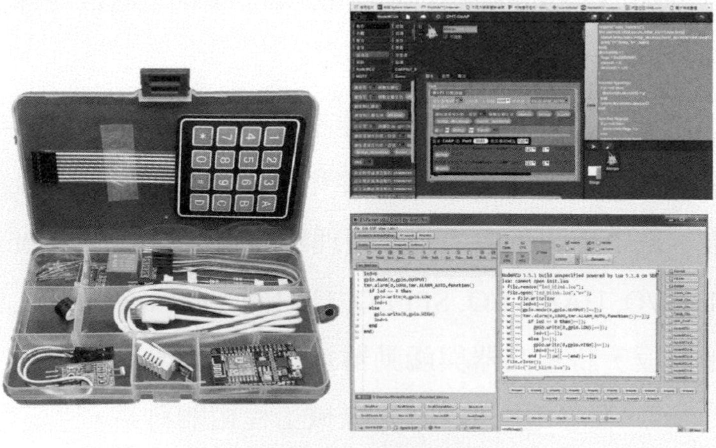

圖 C-1 物聯網入門款實習套件

C.2 物聯網進階款實習套件(IoT advanced kit)

物聯網進階款實習套件包含**物聯網進階款實習元件套組**和**物聯網雲端開發程式**(Snap4NodeMCU、ESPlorer for Snap4NodeMCU) 如圖 C-2：

1. 物聯網進階款實習元件套組：元件套組包含一個 32 bit NodeMCU 微處理器、一條 micro USB 線、一個光感測模組、一個矩陣鍵盤感測器、一個蜂鳴器、一個高精準度的溫濕度感測器(DHT22)、一個土壤濕度感測模組、一個繼電器、一個雨滴模組、一個超音波感測器、一個紅外線壁障模組、一個火焰感測器、一個煙霧感測器、一個一氧化碳感測器、一個卡片式行動電源、一個紅外線人體感測、一個聲音感測模組、一個麵包板、5 LEDs (red, green, blue, white, yellow) 、十條杜邦線。
2. 物聯網雲端開發程式(Snap4NodeMCU、ESPlorer IDE)和雲端帳號。

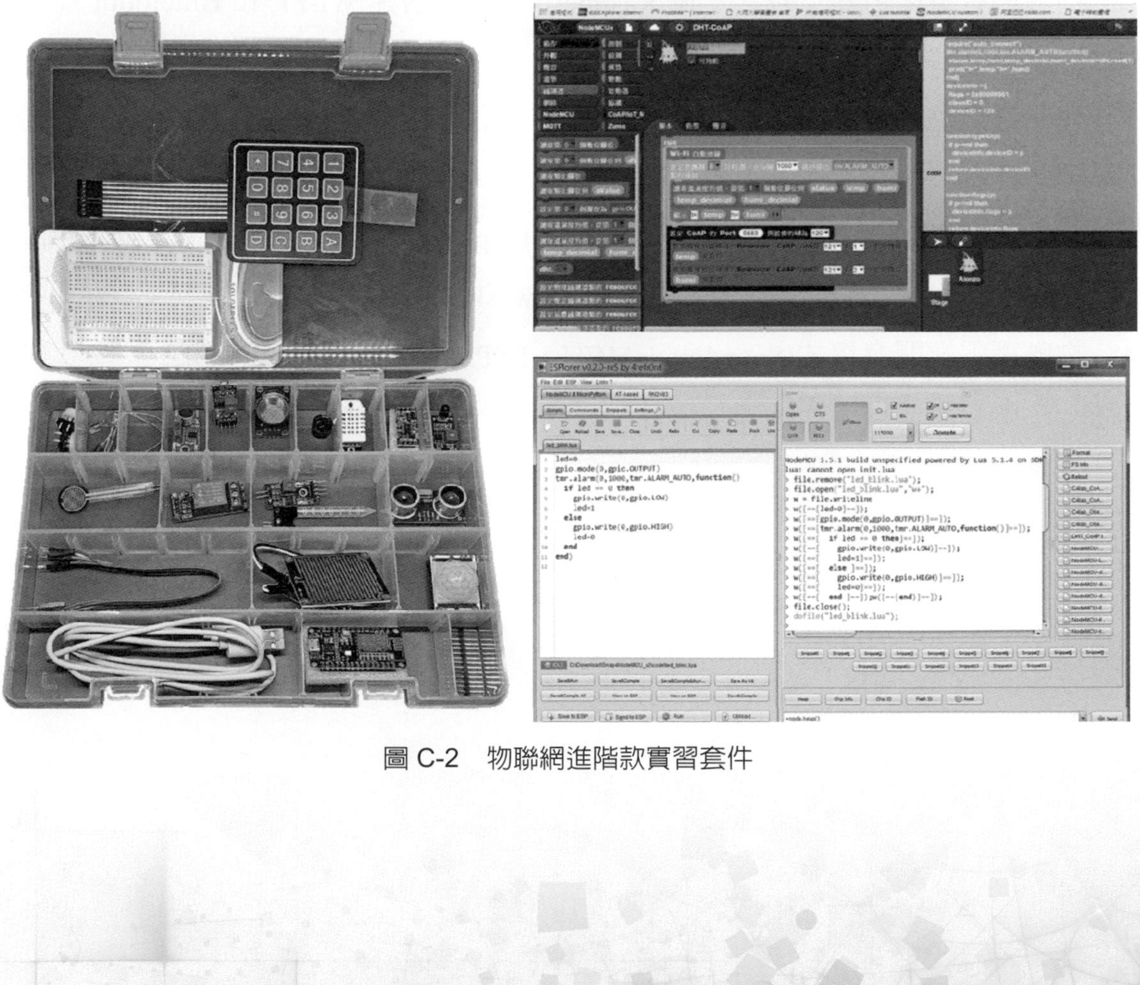

圖 C-2　物聯網進階款實習套件

C.3 物聯網全方位解決方案(IoT total solution kit)

物聯網全方位解決方案包含**物聯網進階款實習元件套組**、**物聯網智慧閘道器**、**智慧手機控制程式**和**物聯網雲端開發程式**(Snap4NodeMCU、ESPlorer for Snap4NodeMCU) 如圖 C-3：

1. 物聯網進階款實習元件套組：元件套組包含一個 32 bit NodeMCU 微處理器、一條 micro USB 線、一個光感測模組、一個矩陣鍵盤感測器、一個蜂鳴器、一個高精準度的溫濕度感測器(DHT22)、一個土壤濕度感測模組、一個繼電器、一個雨滴模組、一個超音波感測器、一個紅外線壁障模組、一個火焰感測器、一個煙霧感測器、一個一氧化碳感測器、一個卡片式行動電源、一個紅外線人體感測、一個聲音感測模組、一個麵包板、5 LEDs (red, green, blue, white, yellow) 、十條杜邦線。
2. 物聯網智慧閘道器：包含一個 Raspberry Pi 3B 內建 Wi-Fi 和 Bluetooth、一片 SD 卡內建物聯網智慧閘道器軟體。
3. 智慧手機控制程式：到 Google Play 商店，輸入" 物聯網智慧控制"，即可下載"智慧控制 APP" 。另外，也可以透過"http://iot.ttu.edu.tw/工具/"網頁，點選下載"智慧控制 APPv1.20"(smart-appv1.20.apk) ，或是直接點選下列網址：https://drive.google.com/file/d/0B7U1eXewzskqZjBWVi14eHdmM2c/view。
4. 物聯網雲端開發程式(Snap4NodeMCU、ESPlorer IDE)和雲端帳號。

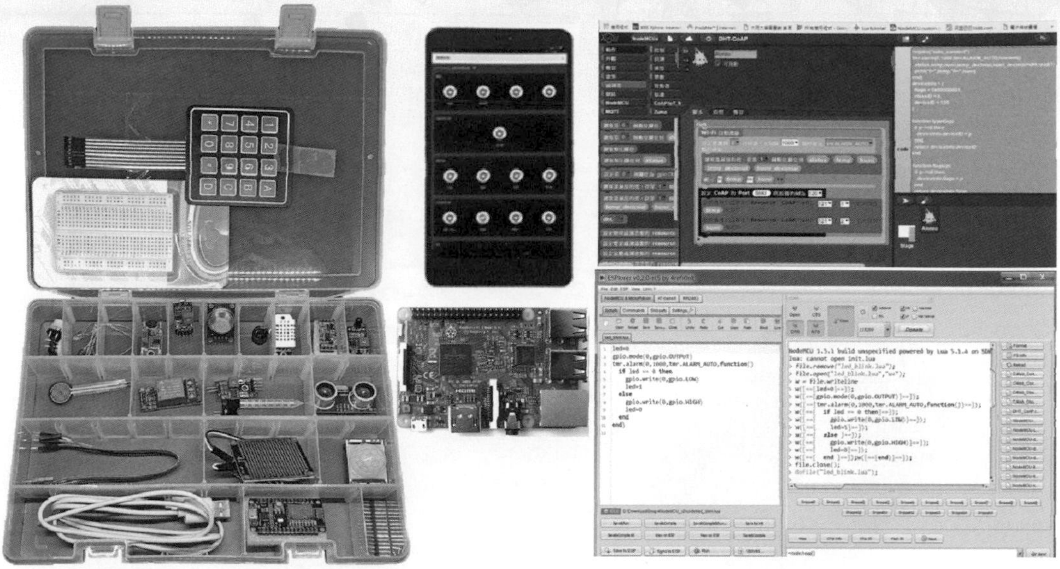

圖 C-3　物聯網全方位解決方案

C.4　Zumo 物聯網開發板(Zumo IoT Dev Board)

Zumo 物聯網開發板，如圖 C-4，將 LEDs (LED1 與 LED2 內建在 NodeMCU 開發板中)、蜂鳴器、光感測模組、溫濕度感測器與繼電器模組整合到單一印刷電路板。Zumo 物聯網開發板至少有下列優點：

1. 感應器與啓動器已經接在 Zumo 物聯網開發板，省卻要接杜邦線的時間，可以直接進行物聯網和嵌入式系統的開發。
2. 同時支援公與母杜邦線連結外接的感測器與啓動器。
3. NodeMCU 直接置於 IoT 印刷電路板上，不是放置在麵包板上，實驗結束後不需要從麵包板上拆下來，可避免因插拔麵包板上的 NodeMCU 導致針腳歪斜而損壞。

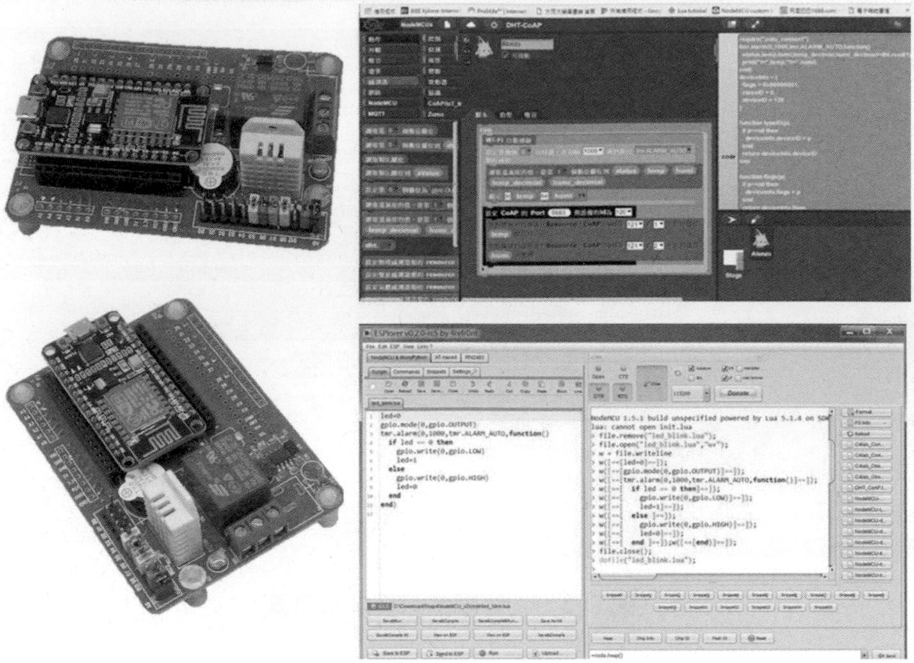

圖 C-4　Zumo 物聯網開發板

Zumo 物聯網開發板可以直接嫁接到 Zumo 機器車，如圖 C-5，控制機器車前後左右移動。

圖 C-5　Zumo 物聯網機器車(Zumo 物聯網開發板嫁接到 Zumo 機器車)

C.5 Zumo 機器車(Zumo Robot Car)

Zumo 機器車(如圖 C-6)是一個小於 10x10cm 的履帶式機器車。採用兩個 75:1 的微型金屬減速馬達，提供了充足的扭力，最高時速約為 60cm/s，相比其他同類型機器車更佳的靈活。前方安裝了一個約為 1mm 厚的 sumo 不鏽鋼板，可用來推開周圍物體，為相撲機器人比賽的專用機器車。

圖 C-6　Zumo 機器車

Zumo 機器車原本是以 Arduino 為主控制器，只適合單機運作，無法遠端控制它。因此智慧物聯網研究中心特別為它研發「Zumo 物聯網開發板」(如圖 C-4)，只要堆疊上 Zumo 機器車，立即成為「Zumo 物聯網機器車」 (如圖 C-5)，只需要再搭配本中心的「Snap4NodeMCU IDE」(如圖 C-7)，即可用拖拉方式開發出物聯網的應用或控制 Zumo 機器車。

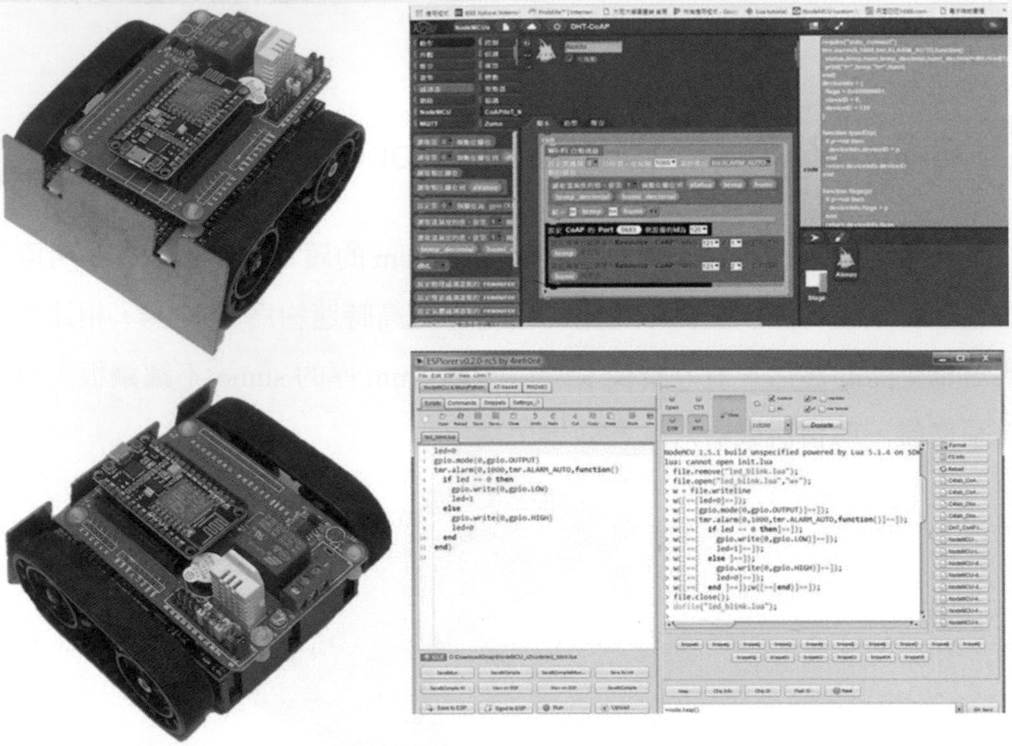

圖 C-7　Zumo 物聯網機器車和 Snap4NodeMCU 整合開發工具

Zumo 物聯網機器車的控制方式有下列 2 種模式：

1. 多對多控制模式

在多對多模式下(如圖 C-8)，所有的 Zumo 物聯網機器車和智慧型手機都必須先連線到物聯網匣道器(Gateway)才能做控制。Zumo 物聯網機器車一打開電源時會啓動 Wi-Fi Station Mode 安全且自動連線上物聯網匣道器，不需要輸入 SSID 和密碼。控制端的手機開啓 App 後也會安全且自動連線到物聯網匣道器，同樣也不需要手動輸入 SSID 和密碼，然後在 App 裏可以選擇要同時控制一台或多台 Zumo 物聯網機器車。在此模式下接受多支智慧型手機同時對多台 Zumo 物聯網機器車做控制。

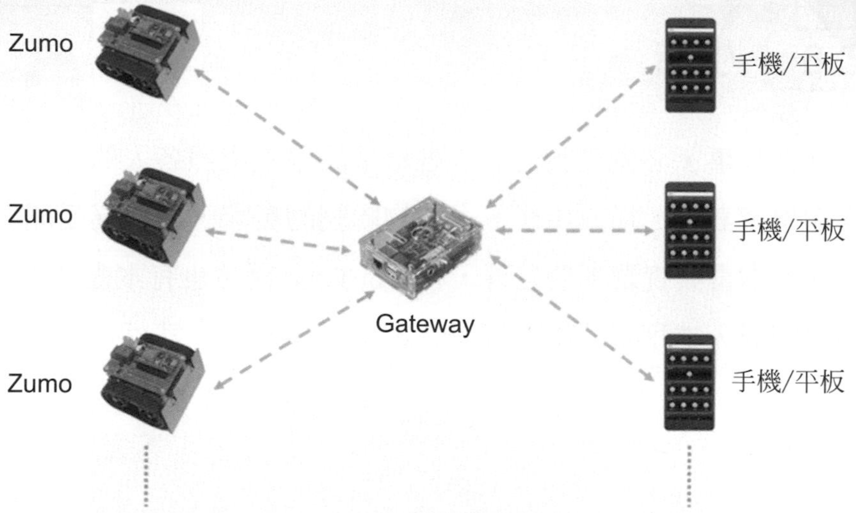

圖 C-8　多對多控制模式

2. 多對一控制模式

在此模式下(如圖 C-9) Zumo 物聯網機器車會自動開啓 Wi-Fi AP Mode，只要在智慧型手機上開啓 App，再掃描 Zumo 物聯網機器車底部的 QR Code 即可自動連線到 Zumo 物聯網機械車。一台 Zumo 物聯網機器車最多可同時接受 4 支手機連線。

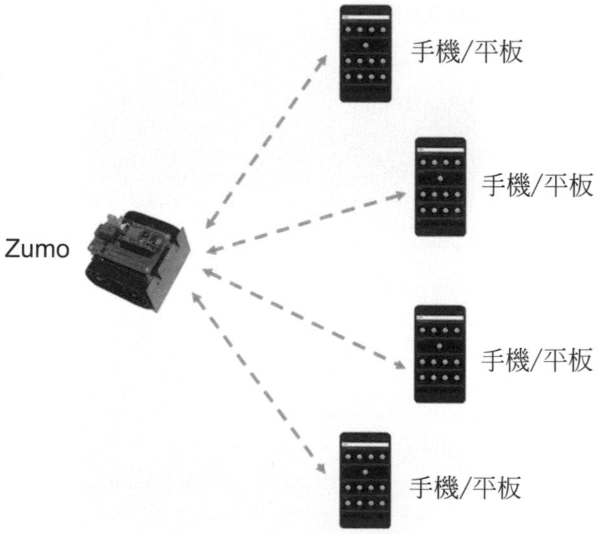

圖 C-9　多對一控制模式

C.6 小結

「工欲善其事，必先利其器」，各科系的學生依照各人的需求購買個人最適合的物聯網學習套件，從做中學，了解物聯網的奧秘，並且享受開發物聯網的樂趣。除了閱讀本書與實習手冊之外，在 YouTube 網站也有本書課程的錄影教材，輸入「物聯網嵌入式程式基礎」或是「fuchiungcheng」就可以找到物聯網相關的錄影教材。

參考資源

1. http://iot.ttu.edu.tw/
2. http://www.pcstore.com.tw/aiot/
3. https://www.youtube.com/results?search_query=物聯網嵌入式程式基礎

附錄 D

實驗紀錄本

實驗紀錄單

單元一：NodeMCU 軟硬體平台與感測模組介紹

學校：______________________________

系所：______________________________

課程名稱：__________________________

學　　期：_______學年度 _____學期

任課教師：__________________

學生姓名：__________________

年級/座號：__________________

實驗主題(教師簽名)：

A. □通過□部分通過__________ B. □通過□部分通過________

C. □通過□部分通過__________ D. □通過□部分通過________

繳交日期：　　　　年　　　月　　　日

學生簽名：

評分：　　　　　　　　加分：　　　　　　　總分：

實驗內容：

1. Problem specification：說明要解決的問題為何

2. Analysis of the problem：對問題做進一步分析

3. Design considerations：說明解決問題可能的做法及優缺點的評估

4. Implementation of logic network：秀出解決問題電路接線與程式實作

5. Simulation result：模擬証明系統實作的正確性

6. Conclusion and lessons learned：結論與心得報告(本實驗可改善之處)

實驗紀錄單

單元二：PWM 原理與應用

學校：____________________________

系所：____________________________

課程名稱：________________________

學　　期：_______學年度______學期

任課教師：_________________

學生姓名：_________________

年級/座號：________________

實驗主題(教師簽名):

A. □通過□部分通過__________ B. □通過□部分通過_________

繳交日期：______年_____月_____日

學生簽名：

評分：　　　　　　加分：　　　　　　總分：

實驗內容：

1. Problem specification：說明要解決的問題爲何

2. Analysis of the problem：對問題做進一步分析

3. Design considerations：說明解決問題可能的做法及優缺點的評估

4. Implementation of logic network：秀出解決問題電路接線與程式實作

5. Simulation result：模擬証明系統實作的正確性

6. Conclusion and lessons learned：結論與心得報告(本實驗可改善之處)

實驗紀錄單

單元三：光敏電阻以及類比數位轉換器原理與應用

學校：________________________

系所：________________________

課程名稱：____________________

學　　期：______學年度 ____學期

任課教師：______________

學生姓名：______________

年級/座號：______________

實驗主題(教師簽名):

A. □通過□部分通過________ B. □通過□部分通過________

C. □通過□部分通過________

繳交日期：_____年_____月_____日

學生簽名：

評分：　　加分：　　總分：

實驗內容：

1. Problem specification：說明要解決的問題爲何

2. Analysis of the problem：對問題做進一步分析

3. Design considerations：說明解決問題可能的做法及優缺點的評估

4. Implementation of logic network：秀出解決問題電路接線與程式實作

5. Simulation result：模擬証明系統實作的正確性

6. Conclusion and lessons learned：結論與心得報告(本實驗可改善之處)

實驗紀錄單

單元四：移動感測器原理與應用

學校：______________________________

系所：______________________________

課程名稱：_________________________

學　　期：_______學年度 _____學期

任課教師：__________________

學生姓名：__________________

年級/座號：__________________

實驗主題(教師簽名)：

A. □通過□部分通過__________ B. □通過□部分通過________

C. □通過□部分通過__________

繳交日期：______年_____月_____日

學生簽名：

評分：　　　　　　　加分：　　　　　　總分：

實驗內容：

1. Problem specification：說明要解決的問題爲何

2. Analysis of the problem：對問題做進一步分析

3. Design considerations：說明解決問題可能的做法及優缺點的評估

4. Implementation of logic network：秀出解決問題電路接線與程式實作

5. Simulation result：模擬証明系統實作的正確性

6. Conclusion and lessons learned：結論與心得報告(本實驗可改善之處)

實驗紀錄單

單元五：矩陣鍵盤感測器原理與應用

學校：______________________________

系所：______________________________

課程名稱：__________________________

學　　期：_______學年度 _____學期

任課教師：__________________

學生姓名：__________________

年級/座號：__________________

實驗主題(教師簽名):

A. □通過□部分通過__________ B. □通過□部分通過________

C. □通過□部分通過__________

繳交日期：_____ 年_____月_____日

學生簽名：

評分：　　　　　　　加分：　　　　　　　總分：

實驗內容：

1. Problem specification：說明要解決的問題爲何

2. Analysis of the problem：對問題做進一步分析

3. Design considerations：說明解決問題可能的做法及優缺點的評估

4. Implementation of logic network：秀出解決問題電路接線與程式實作

5. Simulation result：模擬証明系統實作的正確性

6. Conclusion and lessons learned：結論與心得報告(本實驗可改善之處)

實驗紀錄單

單元六：土壤濕度感測器原理與應用

學校：________________________

系所：________________________

課程名稱：____________________

學　　期：______學年度 ____學期

任課教師：______________

學生姓名：______________

年級/座號：______________

實驗主題(教師簽名):

A. □通過□部分通過________ B. □通過□部分通過________

C. □通過□部分通過________ D. □通過□部分通過________

繳交日期：____ 年____月____日

學生簽名：

評分：　　　　　　加分：　　　　　　總分：

實驗內容：

1. Problem specification：說明要解決的問題爲何

2. Analysis of the problem：對問題做進一步分析

3. Design considerations：說明解決問題可能的做法及優缺點的評估

4. Implementation of logic network：秀出解決問題電路接線與程式實作

5. Simulation result：模擬証明系統實作的正確性

6. Conclusion and lessons learned：結論與心得報告(本實驗可改善之處)

實驗紀錄單

單元八：繼電器原理與應用

學校：________________________________

系所：________________________________

課程名稱：___________________________

學　　期：________學年度 ______學期

任課教師：____________________

學生姓名：____________________

年級/座號：____________________

實驗主題(教師簽名):

A. □通過□部分通過___________ B. □通過□部分通過_________

C. □通過□部分通過___________ D. □通過□部分通過_________

繳交日期：______年_____月_____日

學生簽名：

評分：　　　　　　加分：　　　　　　總分：

實驗內容：

1. Problem specification：說明要解決的問題爲何

2. Analysis of the problem：對問題做進一步分析

3. Design considerations：說明解決問題可能的做法及優缺點的評估

4. Implementation of logic network：秀出解決問題電路接線與程式實作

5. Simulation result：模擬証明系統實作的正確性

6. Conclusion and lessons learned：結論與心得報告(本實驗可改善之處)

實驗紀錄單

單元九：壓力感測器原理與應用

學校：________________________

系所：________________________

課程名稱：____________________

學　　期：______學年度 _____學期

任課教師：_______________

學生姓名：_______________

年級/座號：_______________

實驗主題(教師簽名):

A. □通過□部分通過__________ B. □通過□部分通過________

C. □通過□部分通過__________

繳交日期：_____ 年_____月_____日

學生簽名：

評分：　　　　加分：　　　　總分：

實驗內容：

1. Problem specification：說明要解決的問題爲何

2. Analysis of the problem：對問題做進一步分析

3. Design considerations：說明解決問題可能的做法及優缺點的評估

4. Implementation of logic network：秀出解決問題電路接線與程式實作

5. Simulation result：模擬証明系統實作的正確性

6. Conclusion and lessons learned：結論與心得報告(本實驗可改善之處)

實驗紀錄單

單元十：聲音感測模組原理與應用

學校：______________________________

系所：______________________________

課程名稱：__________________________

學　　期：_______學年度 _____學期

任課教師：_________________

學生姓名：_________________

年級/座號：_________________

實驗主題(教師簽名):

A. □通過□部分通過__________ B. □通過□部分通過________

C. □通過□部分通過__________

繳交日期：_____ 年_____月_____日

學生簽名：

評分：　　　　　　　　加分：　　　　　　　總分：

實驗內容：

1. Problem specification：說明要解決的問題爲何

2. Analysis of the problem：對問題做進一步分析

3. Design considerations：說明解決問題可能的做法及優缺點的評估

4. Implementation of logic network：秀出解決問題電路接線與程式實作

5. Simulation result：模擬証明系統實作的正確性

6. Conclusion and lessons learned：結論與心得報告(本實驗可改善之處)

實驗紀錄單

單元十一：嵌入式技術

學校：________________________________

系所：________________________________

課程名稱：____________________________

學　　期：________學年度 ______學期

任課教師：____________________

學生姓名：____________________

年級/座號：____________________

實驗主題(教師簽名):

A. □通過□部分通過___________ B. □通過□部分通過_________

C. □通過□部分通過___________

繳交日期：______ 年______月______日

學生簽名：

評分：　　　　　　　　加分：　　　　　　　　總分：

實驗內容：

1. Problem specification：說明要解決的問題爲何

2. Analysis of the problem：對問題做進一步分析

3. Design considerations：說明解決問題可能的做法及優缺點的評估

4. Implementation of logic network：秀出解決問題電路接線與程式實作

5. Simulation result：模擬証明系統實作的正確性

6. Conclusion and lessons learned：結論與心得報告(本實驗可改善之處)

實驗紀錄單

單元十二：MQTT 技術

學校：________________________

系所：________________________

課程名稱：____________________

學　　期：______學年度 _____學期

任課教師：_______________

學生姓名：_______________

年級/座號：_______________

實驗主題(教師簽名):

A. □通過□部分通過__________ B. □通過□部分通過________

C. □通過□部分通過__________ D. □通過□部分通過________

繳交日期：______年_____月_____日

學生簽名：

評分：　　　　　　　加分：　　　　　　　總分：

實驗內容：

1. Problem specification：說明要解決的問題爲何

2. Analysis of the problem：對問題做進一步分析

3. Design considerations：說明解決問題可能的做法及優缺點的評估

4. Implementation of logic network：秀出解決問題電路接線與程式實作

5. Simulation result：模擬証明系統實作的正確性

6. Conclusion and lessons learned：結論與心得報告(本實驗可改善之處)

實驗紀錄單

單元十三：CoAP 技術

學校：______________________________

系所：______________________________

課程名稱：__________________________

學　　期：_______學年度 _____學期

任課教師：__________________

學生姓名：__________________

年級/座號：__________________

實驗主題(教師簽名):

A. □通過□部分通過__________ B. □通過□部分通過________

C. □通過□部分通過__________ D. □通過□部分通過________

繳交日期：______年_____月_____日

學生簽名：

評分：　　　　　　加分：　　　　　總分：

實驗內容：

1. Problem specification：說明要解決的問題爲何

2. Analysis of the problem：對問題做進一步分析

3. Design considerations：說明解決問題可能的做法及優缺點的評估

4. Implementation of logic network：秀出解決問題電路接線與程式實作

5. Simulation result：模擬証明系統實作的正確性

6. Conclusion and lessons learned：結論與心得報告(本實驗可改善之處)